单片机实战宝典
——从入门到精通

文武松　杨贵恒　王璐　曹龙汉　等编著

机 械 工 业 出 版 社

全书分为基础篇、提高篇和精通篇，系统论述了单片机应用系统的开发工具与流程，MCS-51单片机的结构、原理及应用，常用硬件接口的扩展技术，并结合大量实例对单片机综合应用系统的设计、开发与调试等进行了详细阐述。

本书内容由浅入深，阐述透彻、清晰，可读性好，实用性强，适合从事单片机应用技术开发的广大工程技术人员和单片机爱好者阅读，也可作为高等院校有关专业单片机原理及应用课程的案例教材和教学参考书。

图书在版编目（CIP）数据

单片机实战宝典：从入门到精通/文武松等编著．—北京：机械工业出版社，2013.12（2015.5重印）
ISBN 978-7-111-44961-4

Ⅰ.①单… Ⅱ.①文… Ⅲ.①单片微型计算机 Ⅳ.①TP368.1

中国版本图书馆CIP数据核字（2013）第288676号

机械工业出版社（北京市百万庄大街22号 邮政编码100037）
责任编辑：李馨馨
责任印制：李 洋
北京振兴源印务有限公司印刷
2015年5月第1版·第2次印刷
184mm×260mm · 26.5印张 · 655千字
3001-4500册
标准书号：ISBN 978-7-111-44961-4
定价：59.80元

凡购本书，如有缺页、倒页、脱页，由本社发行部调换

电话服务	网络服务
社服务中心：（010）88361066	教材网：http://www.cmpedu.com
销售一部：（010）68326294	机工官网：http://www.cmpbook.com
销售二部：（010）88379649	机工官博：http://weibo.com/cmp1952
读者购书热线：（010）88379203	**封面无防伪标均为盗版**

前　言

单片机是20世纪70年代中期发展起来的一种大规模集成电路芯片，是集CPU、RAM、ROM、I/O接口和中断系统等于同一硅片的器件。目前，MCS－51单片机已成为我国最具代表性的主流机型，它拥有的用户最多、应用最广、功能最完善。特别是近年来PHILIPS、ATMEL和AD等公司推出与之完全兼容的51系列单片机后，其性能更是如虎添翼。单片机以功能强、体积小、可靠性高和价格便宜等突出优点而受到人们的高度重视，应用领域遍及工业测控、智能仪器仪表、尖端科技、日用家电等许多领域。单片机应用及开发技术已成为工程技术人员不可回避的一项重要技术手段。

为了适应单片机广泛应用的新形势和工科院校开设单片机课程的需要，作者结合多年从事单片机应用技术的教学和科研实践，编写了这本《单片机实战宝典——从入门到精通》，奉献给广大读者。

本书以MCS－51系列单片机为核心，按照基础篇、提高篇及精通篇的顺序，由浅入深逐步剖析单片机。基础篇主要对单片机基础知识、内部功能模块原理进行介绍；提高篇主要介绍单片机的常用接口扩展原理；精通篇主要介绍了单片机几种典型应用系统的设计开发过程。在基础篇和提高篇中，每章的介绍顺序都是：先简要介绍原理和使用方法，再通过实际生产、生活中常用的、针对性强的案例进行详细介绍，最后对其控制方法和注意事项进行总结概括；在精通篇中，所选应用系统基本涵盖了单片机的全部应用功能和典型应用技术，系统的设计过程全部按照项目开发流程进行介绍。在每章最后一节“总结交流”中，除对模块的功能原理及使用方法进行总结外，还对实际应用过程中遇到的常见问题和经验进行了介绍，供大家在实际运用过程中参考借鉴。

全书共分为14章，第1～7章为基础篇，第8～11章为提高篇，第12～14章为精通篇。各章内容安排如下。第1章：主要介绍单片机的概念、发展概况和应用领域；单片机的结构及组成；单片机的最小系统。让读者初步了解单片机是什么，基本的运行条件是什么。第2章：主要介绍单片机的开发工具和流程。让读者了解如何利用单片机进行项目开发。第3章：简要介绍单片机的程序设计语言C51。主要对C51的程序结构、基本语法规则以及单片机应用设计过程中的要点进行了介绍。第4～7章：分别对单片机的I/O口、中断系统、定时/计数器和串行接口进行介绍。先介绍理论，再对每个模块的每一个功能都举了一个应用实例，所举案例比较常见，且功能单一，针对性强，便于初学者掌握。第8章：介绍了单片机存储器以及I/O口的扩展技术，详细阐述了外部程序存储器和数据存储器的扩展方法、并以并行打印机接口的设计为例，介绍了I/O口的扩展应用。第9章：介绍了键盘和显示器的接口扩展技术。对键盘的检测、矩阵键盘的扩展、LED显示器以及LCD显示器的原理和应用都进行了详细的介绍。所举实例包括：电子密码锁，LCD中字符、数字、汉字及图形的显示等。第10章：介绍了几种单片机常用数据传输接口与技术。主要包括I^2C总线、SPI总线和1－Wire总线，在介绍完总线协议后，都举例进行了详细阐述。所举实例包括：接触式IC卡读写器、电子时钟以及数字温度计。第11章：介绍模拟量的检测与输出技术。主要讲解了 A/D、D/A 转换器原理和技术指标，并结合应用实例对 ADC0809、DAC0832 等芯片进行详细介绍，最后还介绍了采用 PWM 技术实现 D/A 转换的方法。所举实例包括：数字电压表、波形发生器等。第 12 章：介绍直流电动机和步进电动机的单片机控制技术。首先对两种电动机的内部结构和工作原理进行了简单介绍，然后分别对直流电动机调速控制、步进电动机的位置和速度控制等进行了详细阐述。最后讨论了 PID 控制算法及其在直流电动机调速中的应用。第 13 章：触摸屏温度控制器设计。主要讨论了温度闭环控制系统设计方案、铂电阻温度检测原理、触摸屏设计方法及无线通信接口设计方法，并给出了硬件电路和软件设计思路。第 14 章：汽车防盗报警系统设计。给出了系统设计方案，讲解了超声波测距、GSM 模块接口原理，讨论了 GSM 短信收发、电话拨打与接听处理方法以及“看门狗”控制技术，给出了硬件电路和软件设计方法。

本书主要由文武松、杨贵恒、王璐、曹龙汉编著，韦鹏程、张海呈、叶启睿、张颖超、杨小光、曹均灿、张瑞伟、张建新、冯雪、詹天文、李锐、聂金铜等编写了部分章节，最后由文武松统稿。在本书的编写过程中，得到了重庆优步电子科技中心技术总监张淋同志的大力支持与帮助，在此谨向他们表示衷心的感谢！

由于编写时间仓促和编著者水平有限，书中难免存在疏漏和不妥之处，真诚希望读者提出宝贵意见。

编　者

目　录

提 高 篇

精　通　篇

基 础 篇

第1章 初识单片机

单片微型计算机（Single Chip Microcomputer）简称“单片机”，是将中央处理器（CPU）、随机存取存储器（Random Access Memory，RAM）、只读存储器（Read Only Memory，ROM）、定时/计数器、中断系统及多种I/O接口集成到一块硅芯片上而构成的微型计算机。它具有集成度高、体积小、功能强、使用灵活、价格低廉、稳定可靠等特点，且特别适用于控制领域，故又称为“微控制器”。

本章将对单片机的发展历史、应用领域作简要介绍，重点阐述单片机的硬件结构、最小系统实现方法。

1.1 单片机的发展与应用

单片机作为微型计算机的一个重要分支，应用很广，发展也很快。自20世纪70年代诞生以来，世界上单片机的生产厂商已达到几十家，型号也有数百种。从各种新型单片机的性能上看，单片机正朝着功能更强、速度更快、功耗更低的方向发展。

1.1.1 发展概况

以Intel公司的8位单片机的推出作为起点，单片机的发展过程可分为单片机形成、单片机性能完善、微控制器形成及微控制器全面发展4个阶段。

1. 单片机形成阶段（1976~1978年）

这一阶段主要探索如何把计算机的主要部件集成在单片芯片上，以Intel公司推出的MCS-48系列单片机为代表。这一阶段的单片机产品还有Motorola公司的MC6801系列、Zilog公司的Z8系列等。

2. 单片机性能完善阶段（1978~1982年）

这一阶段的单片机以Intel公司MCS-51系列为代表，其技术特点是完善了外部总线，确立了单片机的控制功能。具体表现如下：

1）设置了经典的8位单片机的总线结构，包括8位数据总线、16位地址总线、控制总线。

2）增加了多种CPU外围功能单元，如：串行通信接口、多级中断处理单元、16位定时/计数器等；同时，片内RAM和ROM的容量也有所增大。

3）指令系统趋于丰富和完善，并且增加了许多突出控制功能的指令。

这一阶段的单片机真正开创了单片机作为微控制器的发展道路，因此它已超出Single

Chip Microcomputer 的范围。

3. 微控制器形成阶段（1982～1990 年）

8 位单片机的巩固发展及 16 位单片机的推出阶段，也是单片机向微控制器发展的阶段。Intel 公司推出的 MCS－96 系列单片机，将一些用于测控系统的模/数（A/D）转换器、程序运行监视器（WDT）、脉宽调制器（PWM）等纳入芯片中，体现了单片机的微控制器特征。随着 MCS－51 系列的广泛应用，许多电气厂商竞相使用 80C51 作为内核，将许多测控系统中使用的电路技术、接口技术、可靠性技术等应用到单片机中，增强了外围电路功能，强化了智能控制的特征。

4. 微控制器全面发展阶段（1990 年～今）

随着单片机在各个领域全面深入的发展和应用，出现了高速、大寻址范围、强运算能力的 8 位/16 位/32 位单片机，以及小型廉价的专用型单片机。

尽管目前单片机种类繁多，但其中最为典型、最适合初学者学习使用的仍属 Intel 公司的 MCS－51 系列单片机。它的功能强大、兼容性强，是应用最为广泛的单片机之一。在没有特别指明的情况下，本书中的单片机仅指基于 MCS－51 内核的系列单片机。

1.1.2 发展趋势

单片机从 8 位、16 位到 32 位，数不胜数，应有尽有，所用内核也不尽相同，但它们各具特色，相互补充，推动着单片机应用系统的发展。纵观单片机的发展过程，可以预示单片机的发展趋势大致有以下 4 个方向。

1. 高性能化

高性能化主要指进一步改进 CPU 的性能，加快指令的运算速度和提高系统控制的可靠性。传统 MCS－51 单片机需 12 个时钟才能运行 1 个机器周期，每条指令需 1 到 4 个机器周期，新一代 8 位单片机采用精简指令集（RISC）结构实现并行流水线作业，平均每个时钟可执行完 1 条单周期指令，相当于 CPU 的效率提高了 12 倍。同时，随着单片机 CPU 位数及总线宽度的增加，堆栈空间、RAM 及 ROM 的容量都得到了很大程度的增大。单片机今后也必将朝着处理速度更快、存储器容量更大的方向发展。

2. 低功耗 CMOS 化

MCS－51 系列的 8031 推出时的功耗达 630 mW，而现在的单片机功耗普遍都在 50 mW 左右，甚至有些超低功耗单片机采用 2.5～5.5 V 的宽电压范围供电，功耗为几十到几百微安。随着对单片机功耗要求的越来越低，各单片机制造商基本都采用了 CMOS（互补金属氧化物半导体工艺）或 CHMOS（互补高密度金属氧化物半导体工艺）技术。CMOS 虽然功耗较低，但其物理特性决定了其工作速度不够高，而 CHMOS 则具备了高速和低功耗的特点，这些特征更适合于在要求低功耗的场合应用，例如，电池供电、无线通信等。所以，这种工艺在今后一段时期将是单片机发展的主要途径。

3. 微型单片化

现有的多种单片机除了将 CPU、RAM、ROM、并行/串行通信接口、中断系统、定时/计数器、时钟电路集成到一块半导体芯片上之外，还集成了诸如 A/D 转换器、D/A 转换器、PWM、WDT、语音识别、液晶显示（LCD）驱动等功能部件，这样，单片机包含的内部资源就更多，功能更强大。甚至单片机厂商还可以根据用户的要求量身定做，制造出具有自己特色的单片机芯片。此外，现在的电子产品普遍要求体积小、重量轻，这就要求单片机除功能强大外，其体积还应尽量小。目前许多单片机都具有多种封装形式，其中，贴片封装越来越受欢迎，使得由单片机构成的系统正朝着微型化方向发展。

4. 主流与多品种共存

虽然现在单片机的品种繁多，各具特色，但 MCS－51 系列单片机仍是主流之一，兼容其结构和指令系统的有 Philips 公司产品、Atmel 公司产品、中国台湾的 Winbond 系列单片机以及中国宏晶科技的 STC 系列单片机等，这些单片机价格较低，普遍应用于简单产品设计。而 Microchip 公司的 PIC 系列单片机采用 RISC 结构，具有功耗低、抗干扰能力强等特点，在低、中、高端产品销量方面排在前列，有着强劲的发展势头。中国台湾的 HOLTEK 公司近年的单片机产量与日俱增，以其低价质优的优势，占据一定的市场份额。Texas Instrument 公司的 MSP430 系列 16 位单片机具有超低功耗的特点，在无线通信方面应用较为广泛。Renesas 公司的 M16C 系列 16 位单片机抗干扰能力强，被普遍应用在电机控制、电力系统控制等方面。此外，还有一些专用单片机产品，如：凌阳公司的单片机集成有语音识别模块，主要应用在语音识别、播放等方面；飞思卡尔（Freescale）公司的 S12 系列单片机是汽车市场中应用最为广泛的 16 位体系架构，基于 S12 的设备的年发货量已超过 1 亿台。在未来一定时期内，这种情形将得以延续，将不存在某种单片机一统天下的垄断局面，走的是依存互补、相辅相成、共同发展的道路。

1.1.3 应用领域

单片机具有体积小、价格低、实时控制能力强、易于扩展等特点，已成为科技领域的有力工具，人类生活的得力助手。它的应用非常广泛，主要表现在以下几个方面。

1. 智能仪器仪表

用单片机改造原有的测量、控制仪表，能促使仪表向数字化、智能化以及多功能化方向发展，并使长期以来测量仪表中的误差修正和线性化处理等难题迎刃而解。由单片机构成的智能仪表，集测量、处理、控制功能于一体，从而赋予测量仪表以新的内涵。

2. 机电一体化产品

机电一体化产品是指集成机械技术、微电子技术、计算机技术于一体，具有智能化特征的机电产品，例如，微机控制的车床、钻床等。单片机作为其中的控制器，能充分发挥它体积小、可靠性高、功能强等优点，可大大提高机器的智能化程度。

3. 实时控制

单片机具有较强的实时数据处理能力和控制能力，被广泛地应用于各种实时控制系统中，例如，工业测控、航空航天、尖端武器、机器人等。

4. 分布式控制系统

在比较复杂的系统中，常采用分布式控制结构，系统由多个节点组成，每个节点采用一个单片机作为控制器，各自完成特定的任务，如：对现场信息进行实时的测量和控制等。单片机与单片机之间通过串行通信接口相连，采用一定的协议进行通信，实现整个系统的功能。单片机的高可靠性和强抗干扰能力，使它可以工作于恶劣环境的前端。

5. 家居生活

自单片机诞生以来，就逐渐步入人类生活中，如空调、电视机、洗衣机、电冰箱、电子玩具、收录机等家用电器中都有它的身影，目前又被广泛地应用在智能家居领域，如家庭防盗报警、家居物联网等。单片机的应用，大大提高了家居电子产品的智能化程度，使人们生活更加方便、舒适、丰富多彩。

另外，在其他领域中，单片机也有着广泛的应用，如汽车自动驾驶系统、军事技术应用等。

1.2 单片机的硬件结构

MCS－51 是 Intel 公司在 20 世纪 80 年代推出的系列单片机产品，它包括 8051、8031 和 8751、80C51、80C31 和 87C51 几种型号。20 世纪 80 年代中期以后，Intel 公司以专利转让的形式把 8051 内核技术转让给许多著名的半导体厂商，如：Atmel、Philips 等。之后，这些半导体厂商相继生产了许多与 MCS－51 兼容的单片机，比较典型的有 AT89C51、AT89S51、AT89C2051 和 P87C591 等。从产品型号上讲，MCS－51 系列单片机品种不断丰富、功能不断加强，目前已成为我国应用最为广泛的单片机系列之一。但从结构上说，所有的这些单片机都是以 8051 为内核，其硬件结构和指令系统基本相同。因此，本节以 8051 单片机为例介绍 MCS－51 系列单片机的硬件结构。

1.2.1 基本组成

图 1-1 所示为 8051 单片机的功能结构框图。

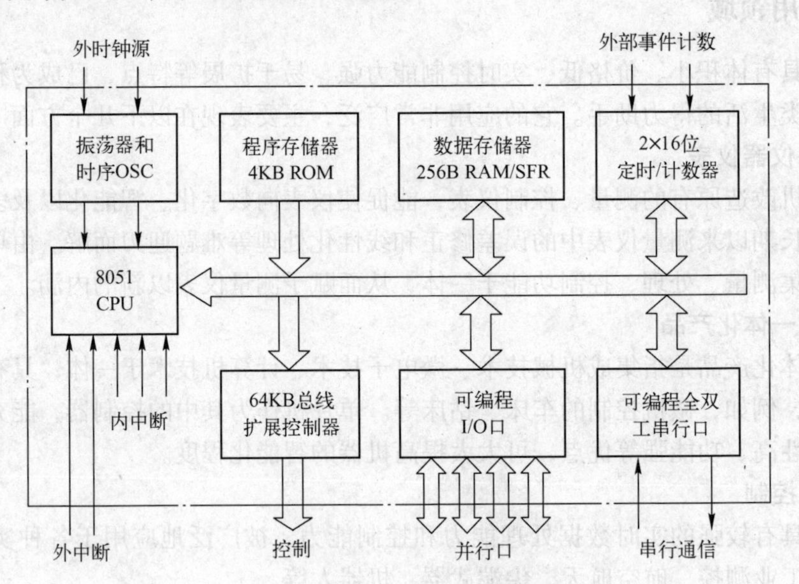

图 1-1 8051 单片机功能结构框图

从图 1-1 中可以看出，8051 单片机主要包括以下几大功能模块。

1. 中央处理器（CPU）

CPU 是单片机的核心，它是 8 位数据宽度的处理器，能处理 8 位二进制数据或代码，其主要任务是负责控制、指挥和调度整个系统协调工作，完成运算和控制等功能。

2. 程序存储器（ROM）

片内程序存储器容量为 4 KB，主要用于存放程序代码、原始数据和表格。但也有一些单片机内部不带 ROM，如 8031、80C31 等。

3. 数据存储器（RAM）

片内有 128 个 8 位用户数据存储单元，用于存放可以随时读/写的数据，如运算的中间结果、临时数据等。另外，内部还有 128 个专用寄存器（8 位）单元，用于配置单片机内部各个功能模块或存放一些控制指令数据。

4. 并行输入/输出（I/O）端口

四个 8 位并行 I/O 口 P0 ~ P3，每个口既可以用做输入口，也可以用做输出口。

5. 定时/计数器

两个 16 位定时/计数器 T0 和 T1，可作为定时器或计数器使用，通过编程配置可工作于 4 种不同的工作模式下。

6. 中断系统

5 个中断源的中断控制系统，包括：两个外部中断（$\overline{INT0}$和$\overline{INT1}$）和三个内部中断（定时/计数器 T0、T1 及串口中断）。每个中断源均可设置为高优先级或低优先级。

7. 串行通信接口

一个全双工通用异步接收发送器（Universal Asynchronous Receiver/Transmitter，UART）串行 I/O 口，可实现单片机与单片机或其他微机之间的串行数据通信。

8. 时钟电路

片内振荡器和时钟产生电路用于产生整个单片机运行的脉冲时序，对单片机的运行速度起着决定性的作用。但石英晶体和微调电容需要外接，最高允许振荡频率为 12MHz。

以上各个部分通过内部总线相连接。

1.2.2 中央处理器

单片机内部最核心的部分是 CPU，它是单片机的大脑和心脏。CPU 的主要功能是产生各种控制信号，控制存储器、输入/输出端口的数据传送、数据的算术运算/逻辑运算以及位操作处理等。CPU 从功能上可分为控制器和运算器两部分。

1. 控制器

如图 1-2 所示，控制器由程序计数器、指令寄存器、指令译码器、定时控制与条件转移逻辑电路等组成。它的功能是对来自存储器中的指令进行译码，通过定时控制电路，在规定的时刻发出各种操作所需的全部控制信号，使各部分协调工作，完成指令所规定的功能。控制器各功能部件简述如下：

（1）程序计数器

程序计数器（Program Counter，PC）是一个 16 位的专用寄存器，用来存放下一条指令的地址，它具有自动加 1 的功能。当 CPU 要取指令时，会将 PC 的内容送至地址总线上，从存储器中取出指令后，PC 内容自动加 1，指向下一条指令，以保证程序按顺序执行。

（2）指令寄存器

指令寄存器是一个 8 位的寄存器，用于暂存待执行的指令，等待译码。

（3）指令译码器

指令译码器对指令寄存器中的指令进行译码，将指令转变为执行此指令所需要的电信号，根据译码器输出的信号，再经定时控制电路定时产生执行该指令所需要的各种控制信号。

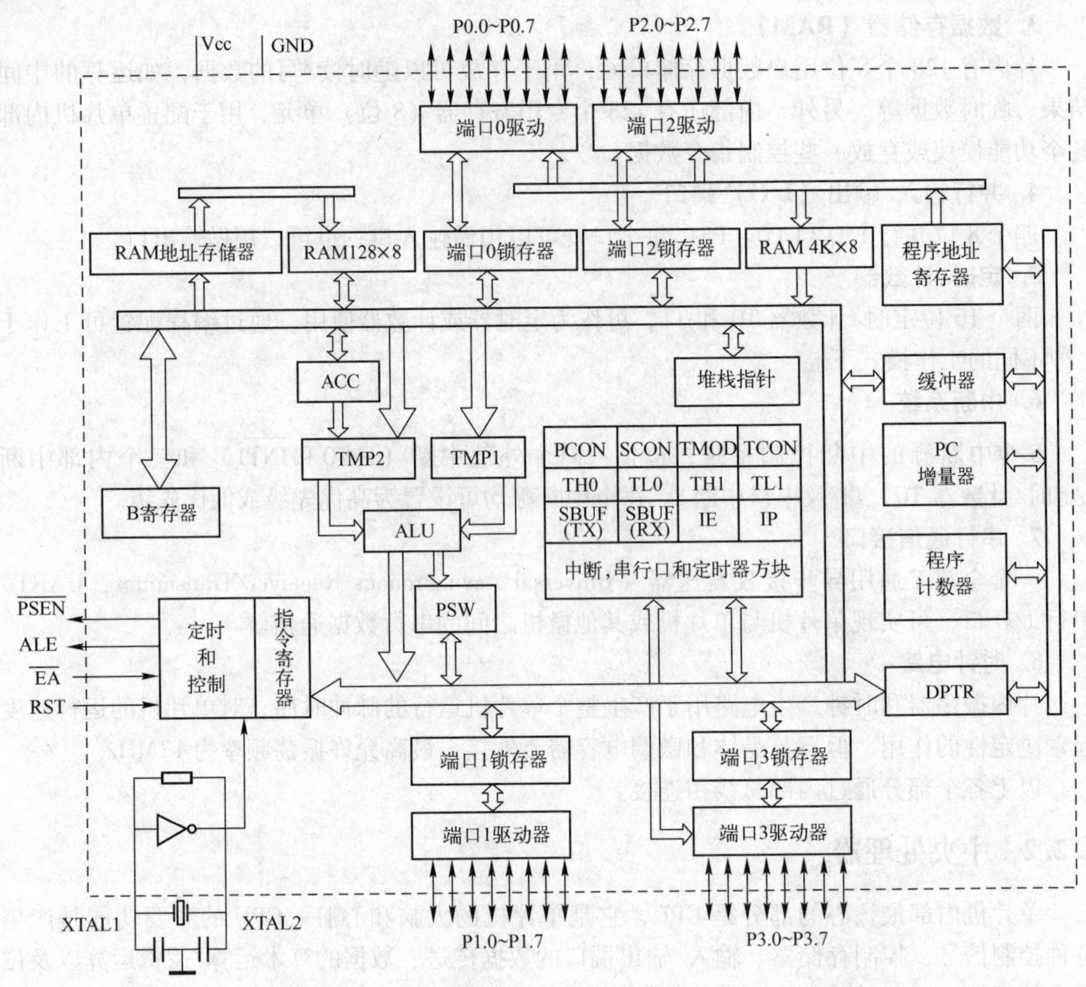

图 1-2　8051 单片机内部结构图

（4）数据指针 DPTR

DPTR 是一个 16 位的专用地址指针寄存器，也可以拆成两个独立的 8 位寄存器，即 DPH（高 8 位）和 DPL（低 8 位）。它主要用来存放 16 位地址，作间接寻址寄存器使用。可用于存放片内 ROM 地址，也可用于存放片外 RAM 和片外 ROM 地址，对它们的访问就可使用 DPTR 来寻址。

（5）振荡器及定时电路

8051 单片机内有振荡电路，只需外接石英晶体和频率微调电容（2 个 30 pF 左右），其频率范围为 1.2～12 MHz，该脉冲信号作为 8051 工作的最基本节拍，即时间的最小单位。8051 同其他计算机一样，在基本节拍的控制下协调工作，就像乐队按着指挥的节拍演奏一样。

2. 运算器

运算器由算术逻辑运算部件 ALU、累加器 ACC、两个 8 位暂存器（TMP1、TMP2）、程序状态寄存器 PSW、BCD 码运算调整电路等组成。为了提高数据处理和位操作功能，片内还增加了一个通用寄存器 B 和一些专用寄存器以及位处理逻辑电路。

(1) 算术逻辑运算部件 ALU

ALU 不仅可对 8 位变量进行按位“与”、“或”、“异或”等基本操作，还可以进行加、减、乘、除等基本运算。ALU 还具有一般的微机 ALU 所不具备的功能，即位处理操作功能，如置位、清 0、求补、逻辑“与”、逻辑“或”等操作。

(2) 累加器 ACC

ACC 是一个 8 位累加器，它通过暂存器与 ALU 相连，是 CPU 工作中使用最频繁的寄存器，用来存一个操作数或结果，程序中也可写为“A”。

(3) 寄存器 B

寄存器 B 是为执行乘法和除法操作而设置的，与 ACC 构成寄存器对 AB。一般情况下，还可以作为内部 RAM 中的一个单元来使用。

(4) 程序状态寄存器 PSW

PSW 是一个 8 位寄存器，用于存放程序运行中的各种状态信息，PSW 各位的定义如下：

	D7	D6	D5	D4	D3	D2	D1	D0
PSW	CY	AC	F0	RS1	RS0	OV	F1	P

其中，

CY（PSW.7）是进位标志位，有进位或借位时，CY 被硬件置“1”，否则被清“0”。

AC（PSW.6）是半进位标志位，也称辅助进行标位，在进行加或减运算时，低 4 位向高 4 位产生进位或借位时，将由硬件置“1”，否则清“0”。

F0（PSW.5）是用户标志位，由用户置“1”或清“0”，可作为用户自定义的一个状态标记。

RS1 RS0（PSW.4 PSW.3）是工作寄存器组指针，用于选择 CPU 当前工作的寄存器组。用户可用软件来改变 RS1 RS0 的值，以切换当前的寄存器组。RS1 RS0 与寄存器组的对应关系见表 1-1。

表 1-1　工作寄存器地址表

RS1	RS0	寄存器组	片内 RAM 地址
0	0	第 0 组	00H ~ 07H
0	1	第 1 组	08H ~ 0FH
1	0	第 2 组	10H ~ 17H
1	1	第 3 组	18H ~ 1FH

OV（PSW.2）是溢出标志位，当进行算术运算时，若产生溢出，则由硬件将 OV 置“1”，否则清“0”。OV 置“1”表示结果超出目的寄存器 A 所能表示的带符号数的范围（-128 ~ 127）。

F1（PSW.1）是用户标志位，同 F0。

P（PSW.0）是奇偶标志位，该位始终跟踪累加器 A 内容的奇偶性。如果有奇数“1”，则 P 置“1”，否则清“0”。凡是改变累加器 A 中内容的指令均会影响 P 标志位。

(5) 堆栈指针 SP

SP 是一个 8 位寄存器，在堆栈操作中用于指定堆栈顶部在内部 RAM 中的位置，可自动加“1”或减“1”，系统复位后，SP 初始化为 07H。主要用于程序设计中保护现场用，进出栈遵循“先进后出”的原则。

1.2.3 引脚功能

早期的51系列单片机多采用DIP封装结构，但这种封装的缺点是体积较大。为了适应电路板小型化的要求，后来又陆续出现了PLCC和TQFP封装形式的单片机。8051单片机采用DIP40封装形式，其引脚排列如图1-3a所示，可分为电源引脚、时钟引脚、控制引脚及并行I/O引脚四类。

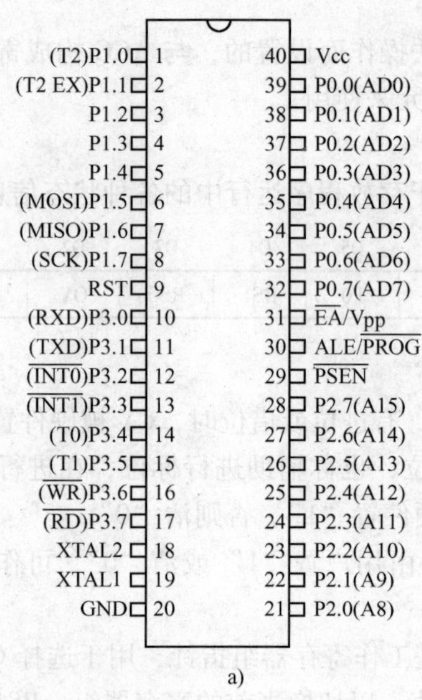

a)

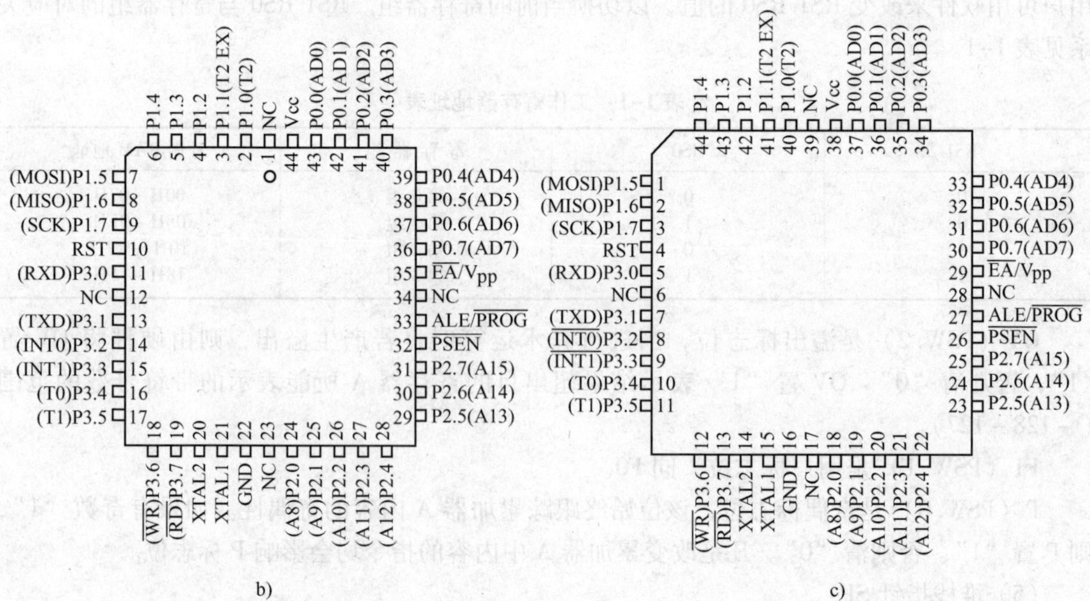

图1-3 单片机引脚图

a）DIP封装 b）PLCC封装 c）TQFP封装

1. 电源引脚

1）Vcc（引脚 40）：电源端，接 +5V。

2）GND（引脚 20）：接地端。

2. 时钟引脚

1）XTAL2（引脚 18）：内部振荡电路反相放大器的输出端，接外接晶振的一个引脚。当采用外部振荡器时，此引脚悬空。

2）XTAL1（引脚 19）：内部振荡电路反相放大器的输入端，接外接晶振的另一个引脚。当采用外部振荡器时，此引脚接外部振荡源。

3. 控制引脚

1）RST（引脚 9）：RST 是复位信号输入端，高电平有效。当在此引脚保持两个机器周期（24 个时钟振荡周期）以上的高电平时，就可以完成复位操作。

2）ALE/$\overline{\text{PROG}}$（ADDRESS LATCH ENABLE/PROGRAMMING，引脚 30）：地址锁存允许信号端。当 8051 上电并正常工作后，ALE 引脚不断向外输出脉冲信号，此频率为振荡器频率 f_{OSC} 的 1/6。

CPU 访问片外存储器时，ALE 输出信号作为锁存低 8 位地址的控制信号；当 CPU 不访问片外存储器时，ALE 端可以用做对外输出时钟或定时信号。如果你想看一下 8051 芯片是否正常，可用示波器查看 ALE 端是否有频率为 $f_{OSC}/6$ 的脉冲信号输出，若有，则 8051 基本上是正常的。

第二功能$\overline{\text{PROG}}$：在对片内带有 EPROM 的单片机编程写入（固化程序）时，作为编程脉冲的输入端。

3）PSEN（PROGRAM STORE ENABLE，引脚 29）：程序存储允许输出信号端。在访问片外程序存储器时，此端定时输出负脉冲作为读片外存储器的选通信号，接外部程序存储器的$\overline{\text{OE}}$端。

4）$\overline{\text{EA}}/V_{PP}$（ENABLE ADDRESS/VOLTAGE PULSE OF PROGRAMMING，引脚 31）：外部程序存储器地址允许输入端/固化编程电压输入端。

当$\overline{\text{EA}}$引脚接高电平时，CPU 只访问片内 ROM 并执行内部程序存储器中的指令，但在 PC（程序计数器）的值超过 0FFFH（8051 单片机为 4 KB）时，将自动转向执行片外程序存储器内的程序。

当$\overline{\text{EA}}$引脚接低电平时，CPU 只访问外部 ROM 并执行外部程序存储器的指令，而不管是否有片内程序存储器。对无片内 ROM 的 8031，需外扩 EPROM，此时必须将$\overline{\text{EA}}$引脚接地。

第二功能 V_{PP}：对片内 EPROM 固化编程时，此引脚接较高的编程电压（一般为 21V）。

4. 并行 I/O 引脚

1）P0 口（P0.0 ~ P0.7，引脚 39 ~ 32）：是一个漏极开路的 8 位双向 I/O 端口。具有两种功能，一是作为准双向 I/O 口使用，二是在 CPU 访问片外存储器时，分时提供低 8 位地址和 8 位数据的复用总线。

2）P1 口（P1.0 ~ P1.7，引脚 1 ~ 8）：是一个内部带上拉电阻的 8 位准双向 I/O 端口。

3）P2 口（P2.0～P2.7，引脚21～28）：是一个内部带上拉电阻的8位准双向I/O端口。具有两种功能，一是作为准双向I/O口使用，二是在访问片外存储器时，作为高8位地址总线。

4）P3 口（P3.0～P3.7，引脚10～17）：是一个内部带上拉电阻的8位双向I/O端口。P3口与其他I/O端口有很大区别，它除了作为一般准双向I/O口外，每个引脚还具有专门的功能，见表1-2。

表1-2　P3口第二功能表

端　口	第二功能
P3.0	RXD（串行口输入）
P3.1	TXD（串行口输出）
P3.2	$\overline{INT0}$（外部中断0输入）
P3.3	$\overline{INT1}$（外部中断1输入）
P3.4	T0（计数器0的外部输入）
P3.5	T1（计数器1的外部输入）
P3.6	$\overline{WR}$（片外数据存储器写选通控制端）
P3.7	$\overline{RD}$（片外数据存储器读选通控制端）

1.2.4　存储器结构

MCS－51系列单片机与一般微机的存储器配置方式很不相同。一般微机通常只有一个地址空间，ROM和RAM可以随意安排在这一地址范围内的不同区域，即ROM和RAM的地址同在一个队列里分配不同的地址空间，CPU访问存储器时，一个地址对应唯一的存储器单元，可以是ROM也可以是RAM，并用同类访问指令。此种存储结构称为普林斯顿结构。51系列单片机的存储器在物理结构上分程序存储器空间和数据存储器空间，这种程序存储器和数据存储器分开的结构形式，称为哈佛结构。其分布情况如图1-4所示。

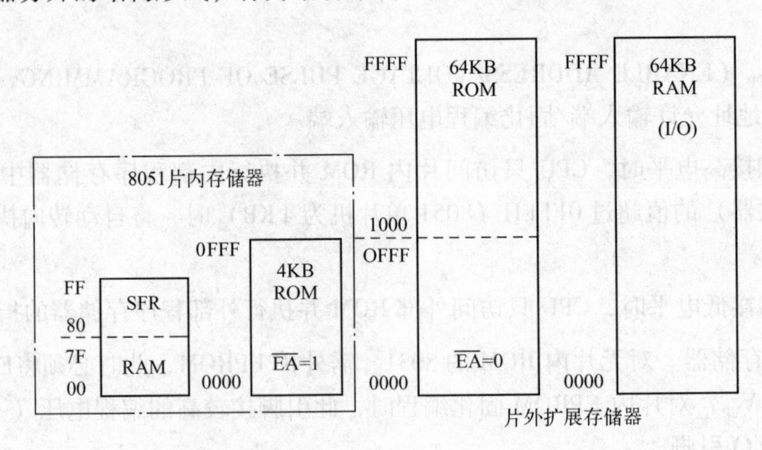

图1-4　8051单片机存储器空间分布图

1. 程序存储器

程序存储器（Read Only Memory，ROM）为只读存储器，即只能从中读取数据，而不能在单片机运行过程中，在线地写入数据，同时，它具有掉电不丢失数据的特点。它主要用于存放程序代码和表格、常数等，这些代码及数据需通过编程器写入。

8051 单片机的程序存储器通过 16 位程序计数器（PC）进行寻址，寻址能力为 64 KB。片内 ROM 容量为 4 KB，地址为 0000H ~ 0FFFH，片外最多可扩至 64 KB，地址为 1000H ~ FFFFH，片内外是统一编址的，并且访问指令相同，均为 MOVC 类指令。

当引脚$\overline{EA}$接高电平时，程序计数器 PC 在 0000H ~ 0FFFH 范围内（即前 4 KB 地址）执行片内 ROM 中的程序，当指令地址超过 0FFFH 后，就自动地转向片外 ROM，从 1000H 开始取指令。

当引脚$\overline{EA}$接低电平时，8051 片内 ROM 不起作用，CPU 只能从片外 ROM 中取指令，地址从 0000H 开始。这种接法特别适用于采用 8031 单片机的场合，由于 8031 片内不带 ROM，所以使用时必须使$\overline{EA}$ = 0，以便能从外部扩展的 EPROM（如 2764、2732）中取指令。

程序存储器的某些单元是留给系统使用的，见表 1-3。其中，0000H ~ 0002H 用于存放初始化引导程序。单片机上电复位后，PC 指向 0000H 位置，CPU 从该单元开始取指令执行程序。0003H、000BH、0013H、001BH、0023H 分别为外部中断 0、定时/计数器 T0 溢出中断、外部中断 1、定时/计数器 T1 溢出中断、串口中断的矢量入口地址。当中断响应时，按照中断的类型，PC 会自动转向各自的中断矢量入口地址位置，实际使用过程中，通常会在这些入口地址位置存放一条绝对转移指令，使 PC 跳转到用户安排的中断服务程序起始地址，从而使 CPU 开始执行各自的中断服务程序。

表 1-3　保留的存储单元

存储单元	保留目的
0000H ~ 0002H	复位后初始化引导程序
0003H ~ 000AH	外部中断 0
000BH ~ 0012H	定时/计数器 T0 溢出中断
0013H ~ 001AH	外部中断 1
001BH ~ 0022H	定时/计数器 T1 溢出中断
0023H ~ 002AH	串行端口中断

2. 数据存储器

数据存储器（Random Access Memory，RAM）为随机存取存储器，既可从中读取数据，也可向其写入数据，但掉电后，存放的数据会自动丢失。主要用于存放运算中间结果、临时数据等。

8051 单片机的数据存储器无论在物理上或逻辑上都分为两个地址空间：一个是片内 256 B 的 RAM；另一个是片外 RAM，最大可扩展到 64 KB。片内和片外 RAM 均从 0000H 开始编址，访问时通过指令进行区分，片内采用 MOV 类指令，片外采用 MOVX 类指令。

8051 单片机的片内数据存储器结构如图 1-5 所示。总容量为 256 B，但实际提供给用户使用的空间只有 128 B（地址范围为 00H ~ 7FH），分为工作寄存器区、可位寻址区和用户区；其余空间（80H ~ FFH）为特殊功能寄存器（Special Function Register，SFR）区，用于存放一些专用寄存器。

（1）工作寄存器区

地址为 00H ~ 1FH 的 32 个单元是 4 个通用工作寄存器区，每个区含 8 个 8 位通用寄存器 R0 ~ R7。如表 1-1 所示，用户可以通过指令改变 PSW 中的 RS1、RS0 来指定当前程序使用的寄存器区，这种功能可用于保护现场和恢复数据。在单片机运行过程中，任何时候至多只有一组寄存器工作，此时其余的寄存器区可以作为一般的数据存储器使用。

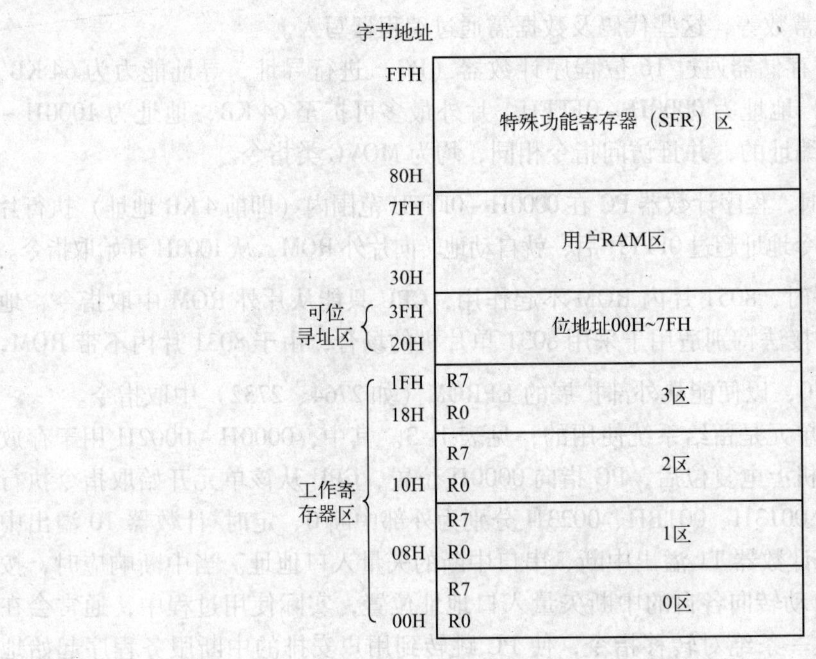

图 1-5　8051 单片机的内部数据存储器结构

（2）可位寻址区

20H～2FH 为可位寻址区。这 16 B 的单元具有双重功能：它们可以作为一般的数据缓冲区，采用字节地址进行寻址，即每次访问一个字节单元，实现对一个字节数据的读/写操作；同时，这些单元中的每一位都有自己的位地址，可采用位地址寻址方式，实现对任意一位的读/写操作。可位寻址区位地址映像如图 1-6 所示。

位地址（HEX）

字节地址	MSB							LSB
2FH	7F	7E	7D	7C	7B	7A	79	78
2EH	77	76	75	74	73	72	71	70
2DH	6F	6E	6D	6C	6B	6A	69	68
2CH	67	66	65	64	63	62	61	60
2BH	5F	5E	5D	5C	5B	5A	59	58
2AH	57	56	55	56	53	52	51	50
29H	4F	4E	4D	4C	4B	4A	49	48
28H	47	46	45	44	43	42	41	40
27H	3F	3E	3D	3C	3B	3A	39	38
26H	37	36	35	34	33	32	31	30
25H	2F	2E	2D	2C	2B	2A	29	28
24H	27	26	25	24	23	22	21	20
23H	1F	1E	1D	1C	1B	1A	19	18
22H	17	16	15	14	13	12	11	10
21H	0F	0E	0D	0C	0B	0A	09	08
20H	07	06	05	04	03	02	01	00

图 1-6　可位寻址区地址映像

每个字节地址指向一个8位的存储单元，每个位存储单元对应一个位地址，位地址范围为00H～7FH。可位寻址区是对字节存储器的有效补充，通常用于存放程序中定义的位变量。

（3）用户区

用户区为一般的数据缓冲区，采用字节地址进行访问。用户区（字节）地址范围为30H～7FH。

（4）特殊功能寄存器（SFR）区

特殊功能寄存器是相对于通用寄存器R0～R7而言的，这些寄存器的功能或用途已作了专门规定，主要用来对片内各功能模块进行管理和控制，对程序运行状态进行监视等。对于应用者来说，掌握了SFR，也就基本掌握了单片机。

8051单片机的特殊功能寄存器共有21个，其名称与分布如图1-7所示。其中，寄存器B、累加器A（也可写为ACC）、程序状态寄存器PSW、堆栈指针SP、16位数据指针DPTR（分高8位DPH和低8位DPL）在1.2.2节已作说明。寄存器P0～P3用于4个并行I/O口的控制，寄存器IP及IE用于配置中断系统，寄存器TCON、TMOD、TL0、TL1、TH0及TH1用于配置定时/计数器T0、T1，寄存器SCON、SBUF及PCON用于配置串行通信接口。

字节地址	0	1	2	3	4	5	6	7	字节地址
F8H									FFH
F0H	B								F7H
E8H									EFH
E0H	A								E7H
D8H									DFH
D0H	PSW								D7H
C8H									CFH
C0H									C7H
B8H	IP								BFH
B0H	P3								B7H
A8H	IE								AFH
A0H	P2								A7H
98H	SCON	SBUF							9FH
90H	P1								97H
88H	TCON	TMOD	TL0	TL1	TH0	TH1			8FH
80H	P0	SP	DPL	DPH				PCON	87H

8字节

可按位寻址的SFR（第0列）

图1-7 SFR的名称及分布

从图1-7中还可发现，有11个寄存器是可以进行位寻址的，且它们有一个共同的特点：其十六进制地址的末位，只能是0H或8H。这些可位寻址特殊功能寄存器地址映像如图1-8所示，其最低位地址值等于其字节地址值，共有83个位地址单元，加上RAM 20H～2FH单元中的128个可位寻址单元，就构成了8051单片机的整个位地址空间。

另外，使用8051单片机的存储器时，要注意以下两点：

1）能够作为用户数据存放区的片内数据存储器最多只有128 B。SFR区是不能作为一般数据缓冲区使用的，只能作为寄存器使用，并且在访问它时，既可直接用寄存器名，也可用字节地址或位地址。

字节地址	位地址（HEX）MSB							LSB	寄存器名
F0H	F7	F6	F5	F4	F3	F2	F1	F0	B
E0H	E7	E6	E5	E4	E3	E2	E1	E0	A
D0H	D7	D6	D5	D4	D3	D2	D1	D0	PSW
B8H	-	-	-	BD	BB	BA	B9	B8	IP
B0H	B7	B6	B5	B4	B3	B2	B1	B0	P3
A8H	AF	-	-	AC	AB	AA	A9	A8	IE
A0H	A7	A6	A5	A4	A3	A2	A1	A0	P2
98H	9F	9E	9D	9C	9B	9A	99	98	SCON
90H	97	96	95	94	93	92	91	90	P1
88H	8F	9E	8D	8C	8B	8A	89	88	TCON
80H	87	86	85	84	83	82	81	80	P0

图 1-8　可位寻址的 SFR 地址映像

2）128 B 的 SFR 区中仅有 21 B 是有定义的。尚未定义的字节地址单元用户不能使用，若访问这些没有定义的单元，则将得到一个不确定的随机数。

1.3　单片机最小系统

最小系统是指用最少元件组成的单片机可以工作的应用系统，一般应包括单片机、电源、时钟电路、复位电路四部分。8051 单片机的最小系统电路如图 1-9 所示。

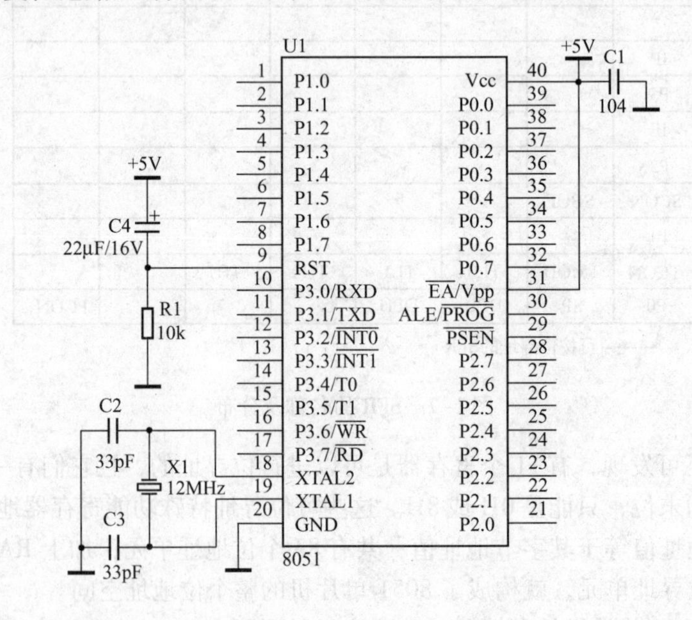

图 1-9　8051 单片机最小系统电路

1.3.1　电源

8051 单片机供电电压范围为 DC 4.0 ~ 5.5 V。其中，引脚 40 接电源正端，引脚 20 接电源地。电源正端和地之间通常要加上 0.1 μF 的滤波稳压电容。

1.3.2　时钟电路

单片机内部有一个由高增益反向放大器构成的振荡电路，XTAL1（引脚 19）、XTAL2（引脚 18）分别为振荡电路的输入和输出端，时钟可以由内部方式或外部方式产生。

内部方式时钟电路如图 1-10a 所示，在 XTAL1 和 XTAL2 两端跨接石英晶体及两个电容就构成了稳定的自激振荡器，电容 C2、C3 的取值通常在 30 pF 左右，对振荡频率有微调作用。

外部方式时钟电路如图 1-10b 所示，外部脉冲信号由引脚 XTAL1 输入，直接送至内部时钟电路，引脚 XTAL2 悬空即可。

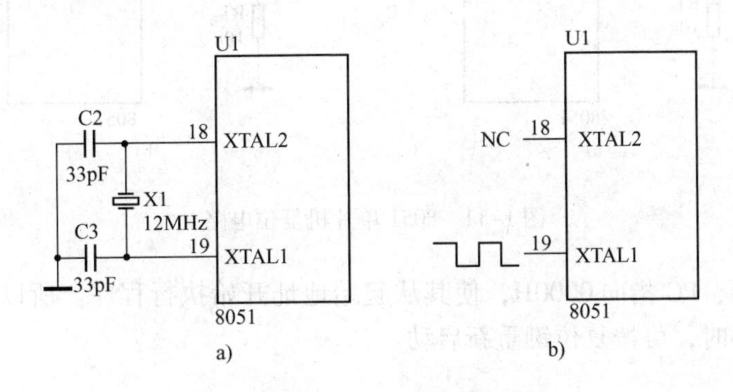

图 1-10　8051 单片机时钟电路

8051 单片机振荡（晶振）频率 f_{osc} 的范围为：1.2 ~ 12 MHz。单片机运行时最小时间单元为 1 个机器周期，即 12 个时钟周期（或振荡周期 $1/f_{osc}$）。每条指令的执行时间（指令周期）为 1 个、2 个或 4 个机器周期。

1.3.3　复位电路

在振荡器正常运行情况下，要实现对 8051 单片机复位，必须在 RST 引脚至少持续加两个机器周期（24 个振荡周期）的高电平。CPU 在 RST 引脚出现高电平后的第二个机器周期执行内部复位，以后每个机器周期重复一次，直至 RST 端变低。复位期间不产生 ALE 和 $\overline{\text{PSEN}}$信号。复位后，特殊功能寄存器状态如表 1-4 所示。

单片机的复位有上电自动复位和手动复位两种。如图 1-11a 所示，上电瞬间，RST 端电位与 Vcc（+5 V）相同，随着 RC 电路充电电流的减小，RST 端的电位逐渐下降，只要在 RST 处保持两个机器周期以上的高电平就能使单片机有效复位。在此使用 10 kΩ 电阻和 22 μF电容，其时间常数足以满足要求。通常，我们还会在电容两端并接一个按键开关，如图 1-11b 所示，当开关常开时为上电复位，当常开键闭合时，相当于 RST 端与 Vcc 电源接通，提供足够宽度的高电平完成手动复位。

表 1-4　复位后特殊功能寄存器状态表

寄　存　器	内　　容	寄　存　器	内　　容
PC	0000H	IE	0××00000B
ACC	00H	TMOD	00H
B	00H	TCON	00H
B	00H	TH0	00H
PSW	00H	TL0	00H
SP	07H	TL1	00H
DPTR	0000H	SCON	00H
P0 ~ P3	FFH	SBUF	××××××××B
IP	×××00000B	PCON	0×××××××B

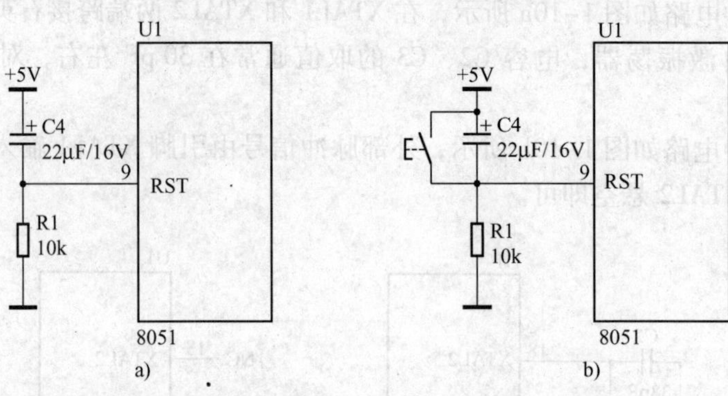

图 1-11　8051 单片机复位电路

单片机复位后，PC 指向 0000H，使其从起始地址开始执行程序。所以，当单片机运行出错或进入死循环时，可按复位键重新启动。

1.4　总结交流

本章着重阐述了单片机的内部结构和最小系统，并对单片机的发展及应用情况作了简要介绍，使读者对单片机有了初步的了解。

1. 本章学习重点

1）单片机的内部结构：主要由 CPU、程序存储器、数据存储器、I/O 口、定时/计数器、串行通信接口、中断系统以及振荡电路组成。

2）各引脚的功能，重点是理解各控制引脚的功能。

3）存储器的分类、特点、容量大小、内部结构以及使用方法。

4）构成单片机最小系统的要素，理解电路的工作原理，学会设计单片机最小系统。

5）单片机的复位条件，晶振频率范围，时钟周期、机器周期和指令周期的意义。

2. 本章注意事项

在学习过程中，还有以下几个名词的含义需引起注意：

（1）“字节地址”与“位地址”

若某个地址指向的是一个字节单元，则该地址称为“字节地址”，如图 1-7 中的地址“80H”，它指向的是寄存器 P0，而寄存器 P0 内存放的是一个字节的数据，因此，该地址为“字节地址”；而若某个地址指向的是一个位，则该地址称为“位地址”，如 P0 寄存器的最低位，其对应的位地址也为“80H”，如图 1-8 所示。

(2)“指针寄存器”

单片机内部绝大多数寄存器，其内部存放的都是直接数据。而对于寄存器 DPTR 和 SP，存放的是存储器的地址（数据在存储器中的存放位置），这些寄存器称为“指针寄存器”，如复位时，SP 内部存放的数据为“07H”，这个“07H”是指数据存储器的 07H 单元，该单元中存放的是一个字节的数据，如“99H”。

3. 确保单片机正常运行的步骤

在进行系统调试时，若发现单片机工作异常，应按照如下步骤进行测试判断：

1）测试单片机的电源是否正常，即引脚 40 对引脚 20 的电压应为 5V。

2）查看 $\overline{EA}$ 脚接法是否正确，通常对于内部含有程序存储器的 8051 单片机来说，该引脚应接高电平。

3）检查外部时钟电路是否正常，主要是测试线路的连接情况，以及利用示波器测试晶振的好坏。

4）检查 RST 脚电平是否正常，单片机加电运行时，该引脚应为低电平，否则单片机将一直处于复位状态。

一般来说，在上述四点都正常的情况下，若单片机还是不能正常工作，则可以判定单片机已损坏。当然，还可以利用示波器测试 ALE 端，查看是否有频率为 $f_{OSC}/6$ 的脉冲信号输出，从而进一步确定单片机的好坏。

第 2 章　单片机开发工具与流程

单片机应用系统的开发过程主要包括硬件设计、软件设计及系统调试等部分。本章将首先对各部分所采用的开发工具进行简要介绍，再阐述应用系统的一般开发流程。

2.1　硬件开发工具 Altium Designer

硬件设计的主要任务是：根据设计需求，绘制电路图及印制电路板（Printed Circuit Board，PCB）。

常用的电路设计软件种类很多，Protel 就是其中一种，后经过 Altium 公司的进一步开发，相继又推出了 Protel DXP 和 Altium Designer 等系列软件。Altium Designer 基于一个软件集成平台，把为电子产品开发提供完整环境所需的工具全部整合在一个应用软件中，包含了所有设计任务所需的工具：原理图设计、电路仿真、信号完整性分析、PCB 设计、基于 FPGA 的嵌入式系统设计和开发等。目前，Altium Designer 被设计者广泛采用。

硬件设计的难点是 PCB 的绘制。正式设计之前，必须了解 PCB 的一些基本概念。

1. PCB 的组成

印制电路板主要由基板、铜箔和粘合剂构成。基板由高分子合成树脂或增强材料组成的绝缘层压板制成。铜箔是制造 PCB 的关键材料，它必须具有较高的导电率及良好的焊接性。有了铜箔和基板，还需要粘合剂将它们粘合在一起，该辅材的性能，决定了铜箔能否可靠地敷在基板上，以保证在焊接时不易脱落。

在一块制作完成的 PCB 上，可以看到表面的线路。原本铜箔是覆盖在整个基板上的，称为敷铜板，在制造过程中将不要的铜箔蚀刻掉，留下来的部分就成了 PCB 上的线路，也就是为电子元器件提供电气连接的导线。

与导线一样重要的还有焊盘，它起到安装固定元器件的作用，主要有通孔直插式和表面安装（表贴）式两种。焊盘表面的处理大致有 3 种，即露铜的（时间长了表面易氧化）、喷锡的和镀金的（抗氧化）。另外，在线路板中还能看到一些字符，如 R1 和 C1 等，称为元件编号，一般被放置在相应元器件旁，用来指示该器件的位置。除了元件编号之外，还会有一些其他作用的字符。

2. PCB 的结构

按工作层面划分，PCB 可分为单面板、双面板和多层板。单面板采用单面走线，通常情况下，顶层是元件放置层，底层是布线层。这种结构的优点是制板价格便宜，但不适于线路连接复杂的电路。双面板的顶层和底层都可以布线，因此，与单面板相比，其布线的灵活性要大得多，而且价格也不是很高。为了保证走线的顺畅，通常会定义一面呈横向走线，而另一面则呈纵向走线，当一面的导线需要连接到另一面时，可以采用过孔实现。对于线路连接十分复杂的电路，在不增加 PCB 面积的前提下，只能依靠增加层数的方法来解决问题。以一块 4 层的 PCB 为例，它的上、下两层是信号层，而剩下的两层位于 PCB 的中间位置，是不可见的，一般作为电源网络专用层。当然，随着 PCB 层数的增加，其价格往往也会增高。

3. PCB 的层

整张敷铜板在经过一系列蚀刻等加工工艺后，铜箔成为一条条线路，这些线路所在层为印制层，在 Altium Designer 中被称为 Top Layer（顶层走线层）或者 Bottom Layer（底层布线层）。为了焊接 PCB 时方便，一般会在焊盘上喷上一层焊锡（或者只有露铜而不喷锡），这个焊锡（或露铜）是一个层，即焊锡层，在 Altium Designer 中被称为 Top Solder（顶层焊锡层）或者 Bottom Solder（底层焊锡层）。为了在焊接时，特别是浸焊或者波峰焊时，不至于将整块 PCB 的全部线路都吃上焊锡，需要将这些区域喷上阻焊油，这个阻焊油也是一个层。为了指示出 PCB 上各元器件的位置或外形，需要在元器件附近合适位置标上字符或线条，这些字符或线条所在层为丝印层，在 Altium Designer 中被称为 Top Overlay（顶层丝印层）或者 Bottom Overlay（底层丝印层）。另外，PCB 的外形轮廓（包括螺钉孔）也需要一个层来表示，称为机械层，在 Altium Designer 中表示为 Mechanical。禁止布线层在 Altium Designer 中以 Keep - Out Layer 表示，自动布线时，只会在禁止布线层指定的区域内部布线。

电路设计分为集成元件库的创建、原理图设计、PCB 设计三个主要步骤。下面以图 1-9 所示的单片机最小系统为例，介绍利用 Altium Designer 绘制原理图和 PCB 的基本方法。

2.1.1 创建集成元件库

元件库是所有元件的集合，包括原理图元件和 PCB 元件两种，它是绘制原理图及 PCB 的基础。其中，原理图元件是指在原理图中用来表示元器件的符号，而 PCB 元件即为元器件的封装形式。尽管 Altium Designer 系统自带有内容丰富的元件库，但电子元器件种类繁多，且设计要求各不相同，因此，还是需要设计者自己绘制一些元件，创建集成元件库。

首先打开 Altium Designer，单击“File\New\Project\Integrated Library”命令，创建一个新的集成元件库。再启动“File\Save Project”命令，将项目命名，如“MyIntLibrary”，并保存到指定位置，如“E:\ECU\IntLibrary\”目录下，如图 2-1 所示。

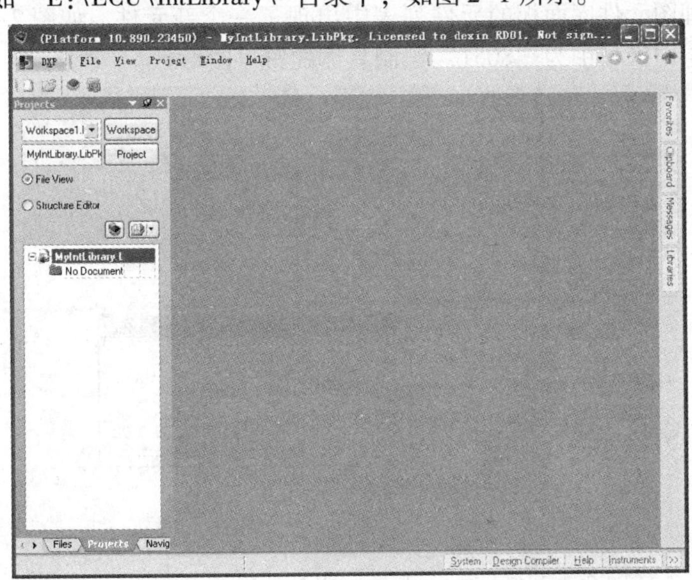

图 2-1 新建集成元件库界面

1. 添加原理图元件库

集成元件库项目创建成功后，启动“File\New\Library\Schematic Library”命令，为其添加一个原理图元件库，再将元件库保存到项目相同的位置，并命名为“SchLibrary”，最后启动“File\Save All”命令，再一次保存项目所有文档，至此，原理图元件库添加完成，如图 2-2 所示。

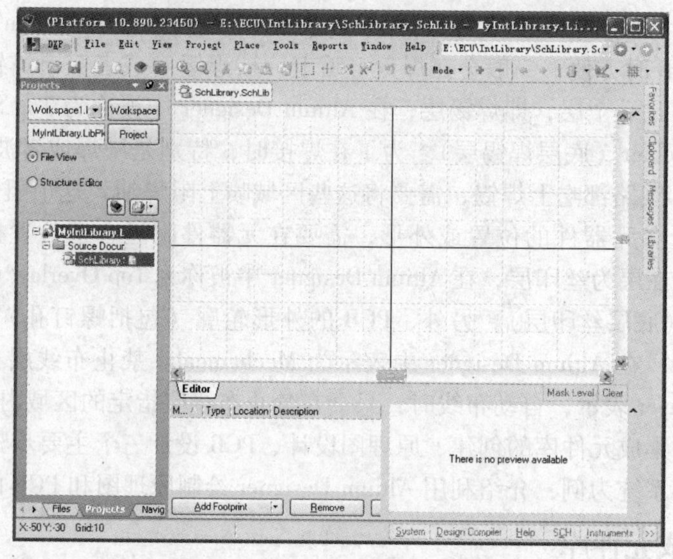

图 2-2　新建原理图元件库界面

2. 绘制原理图元件

将原理图元件库面板切换成当前面板，开始绘制元件。运用“Place\ ”菜单下的各种工具，即可完成原理图元件的绘制，各种元件的绘制方法也基本相同。下面以图 1-9 中的元件“8051 单片机”为例说明原理图元件的一般绘制方法。

首先启动“Tool\New Component”命令，为原理图元件库添加一个空白的新元件，此时会出现如图 2-3 所示的“New Component Name”对话框，输入元件名称，这里为“8051”。可以发现，在原理图元件库面板的元件列表中出现了一个新元件，如图 2-4 所示。接下来就可在面板中的空白区域中为“8051”绘制具体的符号图形。

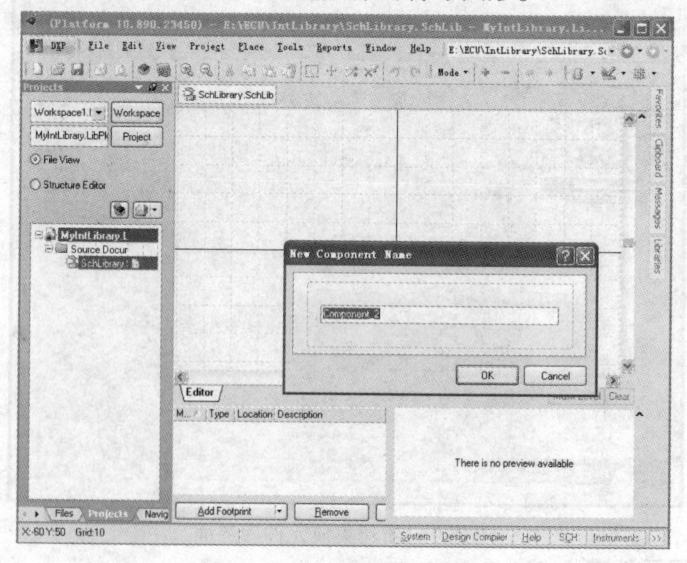

图 2-3　添加新元件对话框

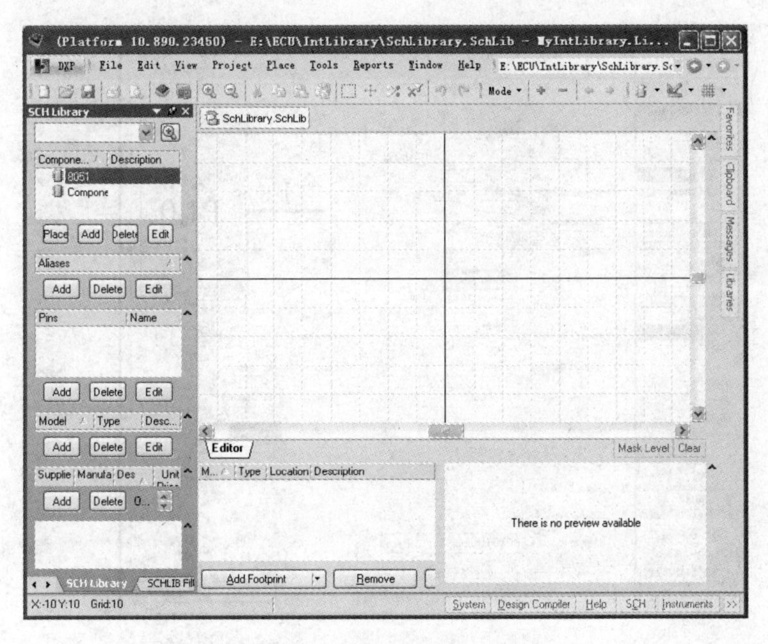

图 2-4　元件添加成功对话框

单击“Place\Rectangle”命令，在空白编辑区绘制一个矩形框，如图 2-5 所示，矩形框的大小可以参考图中的可视栅格（在编辑区单击鼠标右键选择“Options\Grids”，可设置栅格属性）。

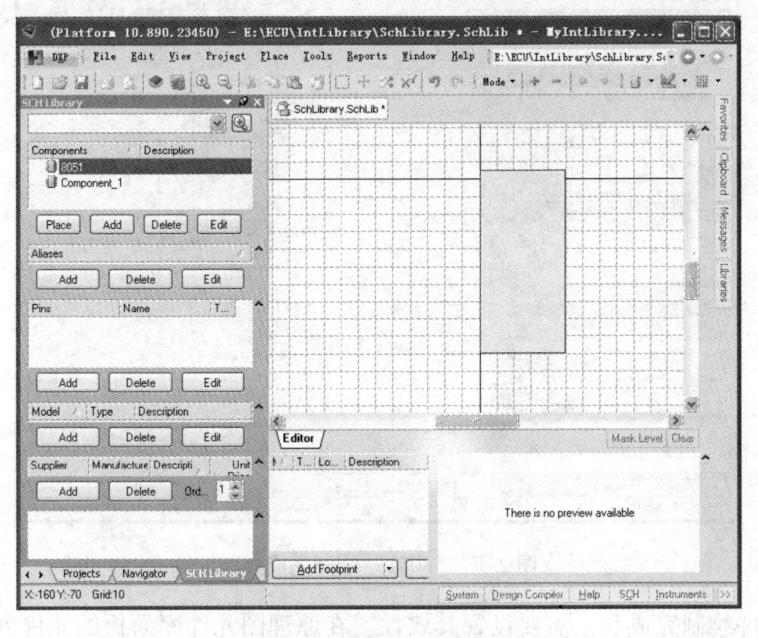

图 2-5　绘制矩形框界面

单击“Place\Pin”命令，此时光标处会出现一个引脚，按下〈Tab〉键，会弹出“Pin Properties”对话框，参照图 2-6，修改引脚的相关属性，确定后，将其放置到指定位置，并注意引脚的方向（按空格键可以调整）。

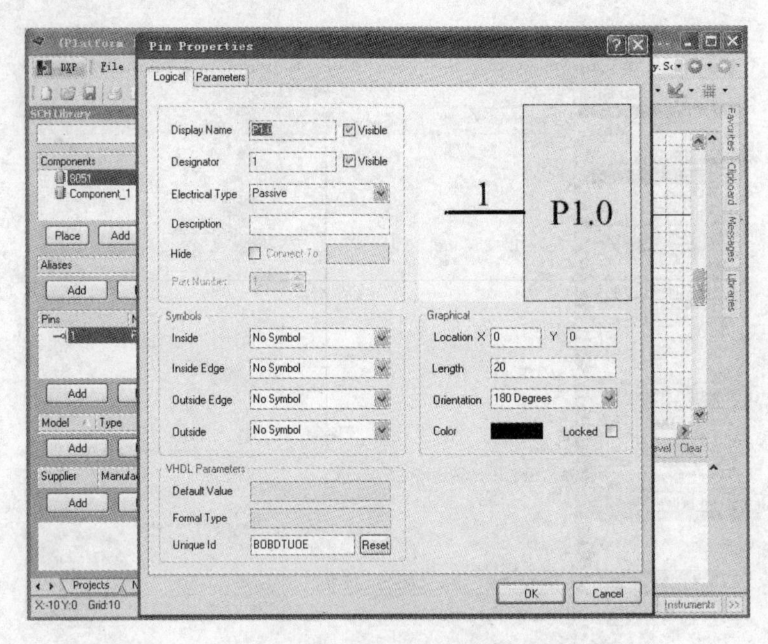

图 2-6　绘制引脚界面

依次绘制其他引脚，完成元件“8051”的绘制，如图 2-7 所示。

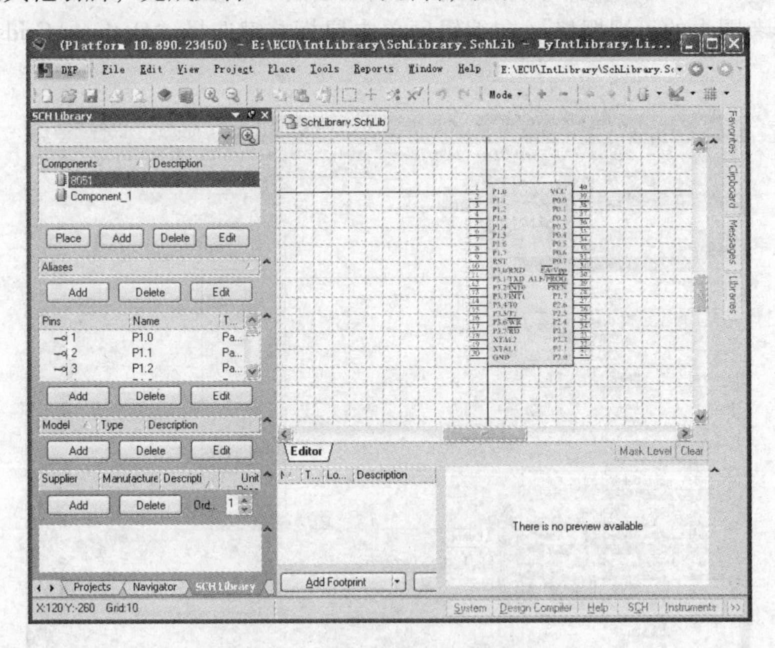

图 2-7　“8051”绘制完成界面

原理图元件绘制完成后，需要设置其属性。在原理图元件库面板的元件列表中双击指定元件，或选中后单击“Edit”按钮，打开“Library Component Properties”对话框，如图 2-8 所示，在“Default Designator”中为元件设置编号，例如电阻可以为“R?”，电容为“C?”，这里设为“U?”，在“Default Designator”中注明元件的规格型号，如 1k、220 μF 等，这里设为 8051，在该对话框中还可设置描述（Description）和封装模型等基本属性。

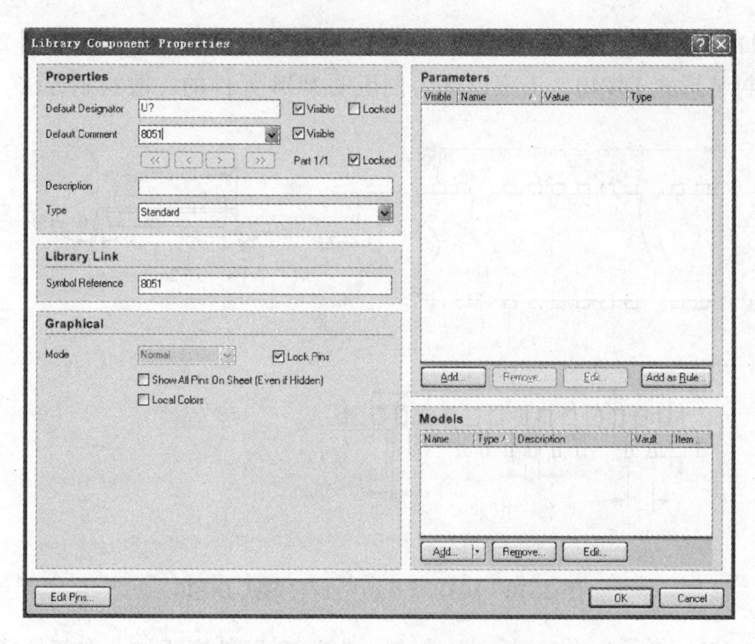

图 2-8 “8051” 属性设置界面

3. 添加 PCB 元件库

与原理图元件库的添加方法类似，启动“File\New\Library\PCB Library”命令，添加一个名为“PcbLibrary”的 PCB 元件库，如图 2-9 所示。

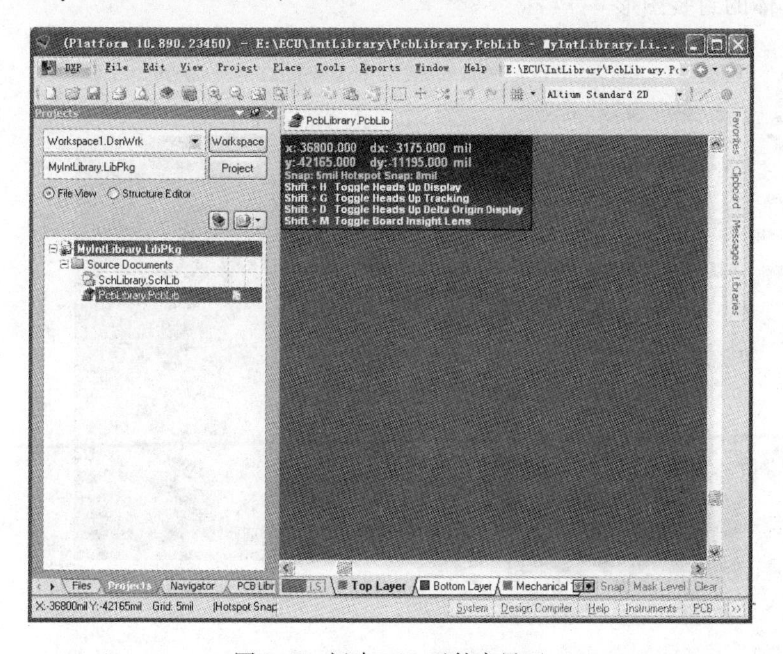

图 2-9 新建 PCB 元件库界面

4. 绘制 PCB 元件

将 PCB 元件库面板切换成当前面板，为了方便绘制 PCB 元件，启动“Tools\Library Options”命令，在弹出的“Board Options”对话框中的“Unit”栏中，选择公制单位（Metric)。运用“Place\”菜单下的各种工具，即可完成PCB元件的绘制。如图2-10所示，为8051单片机的封装形式DIP40，下面以此为例说明PCB元件的一般绘制方法。

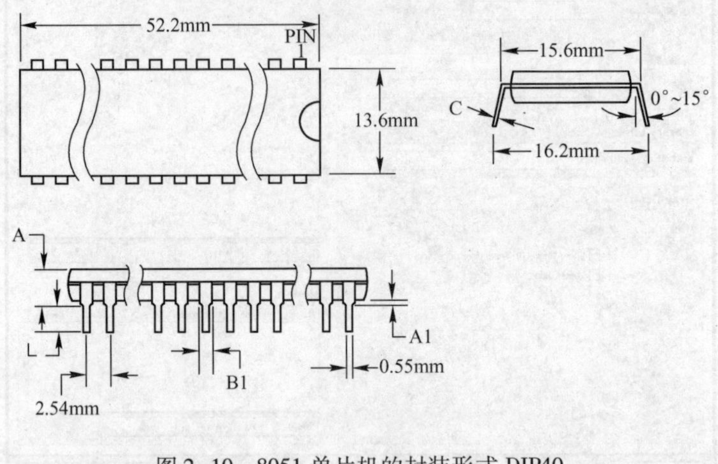

图2-10　8051单片机的封装形式DIP40

启动“Tools\New Blank Component”命令，为PCB元件库添加一个新的空白元件，此时可以发现PCB元件库面板的元件列表中多了一个元件（PCBComponent_1 - duplicate），如图2-11所示。双击该元件，出现PCB Library Component对话框，参照图2-12设置完参数后单击“OK”按钮，元件创建完成，列表中元件名称更名为“DIP40”，如图2-13所示。下面开始绘制具体的封装图形。

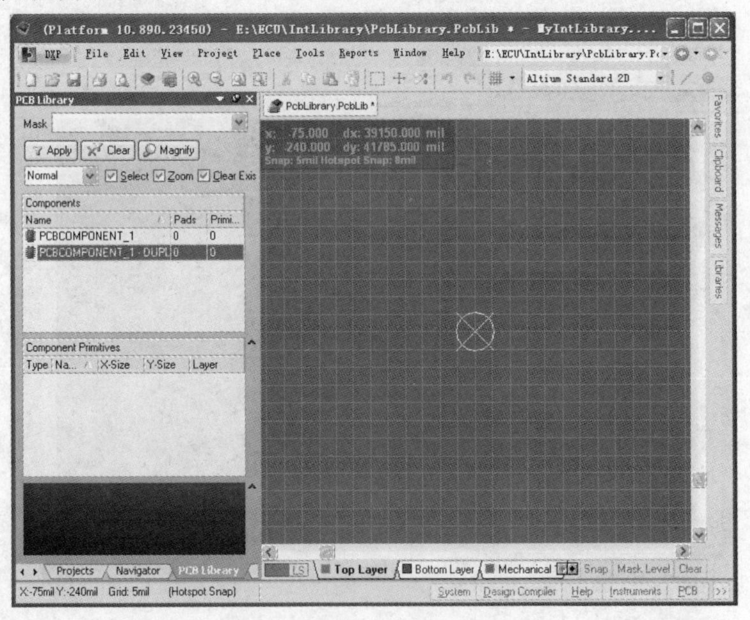

图2-11　添加新的空白元件

首先在元件空白编辑区域下方单击“Top Overlay”标签，将丝印层定义为当前层，并应用〈Page Up〉或〈Page Down〉键将编辑区缩放至合适大小。

单击“Place\Line”命令，参照图2-14在编辑区中心位置绘制出DIP40封装的外形，它的尺寸如图2-10所示。同时，在绘制过程中按〈Tab〉键或绘制完成后双击线条可以更改其属性。

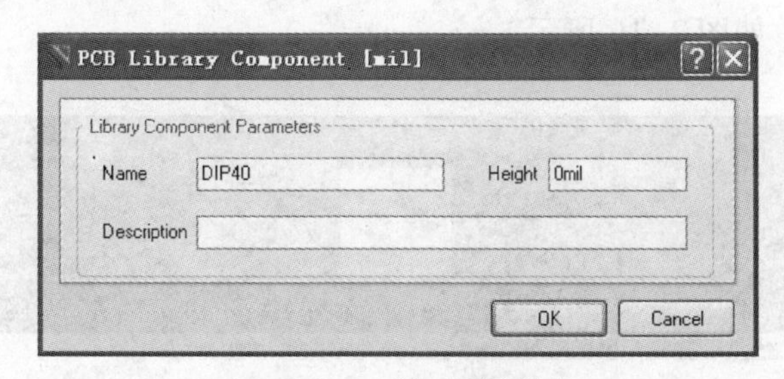

图2-12　元件参数设置

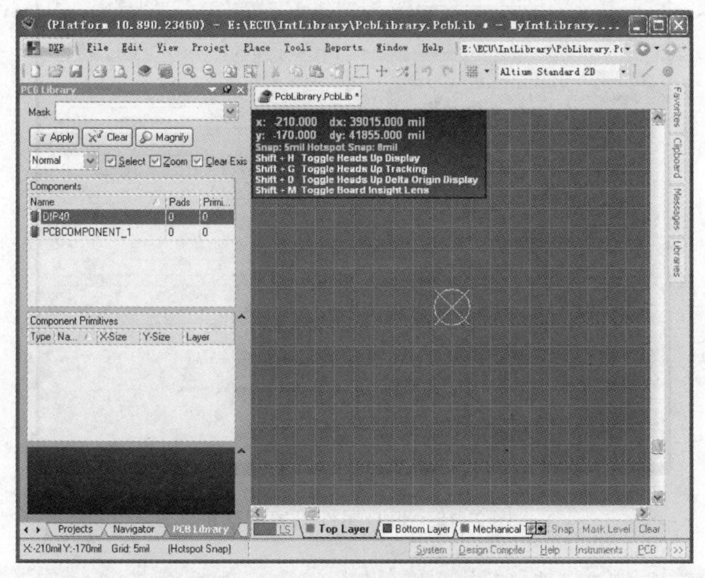

图2-13　元件创建成功界面

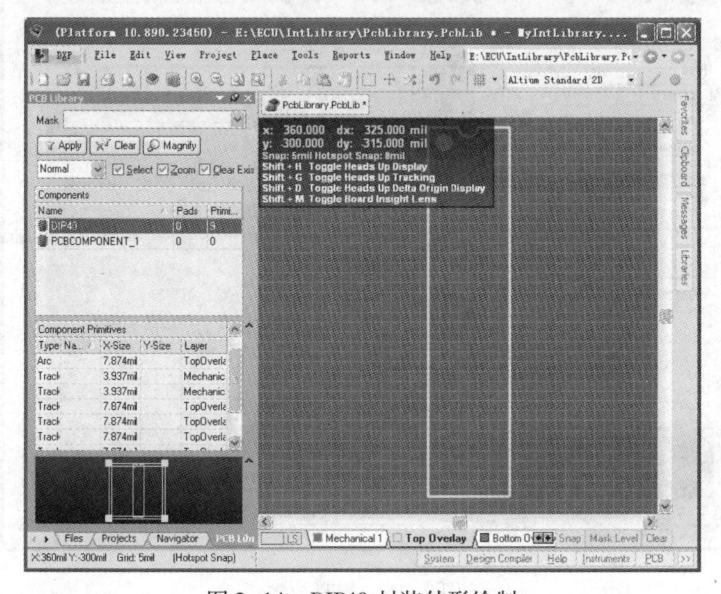

图2-14　DIP40封装外形绘制

单击“Place\Pad”命令，此时光标会附上一个焊盘，按下〈Tab〉键打开 Pad 属性对话框，参照图 2-15 修改焊盘的孔径、尺寸和编号等属性，完成后单击“OK”按钮，并将焊盘放在指定区域位置，如图 2-16 所示。

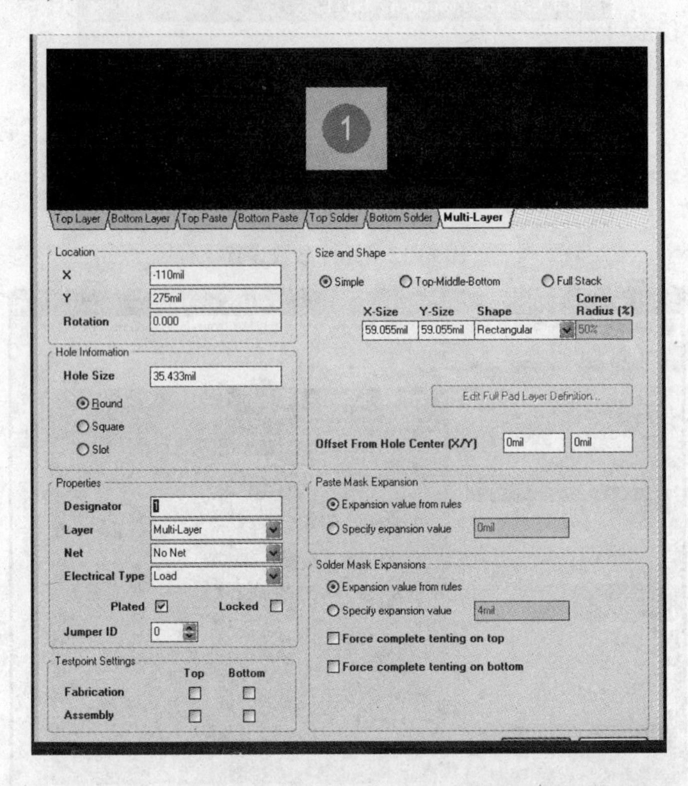

图 2-15　焊盘属性设置对话框

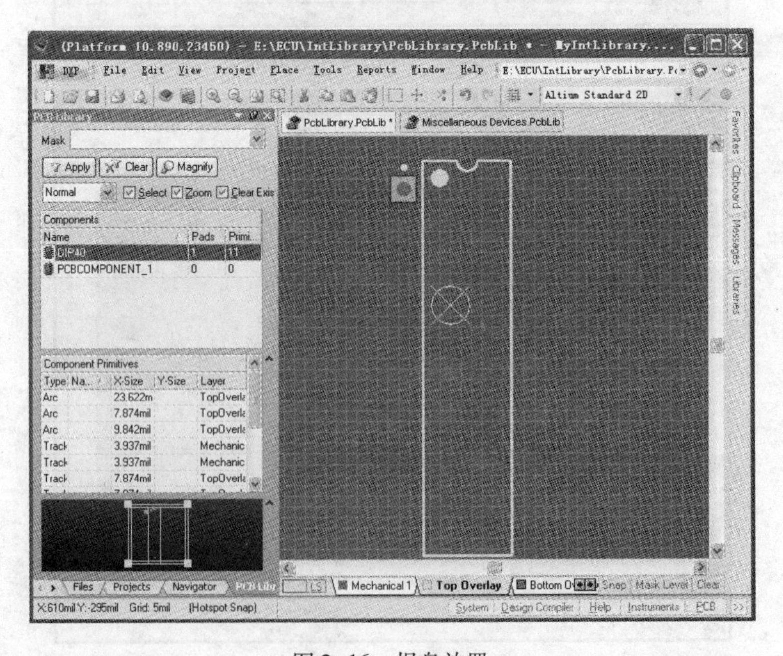

图 2-16　焊盘放置

双击刚画好的焊盘，同样会出现图 2-15 所示的对话框，按照图 2-10 所示的尺寸，在“Location”栏设置焊盘的坐标，单击“OK”按钮，焊盘将精准定位。

按照同样的方法绘制其他的焊盘，最后完成的封装如图 2-17 所示。

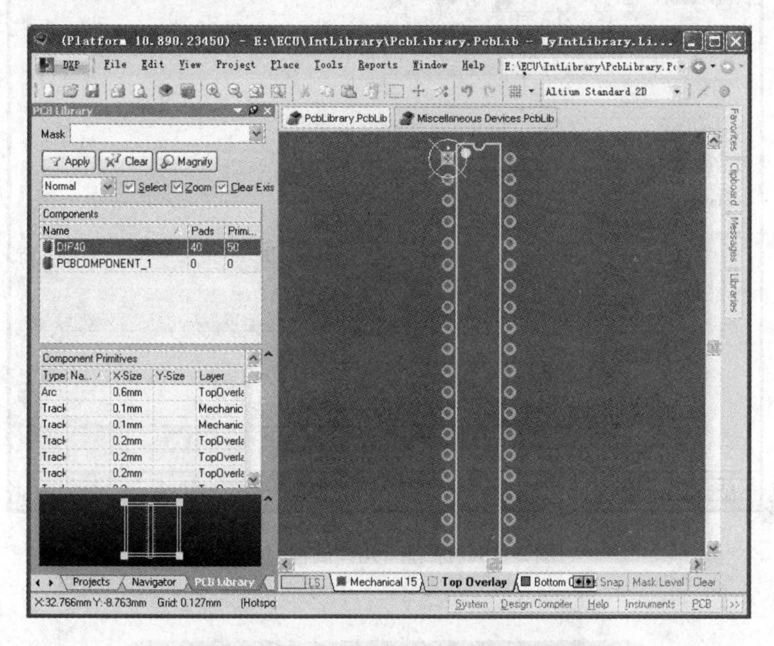

图 2-17　绘制完成的 DIP40 封装图

在绘制元件封装时，需要注意的是：焊盘的编号必须与对应原理图元件的引脚编号相同，否则，元件的符号与封装之间将无法建立正确的电气连接关系，甚至在编译时也可能无法通过。

5. 连接符号与封装

所有的原理图元件与 PCB 元件绘制完成后，还需要将它们连接起来，也就是给它们配对关系。下面以“8051 单片机”为例演示元件的连接操作，该元件的符号名称为“8051”，封装名称为“DIP40”。

首先切换到原理图元件编辑界面，在元件列表中单击元件“8051”，再启动“Tools\Component Properties”命令，弹出如图 2-18 所示的“Library Component Properties”对话框，单击“Models for 8051”栏下的“Add”按钮，在弹出的“Add New Model”对话框中选择添加的模型类型为“Footprint”，并单击“OK”按钮后，出现如图 2-19 所示的“PCB Model”对话框。

单击“PCB Model”对话框上方的“Browse”按钮，出现“Browse Libraries”对话框，如图 2-20所示。在“Libraries”栏中选择 PCB 元件库为前面创建的“PcbLibrary. Pcblib”，并在下面的列表中选择封装“DIP40”，再单击“OK”按钮，回到“PCB Model”对话框。可以发现刚才选择的封装“DIP40”已经显示在对话框中了，如图 2-21 所示，再单击“OK”按钮，关闭该对话框。同样可以发现封装“DIP40”出现在了原理图元件属性界面的模型管理区中，如图 2-22 所示。至此，连接完毕，启动“File\Save All”命令，保存全部文档。

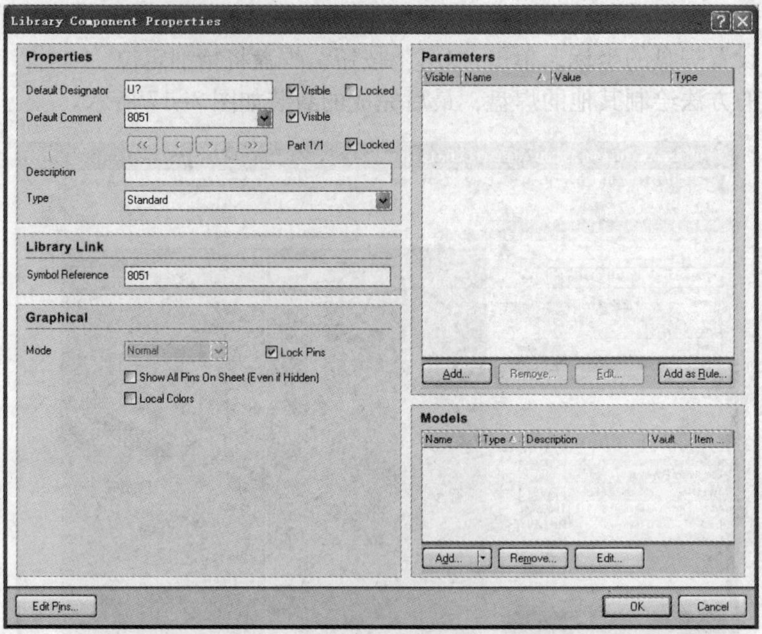

Library Component Properties

Properties

Default Designator U? Visible Locked

Default Comment 8051 Visible

<< < > >> Part 1/1 Locked

Description

Type Standard

Library Link

Symbol Reference 8051

Graphical

Mode Normal Lock Pins

Show All Pins On Sheet (Even if Hidden)

Local Colors

Parameters

Visible | Name | Value | Type

Add... Remove... Edit... Add as Rule...

Models

Name | Type | Description | Vault | Item ...

Add... Remove... Edit...

Edit Pins... OK Cancel

图 2-18　原理图元件属性对话框

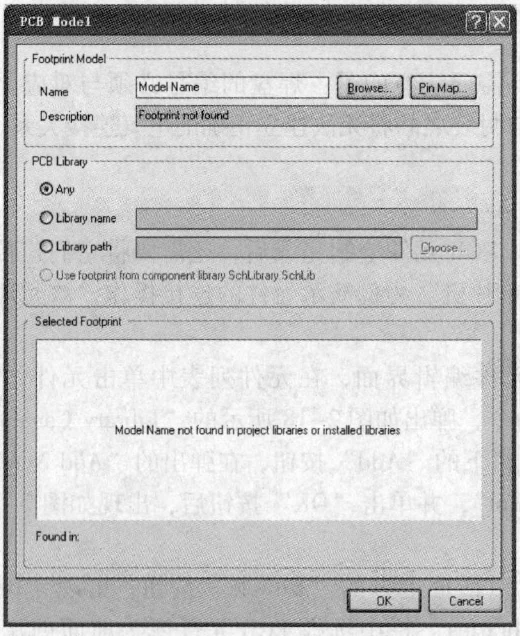

PCB Model

Footprint Model

Name Model Name Browse... Pin Map...

Description Footprint not found

PCB Library

Any

Library name

Library path Choose...

Use footprint from component library SchLibrary.SchLib

Selected Footprint

Model Name not found in project libraries or installed libraries

Found in:

OK Cancel

图 2-19 “PCB Model” 对话框

6. 编译集成元件库

要使绘制的元件可以应用到设计中，还需要对它们进行编译。启动 “Project \ Compile Integrated Library My IntLibrary. Libpkg” 命令，就可以编译集成元件库。

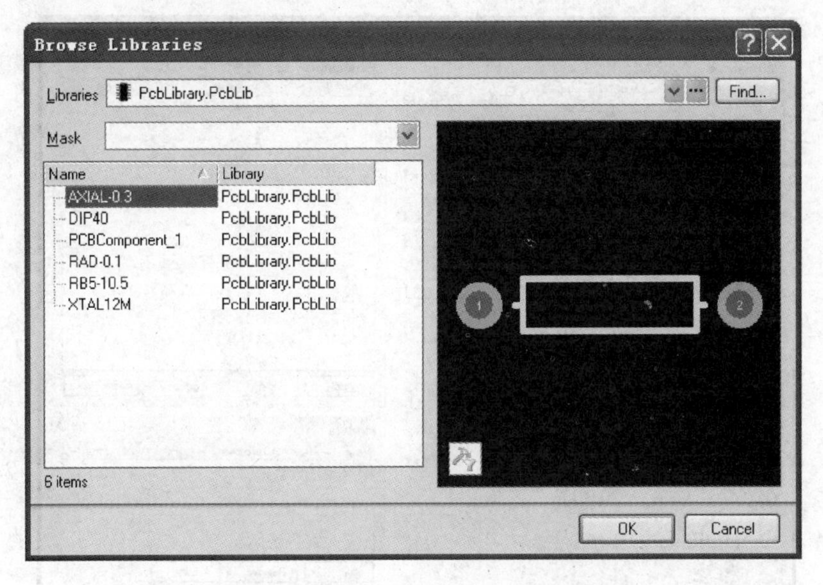

图 2-20 “Browse Libraries”对话框

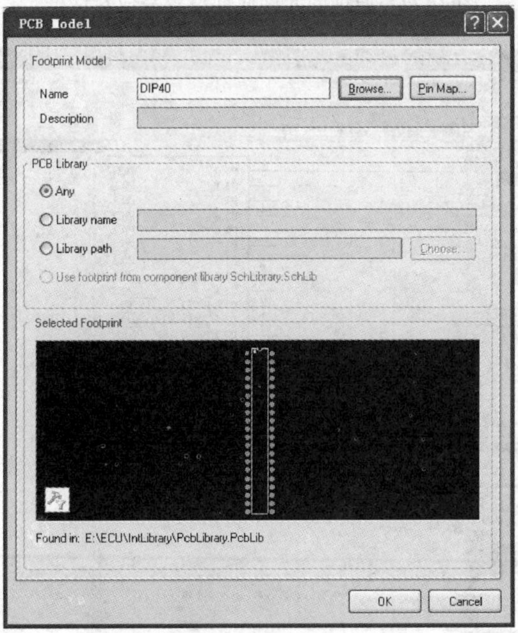

图 2-21 设置好的“PCB Model”对话框

编译完成后，会在元件库相同位置自动生成一个名为“Project Outputs for My IntLibrary”的文件夹，集成元件库就位于该文件夹中，并且会自动加载到右侧的元件库面板中。如果编译时出现如图 2-23 所示的消息框，则说明原理图元件库或 PCB 元件库中有元件存在问题，例如某个元件的符号引脚与封装焊盘的编号不一致，就会在编译时出现错误。

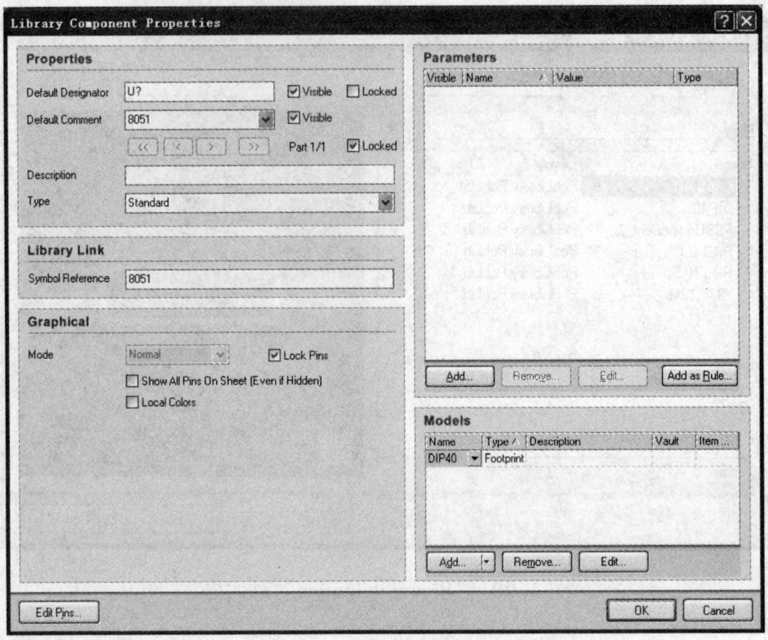

Library Component Properties
Properties
Default Designator　U?　Visible　Locked
Default Comment　8051　Visible
Part 1/1　Locked
Description
Type　Standard
Library Link
Symbol Reference　8051
Graphical
Mode　Normal　Lock Pins
Show All Pins On Sheet (Even if Hidden)
Local Colors
Parameters
Visible　Name　Value　Type
Add...　Remove...　Edit...　Add as Rule...
Models
Name　Type　Description　Vault　Item
DIP40　Footprint
Add...　Remove...　Edit...
Edit Pins...　OK　Cancel

图 2-22　原理图元件属性设置完成对话框

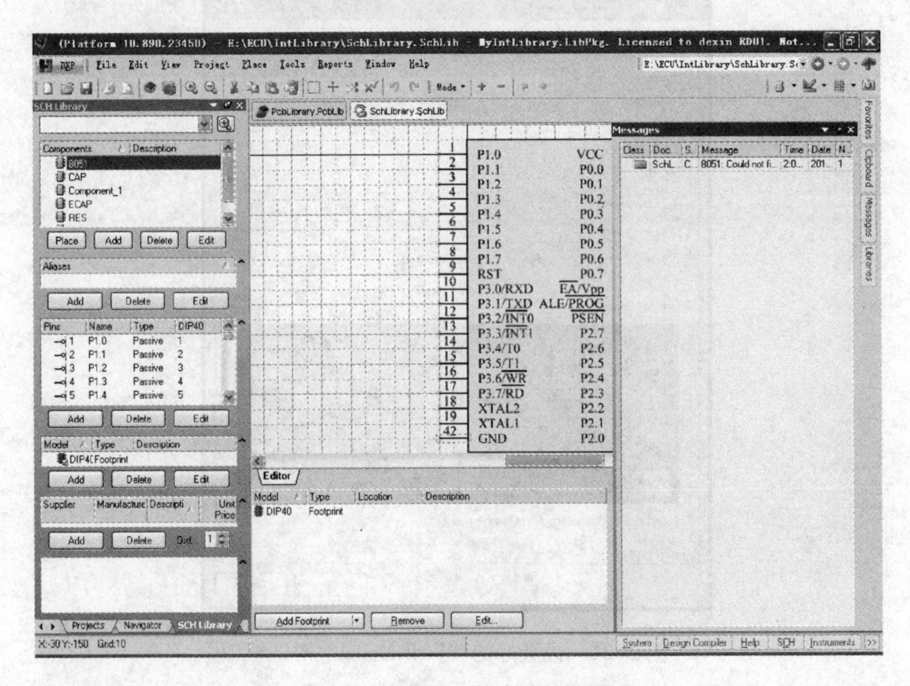

图 2-23　集成元件库编译出错

7. 加载集成元件库

在设计 PCB 项目时，所用元件往往存在于多个集成元件库中。系统自带了多个集成元件库，它们位于“X:\......\Altium Designer Winter 09\Library”目录下，如果需要可以随时加载，其中“Miscellaneous Devices”是最常用的。如果自己创建的集成元件库没有出现在元件库面板中，也可以自行加载。下面讲解元件库的加载步骤。

单击编辑区右侧的元件库面板标签“Libraries”，弹出元件库面板，再单击面板中的“Libraries”按钮，打开“Available Libraries”对话框，如图 2-24 所示。

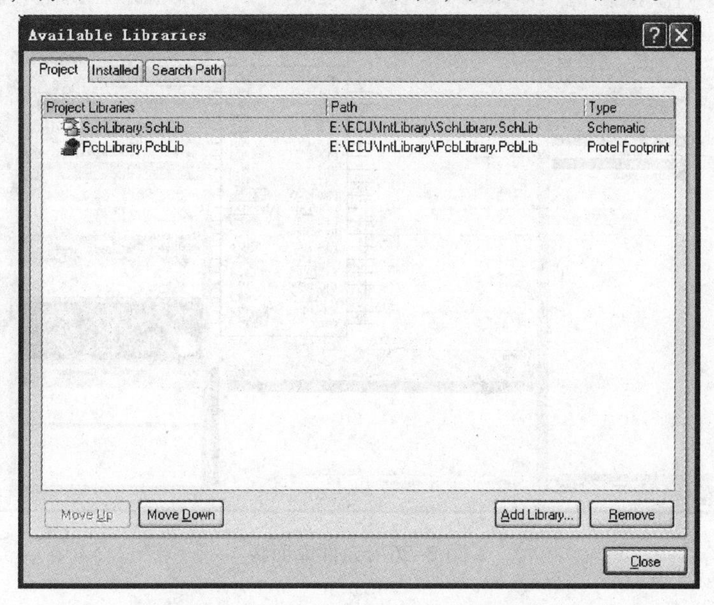

图 2-24 “Available Libraries”对话框

在“Available Libraries”对话框的“Installed”页面，单击“Install”按钮，添加自己的集成元件库“My IntLibrary”，再回到“Available Libraries”对话框，可以发现刚才添加的集成元件库已经在已安装目录中，如图 2-25 所示，最后单击“Close”按钮关闭该对话框。

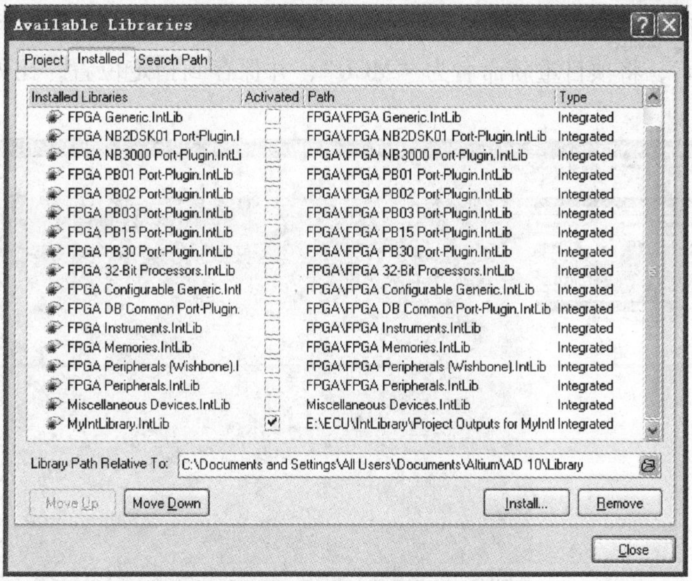

Available Libraries

Project | Installed | Search Path

Installed Libraries	Activated	Path	Type
FPGA Generic.IntLib	☐	FPGA\FPGA Generic.IntLib	Integrated
FPGA NB2DSK01 Port-Plugin.I	☐	FPGA\FPGA NB2DSK01 Port-Plugin.IntLib	Integrated
FPGA NB3000 Port-Plugin.IntLi	☐	FPGA\FPGA NB3000 Port-Plugin.IntLib	Integrated
FPGA PB01 Port-Plugin.IntLib	☐	FPGA\FPGA PB01 Port-Plugin.IntLib	Integrated
FPGA PB02 Port-Plugin.IntLib	☐	FPGA\FPGA PB02 Port-Plugin.IntLib	Integrated
FPGA PB03 Port-Plugin.IntLib	☐	FPGA\FPGA PB03 Port-Plugin.IntLib	Integrated
FPGA PB15 Port-Plugin.IntLib	☐	FPGA\FPGA PB15 Port-Plugin.IntLib	Integrated
FPGA PB30 Port-Plugin.IntLib	☐	FPGA\FPGA PB30 Port-Plugin.IntLib	Integrated
FPGA 32-Bit Processors.IntLib	☐	FPGA\FPGA 32-Bit Processors.IntLib	Integrated
FPGA Configurable Generic.Intl	☐	FPGA\FPGA Configurable Generic.IntLib	Integrated
FPGA DB Common Port-Plugin.	☐	FPGA\FPGA DB Common Port-Plugin.IntLib	Integrated
FPGA Instruments.IntLib	☐	FPGA\FPGA Instruments.IntLib	Integrated
FPGA Memories.IntLib	☐	FPGA\FPGA Memories.IntLib	Integrated
FPGA Peripherals (Wishbone).I	☐	FPGA\FPGA Peripherals (Wishbone).IntLib	Integrated
FPGA Peripherals.IntLib	☐	FPGA\FPGA Peripherals.IntLib	Integrated
Miscellaneous Devices.IntLib	☐	Miscellaneous Devices.IntLib	Integrated
MyIntLibrary.IntLib	☑	E:\ECU\IntLibrary\Project Outputs for MyIntl	Integrated

Library Path Relative To: C:\Documents and Settings\All Users\Documents\Altium\AD 10\Library

Move Up | Move Down | Install... | Remove

Close

图 2-25 集成元件库添加成功界面

再查看元件库面板，打开元件库栏右侧的下拉列表，可以发现新加载的集成元件库已经出现在其中，如图 2-26 所示。选择它后，属于该集成库的元件便显示在库面板元件列表中，表明集成元件库加载成功，用户可用库中的元件绘制原理图或 PCB。

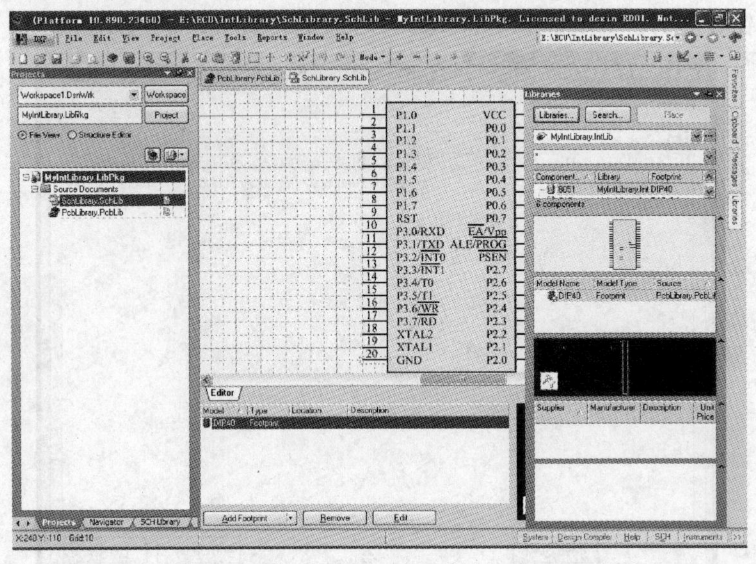

图 2-26　元件库面板

2.1.2　原理图设计

建立 PCB 项目是开始设计的第一步，项目内包含同一项目的所有设计文件，如原理图和 PCB 文件、网络表、材料清单报表等，通过项目可以轻松地管理这些设计文件。

打开 Altium Designer，然后单击“File\New\Project\PCB Project”命令，创建一个新的 PCB 项目，该项目会在项目面板中显示，此时它还不包含任何文件，如图 2-27 所示。单击“File\Save Project”，将项目重新命名为“MCU”，并保存到指定位置，比如“E:\ECU\Project\”目录下。

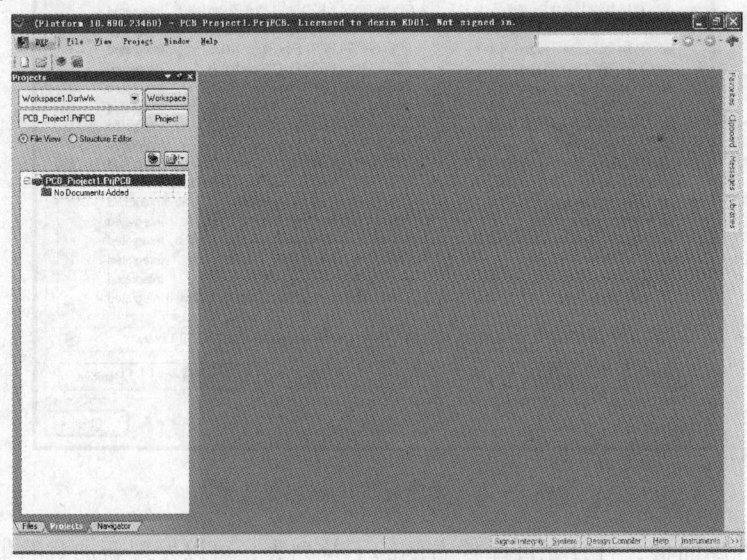

图 2-27　不包含文件的 PCB 项目

启动“File\New\Schematic”命令，为项目添加一个新的原理图文件，单击“File\Save as”命令，将文件命名为“MCU”，保存到与项目相同的位置，如图 2-28 所示。该文件是进行原理图绘制的场所。下面以图 1-9 所示的单片机最小系统为例，说明原理图的设计过程。

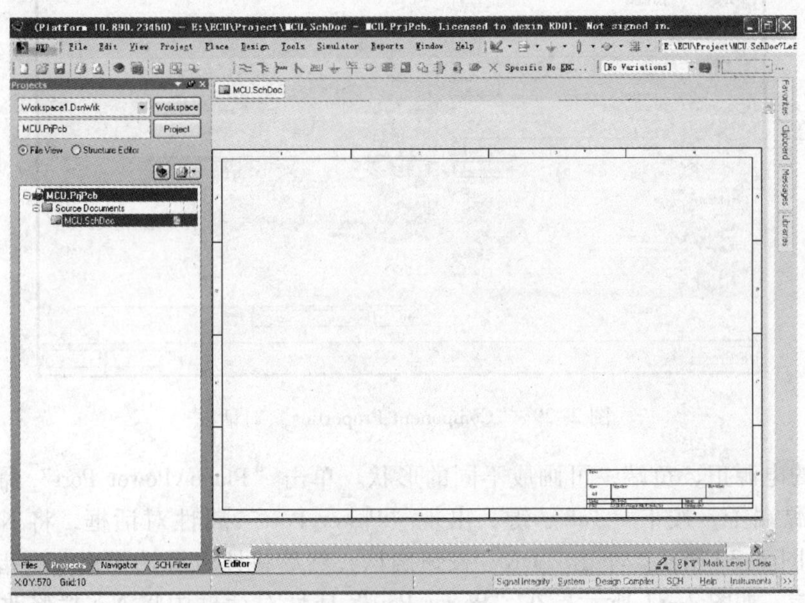

图 2-28　包含原理图文件的 PCB 项目

首先按照上述方法创建好集成元件库 My IntLibrary，其中，主要包含元件“8051”，而其他元件在系统自带的集成元件库 Miscellaneous Devices、Miscellaneous Connectors 中可以找到。如果元件库面板中缺少其中任何一个集成元件库，则需要加载。

1. 选取、放置元件

清楚各个元件所在的库名称后，就可以将它们取出并放置在图纸中。这里以单片机“8051”为例，演示放置元件的步骤。

单击编辑区右侧的面板标签“Libraries”，在元件库下拉列表中选择“My IntLibrary. IntLib”这个集成元件库。在该元件库列表中，选择“8051”，然后双击元件或单击“Place 8051”标签以取出该元件，这时可以看到光标会附上一个原理图元件“8051”，注意现在不要放置该元件。

按下〈Tab〉键，打开元件属性对话框“Component Properties”，如图 2-29 所示，将“Designator”一栏由“U?”改为“U1”，再单击“OK”按钮关闭对话框。

将设置好的元件“8051”拖到指定位置并单击左键，就可完成放置操作，如果元件的方向不符，在英文输入法下，可以按键盘空格键进行调整。

按照同样的方法放置好其他元件后，即可进行连接操作。

2. 连接元件

单击“Place\Wire”命令，这时光标会附上一个十字形，表示进入连接元件状态。左键单击连接两点，右键单击结束本次连线操作。在连接过程中，用空格键可以改变导线走向。

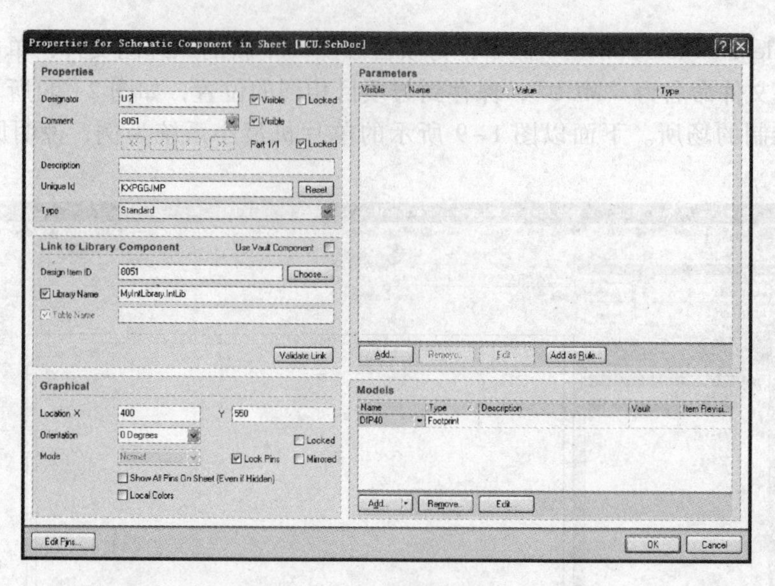

图 2-29 “Component Properties”对话框

电路中的电源正、负端，可画成不同的形状。单击“Place\Power Port”命令，光标会附上一个电源端子，按下〈Tab〉键，出现“Power Port”属性对话框，将 Net 栏修改为“+5V”，如图 2-30 所示，单击“OK”按钮确认，然后将该电源端子拖放到指定位置。对于电源接地端，如图 2-31 所示，在“Power Port”属性对话框中将 Net 栏修改为“GND”，同时在 Style 栏中选择“Power Ground”，单击“OK”按钮确认，然后将接地端子拖放到指定位置。

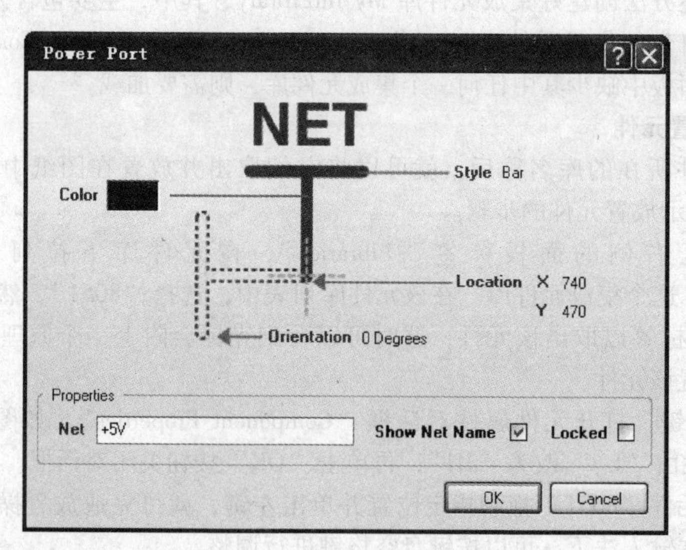

图 2-30 “+5 V”属性框

按照上述方法即可完成对所有元器件的连接，最终原理图如图 1-9 所示。

3. 放置网络标号

绘制电路图时，还可以采用网络标号替代直接连线。以图 1-9 为例，先将电路绘制成如图 2-32 所示，下面通过网络标号建立晶振与单片机之间的电气连接关系。

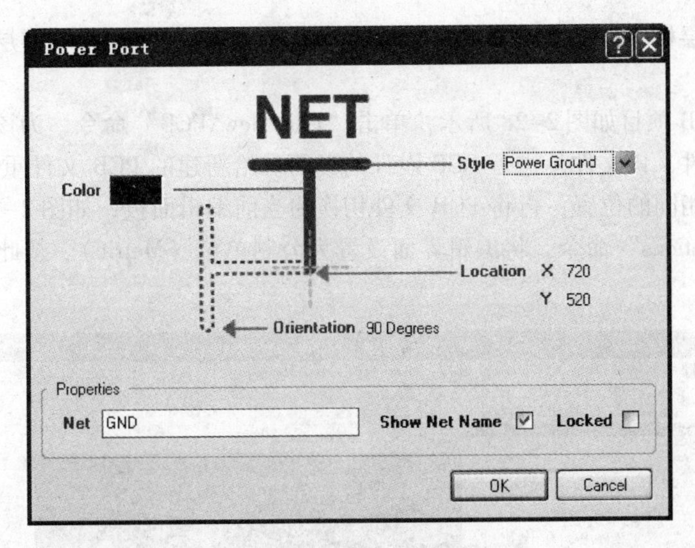

图 2-31 “GND”属性框

单击“Place\Net Label”命令，光标会附上一个网络标号，按下〈Tab〉键，打开“Net Label”属性对话框，如图 2-33 所示，将 Net 栏改为“XTAL1”，确认后将此标号放置在晶振的一端，同时将该标号放置在单片机的引脚 19，表示建立了两者之间的电气连接（注意：标号名称可以任意指定，但两者必须相同）。按照同样的方法，可以建立晶振另一端与单片机引脚 18 的电气连接，网络标号为“XTAL2”。

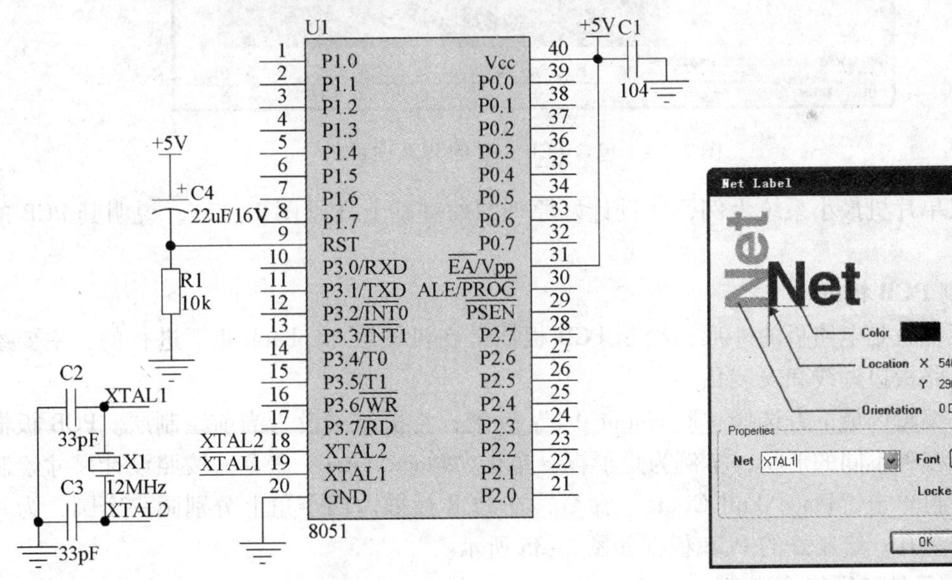

图 2-32 带网络标号的原理图

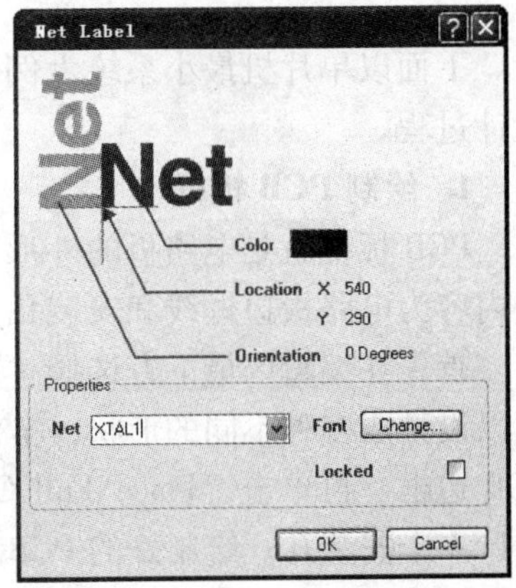

图 2-33 网络标号属性对话框

这种方法特别适用于连线复杂的电路。

2.1.3 PCB 设计

PCB 设计是 PCB 项目的重点。一般来讲，当原理图绘制完成并且将设计导入到 PCB 文件后，再经过相关的布局和布线等工作，就可以完成 PCB 设计工作。PCB 可以设计成单面板、双面板或多层板，本书主要介绍常用的双面板设计方法，单面板与多层板的设计方法与之类似。

建立好的 PCB 项目如图 2-28 所示，单击“File\New\PCB”命令，为该项目添加第二个文件——PCB 文件，该文件是进行 PCB 设计的场所。给新建的 PCB 文件重命名为“MCU”，并保存到与项目相同的位置，再将 PCB 文件切换为当前编辑面板，如图 2-34 所示。再启动“Design\Board Options”命令，将编辑界面设置为公制单位（Metric）。至此，设计环境基本设置完成。

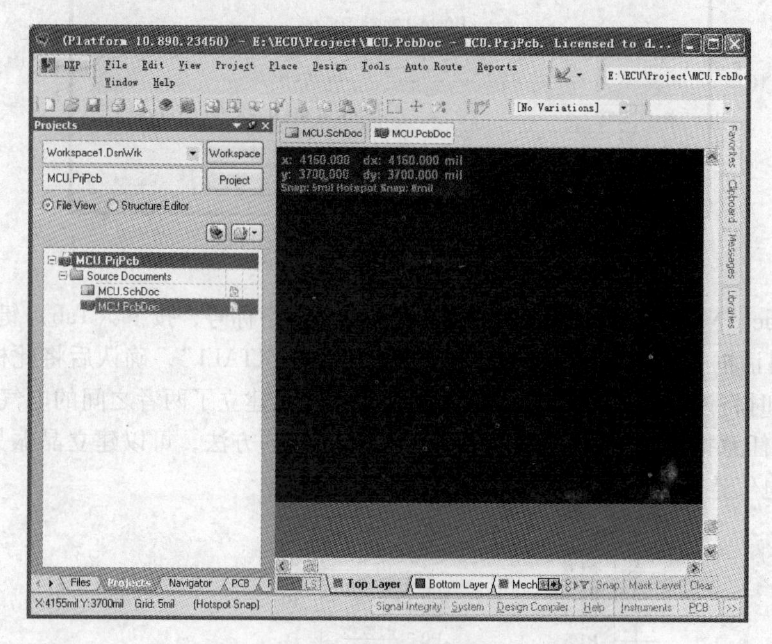

图 2-34　包含 PCB 文件的 PCB 项目

下面以单片机最小系统为例，在设计好原理图的基础上（见图 2-32），说明其 PCB 的设计过程。

1. 绘制 PCB 板框

PCB 板框就是电路板的外形，绘制 PCB 板框是在机械层 Mechanical 下进行的，主要绘制内容为电路板边框线和安装孔。

首先在编辑区最下方选择“Mechanical 1”标签，将机械层设为当前绘制层。PCB 板框可以设计成多种不同的形状，本例为矩形框，单击“Place\Line”命令，按照设计尺寸绘制 PCB 边框。再单击“Place\Full Circle”命令，在 PCB 板框内四个角上分别画一个圆，为其设计 4 个安装孔。绘制好的 PCB 板框如图 2-35 所示。

2. 导入元件和网络

网络表描述了元件的名称、类型、封装以及电气连接情况。在导入元件和网络表之前，应确保集成元件库已添加到项目中。

切换到已经绘制好的原理图编辑界面中，启动“Design\Update PCB Document MCU. PcbDoc”命令，出现如图 2-36 所示的“Engineering Change Order”窗口，可以看到所有元件和网络。

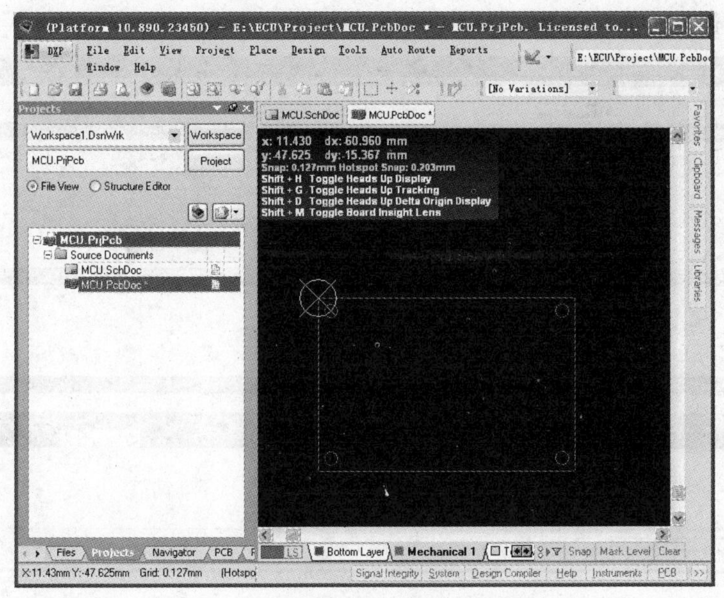

图 2-35　绘制好的 PCB 板框

Engineering Change Order

Enable	Action	Affected Object		Affected Document	Check	Done	Message
	Add Components(7)						
☑	Add	C1	To	MCU.PcbDoc			
☑	Add	C2	To	MCU.PcbDoc			
☑	Add	C3	To	MCU.PcbDoc			
☑	Add	C4	To	MCU.PcbDoc			
☑	Add	R1	To	MCU.PcbDoc			
☑	Add	U1	To	MCU.PcbDoc			
☑	Add	X1	To	MCU.PcbDoc			
	Add Nets(5)						
☑	Add	+5V	To	MCU.PcbDoc			
☑	Add	GND	To	MCU.PcbDoc			
☑	Add	NetC4_2	To	MCU.PcbDoc			
☑	Add	XTAL1	To	MCU.PcbDoc			
☑	Add	XTAL2	To	MCU.PcbDoc			
	Add Component Classes(1)						
☑	Add	MCU	To	MCU.PcbDoc			
	Add Rooms(1)						
☑	Add	Room MCU (Scope=InComponentClas	To	MCU.PcbDoc			

Validate Changes　Execute Changes　Report Changes...　☐ Only Show Errors

图 2-36　“Engineering Change Order” 窗口

单击 “Validate Changes” 按钮，使更新生效，更新后的 “Engineering Change Order” 窗口如图 2-37 所示，窗口中 “Check” 一列指示了更新的检查结果，“√” 表示检查通过，而 “×” 表示该行元件或网络有错误存在，错误的原因可参考 “Message” 一列的提示信息。

确定更新完全正确后，单击 “Execute Changes” 按钮执行更新，若更新没有问题，则 Done 列同样以 “√” 表示。执行完更新后系统会自动切换到 PCB 编辑环境，如图 2-38 所示。

在 PCB 编辑界面下，可以发现原理图中的对象都已导入，连接在各元件之间的细线条称为半拉线，表示相连的两个元件焊盘是属于同一网络的。在所有元件的底下，显示一个棕色的矩形框 Room，拖动它可移动全部元件，也可将其删除。

3. 设置设计规则

在正式布局和布线之前，需要设置好 PCB 的设计规则，主要是对安全间距、布线宽度及过孔大小进行设置，其他参数都按照默认配置即可。

Engineering Change Order

Enable	Action	Affected Object		Affected Document	Check	Done	Message
Add Components(7)							
☑	Add	C1	To	MCU.PcbDoc	✓		
☑	Add	C2	To	MCU.PcbDoc	✓		
☑	Add	C3	To	MCU.PcbDoc	✓		
☑	Add	C4	To	MCU.PcbDoc	✓		
☑	Add	R1	To	MCU.PcbDoc	✓		
☑	Add	U1	To	MCU.PcbDoc	✓		
☑	Add	X1	To	MCU.PcbDoc	✓		
Add Nets(5)							
☑	Add	+5V	To	MCU.PcbDoc	✓		
☑	Add	GND	To	MCU.PcbDoc	✓		
☑	Add	NetC4_2	To	MCU.PcbDoc	✓		
☑	Add	XTAL1	To	MCU.PcbDoc	✓		
☑	Add	XTAL2	To	MCU.PcbDoc	✓		
Add Component Classes(1)							
☑	Add	MCU	To	MCU.PcbDoc	✓		
Add Rooms(1)							
☐	Add	Room MCU (Scope=InComponentClas	To	MCU.PcbDoc	✓		

Validate Changes　Execute Changes　Report Changes...　Only Show Errors

图 2-37　更新后的“Engineering Change Order”窗口

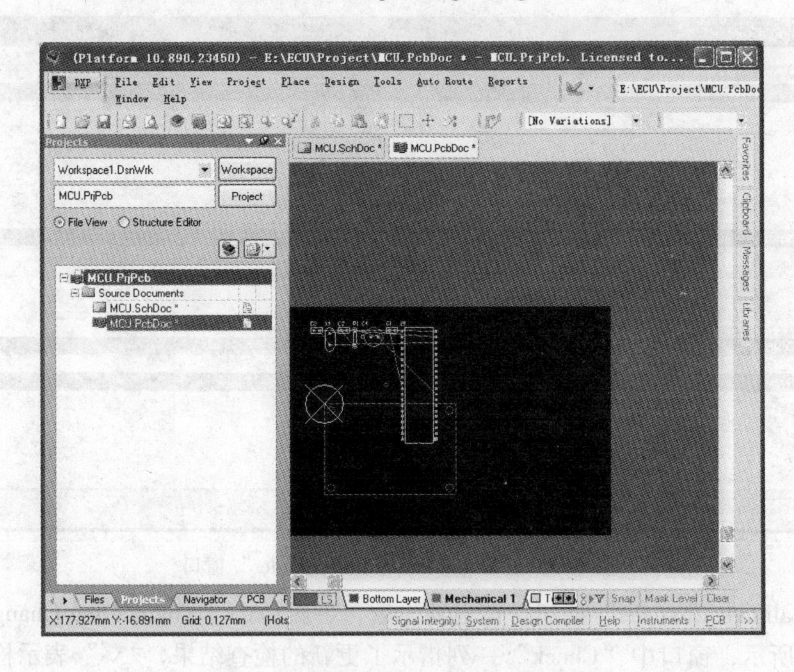

图 2-38　导入器件后的 PCB 编辑环境

启动“Design\Rules”命令，出现“PCB Rules and Constraints Editor”对话框。在安全间距子规则 Clearance 中，将最小间距定义为 0.5 mm，如图 2-39 所示，并单击“OK”按钮确认。按照同样的方法对布线宽度和过孔大小进行设置。在 Width 子规则中，将最小线宽 Min Width 设置为 0.254 mm，首选线宽 Preferred Width 设置为 1.27 mm，最大线宽 Max Width 设置为3 mm，如图 2-40 所示。在 RoutingVias 子规则中，按照图 2-41 设置好过孔的内、外径大小。

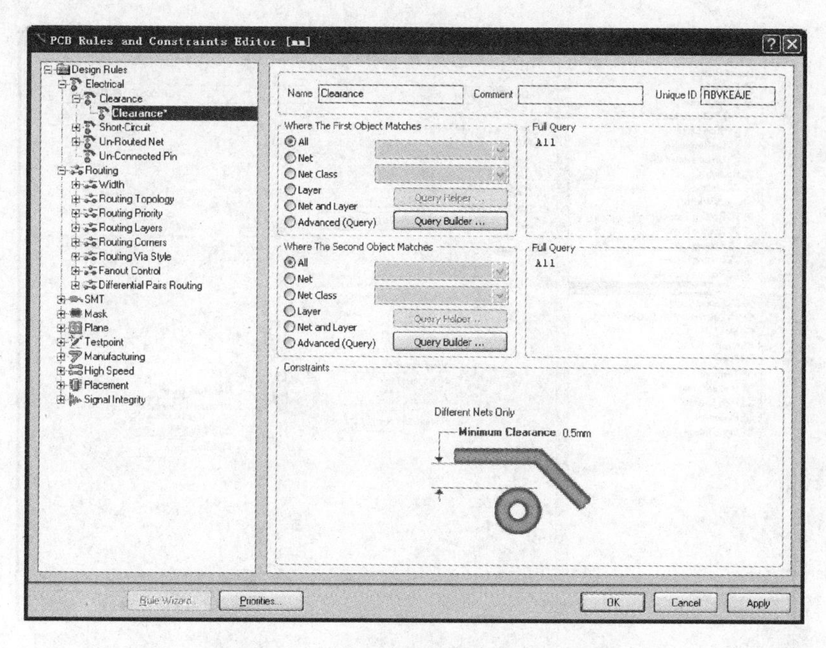

图 2-39　安全间距子规则 Clearance 设置

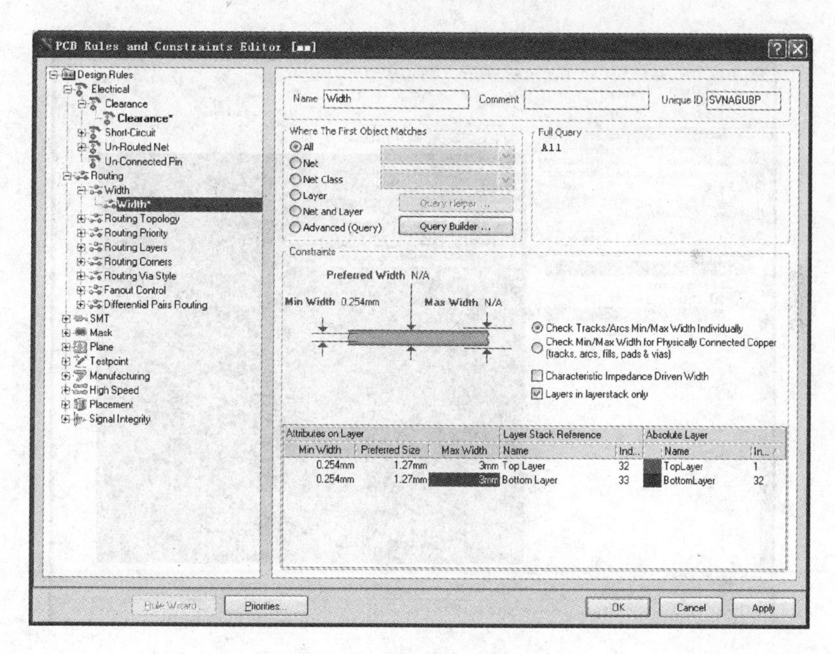

图 2-40　线宽 Width 规则设置

4. 元件布局与布线

布局就是根据产品的性能要求以及为了方便布线，将元件布置在 PCB 的合适位置。布局操作很简单，单击并拖动元件，然后在 PCB 板框内合适位置放置即可，如果元件的方向不合适，可以用空格键来调整方向，图 2-42 为布局完成图。

布线的基本原则如下：

1）连线能短就不长，能粗就不细。

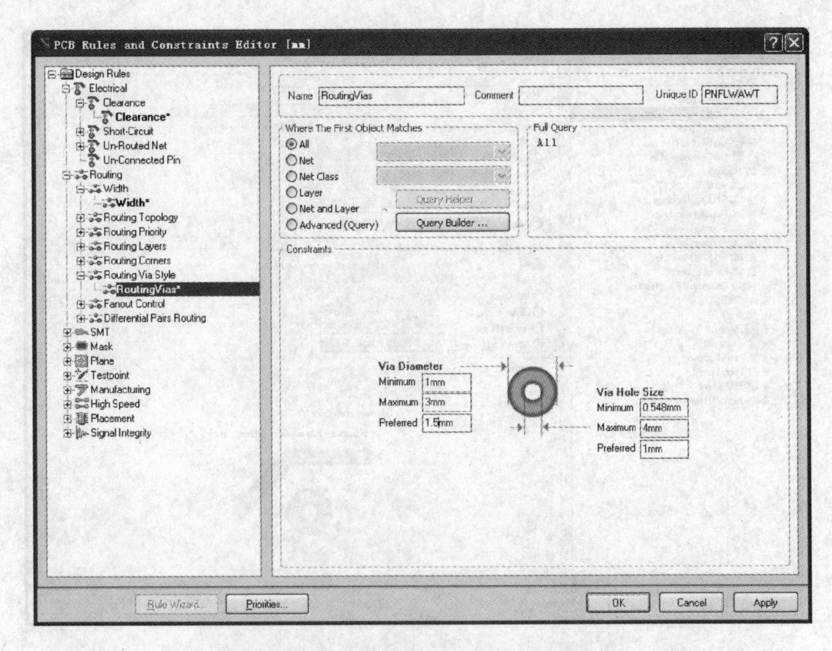

图 2-41　RoutingVias 子规则设置

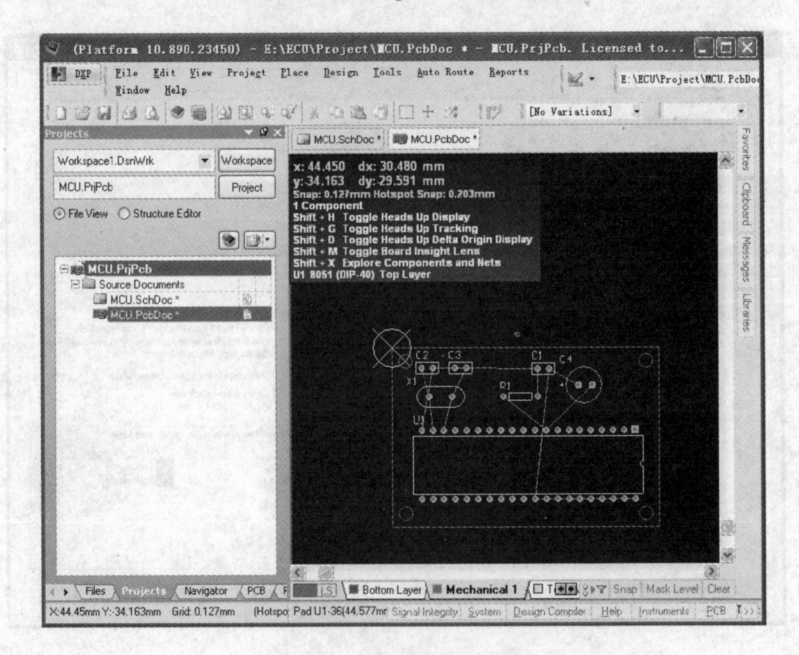

图 2-42　PCB 布局完成图

2）数字信号和模拟信号，要避免交叉走线，以免相互干扰。

3）电路功率等级越高走线越粗，电源线较信号线要粗。

4）对于双面板，一般一面横向走线，另一面纵向走线。

在图 2-42 的基础上，首先要切换到当前的绘制层，如顶层“Top Layer”或底层“Bottom Layer”。再单击“Place\Interactive Routing”命令，开始走线，单击鼠标左键进行电气连线，单击鼠标右键结束本次连线。在绘制过程中可以按〈Tab〉键，改变走线宽度，还可按空格键调整走线方向。

通过过孔可以实现顶层和底层的信号连接，单击“Place\Via”命令，放置过孔。同样，在放置之前，可以按〈Tab〉键，改变过孔大小。绘制好的 PCB 如图 2-43 所示。

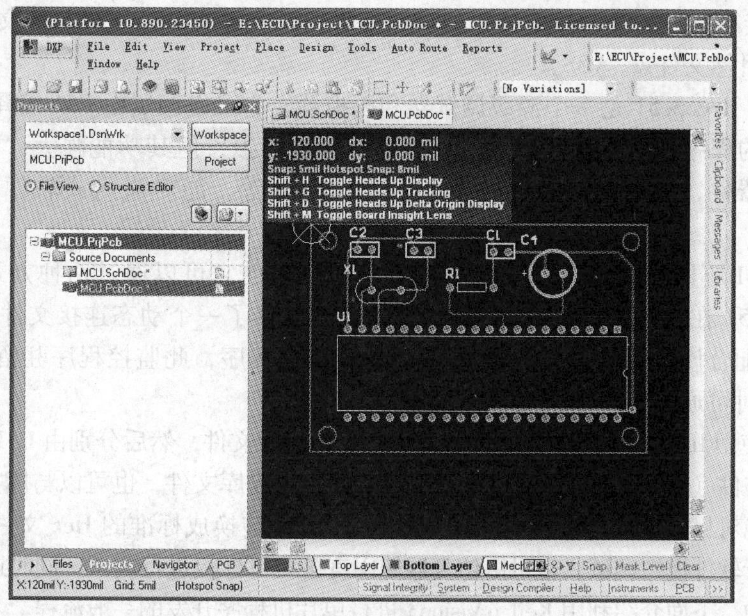

图 2-43　PCB 绘制完成图

至此，印制电路板的绘制就完成了。接下来，设计人员就可将设计好的 PCB 文件发给相关印制电路板厂家进行制作。

对于 Altium Designer 的使用和 PCB 项目设计方法，受篇幅的限制，还有很多地方没有讲到，大家可以查阅相关专门书籍进行详细学习。

2.2　软件开发工具 Keil

软件设计过程是指：根据系统功能要求，并结合硬件电路，编写源程序，再经过编译器编译链接，生成单片机 CPU 能够识别的目标（二进制）代码。

8051 单片机常用的软件开发工具是德国 Keil Software 公司的单片机软件开发平台 Keil，它包括 Keil μVision3 集成开发环境（Integrated Development Environment，IDE）、A51 汇编器（Assembler）、C51 编译器（Compiler）、LIB51 库管理器、L51 链接/定位器（Linker/Locator）及调试器（Debugger）等，各部分的主要功能如下：

- KeilμVision3 集成开发环境：包含一个全功能的源代码编辑器、一个项目管理器和一个 MAKE 工具。利用源代码编辑器可以高效地编辑源程序，利用项目管理器可以很方便地创建和维护项目，MAKE 工具主要用于编译和链接操作。
- A51 汇编器：A51 汇编器是一个 8051 系列单片机的宏汇编器，用于把采用汇编语言编写的程序编译成目标文件（.OBJ）。
- C51 编译器：C51 编译器是一个基于 ANSI C 标准的针对 8051 系列单片机的 C 编译器，其功能和汇编器相似，用于将采用 C 语言所写的程序编译成目标文件（.OBJ）。

- LIB51 库管理器：库是一种被特别地组织过并在以后可以被连接重用的对象模块，当连接器处理一个库时，那些被使用的目标模块才被真正使用。通过 LIB51 库管理器可以用由编译器或汇编器生成的目标文件创建目标库。
- L51 连接/定位器：连接/定位器的功能是将编译生成的 OBJ 文件与库文件连接定位生成绝对目标文件（.ABS）。
- 调试器：dScope51 是一个源级调试器和模拟器，它可以调试由 C51 编译器、A51 汇编器产生的程序。它不需目标板，只能进行软件模拟，但其功能强大，可模拟 CPU 及其外围器件，如内部串口、外部 I/O 及定时器等，能对嵌入式软件功能进行有效测试。

与 dScope51 不同的是 Scope51，必须带目标板，目前它可以通过两种方式访问目标板。一是通过 EMul51 在线仿真器。tScope51 为该仿真器准备了一个动态连接文件 EMUL51.IOT，但该方法必须配合该仿真器；二是通过 Monitor51 监控程序，此监控程序驻留在目标板的存储器中，使用时可通过串口来调试目标板。

设计者可使用 IDE 本身或其他编辑器编辑 C 或汇编源文件，然后分别由 C51 及 A51 编译器编译生成目标文件（.OBJ），目标文件可由 LIB51 创建生成库文件，也可以与库文件一起经 L51 链接定位生成绝对目标文件（.ABS），ABS 文件由 OH51 转换成标准的 Hex 文件（目标代码），以供调试器进行软件模拟调试，也可由仿真器使用直接对目标板进行调试，同时还可以写入单片机程序存储器中。下面介绍利用 Keil μVision3 进行单片机程序开发的一般流程。

2.2.1 工程项目的创建

KeilμVision3 使用的是项目方式，而不是单一文件的模式来管理文件的。所有文件，包括源程序、头文件等，都可以放在工程项目中统一管理。创建工程项目的基本步骤如下：

1）单击桌面快捷方式或者从“开始\程序\Keil μVision3”启动 Keil μVision3 集成开发环境，进入如图 2-44 所示的工作界面。

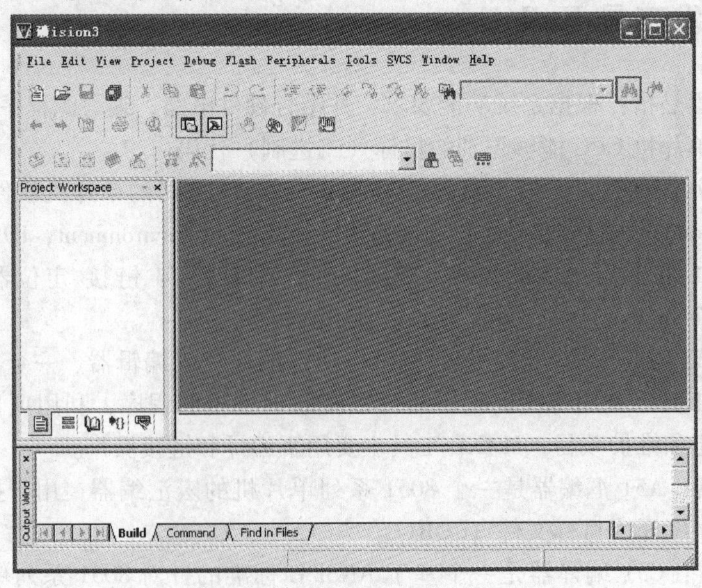

图 2-44 Keil 初始工作界面

2）单击“Project\New Project”命令，弹出如图2-45所示的对话框。

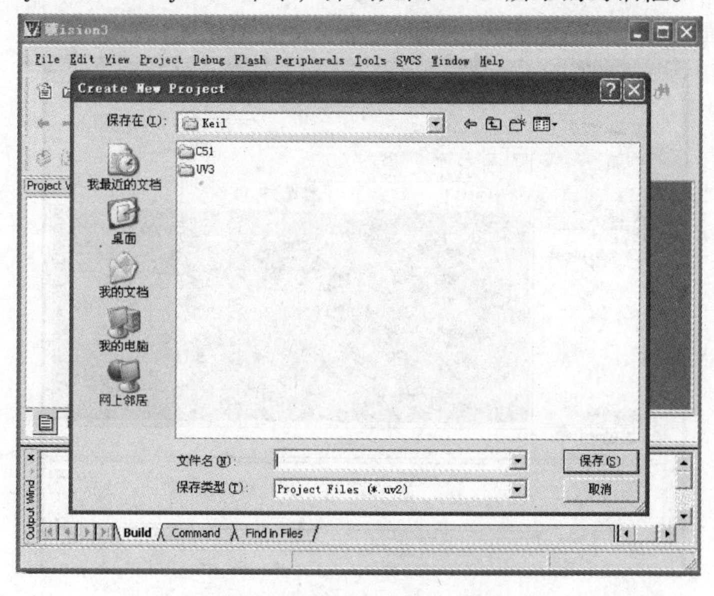

图2-45　新建项目文件对话框

3）在图2-45所示的对话框中选择要保存项目文件的路径，并在“文件名”中输入项目名称，然后单击“保存”按钮。本例中，项目文件保存在“E:\MCU\work\”目录下，项目名为Example。

4）在单击“保存”按钮后，会弹出一个如图2-46所示的对话框，要求选择单片机的型号。Keil几乎支持所有的8051系列单片机。本例中选择Atmel公司的AT89C51单片机。选定后，右边Description栏中即显示出所选单片机的基本说明，然后单击“确定”按钮。

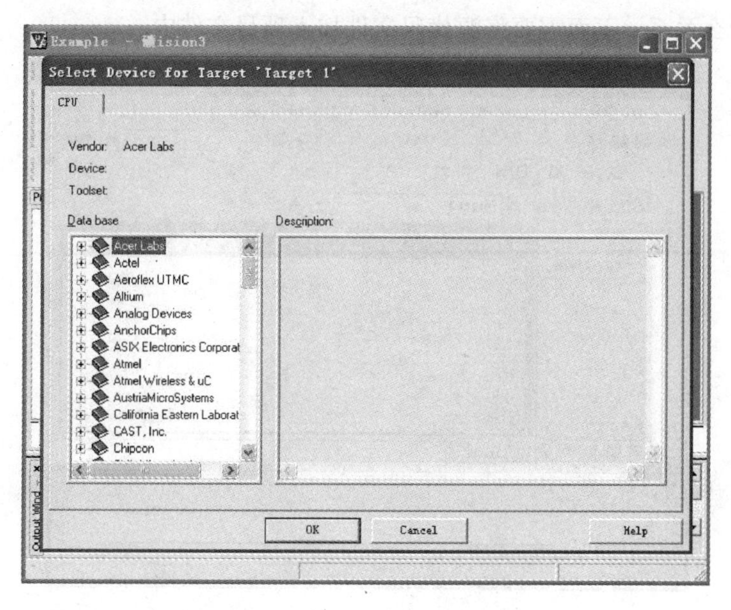

图2-46　单片机型号选择对话框

至此，一个新的项目文件创建完成。此时，工作界面变为如图 2-47 所示，项目文件只是一个空壳，里面还没有任何源代码。因此，下一步要新建源代码文件。

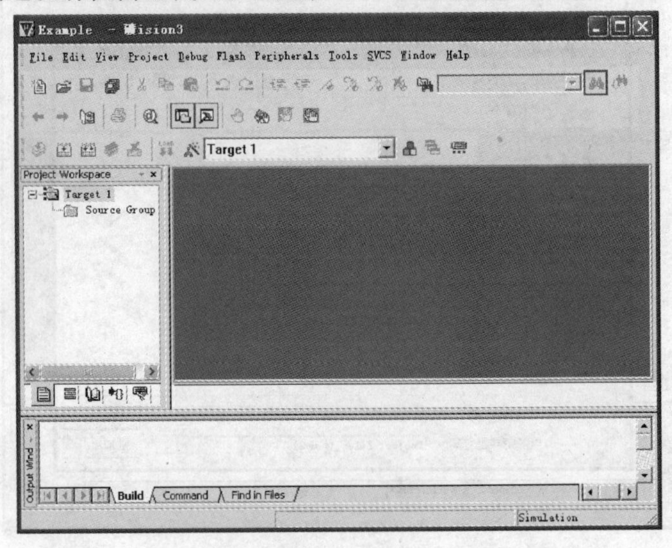

图 2-47 新建项目文件后的工作界面

5）单击“File\New”命令，弹出如图 2-48 所示的空白程序文本框。在此文本框中编写源程序代码，可以是 C 语言代码，也可是汇编语言代码。本例中，将软件自带的 Hello. c 中的代码复制到空白程序文本框。再单击“File\Save”命令，弹出如图 2-49 所示的文件保存对话框。在弹出的对话框中选择要保存的路径，在“文件名”文本框中输入文件名，并注意一定要输入文件扩展名。本例中，文件保存路径与项目文件一样，文件名为 example. c。单击“保存”按钮，完成源代码文件的创建。除此之外，源代码文件还可通过其他文本编辑器（如：UltraEdit-32）创建。此时，虽然新建了一个项目文件和一个源代码文件，但两者之间还没有什么关系。下面需要将源代码文件加入项目文件中。

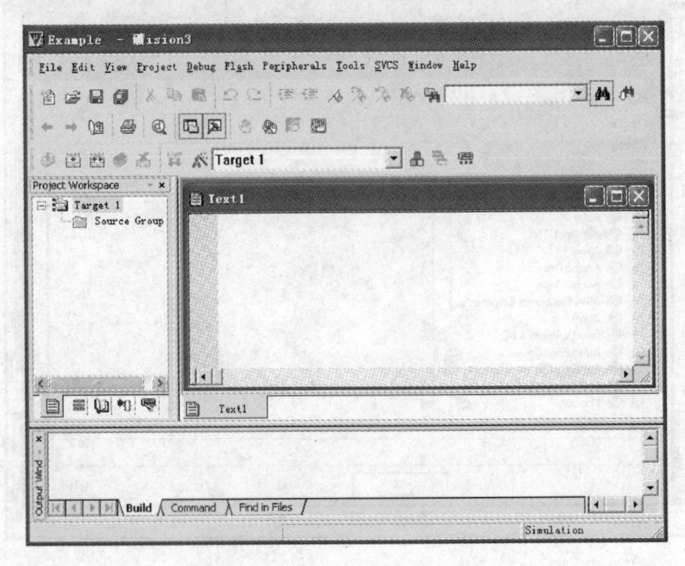

图 2-48 空白程序文本对话框

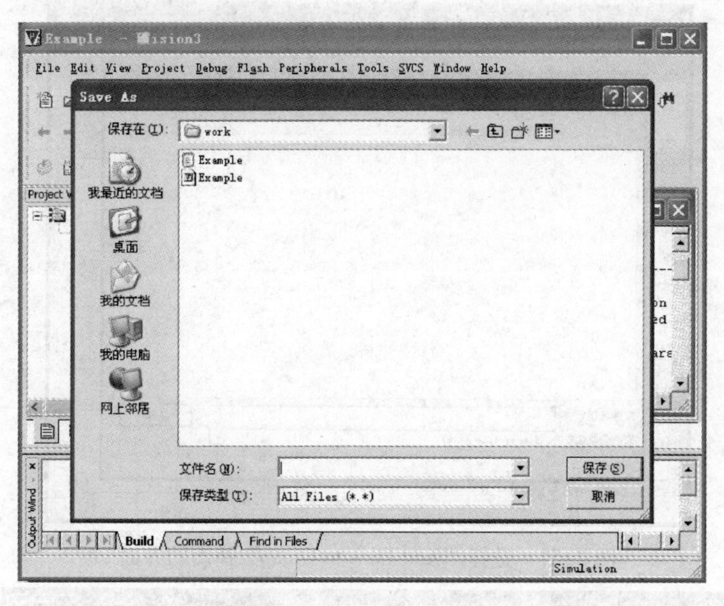

图 2-49　文件保存对话框

6）单击 Target1 前面的“+”号，展开里面的内容“Source Group1”，用右键单击“Source Group1”，弹出如图 2-50 所示的菜单。

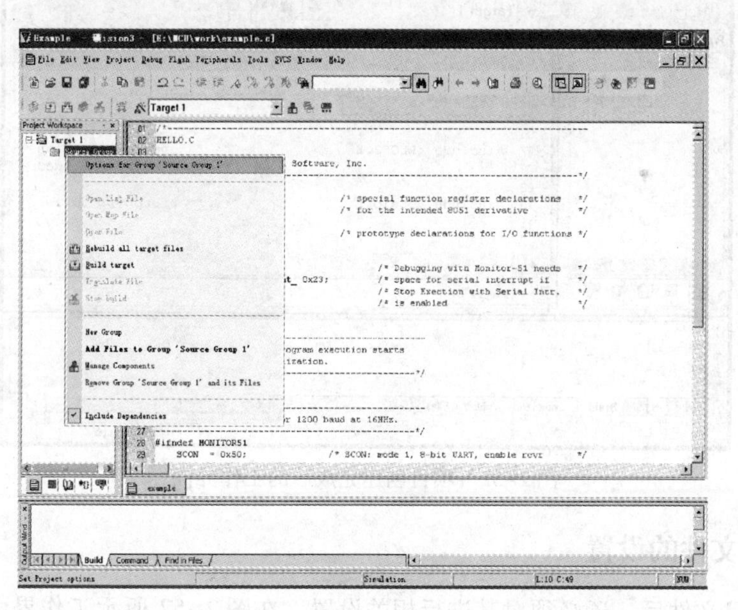

图 2-50　右键单击“Source Group1”弹出的界面

7）在弹出的快捷菜单中，选择“Add Files to Group‘Source Group1’”选项，弹出如图 2-51所示的对话框。选择所需的文件，单击“Add”按钮将其添加到项目中，之后单击“Close”按钮，关闭该窗口。本例中，需将 example. c 文件添加到项目中。

至此，完成了一个工程项目的创建，工作界面如图 2-52 所示。

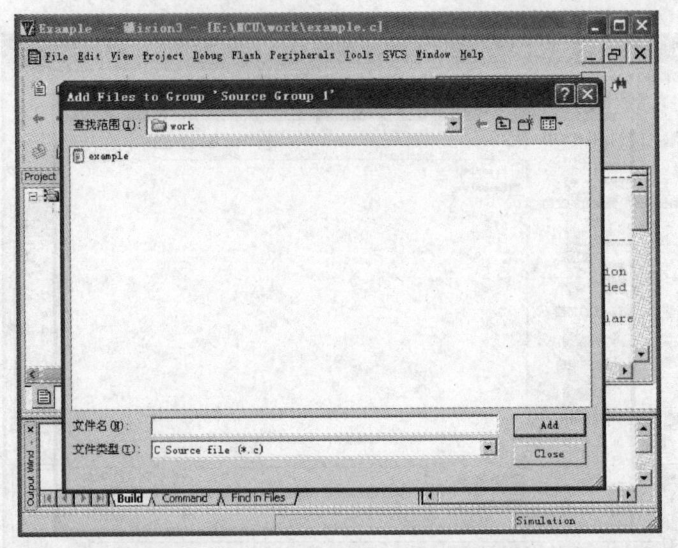

图 2-51 选择“Add Files to Group”弹出的界面

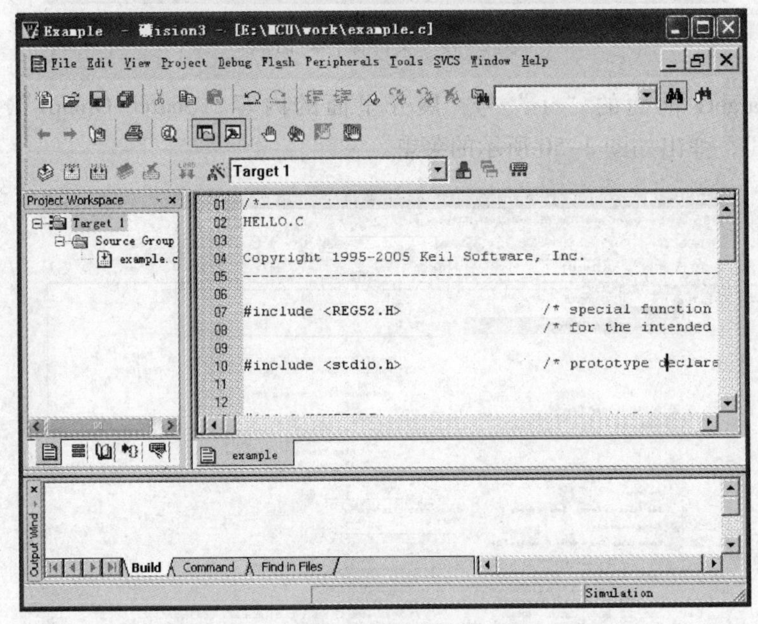

图 2-52 项目创建完成后的工作界面

2.2.2 项目文件的设置

创建完项目文件后，还必须对其进行相关设置。在图 2-52 所示工作界面的工程窗口中选中 Target1，并单击鼠标右键，在弹出的菜单中选中“Options for Target‘Target1’”选项，或单击“Project\Options for Target‘Target1’”，会弹出如图 2-53 所示的项目设置对话框。在这个对话框中共有 11 个选项卡，其中，“Device”用于选择单片机的型号，这在前面项目文件的创建过程中已经介绍过，其余的 10 个选项卡用于设置项目的各项属性。对用户来讲，经常需要设置的选项卡主要有两个：“Target”和“Output”，其余选项卡通常采用默认设置。限于篇幅，下面主要介绍几个常用的设置项。

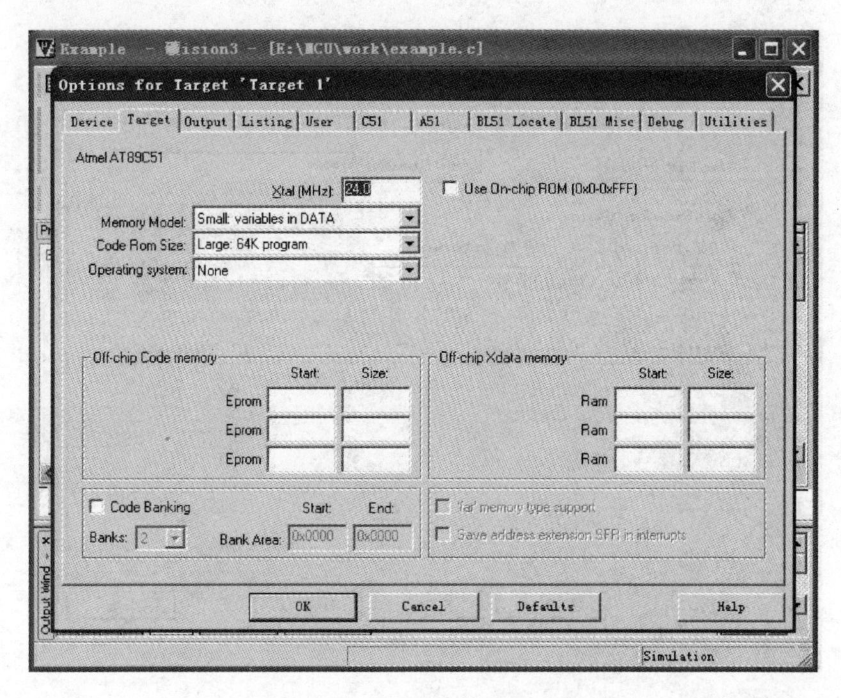

图 2-53　项目参数设置对话框

1. "Target" 选项卡的设置

"Target" 选项卡用于设置所选单片机的一些属性。

(1) Memory Model

该选项用于设置 RAM 的使用情况，有三个选项：Small 模式，所有默认变量参数均装入内部 RAM 中；Compact 模式，所有默认变量均位于外部 RAM 区的一页（256 B）中；Large 模式，所有默认变量可放在多达 64 KB 的外部 RAM 区内。

Small 模式中，地址空间范围最小，但由于变量是装在内部 RAM 中，因此，变量访问速度最快。而 Compact 和 Large 模式使用的是外部 RAM，因此，对变量的访问效率不高，且 Compact 模式的地址空间也有限。设置时，应根据实际程序中的变量使用情况选择合适的 RAM 存储方式。

(2) Code Rom Size

该选项用于设置 ROM 的使用情况，同样也有三个选项：Small 模式，可用的 ROM 空间大小不超过 2 KB；Compact 模式，单个函数的大小不能超过 2 KB，但整个程序可以使用 64 KB的 ROM 空间；Large 模式，单个函数的大小最大可以达到 64 KB，且整个程序的大小不能超过 64 KB。设置时，主要根据程序量的大小选择合适的 ROM 存储方式。

2. "Output" 选项卡的设置

"Output" 选项卡用于设置当前项目经创建后生成的可执行代码文件的输出属性，如图 2-54所示。

(1) "Select Folder for Objects" 按钮

单击该按钮可以选择编译后目标文件的存储目录，默认目录与项目文件的存放位置相同。

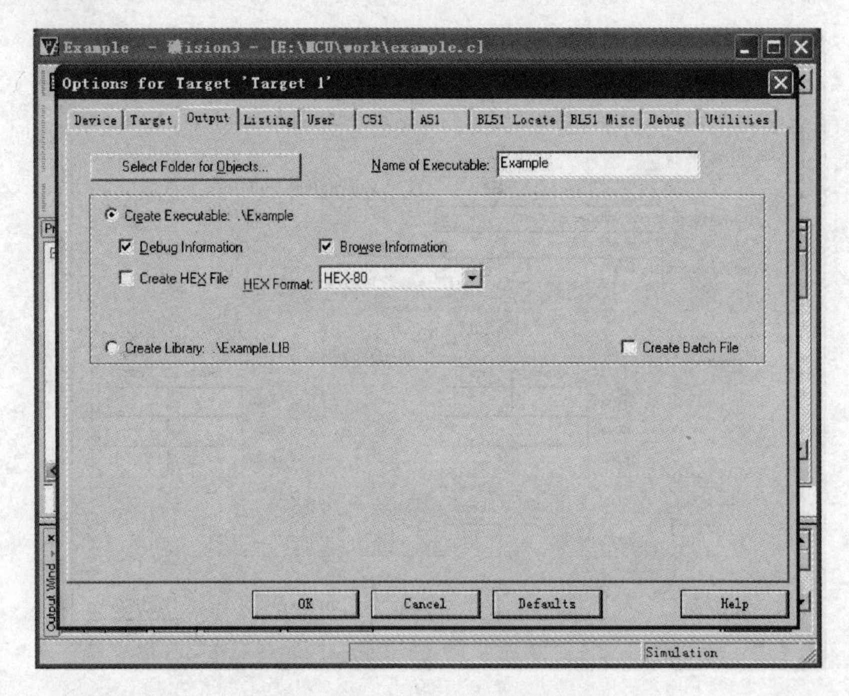

图 2-54　Output 选项卡设置对话框

（2）"Name of Executable" 文本框

该文本框用于设置目标文件的名称。

（3）"Create Executable" 选项

如果要生成 OMF 或 HEX 格式的目标文件，应选中"Debug Information"和"Browse Information"两项，否则，没有调试所需的详细信息。另外，若要生成 HEX 格式的目标文件，还应选中"Create HEX File"选项。

（4）"Create Library" 选项

选中该项时将生成 lib 库文件，一般的应用是不需要生成库文件的。

对于"Output"选项卡的常用设置是：将"Create Executable"、"Debug Information"、"Browse Information"及"Create HEX File"几个选项选中，其余配置成默认值。

2.2.3　编译与链接

在设置好项目后，即可进行编译与链接。单击"Project\Build target"命令，完成当前项目的编译链接。在 Keil 中，编译就是利用 C51 编译器（或 A51 编译器）把 C 语言（或汇编语言）源代码变成计算机可以识别的二进制语言。链接则是将编译过程中生成的目标文件（.obj）与库文件关联，生成单片机可执行的代码。编译链接过程中的信息将会出现在输出窗口的 Build 选项卡中。如果编译链接过程中发现有错误，会有错误报告出现，双击该行，可以定位到出错的位置。如果当前文件已修改，必须对该文件进行重新编译链接，修改才能生效。一般在修改后执行"Project\Rebuild all target files"命令来进行项目的重新编译链接。这样会对当前工程中的所有文件进行重新编译链接，以确保最终生成的目标代码是最新的。对源程序进行反复修改编译后，最终会得到如图 2-55 所示的结果。至此，完成了程序的编译链接，可以进入下一步的仿真调试或下载。

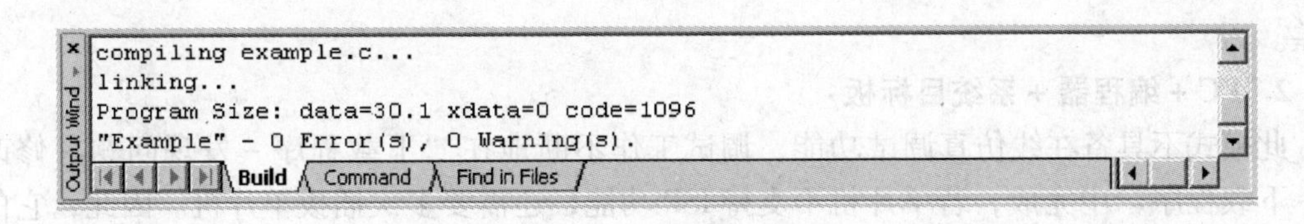

图 2-55　编译结果提示框

Keil 软件还具有仿真、软件调试等功能，受篇幅的限制，这里没有讲到，大家可以查阅 Keil 的使用手册或相关书籍进行学习。

2.3　仿真与下载工具

单片机的硬件开发工具主要包括仿真器和编程器两种，其中，仿真器主要用于系统调试，而编程器用于下载程序。

2.3.1　仿真器

在系统调试阶段，用仿真器（Emulator）可以替代单片机。将仿真器的仿真头插到单片机座子上，仿真器与 PC 通过串口或 USB 口相连，利用 PC 上的仿真器配套软件（如 Keil），就可对程序的运行进行控制，如单步运行、全速运行、断点运行等，并且通过软件可以实时观察到单片机内部各个存储单元的状态。因此，使用仿真器有利于提高系统开发效率。

目前，大多数单片机支持在线仿真（In-Circuit Emulating，ICE）功能。在使用这种仿真器进行仿真时，系统目标板上的单片机无需拔下，仿真器与单片机直接通过串行线相连。常用的仿真器有 MicroChip 公司的 MPLAB ICE2000 仿真器、TI 公司的 MSP－FET430UIF 仿真器等。

2.3.2　编程器

编程器（又称烧录器）通过与 PC 连接可以对存储器芯片、单片机、GAL 器件进行读写，并可以通过计算机编辑软件对原芯片中的程序（未加密）进行编辑修改，然后重新写入芯片内。常见的有 HI-LO System、SUNSHINE、ADVANTECH、台湾力浦、南京 SUPERPRO 等知名产品。

目前，大多数单片机还具有在系统编程（In-System Programming，ISP）功能，即在下载程序时无需将单片机从目标板上拔下，如 AT89S51 系列单片机、STC 系列单片机等。有些单片机甚至同时具有 ICE、ISP 两种功能，这种单片机的仿真器往往还兼有编程器的功能，如 PIC 系列单片机、MSP430 系列单片机等。

2.3.3　单片机应用系统开发模式

目前，单片机应用系统的开发模式主要有以下三种。

1. PC＋仿真器＋编程器＋系统目标板

通过仿真器进行在线仿真、调试，确定程序和硬件没有问题后，再通过编程器将程序下载到系统目标板的单片机中。这种模式开发效率较高，但开发工具较昂贵，且仿真器通用性较差。

2. PC+编程器+系统目标板

此模式不具备在线仿真调试功能，调试工作不断地在“下载程序-发现问题-修改程序-下载程序”中完成，若单片机不支持ISP功能，还需要多次插拔单片机。因此，它的开发效率最低，但由于编程器价格较便宜，且通用性强，因此这种模式是最廉价的。

3. PC+在线仿真/编程器+系统目标板

这种模式可在线仿真、调试、编程，开发效率最高。但所用单片机必须具有ICE、ISP功能，成本相对较高，适用于后续需要不断升级的产品。

2.4 应用系统开发流程

单片机应用系统是指以单片机为核心，同时配以外围电路和程序代码，实现某种或多种功能的装置。尽管不同单片机应用系统的软、硬件千差万别，但其开发流程和基本设计原则相同，主要分为总体方案设计、硬件设计、软件设计、系统调试、固化与运行5个步骤。

1. 总体方案设计

确定系统的总体方案是进行系统设计的第一步，也是最重要和最关键的一步，总体方案的好坏，直接影响整个应用系统的投资、质量及实施细则。设计内容主要包括以下三点。

（1）明确系统功能和指标要求

设计前，要对用户提出的任务进行深入细致的分析和研究，确定系统功能，明确各项指标要求，如待测参数的形式、控制精度、可靠性等，这是系统设计的依据和出发点。

（2）画出系统原理结构框图

根据系统的功能及指标要求，进行系统设计，画出原理框图。设计时要理清整个系统的工作原理，选择好元器件型号。

（3）确定主要技术路线

明确保证性能指标达到要求的技术措施，如系统抗干扰设计和可靠性设计，采用的具体控制策略和算法等。

2. 硬件设计

硬件设计的任务是根据总体设计要求，在所选器件的基础上，设计系统硬件电路。硬件设计常用的工具软件为Altium Designer，具体步骤如下：

1）绘制原理图和PCB。

2）制作电路板。将设计好的PCB送至厂家生产，得到实际的电路板。

3）器件焊接。购买所需元器件后，将它们焊接在制作出的电路板上。

另外，绘制电路图时还可结合仿真软件进行电路仿真测试，以确保电路设计的准确性。

3. 软件设计

软件设计的任务是根据总体设计要求，结合硬件电路，编写程序代码，实现系统的全部功能。

在进行软件设计时，应先理清整个系统的程序编写思路，最好是写出相应的文档或绘制好程序流程图，这样便于从全局上把握设计方向。

同时，应采用模块化的编程思想，将系统功能细化，分成多个功能模块，一个模块一个模块地实现，最后形成整个程序。

4. 系统调试

在完成硬件和软件设计之后，便可进行系统调试工作。系统调试分为硬件调试、软件调试和联合调试三个阶段。

(1) 硬件调试

首先应进行静态调试。在断电的情况下，通过肉眼观察或使用万用表进行测试，确保系统没有明显的开路、短路和器件焊接错误等情况，应特别注意电源的走线，防止电源线之间短路和极性错误。

再对系统硬件加电调试。在单片机内没有下载程序的情况下，对系统的部分硬件功能进行调试，如检测电路中的信号调理部分、输出电路的信号放大部分、电源系统的主电路等。

(2) 软件调试

在不需要硬件支持的情况下，在计算机上通过仿真软件对所写程序进行软件仿真调试。如 Keil 软件包就内置了一个仿真 CPU 用来模拟执行程序，可以在没有硬件和仿真器的情况下进行程序的调试。

调试手段可采用单步运行、设置断点等方式，通过检查 CPU 的现场、RAM 的内容和 I/O 口的状态等，发现程序中的语法与逻辑错误。

(3) 联合调试

硬件和软件调试后，说明系统已基本达到要求，下一步就是进行联合调试。联合调试是指目标系统的软件在其硬件上实际运行，将软件和硬件联合起来进行调试，从中发现硬件故障或软、硬件设计错误。当然，在硬件调试完后也可直接进入联合调试阶段。

联合调试主要解决以下几方面的问题：

1）软、硬件是否按设计的要求配合工作。

2）系统运行时是否有潜在的设计时难以预料的错误。

3）系统的动态性能指标（包括精度、速度等参数）是否满足设计要求。

5. 固化与运行

完成系统调试后，系统反复运行正常，则可将程序下载固化到单片机程序存储器中，单片机脱离开发系统独立工作，并在试运行阶段观测所设计的系统是否满足要求，确定没有问题后，整个设计工作才算完成。

2.5 总结交流

通过第 1 章的学习，读者了解了什么是单片机，单片机的内部结构及其最小系统。接着，读者可能会想到如何利用单片机进行相关应用系统的开发等问题。从这一点出发，本章主要介绍了单片机应用系统开发的一些常用工具（包括电路图、PCB 绘制软件 Altium Designer，集成开发环境 Kell μVision3，单片机仿真器和编程器）及一般流程。第 3 章还将介绍单片机的软件编程语言 C51。这些都为下一步介绍单片机的具体应用打下基础。

由于篇幅限制，不能对这些软件进行系统的介绍，但基本的、重要的知识点都已讲到。在后续的实践过程中，遇到新的问题，读者可以有针对性地查阅相关专门书籍。

第3章　单片机C语言基础

C语言是一种使用非常方便的高级语言，早在20世纪80年代就用于单片机程序的开发，单片机C语言除了遵循C语言的规则外，还针对8051系列单片机自身特点作了一些特殊的扩展，习惯上将单片机C语言简写为C51。

Keil软件的出现，成功地解决了过去长期困扰人们的所谓“高级语言产生代码太长，运行速度太慢，运行效率不高，所以不适合单片机使用”的难题，使得C51的运行效率大为提高，而且在关键部位还能嵌入汇编语言代码，从而挖掘程序的最高潜力。

本章主要介绍C51的程序结构、数据与运算、流程控制、数组和指针、函数与中断子程序等问题。

3.1　C51语言简介

C51是在标准C语言的基础上，根据8051系列单片机的特点扩展而来的单片机C语言，其语法规则绝大部分与标准C语言相同。下面的介绍中，将重点阐述C51语言对标准C语言的扩展部分。

3.1.1　C51程序结构

为了使读者对C51程序结构有一个直观的认识，先看一个简单的C51程序。

```
/* 文件名:HELLO.C */
#include <reg51.h>                    /* 头文件,用于定义单片机的片内资源 */
#include <stdio.h>                    /* 头文件,用于定义输入输出函数 */
void main (void)                      /* 主函数,程序从此处开始执行 */
{
    while(1)
    {
        P1^0 = 1;                     /* 每次打印时将P1.0置1 */
        printf("Hello World\n");      /* 输出"Hello World" */
    }
}
```

从上面的程序例子来看，C51程序一般由函数和头文件组成。

1. 函数

C51程序为函数模块结构，所有的C51程序都是由一个或多个函数构成，其中有且只能有一个主函数main()。程序从主函数开始执行，当执行到调用函数的语句时，程序将控制转移到调用函数中执行，执行结束后，再返回主函数中继续运行，直至程序执行结束。“main”是C51的一个关键字，只能用做主函数名，不能有其他用途。无论是主函数还是自定义函数，其格式都是一样的：

```
函数头
{
    函数体
}
```

其中，函数头包括返回值类型标识符、函数名和圆括号内的形式参数，函数体包括用于数据说明和执行函数功能的语句，花括号“{”和“}”表示函数体的开始和结束。

当函数为无参数函数时，函数头的内容如下：

```
返回值类型标识符 函数名()
```

无参函数一般不带返回值，因此函数返回值类型标识符可以省略，例如：

```
#include <stdio.h>
func()
{
    printf("Function In func respond the call of Main\n");
}

main()
{
    printf("Function In Main Calls A Function in func\n");
    func()
}
```

上面的程序定义了两个函数：main()和 func()，它们都是无参函数。因此，返回值标识符可以省略，默认值为 int 型。

上面程序中函数 func()放在 main()之前定义，这是经典 C 的写法。但是标准 C（ANSI C）则要求用另一种格式进行规范化书写：首先，即使是无参数函数，其返回值类型标识符也要注明“void”关键字；其次，函数在调用之前可以不定义，而放在调用它的函数之后进行定义，但此时被调用的函数必须在程序开头进行原型声明。上面的程序若按照 ANSI C 写法应改为：

```
#include <stdio.h>
void func(void);//函数原型声明

void main(void)
{
    printf("Function In Main Calls A Function in func\n");
    func();
}

void func(void)
{
```

```
        printf("Function In func respond the call of Main\n");
    }
```

当函数为有参数函数时，函数头的内容如下：

    返回值类型标识符 函数名(形式参数列表)

【例 3-1】求两个数的和。

```
#include <stdio.h>
int sumfunc(int u,int v);                          //函数原型声明

void main(void)
{
        int result,a,b;
        a=150;b=35;
        printf("a=%d,b=%d",a,b);
        result=sumfunc(a,b);
        printf("The sum of %d and %d is %d\n",a,b,result);
}

int sumfunc(int u,int v)                           //求和函数
{
        uint sum;
        sum=u+v;
        return(sum);
}
```

程序运行结果为：

```
a=150,b=35
The sum of 150 and 35 is 185
```

在本例中，int sumfunc（int u，int v）就是一个典型的有参数函数，其中，函数返回值类型为 int，括号中的 u 和 v 是函数输入的形式参数，在函数的结尾处有一个返回语句 return (sum)，sum 就是函数的返回变量。

2. 头文件

从技术上讲，C51 程序可以完全由用户编写而不用任何的头文件，但在实践中，这种情况几乎不会出现，因为 C51 编译器提供了能完成各种常用任务的函数，这些函数包含在不同的头文件中，在使用这些 C51 编译器提供的标准函数时，只需要将相应的头文件包含在用户编写的 C51 程序中即可，这就减少了不必要的重复劳动，提高了工作效率。例如，头文件“stdio. h”定义了标准的输入输出函数，这样在程序中就可以直接执行 printf（“Hello World\n”）命令。头文件“reg51. h”则定义了单片机的片内资源，因此在程序中才可以直接对 P1 端口进行操作。

在调用头文件时，需要使用“include”命令，并将头文件用括号“ < > ”括起来。

3. 书写规则

C 语言的书写格式自由，可以在一行写多个语句，也可以把一个语句写在多行，书写的缩进没有要求。每个语句最后必须有一个分号，分号是 C 语句的必要组成部分。

可以用“/＊……＊/”的形式为 C 程序的任何一部分作注释，在“/＊”开始后，一直到“＊/”为止的中间的任何内容都被认为是注释，所以在书写尤其是修改源程序时要注意，有时无意之中删掉一个“＊/”，结果，从这里开始一直要遇到下一个“＊/”中的全部内容都被认为是注释了。特别地，Keil C 也支持 C++风格的注释，就是用“//”引导的语句也是注释。

3.1.2 数据与数据类型

具有一定格式的数字或数值叫做数据。数据是计算机操作的对象，不管使用何种语言、何种算法进行程序设计，最终在计算机中运行的只有数据流。数据的不同格式叫做数据类型，数据按一定的数据类型进行的排列、组合、架构称为数据结构。

C51 提供的数据结构是以数据类型的形式出现的，具体如图 3-1 所示。

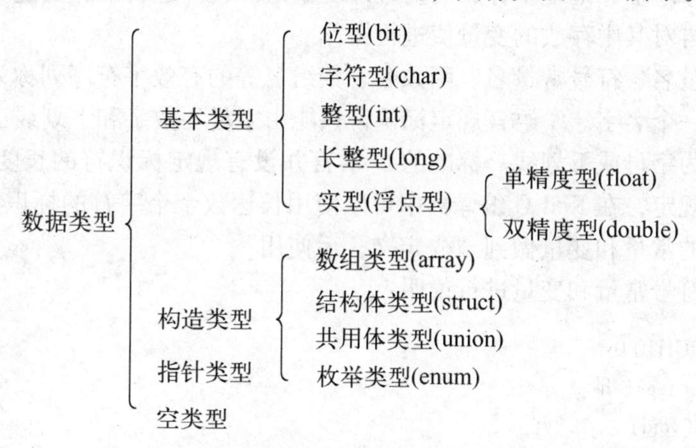

图 3-1 数据类型

C51 编译器具体支持的数据类型有：位型（bit）、无符号字符型（unsigned char）、有符号字符型（signed char）、无符号整型（unsigned int）、有符号整型（signed int）、无符号长整型（unsigned long）、有符号长整型（signed long）和浮点型等。其长度和数域如表 3-1 所示。

表 3-1 C51 支持的数据类型

数据类型	位数	字节数	取值范围
bit	1		0，1
signed char	8	1	−128 ~ 127
unsigned char	8	1	0 ~ 255
signed int	16	2	−32768 ~ 32767
unsigned int	16	2	0 ~ 65535
signed long	32	4	−2147483648 ~ 2147483647
unsigned long	32	4	0 ~ 4294967295
float	32	4	±1.176E −38 ~ ±3.40E +38（6 位数字）
double	64	8	±1.176E −38 ~ ±3.40E +38（10 位数字）

数据以二进制形式存放在单片机存储器内。其中，有符号型数据的最高位为符号位，负数以二进制补码形式表示，其符号位为1。

3.1.3 常量与变量

C语言中的数据有常量和变量之分。

1. 常量

在程序运行过程中，其值不能被改变的量称为常量。常量区分为不同的类型，如：12、0、-3为整型常量；3.14、-2.55为实型常量；'a'、'b'为字符型常量等。常量不仅可以直接表示，也可以用一个标识符来代替，这种用标识符表示的常量称为符号常量，该标识符其实就是常量的别名，例如下面程序中的"LIGHT0"。

2. 变量

在程序运行中，其值可以改变的量称为变量。一个变量主要由两部分构成：一个是变量名，一个是变量值。变量名实际上是一个符号地址，在对程序编译连接时由系统给每一个变量名分配一个内存地址，地址中存放的内容即变量值。程序运行时，通过变量名即可找到相应的内存地址，再对其中存放的变量值进行操作。

用来标识变量名、符号常量名、函数名、数组名等的有效字符序列称为标识符，简单地说，标识符就是一个名字。C语言规定标识符只能由字母、数字和下划线三种字符组成，且第一个字符必须为字母或下划线。标准的C语言并没有规定标识符的长度，但是各个C编译系统有自己的规定，在Keil C编译器中可以使用长达数十个字符的标识符。在C语言中，要求对所有用到的常量和变量做到"先定义，后使用"。

下面举例对符号常量和变量进行说明：

```
#define LIGHT0 0xff
#include <reg51.h>
void main(void)
{
    unsigned int value;
    value = 0x00;
    P1 = LIGHT0;
    P2 = value;
    while(1);
}
```

程序中用"#define LIGHT0 0xff"来定义符号"LIGHT0"等于0xff，以后程序中所有出现LIGHT0的地方均会用0xff来替代。而程序中"value"就是变量，其数据类型为无符号整型（unsigned int）。因此，这个程序执行结果就是P1 = 0xff，P2 = 0x00，即单片机的P1口全部置"1"，而P2口全部清"0"。

符号常量不等同于变量，它的值在整个作用域范围内不能改变，也不能被再次赋值。使用符号常量的好处是：在需要改变常量取值时能做到"一改全改"。

在进行C51程序设计时，应根据实际需求定义变量和常量，并尽量减少不必要的变量和常量的应用，否则，会占据单片机更多的数据和程序存储空间。

3.1.4 数据存储类型

在讨论 C51 数据类型的时候，必须提及它的存储类型。因为 C51 是面向 8051 系列单片机及其硬件控制系统的开发工具，它定义的任何数据类型必须以一定的存储类型的方式定位在 8051 的某一存储区中，否则便没有任何的实际意义。

定义一个变量的格式如下：

[存储种类]数据类型[存储器类型]变量名称

在定义格式中除了数据类型和变量名是必须的，其他都是可选项。存储种类有四种：自动（auto）、外部（extern）、静态（static）和寄存器（register），默认类型为自动（auto）。说明了一个变量的数据类型后，还可选择说明该变量的存储器类型。Keil C51 编译器完全支持 8051 系列单片机的硬件结构和存储器组织，对于每个变量可以准确地赋予其存储器类型，使之能够在单片机存储器内准确地定位。C51 数据存储类型与 8051 单片机存储器空间的对应关系如表 3-2 所示。

表 3-2　C51 数据存储类型与 8051 单片机存储空间的对应关系

数据存储类型	对应的 8051 存储空间
data	直接寻址片内数据存储器区（地址空间：00H ~ FFH），访问速度最快
bdata	可位寻址片内数据存储器区（地址空间：20H ~ 2FH），允许位与字节混合访问
idata	间接寻址片内数据存储器区（地址空间：00H ~ 7FH）
pdata	分页寻址片外数据存储器区（地址空间：0000H ~ 00FFH）
xdata	全部片外数据存储器区（地址空间：0000H ~ FFFFH）
code	全部程序存储器区（地址空间：0000H ~ FFFFH）

变量的存储类型定义举例如表 3-3 所示。

表 3-3　变量的存储类型定义举例

举　例	说　明
char data var1;	字符型变量 var1 被定义为 data 存储类型，C51 编译器将把该变量分配在 8051 片内可直接寻址的数据存储区中，并只能采用直接寻址方式进行访问
bit bdata flags;	位变量 flags 被定义为 bdata 存储类型，C51 编译器将把该变量分配在 8051 片内数据存储区中的位寻址区
float idata x，y，z;	浮点变量 x，y，z 被定义为 idata 存储类型，C51 编译器将把这些变量分配在 8051 片内可间接寻址的数据存储区中，并只能用间接寻址的方法进行访问
unsigned int pdata dimension;	无符号整型变量 dimension 被定义为 pdata 存储类型，C51 编译器将把该变量分配在片外数据存储区 0000H ~ 00FFH 的地址区域内
unsigned char xdata vector[10][4][4];	无符号字符三维数组变量 vector[10][4][4]被定义为 xdata 存储类型，C51 编译器将其定位在片外数据存储区中，占据 10 × 4 × 4 = 160 B 的存储空间

如果在变量定义时略去存储类型标识符，编译器会自动选择默认的存储类型。默认的存储类型进一步由 SMALL，COMPACT 和 LARGE 存储模式指令限制。例如，声明 char var1，在 SMALL 存储模式下，var1 被定位在 DATA 存储区；在使用 COMPACT 存储模式下，var1 被定位在 PDATA 存储区；在使用 LARGE 存储模式下，var1 被定位在 XDATA 存储区中。

3.1.5 特殊功能寄存器的C51定义

8051单片机片内有21个特殊功能寄存器（SFR），它们分散在片内RAM的高128字节中，地址为80H～FFH，如图1-7所示。对SFR的操作，只能用直接寻址方式。

为了能直接访问这些特殊功能寄存器，C51提供了一种自主形式的定义方法，这种定义方法与标准C语言不兼容，只适用于对8051系列单片机进行C编程。

这种定义的方法是引入关键字“sfr”，其语法如下：

```
sfr 寄存器名 = 寄存器地址
```

举例如下：

```
sfr SCON = 0x98;          /* 串口控制寄存器地址为98H */
sfr TMOD = 0x89;          /* 定时/计数器模式控制寄存器地址为89H */
```

“sfr”后面必须跟一个特殊寄存器名，“=”后面的地址必须是常数，不允许带有运算符的表达式，这个常数值必须在特殊功能寄存器的地址范围内，位于80H到FFH之间。

8051系列不同型号单片机的寄存器的数量与类型是极不相同的，因此，有必要将所有关于寄存器的定义放入一个头文件中，如头文件“reg51.h”。当选择不同单片机时，只需调用不同的头文件即可，而用户程序无需作太多修改。

在8051单片机的典型应用中，对于可按位寻址的SFR，经常需要单独访问其中的某位，C51的扩充功能使之成为可能。特殊位（sbit）的定义，像SFR一样不与标准C兼容，使用关键字“sbit”可以访问位寻址对象。

在采用关键字“sbit”定义特殊寄存器位时，“=”后将绝对地址赋给变量名，这种地址分配有三种方法：

第一种方法：sfr_name^int_constant

sfr_name必须是已定义的SFR的名字，‘^’后的语句定义了基地址上的特殊位的位置，该位置取值范围是0～7。

举例如下：

```
sfr PSW = 0xD0;           /* 定义PSW寄存器的地址为0xD0 */
sbit OV = PSW^2;          /* 定义OV位（PSW.2）的地址为0xD2 */
sbit CY = PSW^7;          /* 定义CY位（PSW.7）的地址为0xD7 */

sfr P0 = 0x80;            /* 定义P0寄存器的地址为0x80 */
sbit P01 = P0^1;          /* 定义P0.1的地址为0x81 */
```

第二种方法：int_constant ^int_constant

这种方法以一个整常数作为基地址，该值必须在80H～FFH之间，并能被8整除，确定位置的方法同上。

举例如下：

```
sbit OV = 0xD0^2;         /* 定义OV位（PSW.2）的地址为0xD2 */
```

```
sbit CY =0xD0^7;                    /* 定义 CY 位 (PSW.7) 的地址为 0xD7 */
```

第三种方法：int_constant

这种方法将位的绝对地址赋给变量，地址必须位于 80H ~ FFH 之间。

```
sbit OV =0xD2;                      /* 定义 OV 位 (PSW.2) 的地址为 0xD2 */
sbit CY =0xD7;                      /* 定义 CY 位 (PSW.7) 的地址为 0xD7 */
```

特殊功能位代表了一个独立的定义类，不能与其他位定义互换。

3.1.6 位变量的 C51 定义

位变量一般存放在单片机片内数据存储器的可位寻址区（20H ~ 2FH），位变量的地址取值范围为 00H ~ 7FH，定义方法如下：

先定义变量的数据类型和存储类型：

```
unsigned int bdata ibase;           /* ibase 定义为 bdata 整型变量 */
unsigned char bdata bary[4];        /* bary[4]定义为 bdata 字符型数组变量 */
```

然后使用“sbit”定义可独立寻址访问的对象位：

```
sbit mybit0 = ibase^0;              /* mybit0 定义为 ibase 的第 0 位 */
sbit mybit15 = ibase^15;            /* mybit15 定义为 ibase 的第 15 位 */
sbit Ary07 = bary[0]^7;             /* Ary07 定义为 bary[0]的第 7 位 */
sbit Ary37 = bary[3]^7;             /* Ary37 定义为 bary[3]的第 7 位 */
```

变量 ibase 和 bary 也可以按字节寻址：

```
Ary37 =0;                           /* bary[3]的第 7 位赋值为 0,按位寻址 */
bary[3] = 0x10;                     /* bary[3]赋值为 0x10,按字节寻址 */
```

sbit 定义要求基址对象的存储类型为“bdata”，否则，只有绝对的特殊位定义（sbit）是合法的。“^”后的最大值依赖于指定基址类型，对于 char/unsigned char 而言是 0 ~ 7，对于 int/unsigned int 而言是 0 ~ 15，对于 long/unsigned long 而言是 0 ~ 31。

3.1.7 运算符与表达式

运算符就是完成某种特定运算的符号，表达式则是由运算符及运算对象所组成的具有特定含义的一个式子。按其在表达式中所起的作用，运算符可分为赋值运算符、算术运算符、关系运算符、逻辑运算符、位运算符、增量与减量运算符、复合赋值运算符等。

赋值运算符的作用是将一个数据值赋给一个变量。算术运算符用来完成一般的四则算术运算。关系运算符实际上是一种比较运算，即将两个值进行比较，判断其比较的结果是否符合给定的条件。逻辑运算符用来求某个条件式的逻辑值。位运算符的作用是按位对变量进行运算，并不改变参与运算的变量的值，位运算符使得 C51 语言具有汇编语言的一些功能，能直接对单片机的硬件进行操作。复合赋值运算符是先对变量进行某种运算，然后将运算的结果再赋给该变量，复合运算符可以简化代码，提高编译效率。

C 语言是一种表达式语言，在任意一个表达式的后面加一个分号，就构成了一个表达式语句。由运算符和表达式可以组成 C 语言程序的各种语句。

总体来说，C51 的运算符、表达式与标准 C 语言差别不大，表 3–4 总结性地给出了运算符及其在表达式中的优先级关系。

表 3–4　C51 支持的运算符及其优先级

优先级	符　号	名称及说明	类　别	结合性
1	( )	强制类型转换，将表达式或变量的类型强制转换为指定的类型	强制转换运算符	由左向右
	[ ]	数组下标，访问数组中的相应元素	数组下标运算符	
	->	存取结构或联合成员，用指针应用结构或联合中的元素	结构或联合运算符	
	.	存取结构或联合成员，直接引用结构或联合中的元素	结构或联合运算符	
2	!	逻辑非，对条件式的逻辑值直接取反	逻辑运算符	由右向左
	~	按位取反，将操作数的各位直接取反	位运算符	
	++	自增 1，运算对象作加 1 运算	增量运算符	
	--	自减 1，运算对象作减 1 运算	减量运算符	
	&	取地址，将指针变量所指向的目标变量的地址赋给左边的变量	指针运算符	
	*	取内容，将指针变量所指向的目标变量的内容赋给左边的变量	指针运算符	
	-	负值运算符，将表达式结果取反	算术运算符	
	size of	长度计算	长度运算符	
3	*	乘，符合一般的乘法运算规则	算术运算符	由左向右
	/	除，符合一般的除法运算规则	算术运算符	
	%	取模，要求对象均为整型数据	算术运算符	
4	+	加，符合一般的加法运算规则	算术运算符	由左向右
	-	减，符合一般的减法运算规则	算术运算符	
5	<<	左移，将运算对象的各位顺序左移若干位	位运算符	由左向右
	>>	右移，将运算对象的各位顺序右移若干位	位运算符	
6	<	小于，符合条件则表达式结果为真	关系运算符	由左向右
	<=	小于或等于，符合条件则表达式结果为真	关系运算符	
	>=	大于或等于，符合条件则表达式结果为真	关系运算符	由左向右
	>	大于，符合条件则表达式结果为真	关系运算符	
7	==	等于，判断两个数是否相等	关系运算符	由左向右
	!=	不等于，判断两个数是否不相等	关系运算符	
8	&	按位与，若两个运算位都为 1，结果为 1，否则，结果为 0	位运算符	由左向右
9	^	按位异或，若两个运算位取值相同，则结果为 0，否则，结果为 1	位运算符	由左向右
10	|	按位或，若两个运算位中只要有一个为 1，结果为 1，否则，结果为 0	位运算符	由左向右
11	&&	逻辑与，运算对象都为真时表达式结果为真	逻辑运算符	由左向右

（续）

优先级	符号	名称及说明	类别	结合性
12	‖	逻辑或，运算对象有一个为真时表达式结果为真	逻辑运算符	由左向右
13	?:	条件运算，其作用是根据逻辑表达式的值选择使用表达式的值	条件运算符	由右向左
14	=	赋值运算，将表达式赋值给变量	赋值运算符	由右向左
	+=	加法赋值，先对变量进行加法运算，再将结果赋给变量	复合赋值运算符	
	-=	减法赋值，先对变量进行减法运算，再将结果赋给变量	复合赋值运算符	
	*=	乘法赋值，先对变量进行乘法运算，再将结果赋给变量	复合赋值运算符	
	/=	除法赋值，先对变量进行除法运算，再将结果赋给变量	复合赋值运算符	
	&=	逻辑与赋值，先对变量进行逻辑与运算，再将结果赋给变量	复合赋值运算符	
	^=	逻辑异或赋值，先对变量进行逻辑异或运算，再将结果赋给变量	复合赋值运算符	
	|=	逻辑或赋值，先对变量进行逻辑或运算，再将结果赋给变量	复合赋值运算符	
	<<=	左移位赋值，先对变量左移位，再将结果赋给变量	复合赋值运算符	
	>>=	右移位赋值，先对变量右移位，再将结果赋给变量	复合赋值运算符	
15	,	逗号运算，把多个变量定义为同一类型的变量	逗号运算符	由左向右

3.2 C51 的流程控制语句

C 语言是一种结构化的程序设计语言。这种语言的结构很严格，且程序流程不允许有交叉。结构化语言的基本元素是模块，它是程序的一部分，只有一个出口和一个入口，不允许有偶然的中途插入或以模块的其他路径退出。每个模块中包含若干个基本结构，这些基本结构主要有顺序结构、选择结构和循环结构三种类型，每个基本结构由若干条语句构成。

C 语言的控制语句主要有表达式语句、复合语句、条件语句、循环语句、跳转语句等。C51 语言与 C 语言的程序控制语句完全一样，掌握这些语句的使用方法是单片机 C 语言学习的重点。

3.2.1 表达式语句

表达式语句是一种最基本的语句。C51 语言中在表达式右边加一个分号“;”就构成了表达式语句，下面的语句都是合法的表达式语句：

```
b = b * 10;count ++ ;
x = a;y = b;
page = (a + b)/a - 1;
```

在 C51 语言中有一个特殊的表达式语句，称为空语句，它仅仅是由一个分号“;”组成。有时候为了使语法正确，但并不要求有具体的动作，这时就可以采用空语句。空语句在循环中经常用到，例如：

```
for(i=0;;i++)
{
  ......
}
```

3.2.2 复合语句

若干条表达式语句组合而成的语句称为复合语句，其一般形式为：

```
{
    语句1;
    语句2;
    …
    语句n;
}
```

由复合语句的一般形式可以看出，复合语句是由一对括号“{}”将若干条语句组合在一起而形成的一种功能块，复合语句不需要以分号“;”结束，但它内部的各条语句仍需以分号结束。复合语句允许嵌套。在执行时，复合语句中的各条单语句依次顺序执行，整个复合语句在语法上等价于一条单语句。复合语句通常出现在函数中。

【例 3-2】一个复合语句的简单例子。

```
{
    int x1,y1;                                    //定义局部变量
    x1=5;
    y1=8;
    printf("%d %d",x1,y1);
}
```

3.2.3 条件语句

条件语句又称为分支语句，它由关键字“if”构成。根据给定的条件进行判断，以决定执行某个分支程序段。C51 语言提供了三种形式的条件语句：

（1）基本形式

这种形式的语法结构为：

```
if(表达式)
    语句;
```

语义：如果表达式的值为真，则执行其后的语句，否则不执行该语句。

（2）if-else 形式

这种形式的其语法结构为：

```
if(表达式)
    语句1;
else
    语句2;
```

语义：如果表达式的值为真，则执行语句1，否则执行语句2。

（3）if - else - if 形式

这种形式的语法结构为：

```
if(表达式1)
    语句1;
else if(表达式2)
    语句2;
else if(表达式3)
    语句3;
…
else if(表达式m)
    语句m;
else
    语句n;
```

语义：依次判断表达式的值，当出现某个值为真时，则执行其对应的语句。然后跳到整个if语句之外继续执行程序。如果所有的表达式均为假，则执行语句n。

使用条件语句时要注意，条件判断表达式必须用括号括起来，在语句之后必须加分号。条件语句支持嵌套结构，但要特别注意if和else的配对使用，否则会导致语法错误。一般条件语句只会用作单一条件或少数量的分支。如果使用条件语句来编写超过3个以上的分支程序，会使程序变得不清晰，导致可读性变差。

【例3-3】一个简单的条件语句嵌套应用的例子。

```
main()
{
    int x,y;
    printf("Enter integer X and Y:");
    scanf("%d%d",&x,&y);
    if(x!=y )
    {
        if(x>y)
            printf("X>Y\n");
        else
            printf("X<Y\n");
    }
    else
        printf("X==Y\n");
}
```

3.2.4　开关语句

用多个条件语句能实现多方向条件分支，但是使用过多的条件语句实现多方向分支会使条件语句嵌套过多，程序冗长，可读性变差。C语言提供了另外一种实现多方向条件分支的语句：开关语句。使用开关语句同样能达到处理多分支选择的目的，又能使程序结构清晰。开关语句是用关键字“switch”构成的，它的一般形式如下：

```
switch(表达式)
{
    case 常量表达式1:          语句1;break;
    case 常量表达式2:          语句2;break;
    ……
    case 常量表达式n:          语句n;break;
    default:                  语句n+1;
}
```

语义：先计算表达式的值，判断此值是否与某个常量表达式的值匹配，如果当表达式的值与某个常量表达式的值相等时，则执行case后面的语句，再执行break语句，跳出switch语句。如果case后面没有和条件相等的值时，就执行default后的语句。当要求没有符合的条件时不做任何处理，则不写default语句。

使用switch语句时要注意：括号内的表达式可以是int，char；case后的每个常量表达式必须各不相同，否则会出现错误；case和default的位置是任意的，不会影响程序执行结果；每个case之后的执行语句可多于一个，但不必加“{}”；还允许几种case下执行相同的语句，不必每个都写执行语句。

【例3-4】输入年、月，计算该月有多少天。

```
void main(void)
{
    unsigned int year,month,days;

    printf("Enter year&month\n");
    scanf("%d,%d",&year,&month);
    switch(month)
    {
        case 1:                       //处理"大"月，几个case执行相同的语句
        case 3:
        case 5:
        case 7:
        case 8:
        case 10:
        case 12:
        {
            days=31;
```

```
        } break;                            //跳出开关结构
        case 4:                             //处理"小"月，几个 case 执行相同的语句
        case 6:
        case 9:
        case 11:
        {
            days = 30;
        } break;
        case 2:                             //处理闰月
        {
            if ((year%4 = =0)&&(year%100!  =0) || (year%400) ==0)
                days = 29;
            else
                days = 28;
        } break;
        default: printf("Enter error! \n");days = 0;
    }
    if (days!=0)
    printf("%d\n",days);
}
```

3.2.5 循环语句

循环结构是程序中一种很重要的结构，其特点是，在给定条件成立时，反复执行某程序段，直到条件不成立为止。给定的条件称为循环条件，反复执行的程序段称为循环体。C51语言提供了四种循环语句：

（1）while 语句

该语句的语法结构为：

```
while(表达式)  语句;
```

语义：先判断表达式的值，若为非零，则执行循环体语句，再判断表达式的值，直到表达式的值为零，才退出循环体。循环体若包括一个以上的语句，则必须用“{}”括起来，组成复合语句。注意循环条件的选择，以避免死循环。

（2）do－while 语句

该语句的语法结构为：

```
do
    语句;
while(表达式);
```

语义：先执行循环体，再判断表达式的值，若为非零，重复执行循环体语句，再判断表达式的值，直到表达式的值为零，才退出循环体。

do－while 语句和 while 语句的区别在于，do－while 是先执行后判断，因此 do－while 至

少要执行一次循环体。而 while 是先判断后执行，如果条件不满足，则一次循环体语句也不执行。while 语句和 do - while 语句一般都可以相互改写，但应注意，在 while 语句中，表达式后面都不能加分号，而在 do - while 语句中，表达式后面必须加分号。do - while 语句也可以组成多重循环，而且也可以和 while 语句相互嵌套。

（3）for 语句

for 语句是 C51 语言所提供的功能更强，使用更广泛的一种循环语句，其语法结构为：

```
for(表达式1;表达式2;表达式3)
{
    语句组;
}
```

其中，表达式 1 通常用来给循环变量赋初值，一般是赋值表达式。也允许在 for 语句外给循环变量赋初值，此时可以省略该表达式。表达式 2 通常是循环条件，一般为关系表达式或逻辑表达式。表达式 3 通常可以用来修改循环变量的值，一般是赋值语句。这三个表达式都可以是逗号表达式，即每个表达式都可由多个表达式组成。三个表达式都是任选项，都可以省略。“语句组”即为循环体语句。

for 语句的语义是：计算表达式 1 初值；再计算表达式 2 的值并判断，当值为假（0）时，跳出循环，当值为真（非 0）时，执行循环；执行循环体语句后，计算表达式 3，再自动转到第二步（计算表达式 2），而后继续按照前面的过程执行。

在整个 for 循环过程中，表达式 1 只计算一次，表达式 2 和表达式 3 则可能计算多次。循环体可能多次执行，也可能一次都不执行。在使用 for 语句中要注意，for 语句中的各表达式都可以省略，但分号间隔符不能少。在循环变量已赋初值时，可省去表达式 1，如省去表达式 2 或表达式 3 则将造成无限循环，这时应在循环体内设法结束循环。循环体可以是空语句。for 语句也可与 while、do - while 语句相互嵌套，构成多重循环。

【例 3-5】一个循环语句应用的简单的例子，完成 1 ~ 10 的累加。

```
int Count(void)
{
        unsigned int I,SUM;
        for(I = 1;I <= 10;I ++ )
        {
                SUM = I + SUM;                          //累加
        }
        return(SUM);
}
```

3.2.6 跳转语句

程序中的语句通常总是按顺序方向，或按语句功能所定义的方向执行的。如果需要改变程序的正常流向，则需要用到跳转语句。C51 语言提供了 4 种转移语句：

（1）goto 语句

goto 语句也称为无条件转移语句，其语法结构为：

```
goto  语句标号;
……
语句标号:……
```

其中，语句标号是按标识符规定书写的符号，放在某一语句的前面，标号后加冒号“:”。语句标号起标识语句的作用，与goto语句配合使用。C51语言不限制程序中使用标号的次数，但各标号不得重名。goto语句的语义是：改变程序流向，转去执行语句标号所标识的语句。goto语句通常与条件语句配合使用，可用来实现条件转移，构成循环，跳出循环体等功能。但是，在结构化程序设计中一般不主张使用goto语句，以免造成程序流程的混乱，使理解和调试程序都产生困难。

（2）break语句

break语句只能用在switch语句或循环语句中，其语法结构为：

```
break;
```

作用：跳出switch语句或跳出本层循环，转去执行后面的程序。由于break语句的转移方向是明确的，所以不需要语句标号与之配合。使用break语句可以使循环语句有多个出口，在一些场合下使编程更加灵活、方便。

（3）continue语句

continue语句只能用在循环体中，其语法结构为：

```
continue;
```

语义：结束本次循环，即不再执行循环体中continue语句之后的语句，转入下一次循环条件的判断与执行。应注意的是，本语句只结束本层本次的循环，并不跳出循环。

（4）return语句

return语句是返回语句，其语法结构为：

```
return(表达式);
```

或者为：

```
return;
```

作用：结束函数的执行，返回到调用函数时的位置。语法中因带有表达式，返回时先计算表达式，再返回表达式的值，不带表达式则返回的值不确定。

3.3 构造数据

前面介绍了字符型、整型和浮点型等内容，它们属于基本数据类型。C语言还提供了一些扩展的数据类型，称为构造数据类型。这些按照一定规则构成的数据类型有：数组、指针、结构、共用体、枚举等。

3.3.1 数组

数组是一组有序数据的集合，数组中的每一个数据都属于同一种数据类型。数组中的各个元素可以用数组名和下标来唯一确定。按照维数，数组可以分为一维数组和多维数组。在C51 中数组必须先定义，然后才能使用。

一维数组的定义形式如下：

```
数据类型　数组名[常量表达式];
```

其中，“数据类型”是指数组中的各数据单元的类型。“数组名”是整个数组的标识，命名方法和变量命名方法是一样的。在编译时系统会根据数组大小和存储类型为变量分配空间，数组名就是所分配空间的首地址的标识。“常量表达式”表示数组的长度，它必须用“[ ]”括起，括号里的数不能是变量，而只能是常量。

定义多维数组时，只要在数组名后面增加相应于维数的常量表达式即可，其一般形式如下：

```
数据类型　数组名[常量表达式1]……[常量表达式N];
```

下面给出了几个数组定义的例子：

```
unsigned int xcount[10];            //定义一维无符号整型数组,有10个数据单元
char inputstring[5];                //定义一维字符型数组,有5个数据单元
float outnum[10][10];               //定义二维浮点型数组,有100个数据单元
```

在使用数组时要注意，C51 语言中数组的下标是从 0 开始的而不是从 1 开始，如一个具有 10 个数据单元的数组 xcount，它的下标就是从 xcount[0]到 xcount[9]，引用单个元素就是数组名加下标，如 xcount[1]就是引用 xcount 数组中的第 2 个元素，如果用了 xcount[10]就会有错误出现。还有一点值得注意的是，在程序中只能逐个引用数组中的元素，不能一次引用整个数组，但是字符型的数组就能一次引用。

【例 3-6】利用字符数组输出一个图形。

```
main()
{
    char a[5][5],i,j;
    for(i=0;i<5;i++)
    {
        for(j=0;j<5;j++)
        {
            if(j==0 || i==j)
                a[i][j]='*';
            else
                a[i][j]='';
        }
    }
    for(i=0;i<5;i++)
    {
      for(j=0;j<5;j++)
          printf("%c",a[i][j]);
```

```
        printf("\n");
    }
}
```

3.3.2 指针

指针是C语言的精华，是C语言最重要的内容之一。正确地使用指针，可以有效地表示复杂的数据结构，直接处理内存地址，从而使程序精简、灵活、高效。指针的概念比较复杂，用法很多，限于篇幅，这里仅介绍指针最基本的内容，相对标准C语言，C51语言对指针的扩展。

1. 指针与指针变量

存储器组织是单片机的重要组成部分，用于存放程序的指令、常量和变量等。存储器的每个字节单元都有一个编号，称为存储单元的地址。各个存储单元中所存放的数据，称为该存储单元的内容。单片机在执行任何一条指令时都要涉及到许多的寻址操作，即按地址来读或者写该存储单元中的数据。由于通过地址可以找到所需要的存储单元，因此，可以说地址是指向存储单元的。

简单地说，指针就是指变量或数据所在的存储区地址，或者说，指针专门用来确定数据的地址。例如，一个字符型的变量i存放在内存单元DATA区的50H地址中，其内容为80H，那么DATA区的50H地址就是变量i的指针。如果有一个变量专门用来存放另一个变量的地址，那么用来存放变量地址的变量称为“指针变量”。例如，用变量ip来存放字符型变量i的地址50H，则变量ip就是一个指针变量。图3-2形象地给出了指针变量和它所指向的变量之间的关系。

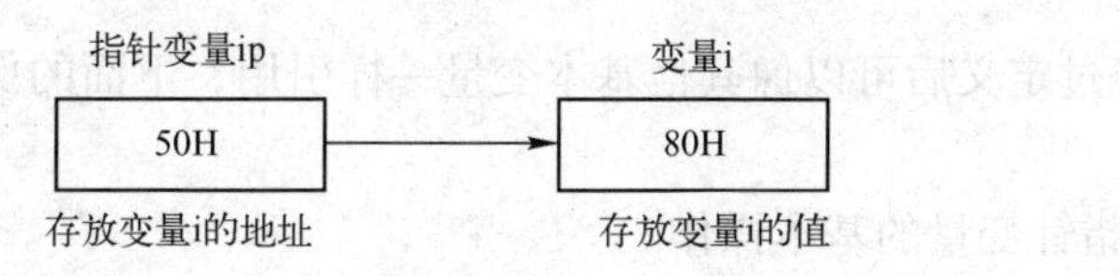

图3-2　指针变量与它所指向的变量

2. 指针变量的定义

指针变量的定义与一般变量的定义类似，其一般形式如下：

数据类型[存储器类型1] * [存储器类型2]标识符;

其中，“标识符”是所定义的指针变量名；“数据类型”说明了该指针变量所指向的变量类型；“ * ”表示该变量是指针变量；“存储器类型1”和“存储器类型2”是可选项，“存储器类型2”选项用于指定指针变量本身的存储器空间，根据是否有“存储器类型1”选项，C51中指针变量可以分为通用指针变量和存储器指针变量。

通用指针变量：不选用“存储器类型1”的指针变量称为通用指针变量，其声明和标准C语言中一样。如：

```
char * s;
int * numptr;
long * state;
```

通用指针总是需要三个字节来存储。第一个字节用来表示变量的存储器类型，第二个字节是指针的高字节，第三个字节是指针的低字节。通用指针可以用来访问所有类型的变量，而不管变量存储在哪个存储空间中。因而，许多库函数都使用通用指针。通用指针很方便，但是访问速度较慢，在所指向目标的存储空间不明确的情况下，它们用得最多。

存储器指针变量：选用“存储器类型1”的指针变量称为存储器指针变量，如：

```
char data * str;
int xdata * numtab;
long code * powtab;
```

指向 idata，data，bdata 和 pdata 的存储器指针用一个字节保存，指向 code 和 xdata 的存储器指针用两个字节保存。使用存储器指针比通用指针效率要高，速度要快。当然，存储器指针的使用不是很方便。在所指向目标的存储空间明确不会变化的情况下，这种指针用得比较多。

由于许多的库函数使用通用指针，而为了提高效率，用户在程序中自定义的函数可能会使用存储器指针。在不同指针的函数之间进行调用时，往往要进行指针的转换。指针转换可以用类型转换的程序代码来强迫转换，或在编译器内部强制转换。

3. 指针变量的操作

指针变量是含有一个数据对象地址的特殊变量，指针变量中只能存放地址。与指针变量有关的运算符有两个：取地址运算符“&”和间接访问运算符“ * ”。

1）取地址运算符“&”：该运算符用来取变量的地址。如取变量 a 地址的指令为：&a。

2）间接访问运算符“ * ”：该运算符用来间接访问变量。如 * p 为指针变量 p 所指向的变量。

指针变量经过定义后可以像其他基本变量一样引用，下面的例子给出了指针变量的基本操作。

【例3-7】指针变量的基本操作。

```
#include <reg51. h>
#include <stdio. h>
void main(void)
{
    int x, y;                          //定义一般变量
    int * p, * p1, * p2;               //定义指针变量
    printf("input x and y:\n");
    scanf("%d  %d",&x, &y);            //输入两个数
    p1 = &x; p2 = &y;
    if(x < y)
    {
        p = p1;
        p1 = p2;
        p2 = p;        //将大的数放在指针 p1 指向的变量，小的数放在指针 p2 指向的变量
    }
```

```
    printf("max = %d,min = %d,\n", *p1, *p2); //输出结果
    while(1);
}
```

3.3.3 结构

结构是由基本数据类型构成的、用一个标识符来命名的各种变量的组合。结构中可以使用不同的数据类型。结构也是一种数据类型，可以使用结构变量，因此，像其他类型的变量一样，在使用结构变量时要先对其定义。定义结构变量的一般格式为：

```
struct 结构名
{
    数据类型 变量名;
    数据类型 变量名;
    ......
}结构变量名;
```

其中，结构名是结构的标识符而不是变量名。数据类型为前面介绍过的基本数据类型。构成结构的每一个类型变量称为结构成员，它像数组的元素一样，但数组中元素是以下标来访问的，而结构是按变量名字来访问成员的。

【例 3-8】定义了一个结构名为 DepartS 的结构变量 Person。

```
struct DepartS
{
    char name[8];
    int age;
    char sex[2];
    char depart[20];
    float wage1,wage2,wage3,wage4,wage5;
}Person;
```

在结构的定义中，如果省略变量名，则变成对结构的说明。用已说明的结构名也可定义结构变量。如果需要定义多个具有相同形式的结构变量，用这种方法比较方便。

【例 3-9】

```
struct DepartS
{
    char name[8];
    int age;
    char sex[2];
    char depart[20];
    float wage1,wage2,wage3,wage4,wage5;
};
structDepartS Person1,Person2[2];
```

结构是一个新的数据类型，因此，结构变量也可以像其他类型的变量一样赋值、运算，

不同的是结构变量以成员作为基本变量。结构成员的表示方式为：

结构变量. 成员名

如果将“结构变量. 成员名”看成一个整体，则这个整体的数据类型与结构中该成员的数据类型相同，这样就可像前面所讲的变量那样使用。如对例 3-8 中的年龄进行赋值：

```
Person . age =20;
```

3.3.4 共用体

共用体也是一种新的数据类型，它是一种特殊形式的变量。共用体说明和共用体变量定义与结构十分相似。其形式为：

```
union 共用体名
{
    数据类型 成员名;
    数据类型 成员名;
    ……
}共用体变量名;
```

共用体表示几个变量共用一个内存位置，在不同的时间保存不同的数据类型和不同长度的变量。

【例 3-10】定义一个共用体名为 a_bc 的共用体变量 lgc。

```
union a_bc
{
    char name;
    int age;
}lgc;
```

在共用体变量 lgc 中，整型量 age 和字符 name 共用同一内存位置。当一个共用体被说明时，编译程序自动产生一个变量，其长度为共用体中最大的变量长度。访问共用体成员的方法与结构相同。同样，共用体变量也可以定义成数组或指针，但当定义为指针时，此时共用体访问成员可表示成：

```
共用体变量名 -> 成员名
```

另外，共用体可以出现在结构内，它的成员也可以是结构，例如：

【例 3-11】

```
struct Person
{
    int age;
    char * addr;
    union
    {
        int i;
```

```
            char *ch;
        }x;
    }y[10];
    struct Person *Zp;
```

若要访问结构变量 y[1] 中共用体 x 的成员 i，可以写成“y[1]. x. i”；若要访问结构变量 y[2] 中共用体 x 的字符串指针 ch 的第一个字符，可写成“y[2]. x. ch”；若要访问结构指针变量 Zp 中共用体变量 i，可写成“Zp -> x. i”

共用体与结构非常类似，但也有两个重要的区别：

1）结构和共用体都是由多个不同的数据类型成员组成，但在任何同一时刻，共用体中只存放了一个被选中的成员，而结构的所有成员都存在。

2）对共用体的不同成员赋值，将会对其他成员重写，原来成员的值就不存在了，而对于结构的不同成员赋值是互不影响的。

3.3.5 枚举

枚举是一个被命名的整型常数的集合，枚举的说明与结构和共用体相似，其形式为：

```
enum 枚举名
{
    标识符[ =整型常数],
    标识符[ =整型常数],
    ……
}枚举变量名;
```

如果枚举没有初始化，即省掉“ =整型常数”时，则从第一个标识符开始，顺次赋给标识符 0，1，2…。但当枚举中的某个成员赋值后，其后的成员按依次加 1 的规则确定其值。

【例 3-12】

```
enum String_1
{
    x1, x2, x3, x4
}x;
```

上例中，x 1，x2，x3，x4 的值分别为 0，1，2，3。当定义改变成：

```
enum String_1
{
    x1, x2 =0, x3 =50, x4
}x;
```

则，xl =0，x2 =0，x3 =50，x4 =51。

在使用枚举时要注意以下几点：

1）枚举中每个成员（标识符）结束符是逗号而不是分号，最后一个成员可省略逗号。

2）初始化时可以赋负数，以后的标识符仍依次加 1。

3）枚举变量只能取枚举说明结构中的某个标识符常量。

3.4 函数与中断子程序

在C语言中，“函数”和“子程序”两个名词用来描述同样的事情。C语言程序由一个个函数构成，每个函数往往用于完成单独的功能，且任一函数都可调用其他函数，同一函数可以在不同的地方被调用。正是这些函数及相互间的调用就构成了整个程序流程。在这些函数中，必须有一个主函数main()，它是程序的入口。

除了标准C语言的函数之外，在C51中，还有一个函数的定义比较特殊——中断子程序，它用于完成单片机的中断服务功能。

3.4.1 函数

C51函数可分为标准库函数和用户定义函数两类。前者是系统定义的，它们的定义分别放在不同的头文件中；后者则是用户为解决特定问题自行编写的。函数的定义在前面讨论过，下面从函数的调用开始讨论与其有关的问题。

1. 函数的调用

函数的调用指的是在一个函数体中引用另一个已经定义的函数，前者称为主调用函数，后者称为被调用函数。函数调用的一般形式为：

```
函数名(实际参数表列);
```

其中，函数名指出了被调用的函数，实际参数表为空或多个参数，多个参数时要用逗号隔开，每个参数的类型、位置应与函数定义时的形式参数一一对应，如果类型不对应就会产生一些错误。调用的函数是无参数时不写参数，但不能省略后面的括号。函数调用的方式可以有以下三种：

（1）函数语句

在主调用函数中直接将被调用函数作为一个语句，如：

```
printf("Hello World!");
```

这种调用方式不要求函数向主调用函数返回值，只要求完成一定的操作。

（2）函数表达式

这种调用方式是将被调用函数作为一个表达式，这种表达式称为函数表达式，如：

```
c = power1(x,n) + power2(y,m);
```

通常情况下这种函数调用方式要求带回一个值，即在函数中有return语句。

（3）函数参数

这种函数调用方式是指将被调用函数作为另一个函数的实际参数，如：

```
m = bcy(jiec(3));
```

另外，函数在被调用之前，必须先进行声明或定义，如3.1.1节所述。如果调用的是标准库函数，一般应在程序的开始处用预处理命令“#include”将有关函数说明的头文件包含进来，如：

```
#include <reg51.h>
```

它定义了单片机的片内资源。如果不使用这个包含命令，就不能正确地控制单片机的片内资源。

2. 函数的返回值

在调用函数过程中，经常希望得到一个从被调用函数中带回来的值，这就是函数的返回值。函数返回值是通过 return 语句得到的。如果函数有返回值，则这个值必定属于一个确定的数据类型，这个类型是在函数定义的头部说明的（即“返回值类型标识符”）。如果“返回值类型标识符”和 return 语句中表达式的值类型不一致，则以“返回值类型标识符”为准。对于数值型数据，可以自动进行类型转换。return 语句每次只能带回一个值。尽管在函数中可能有多个 return 语句，但只有其中的一个 return 语句会执行，即只能带回一个值。

3. 参数的传递

在函数调用过程中，必须用主调用函数的实际参数来替换被调用函数中的形式参数，这就是参数传递。在 C51 程序中，一般来说，参数传递有两种方式：数值传递和地址传递。

（1）数值传递

数值传递是指在函数调用时，直接将实际参数值复制给形式参数在内存中的临时存储单元。在这种方式下，被调用函数在执行过程中改变了形式参数的值，但不会改变实际参数的值，因为形式参数和实际参数的地址是互不相同的。所以，这种传递又称为“单向值传递”。在这种方式下，实际参数可以是变量、常量、也可以是表达式。

（2）地址传递

地址传递是指在一个函数调用另一个函数时，并不是将主调用函数中的实际参数值直接传送给被调用函数中的形式参数，而只是将存放实际参数的地址传送给形式参数。在这种方式下，形式参数与实际参数指向同一块存储单元。因此，如果在被调用函数中改变了形式参数指向存储单元的值，实际上也就改变了主调用函数中实际参数所指向存储单元的值。当被调用函数执行完成，形式参数空间释放，丢失的是形式参数中存放的地址，但是形式参数所指向的存储单元并不释放，因此，对形式参数的操作就保留下来，到主调用函数中又可以通过实际参数中的地址访问经被调用函数修改后的存储单元的值。所以这种传递方式称为“地址传递”。在这种方式中，实参可以是变量的地址或指针变量。

3.4.2 中断子程序

C51 编译器允许使用 C 语言创建中断服务程序，从而减轻了采用汇编语言编写中断服务程序的繁琐程度。中断服务函数声明的关键字为“interrupt”，声明的格式为：

```
函数类型 函数名(形式参数) interrupt n[using m]
```

关键字“interrupt”后面的 n 是中断号，n 的取值范围为 0 ~ 31。编译器从 8n + 3 处产生中断向量，具体的中断号 n 和中断向量取决于 8051 系列单片机芯片的型号，常用中断源和中断向量如表 3-2 所示。

表 3-5　8051 单片机中断号与中断向量

中断号 n	中　断　源	中断向量 8n+3
0	外部中断 0	0003H
1	定时器/计数器 0	000BH
2	外部中断 1	0013H
3	定时器/计数器 1	001BH
4	串口中断	0023H

“using”选项用于指定选用单片机内部 4 组工作寄存器中的哪个组。“using”后面的 m 是一个 0～3 的常整数，分别选中 4 个不同的工作寄存器组。在定义一个函数时“using”是可选项，如果不用该选项，编译器会自动选择一个寄存器组作绝对寄存器组访问。

一个函数定义为中断服务函数后，编译器自动生成中断向量和程序的入栈及出栈代码，从而提高了工作的效率。

【例 3-13】一个简单的中断服务函数的例子。

```
unsigned int g_wTCount;
unsigned char bdata FlagByte;
sbit Flag_TimeEnd = FlagByte^0;

void timer0(void) interrupt 1 using 1
{
    g_wTCount ++;
    if(g_wTCount >= 20)                    //如果计数到 20
    {
            g_wTCount = 0;                 //计数器清零
            Flag_TimeEnd = 1;              //置位时间到标志
    }
}
```

使用中断服务函数时应注意以下几点：

1）中断函数不能直接调用中断函数。

2）不能通过形式参数来进行参数传递。

3）在中断函数中调用其他函数，两者所使用的寄存器组应相同。

4）中断函数没有返回值。

5）关键字“interrupt”和“using”的后面都不允许跟带运算符的表达式。

3.5 总结交流

C51 作为标准 C 语言的扩展，目前已成为单片机程序设计的主流编程语言。它主要具有以下特点：

1）与汇编语言相比，采用 C51 语言编程不必对单片机和相关硬件接口的结构有很深入的了解，编译器可以自动完成变量的存储单元的分配，编程者可以专注于应用程序的设计，而不必掌握程序最底层的运行情况，大大加快了软件的开发速度。

2）C51 语言具有模块化程序结构特点，可以使程序模块被大家共享，从而不断丰富。C51 语言可读性的特点更容易使大家可以借鉴前人的开发经验，提高自己的软件设计水平。

C51 语言除了遵循 C 语言的规则外，还针对 8051 系列单片机自身特点作了一些特殊的扩展。学习时，应先掌握标准 C 语言的编程方法及规则，主要包括 C 语言的程序结构、数据类型、运算法则、程序流程控制及函数调用等。而 C51 与标准 C 语言的区别不大，在有了 C 语言的编程基础后，掌握以下特殊之处即可：

- 数据的存储类型。
- 单片机特殊功能寄存器的定义。
- 位变量的定义。
- 中断子程序的定义。

另外，在某些特殊应用场合，还需要利用 C51 和汇编语言进行混合编程。其具体方法和应用可见附录 B。

第4章　输入/输出端口

利用单片机的输入/输出端口（I/O口），可以扩展多种外部设备，如显示器、键盘、模/数转换器、数/模转换器、USB控制器、以太网控制器、无线通信模块等，从而可以构成一个应用系统，通过单片机对外设的实时监测和控制，实现从简单到复杂的各种功能。因此，在单片机的应用中，I/O口发挥着重要的作用，是单片机与外部输入/输出设备之间信息交换的桥梁。

8051单片机I/O端口的电路设计非常巧妙，熟悉I/O端口逻辑电路，不但有利于正确合理地使用端口，而且会对设计单片机外围逻辑电路有所启发。本章将首先对I/O口的内部结构、工作原理进行详细介绍，然后分别针对输入、输出两个方面的功能，用实例讲述其操作方法。

4.1　输入/输出口工作原理

8051单片机有四个8位并行I/O端口，记为P0、P1、P2和P3，共占32根引脚。每一条I/O线都可以独立地用做输入或输出，均由接口锁存器（即特殊功能寄存器P0～P3）、输出驱动器、输入缓冲器等元器件构成，数据输出时可以得到锁存，数据输入时可以得到缓冲。但这四个端口的内部结构和功能又不完全相同。

在无片外扩展存储器的系统中，这四个端口的每一位都可以作为准双向通用I/O端口使用。而在具有片外扩展存储器的系统中，P2口送出高8位地址，P0口为双向总线，分时用做低8位地址总线/8位数据总线。

4.1.1　P0口

P0.0～P0.7统称为P0口，对应单片机的引脚32～39，其中P0.7为最高位。图4-1画出了P0口每一位的结构图，它由一个输出锁存器、两个三态输入缓冲器、一个输出驱动电路（场效应晶体管VT1和VT2）及一个输出控制端（与门④、反相器③和转换开关MUX）组成。当CPU使控制线C=0，开关MUX被控为如图4-1所示位置，P0口为通用I/O口；当C=1时，开关拨向反相器③的输出端，P0口分时作为地址/数据总线使用。

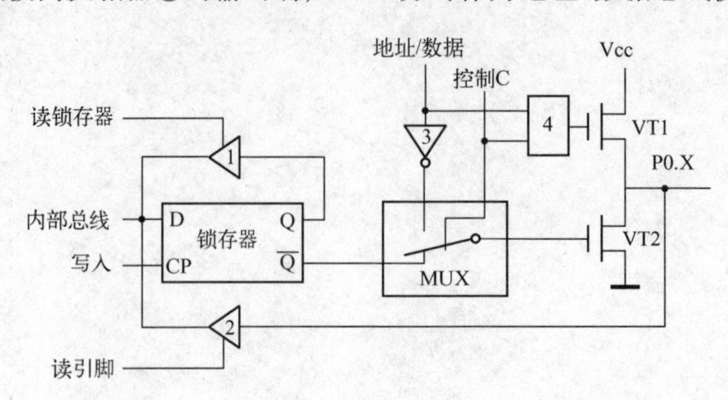

图4-1　P0口位结构

1. P0 口作为一般 I/O 使用

控制线 C =0，场效应晶体管 VT2 与锁存器的$\overline{Q}$端接通；同时，因与门④输出为 0，场效应晶体管 VT1 处于截止状态，因此，输出级是漏极开路式输出。这时 P0 口可作一般 I/O 口用。

(1) P0 口用做输出口

当 CPU 执行输出指令时，写脉冲至 D 锁存器的 CP 上，这样与内部总线相连的 D 端的数据取反后就出现在$\overline{Q}$端上，又经场效应晶体管 VT2 反相，在 P0 端口上出现的数据正好是内部总线的数据。

(2) P0 口用做输入口

图中的缓冲器②用于直接读端口数据。当执行一条由端口输入的指令时，“读引脚”脉冲把三态缓冲器②打开，这样，端口上的数据经过缓冲器②就读入内部总线。

另外，在读入端口引脚数据时，由于场效应晶体管 VT2 并接在引脚上，如果 VT2 导通就会将输入的高电平拉成低电平，以致于产生误读。所以，在进行输入操作前，应先向端口锁存器写入“1”，使锁存器$\overline{Q}$ =0，VT1 和 VT2 全截止，引脚处于悬浮状态，可作高阻输入。这就是所谓的准双向口的含义。

2. P0 口用做低 8 位地址/数据总线

当用单片机外扩存储器（ROM 或 RAM）组成系统，CPU 对片外存储器读写（执行 MOVX 指令或当$\overline{EA}$ =0 时，执行 MOVC 指令）时，由内部硬件自动使控制线 C =1，开关 MUX 拨向反相器③输出端。这时 P0 口可用做低 8 位地址/数据总线，并且又分为两种情况。

(1) P0 口用做输出地址/数据总线

CPU 内部地址/数据线数据经反相器③与场效应晶体管 VT2 栅极接通，从图上可以看到，上、下两个场效应晶体管处于反相，构成推拉式的输出电路（VT1 导通时上拉，VT2 导通时下拉)，大大增加了负载能力。

(2) P0 口用做数据输入口

“读引脚”信号有效时打开输入缓冲器②，使数据进入内部总线。

综上所述，P0 既可作通用 I/O 口使用，又可作低 8 位地址/数据总线使用。作 I/O 输出时，输出级属开漏电路，必须外接上拉电阻，才有高电平输出；作 I/O 输入时，必须先向对应的锁存器写入“1”，才不影响高电平输入。当 P0 口被用做地址/数据总线时，就无法再作 I/O 口使用了。

4.1.2 P1 口

P1.0 ~ P1.7 统称为 P1 口，对应单片机的引脚 1 ~ 8，其中 P1.7 为最高位。P1 口也是一个准双向口，只能作通用 I/O 使用。其每一位的电路结构如图 4-2 所示，输出驱动部分与 P0 口不同，内部有上拉电阻。

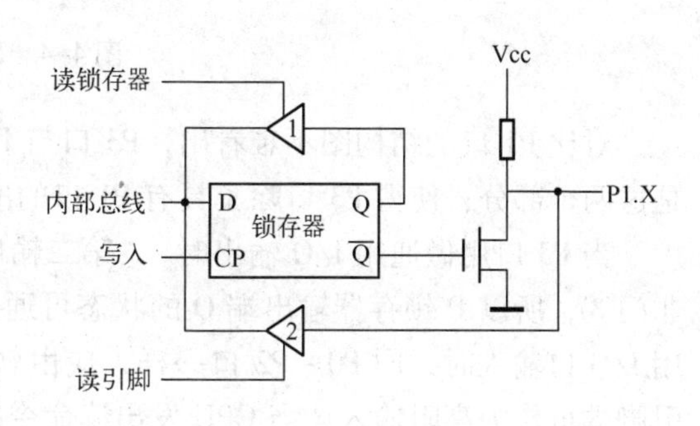

图 4-2 P1 口位结构

当 P1 口输出高电平时，能向外提供上拉电流，所以不必外接上拉电阻。在端口用做输入时，也必须先向对应的锁存器写入“1”，使场效应晶体管截止。

4.1.3　P2 口

P2.0～P2.7 统称为 P2 口，对应单片机的引脚 21～28，其中 P2.7 为最高位，P2 口每一位的结构如图 4-3 所示。

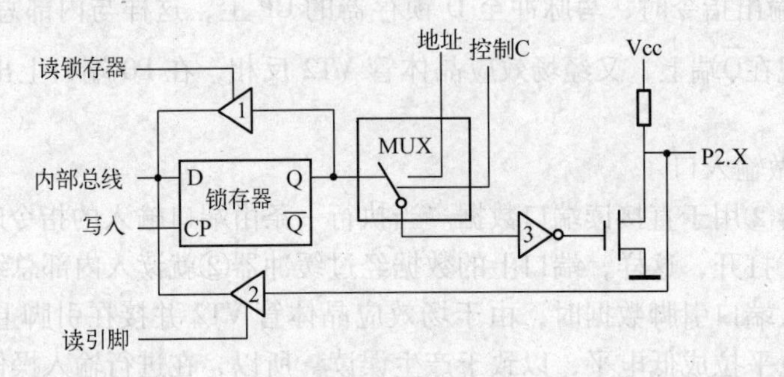

图 4-3　P2 口位结构

当 P2 用做通用 I/O 口时，CPU 使转换开关 MUX 倒向锁存器的 Q 端，其输入输出操作与 P1 口类似。当单片机外扩有存储器时，P2 口用做高 8 位地址总线，这时，在 CPU 的控制下，转换开关 MUX 倒向右端地址线，地址信息由地址线经反相器③和场效应晶体管输出，此时 P2 口无法再用做通用 I/O 口。

4.1.4　P3 口

P3.0～P3.7 统称为 P3 口，对应单片机的引脚 10～17，其中 P3.7 为最高位，它是一个多功能端口，其每一位的结构如图 4-4 所示。

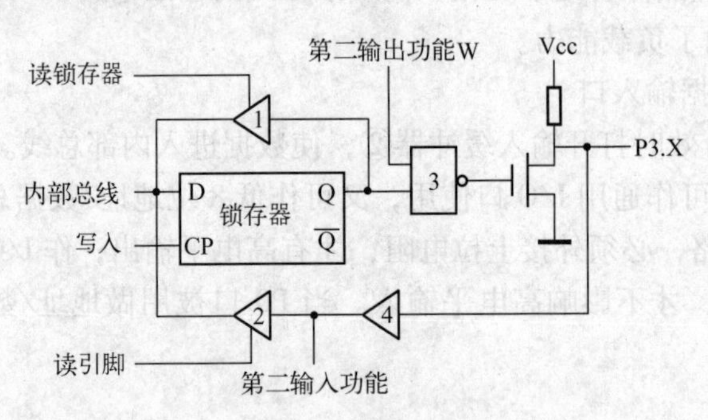

图 4-4　P3 口位结构

对比 P1 口的结构图不难看出，P3 口与 P1 口的差别在于多了与非门③和缓冲器④，正是这两个部分，使得 P3 口除了具有 P1 口的准双向 I/O 功能之外，各引脚还具有第二功能。

当 P3 口用做通用 I/O 输出时，“第二输出功能”端 W 由内部硬件保持高电平，打开与非门③，所以 D 锁存器输出端 Q 的状态可通过与非门③送至场效应晶体管输出。而作为通用 I/O 口输入时，同 P0～P2 口一样，应由软件向端口锁存器写“1”，场效应晶体管截止，引脚端可作为高阻输入。当 CPU 发出读命令时，使缓冲器②上的“读引脚”信号有效，三态缓冲器②开通，于是引脚的状态经缓冲器④（常开的）、缓冲器②送到 CPU 内部总线。

当 P3 口用做第二功能使用时，8 个引脚的功能见表 1-2。D 锁存器 Q 端应被内部硬件自动置 1，使与非门③对“第二输出功能”端 W 是畅通的。

4.2 输出口的应用——声光报警

大多数电子设备都具有报警功能，如温度过限、过电压、过电流报警等。常用的报警方式有：声音报警、光报警及声光同时报警三种。下面讨论采用单片机如何实现这一功能。

4.2.1 实例说明

通过单片机的端口控制一个发光二极管（LED）和一个蜂鸣器。当发光二极管和蜂鸣器中流过一定的电流时，二极管就会发光点亮，蜂鸣器也会发出叫声；而当流过发光二极管和蜂鸣器中的电流较小或没有电流流过时，二极管不会点亮，蜂鸣器也会停止发声。利用这一原理，即可实现声光报警。

4.2.2 硬件电路设计

声光报警控制电路如图 4-5 所示。采用单片机的 P0.0 口进行控制，此时，P0.0 口作为普通输出口使用，由于它是开漏输出，因此，必须外接上拉电阻，如图中的 R2。另外，单片机端口输出电流有限，若直接在端口上接蜂鸣器和发光二极管，不能正常驱动，因此，通过 PNP 晶体管 VT1 进行驱动，可以提高驱动电流。

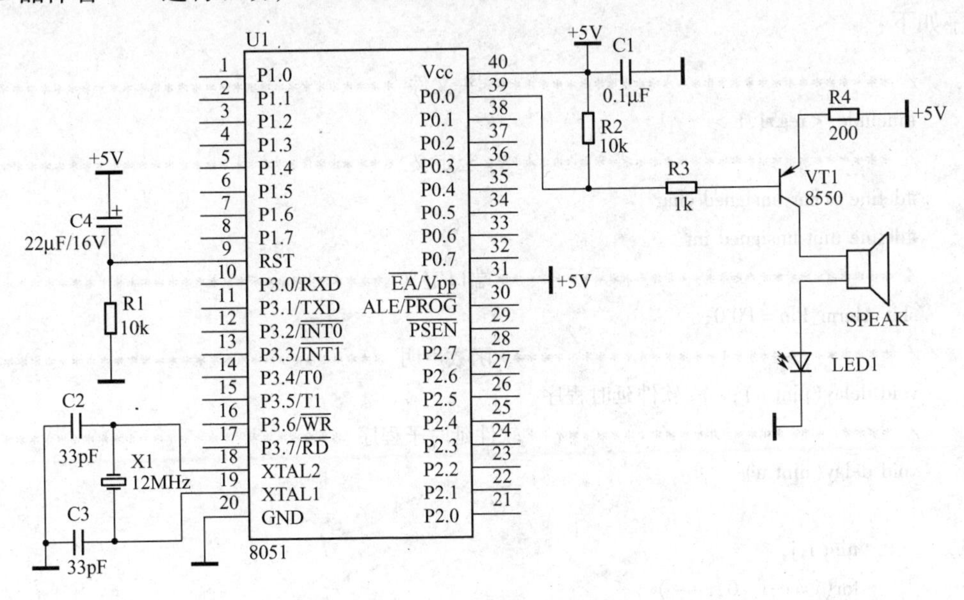

图 4-5　声光报警控制电路

4.2.3 程序设计

由图 4-5 可知，当 P0.0 输出高电平时，VT1 截止，蜂鸣器和发光二极管因没有电流流过而不工作，当 P0.0 输出低电平时，VT1 导通，蜂鸣器发声，发光二极管点亮。因此，通过向特殊功能寄存器 P0（地址 80H）的最低位写“1”或清“0”，即可实现对蜂鸣器和发光二极管的控制。而对于寄存器 P0 的最低位有如下两种操作方式：

1）按字节操作。直接访问寄存器 P0，对应的 C 语言程序为“P0 = 0x01”。

2）按位操作。P0 寄存器可以按位寻址，它的每一位对应有唯一的位地址，因此 C 语言可以写成“P0.0 = 1”。

以上程序中的“P0”和“P0.0”在程序头文件中均已定义，如 3.1.5 节所述。

另外，对于具体的报警形式也可分为如下两种：

1）长亮/长叫报警：端口 P0.0 保持为低电平，二极管长亮，蜂鸣器长叫。源程序如下：

```
/ ******************************头文件 **********************************/
#include < reg51. h >
/ ******************************主程序 **********************************/
void main( void)
{
      while(1)
      {
            P0 = 0x01;          //P0.0 输出高电平
      }
}
```

2）闪烁/间歇报警：端口 P0.0 输出脉冲信号，二极管闪烁，蜂鸣器发出间歇性叫声。源程序如下：

```
/ ******************************头文件 **********************************/
#include  < reg51. h >
/ ******************************宏定义 **********************************/
#define uchar unsigned char
#define uint unsigned int
/ ******************************端口定义 *********************************/
sbit Alarm_Pin = P0^0;
/ ******************************函数声明 *********************************/
void delay( uint n);   //软件延时程序
/ **************************软件延时子程序 ******************************/
void delay( uint n)
{
      uint i,j;
      for( i = n;i > 0;i -- )
      {
            for( j = 1000;j > 0;j -- );
      }
}
/ ******************************主程序 **********************************/
```

```
void main(void)
{
        while(1)
        {
                Alarm_Pin = 1;                                      //二极管熄灭，蜂鸣器不叫
                delay(1000);
                Alarm_Pin = 0;                                      //二极管点亮，蜂鸣器叫
                delay(1000);
        }
}
```

由上述程序代码可知，报警频率取决于延时子程序“delay()”的延时时间。这里采用的是软件延时，时间不够精确，若要精确确定报警频率，需采用定时器来进行时间的控制，具体方法见第6章。

4.3 输入/输出口的应用——BCD拨码开关

8421BCD拨码开关是一种附有数字轮盘的拨码开关，通过旋转数字轮盘，每个开关均能提供0~9的BCD编码输出。使用时需要几位数，就购买几个拨码开关，再把它们组合起来即可。BCD拨码开关常嵌在控制面板上，在智能仪器仪表、工业控制等领域被广泛采用。

4.3.1 实例说明

利用单片机的I/O外扩1个8421BCD拨码开关和10个发光二极管，发光二极管从0~9编码，要求实时检测拨码开关的状态，并将拨码开关对应的编码显示出来。当拨码开关的数字轮盘停在“0”位置时，将第0个发光二极管点亮，其余二极管熄灭；当拨码开关的数字轮盘停在“6”位置时，将第6个发光二极管点亮，其余二极管熄灭。

4.3.2 硬件电路设计

BCD拨码开关的检测控制电路如图4-6所示。采用单片机的P3口检测BCD拨码开关的状态，P2和P1口控制10个发光二极管的点亮与熄灭。

BCD拨码开关的内部结构如图4-6中元器件U2所示，每个BCD拨码开关都有5个接点，分别是com、8、4、2、1，通常把com端接+5V，而其他端点均通过1个470欧姆的电阻接地。如当数字拨码盘拨到数字“9”时，触点8与+5V接通，单片机对应接点P3.3输入高电平，触点4与+5V断开，由于下拉电阻R14的存在，单片机对应接点P3.2输入低电平，P3.1和P3.0同理。由此，在单片机的P3.3~P3.0上会得到9的BCD编码“1001”。

与P0口不同，P1、P2口用作输出口时，无需外接上拉电阻。

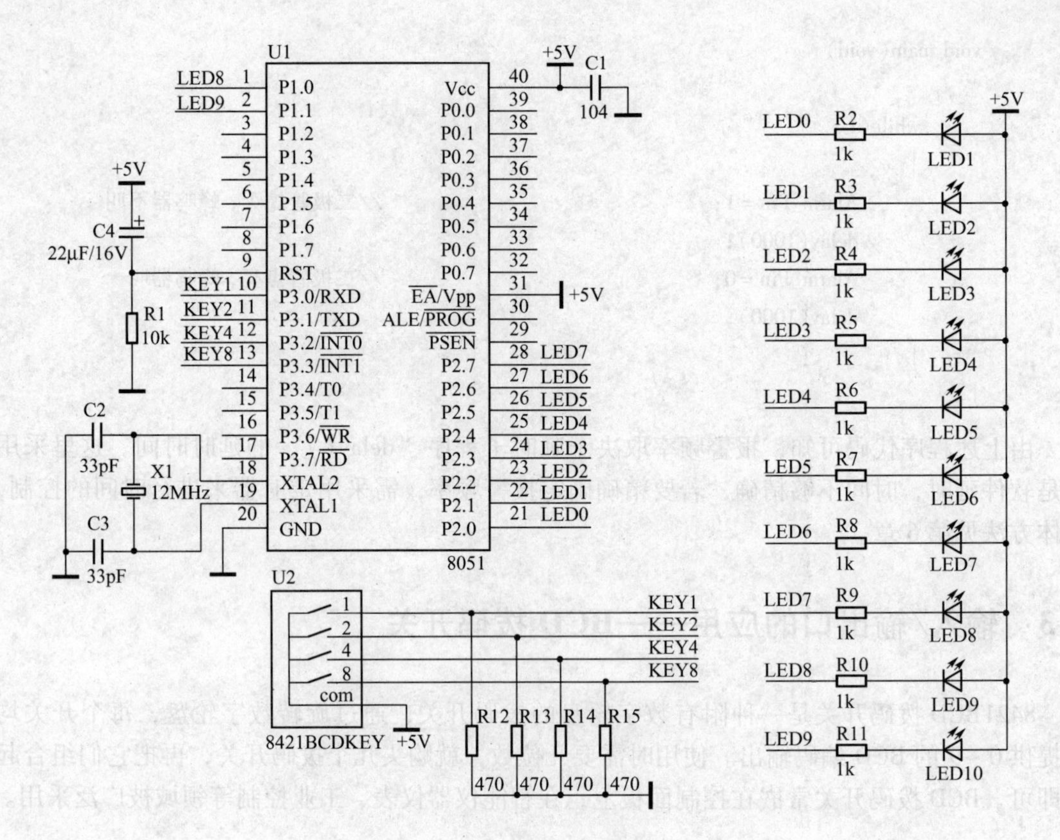

图 4-6　BCD 拨码开关检测控制电路

4.3.3　程序设计

单片机的四个并行端口 P0 ~ P3 在作为输入口使用时，执行读操作前，都需要先向端口写“1”。图 4-6 中，P3.3 ~ P3.0 作为拨码开关的检测端口，正常工作时，输入编码范围为 0000 ~ 1001，即数字 0 ~ 9 的 BCD 码。但若开关或线路损坏，可能会检测到其他错误编码，此种情况下，默认编码为“0000”。源程序如下：

```
/ ********************************头文件 **************************************/
#include <reg51.h>
/ ********************************宏定义 **************************************/
#define uchar unsigned char
#define uint unsigned int
/ *******************************端口定义 **************************************/
sbit LED_1 = P2^0;                              //发光二极管 1 对应端口
sbit LED_2 = P2^1;                              //发光二极管 2 对应端口
sbit LED_3 = P2^2;                              //发光二极管 3 对应端口
sbit LED_4 = P2^3;                              //发光二极管 4 对应端口
sbit LED_5 = P2^4;                              //发光二极管 5 对应端口
sbit LED_6 = P2^5;                              //发光二极管 6 对应端口
sbit LED_7 = P2^6;                              //发光二极管 7 对应端口
```

```
sbit LED_8 = P2^7;                                    //发光二极管 8 对应端口
sbit LED_9 = P1^0;                                    //发光二极管 9 对应端口
sbit LED_10 = P1^1;                                   //发光二极管 10 对应端口
#define LED_1_8 P2
#define BCDKEY      P3                                //BCD 拨码开关对应端口
/ ******************************函数声明 ******************************/
void LED_Control( uchar key_zhi) ; //软件延时程序
/ ****************************LED 控制子程序 ****************************/
void LED_Control( uchar key_zhi)
{
        LED_1_8 =0xff;//LED1 ~8 全灭
        LED_9 =1;//LED9 灭
        LED_10 =1;//LED10 灭

        if( key_zhi >9)
        {
                key_zhi =0;
        }
        switch( key_zhi)
        {
                case 0: LED_1 =0; break;
                case 1: LED_2 =0; break;
                case 2: LED_3 =0; break;
                case 3: LED_4 =0; break;
                case 4: LED_5 =0; break;
                case 5: LED_6 =0; break;
                case 6: LED_7 =0; break;
                case 7: LED_8 =0; break;
                case 8: LED_9 =0; break;
                case 9: LED_10 =0; break;
                default: break;
        }
}

/ ******************************主程序 ******************************/
void main( void)
{
        uchar Key_Check;
        while(1)
        {
                BCDKEY = BCDKEY|0x0f;                 //先向开关对应端口写“1”
                Key_Check = BCDKEY&0x0f;              //读开关编码值,并屏蔽无效位
                LED_Control( Key_Check) ;             //控制相应发光二极管点亮
```

```
    }
}
```

4.4 总结交流

任何一个单片机应用系统都需要单片机 I/O 口发挥作用，因此，熟悉 I/O 的内部结构和工作原理，学会 I/O 的操作使用方法，对于单片机的学习来说是至关重要的。

1）对于单片机的 I/O 口，其功能和使用方法总结如表 4-1 所示。

表 4-1　单片机 I/O 口的功能与使用方法

<table>
<tr><th rowspan="2">端　口</th><th rowspan="2">功　能</th><th colspan="2">使 用 方 法</th></tr>
<tr><th>用作输入口时</th><th>用作输出口时</th></tr>
<tr><td>P0</td><td>① 通用准双向 I/O 口
② 分时用做低 8 位地址/数据总线</td><td rowspan="4">读操作前，应先向端口写“1”</td><td>需外接上拉电阻</td></tr>
<tr><td>P1</td><td>通用准双向 I/O 口</td><td rowspan="3">无需外接上拉电阻</td></tr>
<tr><td>P2</td><td>① 通用准双向 I/O 口
② 高 8 位地址总线</td></tr>
<tr><td>P3</td><td>① 通用准双向 I/O 口
② 第二功能（见表 1-2）</td></tr>
</table>

读者掌握了表 4-1，也就基本学会了单片机 I/O 口的使用方法。

2）对于实例“声光报警”中的软件延时程序作如下说明：

由于软件延时程序采用 C 语言编写，每条指令的执行时间不清楚，因此，整个程序的延时时间肉眼不便于确定，但借助于示波器可以进行测量。在实际的应用系统中，这种延时方法往往只适用于对时间精度要求不高的情况。

第5章　中断系统

现代计算机都具有实时处理能力，能对内部或外界发生的事件作出及时的处理，很好地解决快速 CPU 与慢速外设之间的矛盾，这是靠中断技术来实现的。

在8051单片机中，中断系统并不是独立存在的，而是与其他部分相关联的，如I/O口、定时/计数器、串行通信接口等。它的中断系统被分为三大类：外部中断、定时/计数器溢出中断和串行口通信中断。

本章将首先介绍有关中断系统的基本知识，然后以实例的方式讲解中断系统在实际工程中的应用，主要是外部中断的应用，对于定时/计数器溢出中断和串行口通信中断，将分别在第6、7章中介绍。

5.1　中断系统的工作原理

在应用单片机中断系统之前，应首先从中断的概念、中断的控制及中断的响应过程三个方面搞清中断系统的工作原理。

5.1.1　中断的概念

所谓中断是指：中央处理器（CPU）正在处理某件事情的时候，外部发生了某一事件（如一个电平的变化，一个脉冲沿的发生，或定时/计数器计数溢出等）请求 CPU 迅速去处理，于是，CPU 暂时中断当前的工作，转入处理所发生的事件；中断服务处理完以后，再回到原来被中断的地方，继续原来的工作，这样的过程称为中断，如图5-1所示。实现这种功能的部件称为中断系统，提出中断请求的部件称为中断请求源。

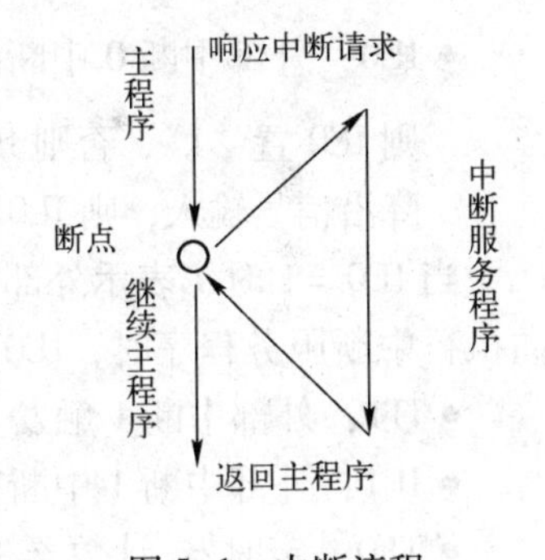

图5-1　中断流程

举个形象的例子，老师正在上课，而同学有疑问随时都可举手发问，老师将立即暂停讲课，先为同学解惑，然后再继续刚才暂停的授课内容，这样的过程就是“中断”。

好端端的干嘛要中断呢？就是为了提高实时处理能力和工作效率。试想若不能立即提出问题并得到及时的解答，待老师授课完毕，可能同学要问的问题早就忘了或者课堂上后续内容就无法听懂了。当然，老师也不能整天待在教室等待同学提问。所以，采用“中断”方式授课，既能保持进度，又兼顾满足同学的需求，当然是比较有效率了。单片机的中断也是这个道理，没有中断技术，CPU 的大量时间可能白白浪费在原地踏步的操作上。

5.1.2　中断的控制

1. 中断请求源

8051单片机的中断系统共有5个中断请求源，分为两个外部中断源和三个内部中断源。

它们分别是：

1）外部中断0和外部中断1。分别由$\overline{\text{INT0}}$、$\overline{\text{INT1}}$输入，占用I/O端口中的P3.2、P3.3口，当$\overline{\text{INT0}}$（$\overline{\text{INT1}}$）有下降沿脉冲或低电平信号输入时，向CPU发出中断请求。

2）定时/计数器T0、T1溢出中断。当定时/计数器T0、T1计数溢出时，向CPU发出中断请求。

3）串行口通信中断。当串行口一个字节的数据发送完成或接收完一个字节的数据时，向CPU发出中断请求。

2. 中断控制寄存器

8051单片机中断系统的控制主要通过设置如下几个特殊功能寄存器来实现。

（1）定时/计数器控制寄存器TCON（88H）

TCON为定时/计数器的控制寄存器，字节地址为88H，可位寻址，TCON也可锁存外部中断请求标志，其格式如下：

	D7	D6	D5	D4	D3	D2	D1	D0
TCON	TF1	TR1	TF0	TR0	IE1	IT1	IE0	IT0
位地址	8FH	8EH	8DH	8CH	8BH	8AH	89H	88H

与中断系统相关的控制位功能如下：

- IT0：外部中断0触发方式选择控制位。当IT0=0时，为电平触发方式，$\overline{\text{INT0}}$引脚输入低电平信号时有效；IT0=1时，$\overline{\text{INT0}}$为边沿触发方式，$\overline{\text{INT0}}$引脚输入下降沿信号时有效。
- IE0：外部中断0中断申请标志位。当IT0=0，即电平触发方式时，若$\overline{\text{INT0}}$为低电平，则IE0置“1”，否则IE0清“0”；当IT0=1，即$\overline{\text{INT0}}$为边沿触发方式时，若$\overline{\text{INT0}}$有下降沿信号输入，则IE0置“1”，否则IE0清“0”。

当IE0=1时，表示外部中断0正在向CPU请求中断，若CPU响应中断，则在CPU转向执行中断服务程序时，IE0将自动由硬件清“0”。当然，IE0也可由软件清“0”。

- IT1：外部中断1触发方式选择控制位。其意义和IT0类似。
- IE1：外部中断1中断申请标志位。其意义和IE0类似。
- TF0：定时器/计数器T0溢出中断申请标志位。当启动T0计数后，定时器/计数器T0从零开始加1计数，当最高位产生溢出时，由硬件置“1”TF0，向CPU申请中断，若CPU响应中断，则在CPU转向执行中断服务程序时，TF0由硬件自动清“0”。当然，TF0也可由软件清0。
- TF1：定时器/计数器T1的溢出中断申请标志位。其功能和TF0类似。

（2）串行口控制寄存器SCON（98H）

SCON为串行口控制寄存器，字节地址为98H，可位寻址，SCON的低二位锁存串行口的接收中断和发送中断标志，其格式如下：

	D7 D6 D5 D4 D3 D2	D1	D0
SCON		TI	RI
位地址		99H	98H

- TI：发送中断申请标志位。要发送的数据一旦写入串行口的数据缓冲器 SBUF，单片机内部的硬件就立即启动发送，数据发送完成后，TI 自动置“1”，向 CPU 申请中断。
- RI：接收中断申请标志位。若串行口接收器允许接收，并接收到 1 个字节数据时，RI 自动置“1”，向 CPU 申请中断。

值得注意的是，CPU 响应发送或接收中断请求，转向执行中断服务程序时，内部硬件并不清“0” TI 或 RI。这两位必须由软件清“0”。

（3）中断允许寄存器 IE（A8H）

CPU 对中断开放或屏蔽，是由片内的中断允许寄存器 IE 控制的，IE 的字节地址为 A8H，可位寻址，其格式如下：

	D7			D4	D3	D2	D1	D0
IE	EA			ES	ET1	EX1	ET0	EX0
位地址	AFH			ACH	ABH	AAH	A9H	A8H

- EA：CPU 中断开放标志位。EA=1，CPU 开放中断；EA=0，CPU 屏蔽所有中断。
- EX0/ ET0/ EX1/ ET1/ES：外部中断 0/定时/计数器 T0/外部中断 1/定时/计数器 T1/串行口中断允许控制位。EX0/ ET0/ EX1/ ET1/ES=1 时，允许中断；当 EX0/ ET0/ EX1/ ET1/ES=0 时，禁止中断。

由此可见，若要允许某个中断，则需将其对应的中断允许控制位置“1”，同时，还必须将 EA 置“1”。

（4）中断优先级寄存器 IP（B8H）

中断优先级寄存器 IP，其字节地址为 B8H，可位寻址，其格式如下：

				D4	D3	D2	D1	D0
IP				PS	PT1	PX1	PT0	PX0
位地址				BCH	BBH	BAH	B9H	B8H

PX0/ PT0/ PX1/ PT1/PS：外部中断 0/定时/计数器 T0/外部中断 1/定时/计数器 T1/串行口中断优先级设置位。

当 PX0/ PT0/ PX1/ PT1/PS=1 时，为高优先级中断；当 PX0/ PT0/ PX1/ PT1/PS=0 时，为低优先级中断。

3. 多级中断和中断优先级

8051 单片机的五个中断源中有可能存在多个中断请求源同时向 CPU 申请中断的情况，这时 CPU 该如何处理这些请求呢？它是靠内部的中断优先级处理机制来完成的。

8051 单片机有两个中断优先级，即高优先级和低优先级，每个中断请求源都可通过中断优先级寄存器 IP 设置为高优先级或低优先级，同时，中断系统还遵循如下三条基本原则：

1）低优先级中断可被高优先级中断所中断，反之则不能。

2）任何一种中断（高级或低级），一旦响应，不会再被它的同级中断所中断。

3）同时受到几个同一优先级的中断要求时，哪一个要求得到服务，取决于内部的查询顺序。这相当于在每个优先级内，还同时存在另一个辅助优先级，其顺序如表 5-1 所示。

表 5-1　中断系统的辅助优先级

中　断　源	中 断 级 别
外部中断 0	最高
T0 溢出中断	↓
外部中断 1	
T1 溢出中断	
串行口中断	最低

4. 中断系统的硬件结构

8051 单片机的中断系统的硬件结构如图 5-2 所示。下面从应用的角度来说明中断系统的控制方法。

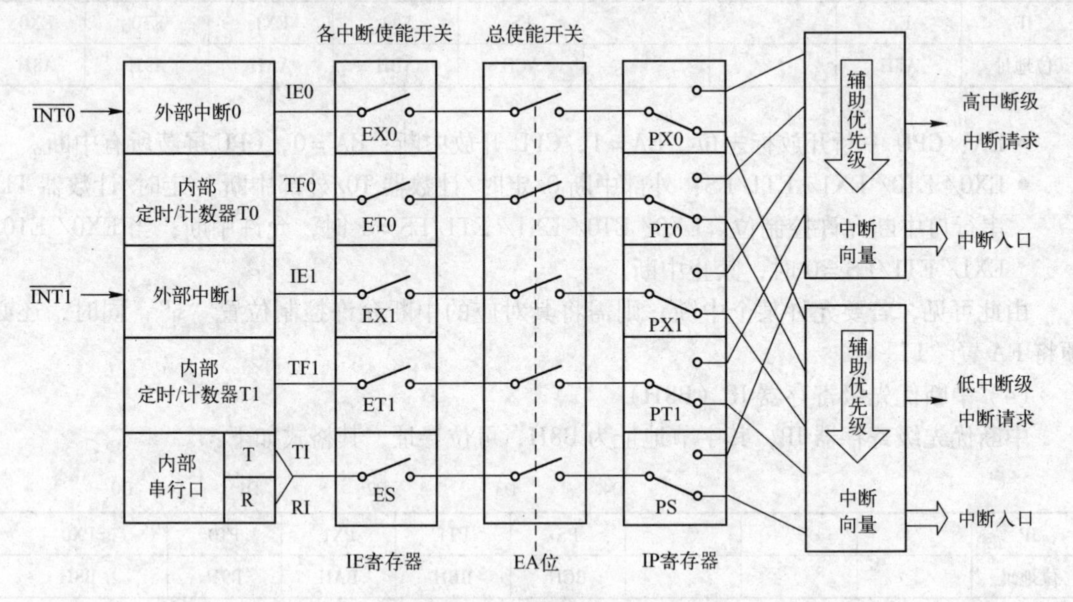

图 5-2　中断系统的硬件结构

（1）中断请求

单片机的五个中断源在满足各自中断请求条件时，硬件就会自动将其中断申请标志位（IE0、TF0、IE1、TF1、TI 或 RI）置“1”，且中断申请标志位置“1”与否与中断允许控制位的设置无关。其中，通过设置寄存器 TCON 中的 IT0 或 IT1 位，外部中断的触发方式可以选择。

（2）中断使能

中断源向 CPU 提出中断申请，必须在中断允许的情况下，CPU 才会响应该中断。中断允许控制由 IE 寄存器完成，需将其中的各中断使能控制位（EX0、ET0、EX1、ET1 或 ES）置“1”，同时，还需将中断总开关打开，即 EA 位置“1”。

（3）中断优先级设置

若有多个中断需要响应，则往往需要通过 IP 寄存器来设置中断优先级，中断的响应还遵循前述的三条基本原则。

5.1.3 中断的响应过程

下面以外部中断0为例，介绍其程序的执行过程。

用户程序编写并编译完成后，通过下载工具将其下载到单片机程序存储器内，如图5-3所示，用户程序包括初始化程序、主程序和中断服务程序。由表1-3可知，程序存储器的0000H~0002H用于存放复位初始化引导程序（即一条跳转指令），单片机上电复位后，程序指针PC指向0000H单元，CPU执行跳转指令，跳到图中的用户初始化程序的起始地址，开始执行初始化程序。在初始化程序中，设置外部中断0的触发方式（这里设为下降沿触发），且使能外部中断0，之后程序顺序执行到主程序。主程序往往是一个死循环程序，用于完成用户指定的任务，如采样一些电气参数、更新显示器显示值等。CPU在执行程序过程中，在每个机器周期内会顺序检查每一个中断源，并按优先级顺序处理所有被激活了的中断请求，若此时P3.2口有下降沿信号输入，则CPU会暂停执行主程序（当前PC所指位置称为"断点"），转向处理外部中断0事件。

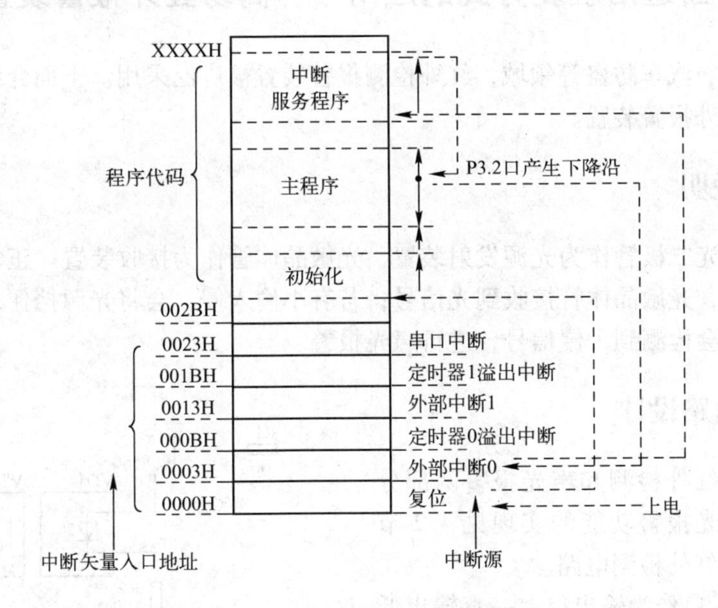

图5-3　外部中断0程序执行过程

首先调用一个硬件子程序把中断服务程序的入口地址送程序计数器PC，各中断源服务程序的入口地址如表5-2所示，因此，PC指向0003H单元。在0003H位置存放的也是一条跳转指令，跳转到中断服务程序起始地址位置，CPU再按照如下步骤响应外部中断0。

（1）保护现场

在CPU开始执行中断服务程序之前，由硬件先将"断点"对应的地址压入堆栈，同时，用户也可将相关重要寄存器值压入堆栈，之后进入中断服务。

（2）中断服务

首先会由硬件清除中断申请标志位，再执行中断服务程序，完成后，进入中断返回。

（3）恢复现场和中断返回

在中断返回之前，用户需执行出栈操作，将保存的重要寄存器值恢复到原来的寄存器内。之后，通过执行中断返回指令“RETI”，从堆栈中弹出顶上的两个字节（保存的“断点”地址）送到程序计数器 PC，CPU 又从原来“断点”处重新执行主程序。

表 5-2　中断矢量入口地址

中 断 源	入 口 地 址	中 断 源	入 口 地 址
外部中断 0	0003H	T1 溢出中断	001BH
T0 溢出中断	000BH	串行口中断	0023H
外部中断 1	0013H		

需要注意的是，若采用汇编语言来编程，用户程序在 ROM 中的存放位置、复位引导程序、中断跳转指令和返回指令“RETI”都需要用户准确编写；而采用 C 语言编写程序，这些工作均由编译、连接器自动分配和完成。

5.2　外部中断边沿触发方式的应用——简易红外报警装置

在智能家居、汽车防盗等领域，红外检测报警装置被广泛采用。下面介绍一种利用单片机实现的简易红外报警装置。

5.2.1　实例说明

采用红外发光二极管作为光源发射装置，光敏晶体管作为接收装置。正常情况下，红外发光二极管发光，光敏晶体管接收到光信号；若有小偷入侵，会将光源挡住，接收不到光信号，此时单片机会检测到入侵信号，进行声光报警。

5.2.2　硬件电路设计

硬件电路由红外检测和声光报警两部分组成，其中，声光报警功能的实现见 4.2 节所述，图 5-4 为红外检测电路。

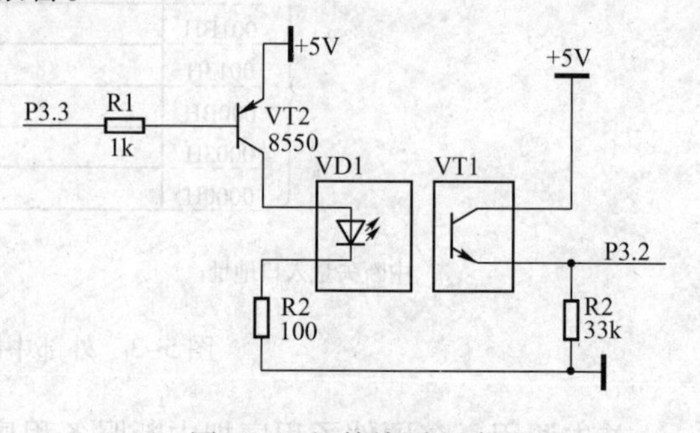

图 5-4　红外检测电路

单片机 P3.3 口作为输出口，一直输出低电平信号，通过 PNP 晶体管 VT2 驱动红外发光二极管 VD1 发光。当光敏晶体管 VT1 接收到光源时会导通，此时单片机 P3.2 口输入高电平。若有入侵信号产生，VT1 接收不到光信号而关断，P3.2 引脚电平将由高变为低。

5.2.3　程序设计

利用单片机的外部中断 0 来实现红外检测，且外部中断 0 的触发方式设置成下降沿触发，在中断服务程序中完成报警功能。程序代码如下：

```
/ ******************************** 头文件 ********************************** /
#include < reg51. h >
```

```
/ ******************************** 宏定义 **********************************/
#define uchar unsigned char
/ ****************************** 端口定义 **********************************/
sbit Alarm_Pin = P0^0;
/ **************************** 全局变量定义 * ******************************/
bit flag_alarm;                                         //报警标志
/ ****************************** 函数声明 *********************************/
void delay(uint n);                                     //软件延时程序
/ **************************** 软件延时子程序 *****************************/
void delay(uint n)
{
    uint i,j;
    for(i = n;i > 0;i -- )
    {
        for(j = 1000;j > 0;j -- );
    }
}
/ ******************************** 主程序 **********************************/
void main(void)
{
    EA = 0;
    EX0 = 1;                                            //打开外部中断 0
    IT0 = 1;                                            //边沿触发方式
    EA = 1;                                             //使能全局中断
    flag_alarm = 0;
    while(1)
    {
        if(flag_alarm)
        {
            Alarm_Pin = 1;                              //二极管熄灭，蜂鸣器不叫
            delay(1000);
            Alarm_Pin = 0;                              //二极管点亮，蜂鸣器叫
            delay(1000);
        }
    }
}
/ *************************** 外部中断 0 服务程序 ***************************/
void INT0_ISR(void) interrupt 0
{
    flag_alarm = 1;
}
```

另外，本设计中，一旦发生报警就不能退出报警状态，因此，可扩展按键，用于取消报警控制。

5.3 外部中断电平触发方式的应用——键控 LED

外部中断除采用下降沿触发方式外，还可采用低电平触发，但这种方式不常用，在实际使用中应注意两点：

1）请求中断的低电平必须保持足够的时间，应一直到 CPU 检测到中断请求为止，否则会丢失中断请求，尤其在多级中断中更是如此。

2）低电平时间又不能太长，只要进入中断服务子程序，在返回之前，必须撤销请求信号，否则会产生多余的中断动作。

这里介绍另一种方式来检测处理中断请求——“查询方式”。所谓“查询方式”是指，不开放中断系统的前提下，通过软件查询中断源的中断申请标志位，从而判断是否处理中断源请求任务。

5.3.1 实例说明

利用单片机外扩一个按键和一个发光二极管（LED），采用外部中断 1 检测按键状态，按键每按下一次，LED 切换一次状态，且要求外部中断 1 工作在电平触发方式。

5.3.2 硬件电路设计

键控 LED 硬件电路如图 5-5 所示。这里的按键 KEY 为非自锁开关，即按下按键，外部中断 1 的输入口 P3.3 得到低电平，而松开按键时，P3.3 输入高电平。指示灯 LED1 由端口 P2.0 进行控制。

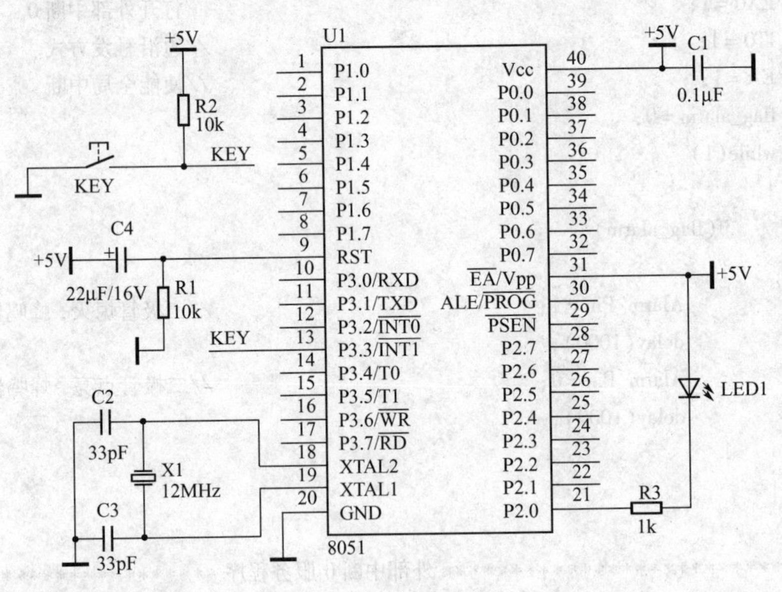

图 5-5 键控 LED 电路

5.3.3 程序设计

程序流程图如图 5-6 所示。在初始化程序中，将外部中断 1 设置成低电平触发方式即可（IT1 =0），而不需使能中断系统。外部中断 1 的请求任务是改变指示灯 LED1 的状态，可通过对 P2.0 口取反实现。

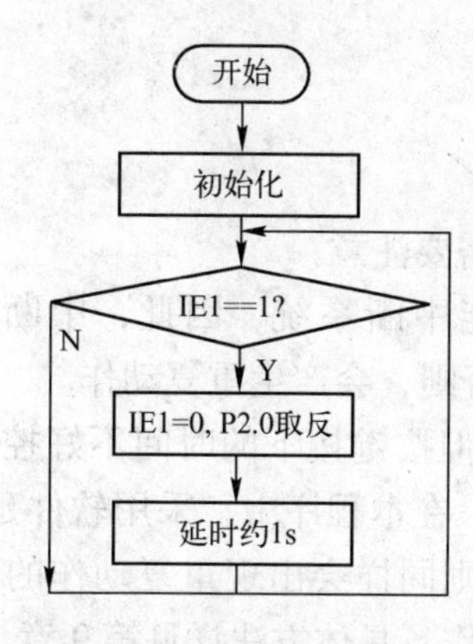

图5-6　键控 LED 程序流程

程序代码如下：

```
/ ******************************** 头文件 ************************************ /
#include < reg51. h >
/ ******************************** 宏定义 ************************************ /
#define uchar unsigned char
/ ******************************* 端口定义 *********************************** /
sbit LED_Pin = P2^0;                         //LED 控制端
/ ******************************* 函数声明 *********************************** /
void delay( uint n);                         //软件延时程序
/ ***************************** 软件延时子程序 ********************************* /
void delay( uint n)
{
    uint i,j;
    for( i = n;i > 0;i -- )
    {
        for( j = 1000;j > 0;j -- );
    }
}
/ ******************************** 主程序 ************************************ /
void main( void)
{
    EX1 = 0;                                   //关闭外部中断 1
    IT1 = 0;                                   //电平触发方式
    while( 1)
    {
        if( IE1 == 1)
        {
            LED_Pin = ~LED_Pin;                //取反
            IE1 = 0;
            delay( 3000) ;
```

```
            }
        }
    }
```

在上述设计中，有以下两点需要注意：

1）采用查询方式，无需使能中断系统，因此，中断申请标志位不会由硬件自动清“0”，这里必须由软件清“0”，否则，会产生重复动作。

2）虽然按键为非自锁开关，但按键按下的时间不好控制，若按键按下的时间太长，则必然会产生重复中断申请的问题，在本程序中，采用软件延时 1 s 在一定程度上克服了这一问题，但若低电平时间超过 1 s，则同样会出现重复动作的现象，正确的做法应增加“按键去抖动”和“等待按键释放”操作，具体方法详见第 9 章。

5.4　多级中断程序设计举例

在众多单片机应用系统中，往往会同时用到多个中断源。如设计一个电子时钟，时间的实时更新由定时器中断实现，而要对当前时间进行重新设置，还需扩展按键，若采用外部中断方式检测按键的状态，则整个设计过程就至少会同时用到定时器中断和外部中断两种。当同时用到多个中断源时，必然会涉及到如何处理多级中断的问题。

由于定时/计数器溢出中断和串行口中断在后面的章节中才会讲到，这里仅以外部中断 0 和外部中断 1 为例进行介绍，对于其他的多个中断源，解决方法完全一样。

5.4.1　设计需求

本例中，同时用到外部中断 0 和外部中断 1，且外部中断 1 的优先级要高于外部中断 0，要求对中断系统的使用进行程序设计。

5.4.2　初始化子程序设计

8051 单片机的中断系统有高优先级和低优先级两种，通过 IP 寄存器进行设置，而在每一种优先级内部又存在一个辅助优先级。假设将外部中断 0 和外部中断 1 都设置成高优先级或低优先级，则两者的优先顺序由辅助优先级决定，这样，外部中断 0 的优先级要高于外部中断 1，显然不符合要求。因此，需通过 IP 寄存器将外部中断 1 设置成高优先级，而将外部中断 0 设置成低优先级，这样，两者同时向 CPU 申请中断时，必然会先响应外部中断 1。

另外，在初始化程序中，还需要设置外部中断的触发方式以及使能中断系统，这里将两种中断都设置成下降沿触发方式。初始化子程序如下：

```
/ ************************** 外部中断初始化子程序 ************************** /
void INT_Init(void)
{
    EA =0;
    IT0 =1;                    //下降沿触发方式
    EX0 =1;                    //使能外部中断 0
```

```
    PX0 = 0;                    //低优先级

    IT1 = 1;                    //下降沿触发方式
    EX1 = 1;                    //使能外部中断 1
    PX1 = 1;                    //高优先级
    EA = 1;
}
```

5.4.3 中断服务程序设计

中断服务程序用于处理中断源请求的任务。一般情况下，为避免中断嵌套调用而引起堆栈出错，中断服务程序不易太长，且中断服务程序中不要调用子程序，否则，容易引起子程序中变量值的非正常改变。为此，可将中断任务放在主程序中执行，而在中断服务程序中只需设置相应标志位即可，程序代码如下：

```
/**************************** 全局变量定义 ********************************/
bit flag_int0;                   //外部中断 0 标志
bit flag_int1;                   //外部中断 1 标志
/**************************** 外部中断 0 服务程序 ****************************/
void INT0_ISR(void) interrupt 0
{
    flag_int0 = 1;
}
/**************************** 外部中断 1 服务程序 ****************************/
void INT0_ISR(void) interrupt 2
{
    flag_int1 = 1;
}
```

5.4.4 主程序设计

主程序中，在 while 循环内不停地扫描标志位，若为“1”，则执行响应中断请求的任务，否则跳过。程序代码如下：

```
/******************************* 主程序 ************************************/
void main(void)
{
    INT_Init();                      //外部中断初始化
    while(1)
    {
        if(flag_int0)
        {
            flag_int0 = 0;
```

```
            EX0 = 0;                    //禁止外部中断0
            ……                          //处理外部中断0功能
            EX0 = 1;                    //使能外部中断0
        }

        if(flag_int1)
        {
            flag_int1 = 0;
            EX1 = 0;                    //禁止外部中断1
            ……                          //处理外部中断1功能
            EX1 = 1;                    //使能外部中断1
        }
    }
}
```

5.5 总结交流

中断系统是单片机的重要组成部分，对于提高 CPU 的执行效率和实时处理能力起着决定性作用。本章重点阐述了 8051 单片机中断系统的工作原理和控制方法，并通过实例介绍了外部中断的具体应用。对于本章的学习，需重点掌握以下几个方面的内容。

1）只要满足中断申请条件，中断请求源就会向 CPU 申请中断，而与中断系统是否使能无关。

2）对于中断请求源向 CPU 提出的中断申请，有两种响应方式：一是采用硬件中断系统实现，需要开放中断系统；二是采用软件查询方式，无需开放中断系统。显然，第一种方式执行效率更高。

3）中断的执行过程依次分为 6 个步骤：

- 中断请求源向 CPU 提出中断申请。
- 开放中断系统：只有使能中断系统，才会响应中断服务。
- 保护现场：首先“断点”PC 值自动压入堆栈，再保存重要寄存器值到堆栈。
- 中断服务：执行中断任务。
- 恢复现场：恢复保存的重要寄存器值。
- 中断返回：PC 值出栈，返回“断点”处执行程序。

4）中断系统的优先级有高优先级和低优先级两种，而在每一种优先级内部又存在一个辅助优先级。

5）注意中断申请标志位的清“0”问题，若操作不当，很容易引起重复中断的现象。5 个中断源中除串行口中断外，其余 4 个中断源在进入中断服务程序时，硬件会自动将其中断申请标志位清“0”。而由于串行口中断的发送和接收中断申请都是从同一个入口地址进入中断服务程序的，所以必须由软件清“0”。

6）中断服务程序执行时间越短越好，程序量越少越好，且最好不要调用子程序，尤其是在主程序中用到的子程序。

第6章　定时/计数器

在大多数控制领域都需要用到计数和定时功能，为此很多公司生产了各种各样的定时、计数接口芯片，如Z80－CTC、8253等，以满足这方面的需要。自从单片机出现以后，这种情况有了改变，原因是大多数单片机都是从工业控制器发展而来的，其内部设有定时/计数器，使用极为方便。

8051单片机内部有两个16位定时/计数器T0和T1，均具备定时和计数两种功能，可用于定时控制、延时、对外部事件计数和检测等场合，实际应用中，常常将它们与单片机的中断系统结合起来使用。本章首先介绍定时/计数器的内部结构、工作原理及控制方法，然后通过实例详细说明其各种功能的具体应用。

6.1　定时/计数器的工作原理

定时/计数器T0和T1的工作原理基本一样，下面从内部结构、控制方法及工作模式三个方面进行阐述。

6.1.1　定时/计数器的结构

8051单片机的定时/计数器内部结构如图6-1所示，其结构特点主要包括以下4点：

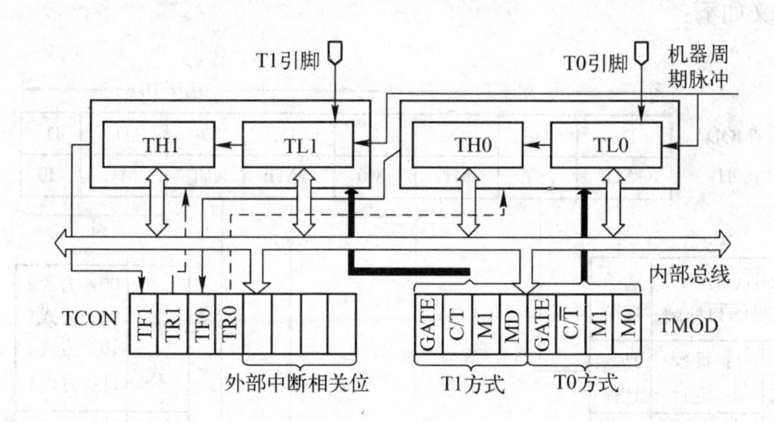

图6-1　定时/计数器内部结构

1. T0和T1都是16位加1计数器

T0的计数寄存器由TH0和TL0构成，其中，TL0为低8位计数单元、TH0为高8位计数单元。同样，T1的计数寄存器由TH1和TL1构成。当计数值为0xFFFF时，再计1次，就会发生计数溢出，此时会将相应的中断申请标志位置“1”，向CPU提出中断申请，即定时器溢出中断。

2. T0 和 T1 均可设置为定时方式或计数方式

1）定时方式：用于对内部机器周期进行计数。设置为定时工作方式时，定时/计数器计数片内振荡器输出经 12 分频后的脉冲，即每隔 1 个机器周期定时/计数器的计数值加 1，直至计满溢出。当单片机采用 12 MHz 晶体时，计数频率为 1 MHz。

2）计数方式：用于对外部输入脉冲进行计数。设置为计数方式时，通过引脚 T0（P3.4）或 T1（P3.5）对外部输入脉冲信号计数。当输入信号产生由高到低的负跳变时，计数寄存器的值加 1。最高计数频率为振荡频率的 1/24。

3. 定时/计数器的控制通过 TMOD 和 TCON 两个寄存器完成

定时/计数器具有四种不同的工作模式，通过 TMOD 寄存器可以进行设置。同时，结合 TCON 控制寄存器，可完成对 T0、T1 的工作方式设置、启/停控制及中断申请查询等。

4. 不占用 CPU 时间

不管是定时方式还是计数方式，定时/计数器 T0 或 T1 在对内部时钟或对外部事件计数时，不占用 CPU 时间，除非定时/计数器溢出，才可能中断 CPU 当前操作。

6.1.2 定时/计数器的控制

定时/计数器的控制是通过软件设置工作模式寄存器 TMOD 和控制寄存器 TCON 来完成的。在单片机复位时，它们的值均为 00H。

1. 工作模式寄存器 TMOD

TMOD 用于控制 T0 和 T1 工作模式。不可位寻址，其中，低 4 位用于 T0，高 4 位用于 T1。各位的定义如下：

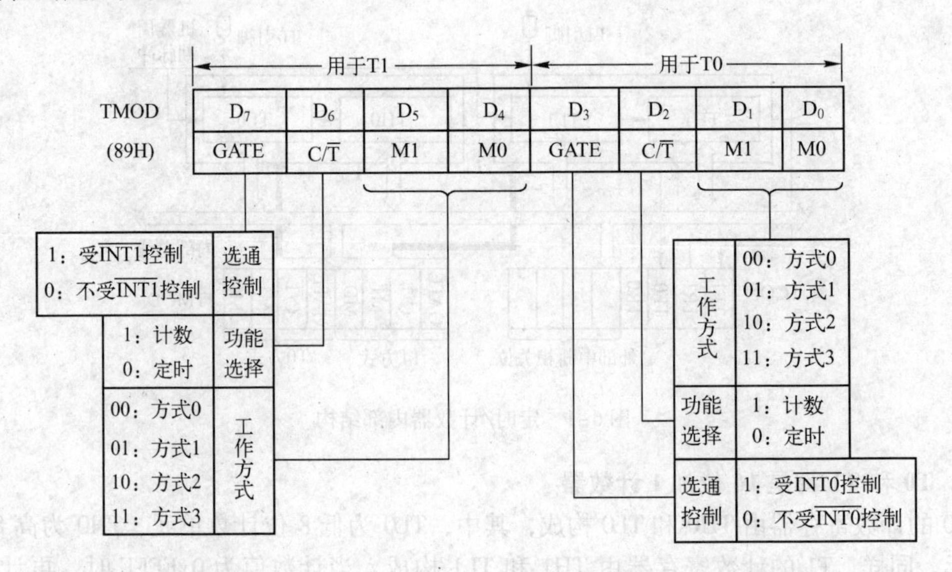

（1）工作模式控制位 M1 和 M0

两位可形成 4 种编码，对应于 4 种操作模式（即 4 种电路结构），如表 6-1 所示。

表 6-1　M1M0 控制的 4 种操作模式

M1	M0	工 作 方 式	功　　能
0	0	方式 0	13 位定时/计数器 （使用 TH_X 的 8 位和 TL_X 中的低 5 位，共 13 位，x 取值 0，1）
0	1	方式 1	16 位定时/计数器
1	0	方式 2	带自动重装时间常数的 8 位定时/计数器
1	1	方式 3	T0 分成两个 8 位定时/计数器，T1 停止计数

（2）计数方式/定时方式选择位 $C/\overline{T}$

$C/\overline{T}=0$，设置为定时方式，对机器周期（时钟周期的 12 倍）计数。$C/\overline{T}=1$，设置为计数方式，计数器的输入是来自 T0（P3.4）或 T1（P3.5）端的外部下降沿脉冲。

（3）门控位 GATE

GATE = 0 时，只要将寄存器 TCON 中的 TR0（或 TR1）置 1，就启动了定时器，而不管 $\overline{INT0}$（或 $\overline{INT1}$）的电平是高还是低。GATE = 1 时，只有 $\overline{INT0}$（或 $\overline{INT1}$）引脚为高电平且 TR0（或 TR1）置 1 时，才能启动定时器工作。

2. 控制寄存器 TCON

定时器控制寄存器 TCON 除可字节寻址外，还可按位寻址，各位定义如下：

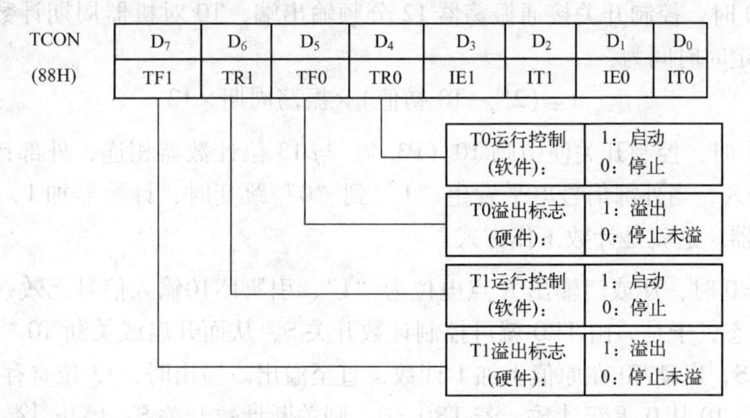

（1）中断申请标志位 TF1 和 TF0

TF1 和 TF0 又称溢出标志位。当 T1（或 T0）溢出时，由硬件自动使 TF1（或 TF0）置“1”，并向 CPU 申请中断。当 CPU 响应进入中断服务程序后，TF1（或 TF0）又被硬件自动清“0”。TF1（或 TF0）也可以用软件清零。

（2）运行控制位 TR1 和 TR0

当将 TR1（或 TR0）置“1”时，T1（或 T0）启动，开始计数；当将 TR1（或 TR0）清“0”时，T1（或 T0）停止计数。

IE1、IT1、IE0 和 IT0（TCON.3 ~ TCON.0）为外部中断 $\overline{INT0}$、$\overline{INT1}$ 请求标志及请求方式控制位，详见第 5 章。

6.1.3　定时/计数器的工作模式

8051 单片机的定时器/计数器 T0 和 T1 可由软件对特殊功能寄存器 TMOD 中控制位 $C/\overline{T}$

进行设置，以选择定时功能或计数功能。对 M1、M0 位的设置，可选择 4 种工作模式，即模式 0、模式 1、模式 2 和模式 3。在模式 0、1 和 2 时，T0 与 T1 的工作原理相同；在模式 3 时，两个定时器的工作原理不同。

1. 模式 0

在此模式下，T0（或 T1）是一个 13 位定时器/计数器。

图 6-2 是 T0 在模式 0 时的逻辑电路结构，16 位寄存器（TH0 和 TL0）只用 13 位，其中，TL0 的高 3 位未用，其余位占整个 13 位的低 5 位，TH0 占高 8 位。当 TL0 的低 5 位溢出时，向 TH0 进位，而 TH0 溢出时，由硬件将 TF0 置“1”，并申请中断。

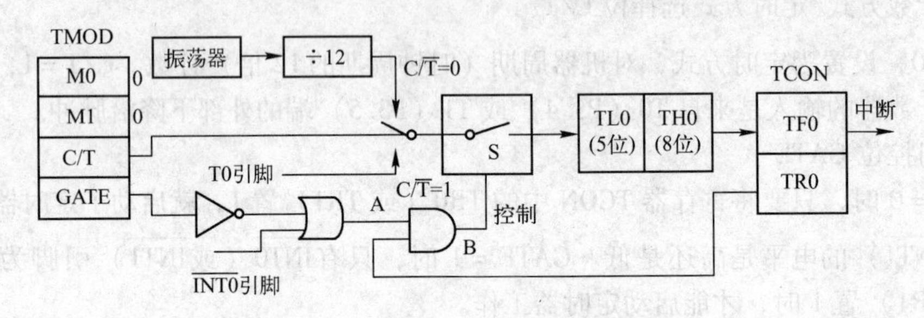

图 6-2　T0 模式 0—13 位定时/计数器

当 $C/\overline{T}=0$ 时，控制开关接通振荡器 12 分频输出端，T0 对机器周期计数，这就是定时工作方式。其定时时间为：

$$t=(2^{13}-\text{T0 初值})\times \text{振荡周期}\times 12 \tag{6-1}$$

当 $C/\overline{T}=1$ 时，控制开关使引脚 T0（P3.4）与 13 位计数器相连，外部计数脉冲由引脚 T0（P3.4）输入，当外部信号电平发生“1”到“0”跳变时，计数器加 1，这时，T0 成为外部事件计数器。这就是计数工作方式。

当 CATE =0 时，使或门输出 A 点电位为“1”，引脚 $\overline{\text{INT0}}$ 输入信号无效，这时 B 点电位取决于 TR0 状态，于是，由 TR0 就可控制计数开关 S，从而开启或关断 T0。若 TR0 =1，便接通计数开关 S，启动 T0 在原值上加 1 计数，直至溢出。溢出时，13 位寄存器清 0，TF0 置位并申请中断，T0 从 0 重新计数。若 TR0 =0，则关断计数开关 S，停止计数。

当 GATE =1 时，A 点电位取决于 $\overline{\text{INT0}}$（P3.2）引脚的输入电平，仅当 $\overline{\text{INT0}}$ 输入高电平且 TR1 =1 时，B 点才是高电平，计数开关 S 闭合，T0 开始计数。当 $\overline{\text{INT0}}$ 由 1 变 0 时，T0 停止计数。这一特性可以用来测量在 $\overline{\text{INT0}}$（P3.2）引脚上的正脉冲宽度。

2. 模式 1

在此模式下，T0（或 T1）是一个 16 位定时器/计数器。

T0 在模式 0 时的逻辑电路结构如图 6-3 所示。其结构与操作几乎与模式 0 完全相同，唯一的差别是：在模式 1 中，寄存器 TH0 和 TL0 是以全 16 位参与操作，用于定时工作方式时，定时时间为：

$$t=(2^{16}-\text{T0 初值})\times \text{振荡周期}\times 12 \tag{6-2}$$

用于计数工作方式时，最大计数长度（T0 初值 =0）为 2^{16} =65536 个外部脉冲。

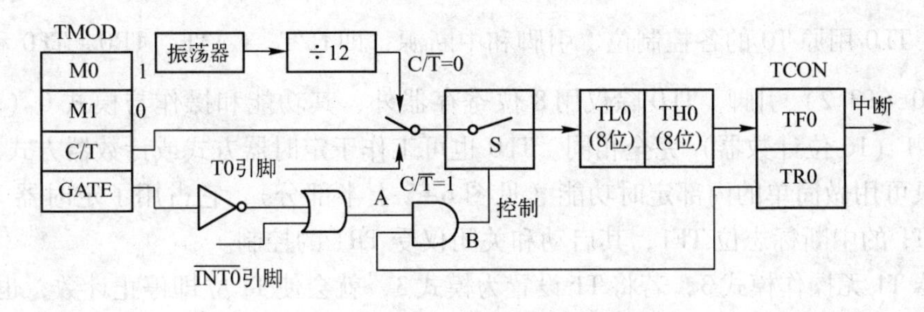

图 6-3　T0 模式 1—16 位定时/计数器

3. 模式 2

模式 2 把 TL0（或 TL1）配置成一个可以自动重装载的 8 位定时器/计数器，如图 6-4 所示。

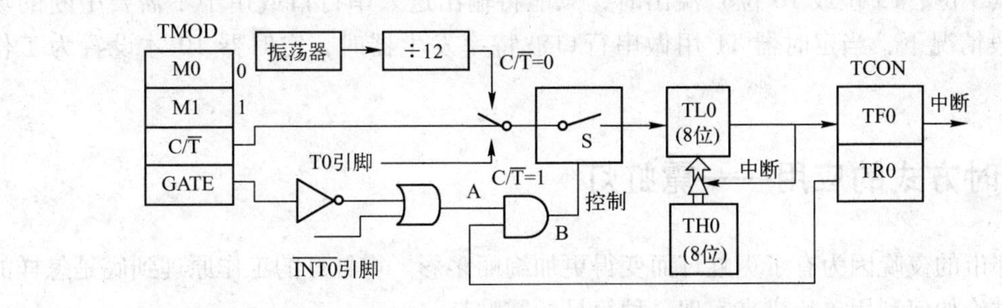

图 6-4　T0 模式 2—8 位定时/计数器

TL0 计数溢出时，不仅使溢出中断标志位 TF0 置 1，而且还自动把 TH0 中的内容重装载到 TL0 中。这里 16 位的计数器被拆成两个，TL0 用做 8 位计数器，TH0 用做保存初值。

在程序初始化时，TL0 和 TH0 由软件赋予相同的初值。一旦 TL0 计数溢出，置位 TF0，并将 TH0 的初值再自动装入 TL0，继续计数，循环重复。用于定时器工作方式时，其定时时间为：

$$t = (2^8 - \text{TH0 初值}) \times \text{振荡周期} \times 12 \tag{6-3}$$

用于计数工作方式时，最大计数长度（TH0 初值 =0）为 $2^8=256$（个外部脉冲）。

这种工作方式无需用户软件重装计数初值，并可产生高精度的定时时间，特别适合作串行口波特率发生器（详见第 7 章）。

4. 模式 3

模式 3 对 T0 和 T1 是大不相同的。若将 T0 设置为模式 3，TL0 和 TH0 被分成为两个互相独立的 8 位计数器，如图 6-5 所示。

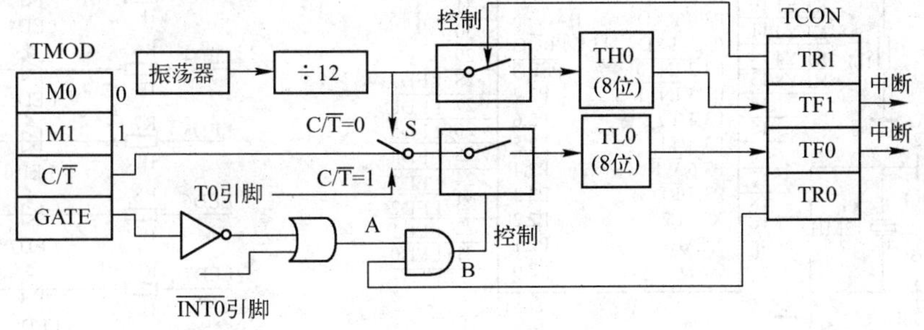

图 6-5　T0 模式 3—分成二个 8 位计数器

其中，TL0 用原 T0 的各控制位、引脚和中断源，即 $C/\overline{T}$、GATE、TR0、TF0 和（P3.4）引脚、$\overline{\text{INT0}}$（P3.2）引脚。TL0 除仅用 8 位寄存器外，其功能和操作与模式 0（13 位计数器）、模式 1（16 位计数器）完全相同。TL0 也可工作于定时器方式或计数器方式。

TH0 只可用做简单的内部定时功能（见图 6-5 上半部分），它占用了定时器 T1 的控制位 TR1 和 T1 的中断标志位 TF1，其启动和关闭仅受 TR1 的控制。

定时器 T1 无操作模式3，若将 T1 设置为模式3，就会使 T1 立即停止计数，也就是保持住原有的计数值。

在定时器 T0 用做模式 3 时，T1 仍可设置为模式 0 ~ 2。由于 TR1 和 TF1 被定时器 T0 占用，计数器开关 S 已被接通，此时仍用 T1 控制位 $C/\overline{T}$ 切换其定时或计数工作方式。计数寄存器（8 位、13 位或 16 位）溢出时，只能将输出送入串行口或用于不需要中断的场合。在一般情况下，当定时器 T1 用做串行口波特率发生器时，定时器 T0 才设置为工作模式 3。

6.2 定时方式的应用——霓虹灯

现代都市的夜晚因为有了霓虹灯而变得更加绚丽多彩。霓虹灯的工作原理到底是怎样的呢？下面讨论如何利用单片机来实现一种简易的霓虹灯。

6.2.1 实例说明

通过单片机控制 8 个发光二极管（LED）循环点亮来模拟霓虹灯，要求亮灯方式为：先从两边到中间，再从中间到两边。

6.2.2 硬件电路设计

利用单片机的 P2 口来控制 8 个 LED，硬件电路如图 6-6 所示。

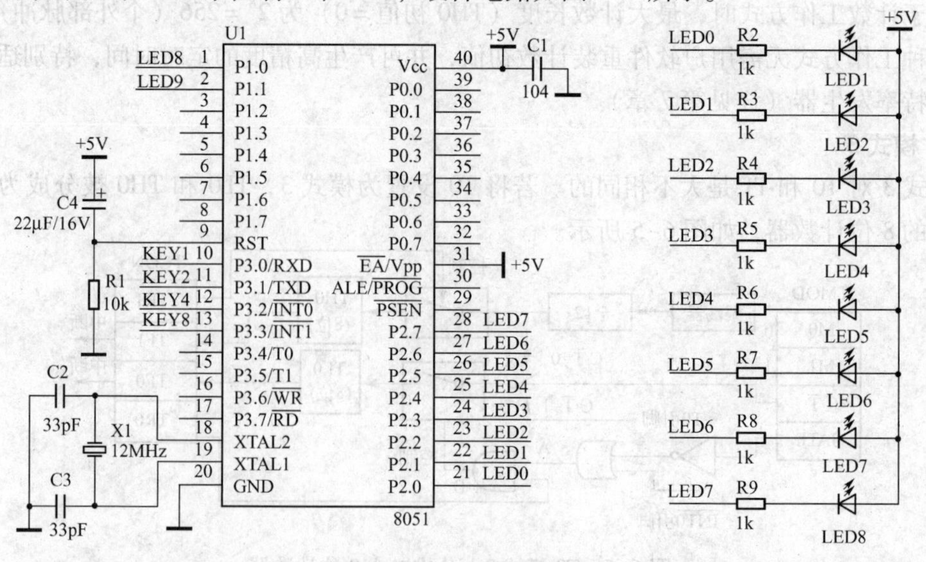

图 6-6　霓虹灯控制电路

6.2.3 程序设计

本例的程序设计涉及到如下两个问题：

一是 LED 的亮/灭控制。根据图 6-6，当 P2 某个端口输出低电平时，则对应 LED 亮；否则对应 LED 灭。同时，应结合要求的亮灯方式进行控制。如首先应使 LED1 和 LED8 点亮，而其余 LED 均熄灭，此时，P2 口应输出 0x7E；接着应是 LED2 和 LED7 点亮，而其余 LED 均熄灭，此时，P2 口应输出 0xBD，依次类推。为此，可预先将 P2 口要输出的控制字全部求出，保存起来，当需要改变 LED 状态时，取出控制字送往 P2 口即可。

二是 LED 的状态切换。8 个 LED 从一种状态切换到另一种状态时，在改变输出控制字前应加入一定时间的延时，而延时的方式有以下三种：软件延时、定时查询、定时中断。这里以后两种方式为例，进行介绍。

1. 定时查询方式

在此方式下，只需开启定时器的定时功能，而无需中断系统工作。当定时时间到时，定时器中断标志位自动置“1”，通过查询该标志位，即可判断时间到与否。

首先，应根据延时时间计算定时器的计数初值，设定延时时间为 500 ms。若选择定时器 T0 的模式 0，根据式（6-1）及晶振频率 $f_{osc}=12$ MHz 可知：其定时的最大时间为 8.192 ms，远小于 500 ms。这里，我们可以将定时器单次定时时间设定为 5 ms，由式（6-1）可以算出：T0 初值 =0x0C78，因此，TL0 =0x18（高 3 位不用，全部清“0”），TH0 =0x63。

通过记录定时器溢出次数，当计满 100 次时，所延时的时间满足要求，开始切换 LED 的状态。

程序代码如下：

```
/ ****************************** 头文件 ********************************** /
#include < REG51. H >
/ ****************************** 宏定义 ********************************** /
#define uchar unsigned char
#define uint unsigned int
/ ***************************** 端口定义 ********************************* /
#define LED_Control P2
/ *************************** 全局变量定义 ******************************* /
uchar code LED_ControlZhi[8] = {0x7e,0xbd,0xdb,0xe7,0xe7,0xdb,0xbd,0x7e};
                                                  //控制字
uchar Counter;                                    //定时次数计数
uchar LED_Status;                                 //LED 显示状态
/ ***************************** 函数声明 ********************************* /
void Init_Timer0(void);                           //定时器 0 初始化程序

/ ************************* 定时器 0 初始化子程序 ************************* /
void Init_Timer0(void)
{
    TL0 =0x18;                                    //赋初值
```

```
        TH0 = 0x63;
        TMOD& = 0XF0;                          //设置为模式 0,定时方式

        TF0 = 0;                               //清零中断标志位
        EA = 0;                                //关闭中断系统
        TR0 = 1;                               //启动定时器 T0 工作
    }

/ ****************************** 主程序 ******************************** /
void main( void)
    {
        LED_Control = 0xff;//LED 全灭
        Counter = 0;                           //定时次数复位
        LED_Status = 0;                        //状态复位
        Init_Timer0( );                        //定时器初始化

        while(1)
        {
            if(TF0 == 1)                       //查询定时到否
            {
                TF0 = 0;                       //清零定时中断标志位
                Counter ++;
                if( Counter == 100)
                {
                    TL0 = 0x18;                //重赋初值
                    TH0 = 0x63;
                    Counter = 0;
                    LED_Control = LED_ControlZhi[ LED_Status ++ ];
                    if( LED_Status == 8)
                    {
                        LED_Status = 0;
                    }
                }
            }
        }
    }
```

2. 定时中断方式

在此方式下，需要同时开启定时器的定时功能及中断系统。当定时时间到时，通过响应定时器中断而进行 LED 状态的切换。

同样，应先根据延时时间计算定时器的计数初值，还是设定延时时间为 500 ms。若选择定时器 T1 的模式 2，根据式（6-3）及晶振频率 f_{osc} = 12 MHz 可知：其定时的最大时间为 0. 256 ms，远小于 500 ms。这里，我们可以将定时器单次定时时间设定为 0. 2 ms，由式（6-3）

可以算出：T1 初值 =56，因此，TL1 = TH1 =56。

通过记录定时器溢出次数，当计满 2500 次时，所延时的时间满足要求，开始切换 LED 的状态。

程序代码如下：

```
/ ****************************** 头文件 ********************************** /
#include < REG51. H >
/ ****************************** 宏定义 ********************************** /
#define uchar unsigned char
#define uint unsigned int
/ ****************************** 端口定义 ******************************** /
#define LED_Control P2
/ **************************** 全局变量定义 ****************************** /
uchar code LED_ControlZhi[8] = {0x7e,0xbd,0xdb,0xe7,0xe7,0xdb,0xbd,0x7e};
                                  //控制字
uint Counter;                     //定时次数计数
uchar LED_Status;                 //LED 显示状态
/ ****************************** 函数声明 ******************************** /
void Init(void);                  //初始化程序

/ **************************** 初始化子程序 ****************************** /
//说明：初始化定时器 T1，并开启中断系统
void Init(void)
{
    TL1 =56;                      //赋初值
    TH1 =56;
    TMOD =0x20;                   //设置为模式 2，定时方式
    TF1 =0;                       //清零中断标志位

    ET1 =1;                       //允许定时器 T1 中断
    EA =1;                        //开启中断系统
    TR1 =1;                       //启动定时器 T1 工作
}

/ ****************************** 主程序 ********************************** /
void main(void)
{
    LED_Control =0xff;            //LED 全灭
    Counter =0;                   //定时次数复位
    LED_Status =0;                //状态复位
    Init();                       //定时器，中断系统初始化

    while(1);
```

```
}
/********************** 定时器 T1 中断服务子程序 ***********************/
//说明：中断定时 0.2 ms
void timer1 (void) interrupt 3
{
    Counter ++ ;
    if(Counter == 2500)
    {
        Counter = 0;
        LED_Control = LED_ControlZhi[LED_Status ++];
        if(LED_Status == 8)
        {
            LED_Status = 0;
        }
    }
}
```

6.3 计数方式的应用——光电计数器

定时/计数器 T0（或 T1）的另一种功能是用做计数器，用于对 P3.4 口（或 P3.5 口）输入的下降沿脉冲进行计数，所用计数寄存器还是 TH0 和 TL0（或者 TH1 和 TL1）。

光电计数器常用于对物件进行自动计数，被广泛应用于工业生产、自动化控制等领域。本节将设计一种光电计数器，并重点讲解定时/计数器的计数方式在其中的应用。

6.3.1 实例说明

采用 RPR220 进行光电信号检测，RPR220 是一种一体化反射型光电探测器，其发射器是一个砷化镓红外发光二极管，而接收器是一个高灵敏度，硅平面光敏三极管，其内置的可见光过滤器可以减小离散光的影响。当发射器和接收器之间有或无遮挡物时，接收器输出电平有高低之分，利用这个原理就可用来对外部事件进行计数。

要求：每计满 100 次外部事件（光线遮挡），切换一次指示灯的亮/灭状态。

6.3.2 硬件电路设计

光电计数器的硬件电路如图 6-7 所示。单片机 P3.6 口输出的控制信号经 NPN 晶体管放大后驱动发射器工作，只有当 P3.6 口输出高电平时，发射器发光，光电计数器才开始工作。若发射器和接收器之间有遮挡物时，光线反射强烈，A 点电位较高；否则，光线反射较弱，A 点电位较低。A 点输出信号再经过比较器比较后送入 P3.4 口，同时可以通过可变电阻 VR1 调节比较器的基准电压，确保 P3.4 口得到正确的逻辑电平，即无遮挡物时，P3.4 输入高电平，而有遮挡物时，P3.4 输入低电平。指示灯 LED1 通过 P2.0 口进行控制。

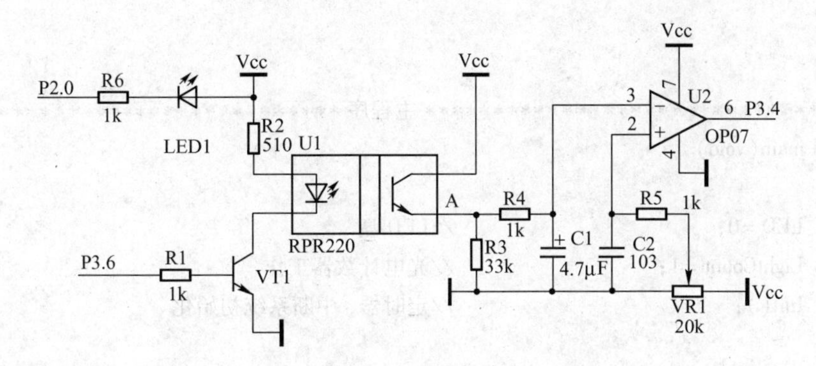

图 6-7　光电计数器控制电路

6.3.3　程序设计

定时/计数器 T0 工作在计数方式，且工作模式设为模式 1（16 位定时/计数器）。根据要求，计数的最大次数 N 为 100，由式（6-4）计算出：T0 计数初值 = 65436，即 TH0 = 0xff，TL0 = 0x9c。

$$N = 2^{16} - \text{T0 初值} \tag{6-4}$$

采用 T0 溢出中断进行设计，程序代码如下：

```
/******************************* 头文件 **********************************/
#include <REG51. H>
/******************************* 宏定义 **********************************/
#define uchar unsigned char
#define uint unsigned int
/****************************** 端口定义 *********************************/
sbit LED = P2^0;                    //指示灯控制端
sbit LightCount = P3^6;             //计数器控制端
/****************************** 函数声明 *********************************/
void Init( void) ;                  //初始化程序

/**************************** 初始化子程序 *******************************/
//说明: 初始化计数器 T0, 并开启中断系统
void Init( void)
{
    TL0 = 0x9c;                     //赋初值
    TH0 = 0xff;
    TMOD = 0x05;                    //设置为模式 1, 计数方式
    TF0 = 0;                        //清零中断标志位

    ET0 = 1;                        //允许计数器 T0 中断
    EA = 1;                         //开启中断系统
    TR0 = 1;                        //启动计数器 T0 工作
```

```
}

/******************************主程序**********************************/
void main(void)
{
    LED = 0;                          //LED亮
    LightCount = 1;                   //光电计数器工作
    Init();                           //定时器，中断系统初始化

    while(1);
}

/**********************计数器T0中断服务子程序************************/
void timer0(void) interrupt 1
{
    TL0 = 0x9c;                       //重赋初值
    TH0 = 0xff;
    LED = ~LED;
}
```

本设计中，对于计数值的处理采用的是一种比较简单的方式，在后面的第9章中学习“数码管的显示控制”之后，大家可以将计数值实时显示在数码管上。

另外，光电计数器还常被用于电动机测速。如在直流电动机输出轴上固定一张圆形硬纸片，以此来代替遮挡物，并将此圆形纸片平均分成6等份，且把其中的第1、3、5块涂黑，再用光电探测器RPR220正对圆形纸片，启动整个系统就可以进行测速了。当纸片黑色区域正对光电探测器时，P3.4输入低电平，而当纸片的其他区域正对光电探测器时，P3.4输入高电平。在编程中，假定在1秒时间内共检测到n个下降沿脉冲，则此电动机的转速v应为：

$$v = \frac{n/3}{1/60} = 20n \tag{6-5}$$

式中，v的单位为r/min。

6.4 门控位的应用——电动机测速

利用定时/计数器的门控位可以测量外部脉冲的周期或频率，常用于电动机测速领域。下面介绍另一种电动机测速方式：霍尔开关器件测速。

6.4.1 实例说明

霍尔器件是一种基于霍尔效应的磁传感器，可以检测磁场及其变化情况，按照其功能分为霍尔线性器件和霍尔开关器件，前者输出模拟量，后者输出数字量。霍尔开关器件由稳压器、霍尔片、差分放大器，斯密特触发器和输出级组成，当其检测到磁场时，输出低电平，

否则，输出高电平。

霍尔开关器件检测电机转速示意图如下图 6-8 所示。将用非磁性材料制成的圆盘固定在电机输出轴上，并在圆盘边上粘贴一块磁钢（用来提供磁场），霍尔开关器件固定在圆盘外缘附近。圆盘每转动一圈，在磁钢接近霍尔开关器件时，霍尔开关器件以切割磁力线的方式相对磁钢运动，于是便输出一个下降沿脉冲，如图 6-9 所示。

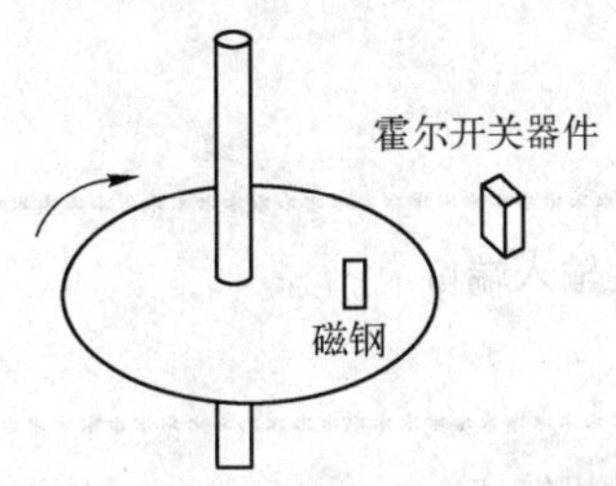

图 6-8　霍尔开关器件测速示意

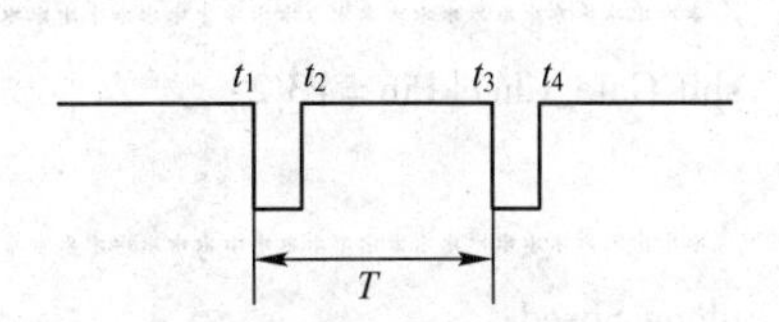

图 6-9　霍尔开关器件输出脉冲波形

通过单片机测量产生脉冲的频率 $1/T$，就可以得出电动机的转速 v，应满足下式：

$$v=\frac{60}{T} \tag{6-6}$$

式中，v 的单位为 r/min。

6.4.2　硬件电路设计

选择霍尔开关器件 A04E，其引脚排列如图 6-10 所示，图 6-11 为霍尔电动机测速控制电路。A04E 的输出信号经 PNP 晶体管 VT1 后送入单片机的 P3.2 脚，则当 A04E 检测到磁钢磁场时，即图 6-9 中的 t_1 时刻，P3.2 输入低电平，否则，在 t_2 时刻，P3.2 输入高电平。

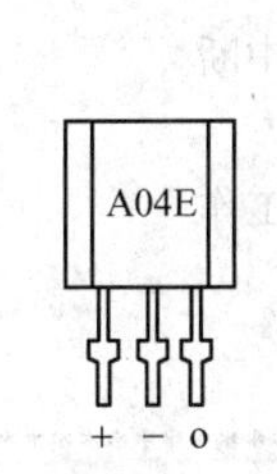

图 6-10　A04E 引脚图

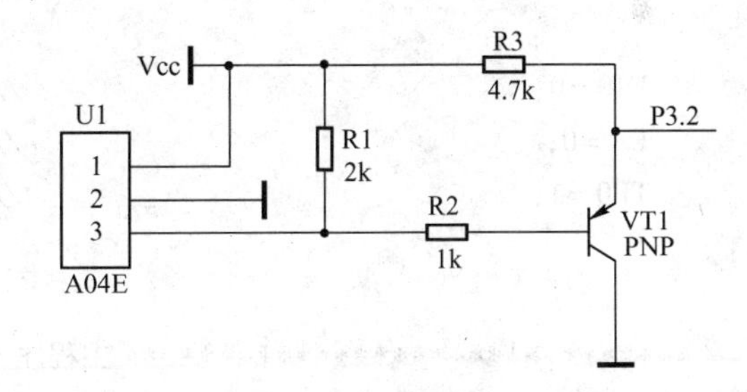

图 6-11　霍尔电动机测速控制电路

6.4.3　程序设计

根据图 6-11，若开启定时器 T0 的门控位 GATE，且启动定时（即 TR0 = 1），则在 t_1 时刻不满足定时器工作条件，定时器停止计时。而在 t_2 时刻，P3.2 输入高电平，满足定时器工作条件，定时器开始计时。这样依次反复，即可求出图 6-9 中的脉冲周期，并根据式（6-6）计算出电动机的实时转速。

本例中，单片机晶振频率为 12 MHz，设定定时器 T0 工作在模式 1，测速程序代码如下：

```
/******************************头文件******************************/
#include <REG51.H>
/******************************宏定义******************************/
#define uchar unsigned char
#define uint unsigned int
#define ulong unsigned long

/******************************端口定义******************************/
sbit Gate_CheckPin = P3^2;                  //门控输入端口

/****************************全局变量定义****************************/
ulong Speed;                                //电动机转速
uint T_Zhi;                                 //脉冲周期

/******************************函数声明******************************/
void Init(void);                            //初始化程序

/*****************************初始化子程序*****************************/
//说明: 初始化计数器 T0, 并关闭中断系统
void Init(void)
{
    TL0 = 0x00;                             //赋初值
    TH0 = 0x00;
    TMOD = 0x09;                            //设置为模式 1, 定时方式, 使能门控位
    TF0 = 0;                                //清零中断标志位

    ET0 = 0;                                //禁止定时器 T0 中断
    EA = 0;                                 //关闭中断系统
    TR0 = 1;                                //启动定时器 T0 工作
}

/******************************主程序******************************/
void main(void)
{
    Init();                                 //定时器, 中断系统初始化

    while(1)
    {
        while(Gate_CheckPin == 0);          //等待磁钢转过
        while(Gate_CheckPin == 1);          //等待磁钢到来
        T_Zhi = TH0;
        T_Zhi = (T_Zhi << 8)|TL0;
```

```
        TL0 = 0x00;                             //定时计数值清零
        TH0 = 0x00;

        Speed = 1000000/T_Zhi;                  //转速单位:r/s
        Speed = Speed * 60;                     //转速单位:r/min
    }
}
```

6.5 总结交流

定时/计数器 T0、T1 是 8051 单片机重要的内部资源，不占用 CPU 时间，运行效率较高，学习时应重点把握以下几点：

1）定时/计数器 T0（或 T1）具有定时和计数两种功能。在定时方式时，对内部机器周期进行计数；而在计数方式时，用于对外部引脚 P3.4（或 P3.5）输入的下降沿脉冲进行计数。无论是定时方式还是计数方式，计数寄存器均为 TH0 和 TL0（或者 TH1 和 TL1），且计满溢出时，硬件会自动将中断标志位 TF0（或 TF1）置“1”。

2）定时/计数器 T0（或 T1）具有 4 种工作模式，通过 TMOD 寄存器进行配置。TCON 寄存器主要用于对定时/计数器的启/停进行控制。

3）定时/计数器 T0（或 T1）通常与中断系统结合使用，也可采用查询方式。在使用时，应注意重赋初值的问题。

第 7 章　串行通信接口

8051 单片机除具有 4 个 8 位并行口外，还具有串行通信接口，简称串口。此串口是一个全双工串行通信接口，用它可以实现单片机系统之间点对点的单机通信、多机通信和单片机与 PC 之间的单机或多机通信。

本章首先对单片机串口的基本结构、工作原理进行详细的介绍，然后以人机对话、多机通信为例，进一步讲述串口的应用，并讲解串口通信的软件模拟方法。

7.1　串行通信接口的工作原理

7.1.1　串行通信的基本概念

1. 并行通信与串行通信

8051 单片机与外部设备之间常常要进行数据信息交换，这些信息交换过程称为通信。通信方式有两种：并行通信和串行通信。

单片机采用并行口与外设通信的方式称为并行通信。图 7-1a 为 8051 单片机与外设间 8 位数据并行通信的连接方法，每次通信时，8 位数据同时进行交换。并行通信速度快，但占用口线多，且通信距离较短。

在串行通信方式中，数据是一位一位按顺序传送的，它的突出优点是只需一对传送线，这样就大大降低了传送成本，特别适用于远距离通信，其缺点是传送速度较低。图 7-1b 所示为串行通信的硬件连接方法。

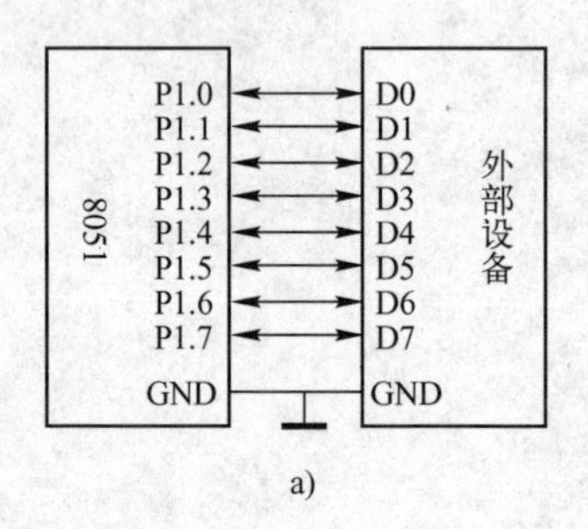

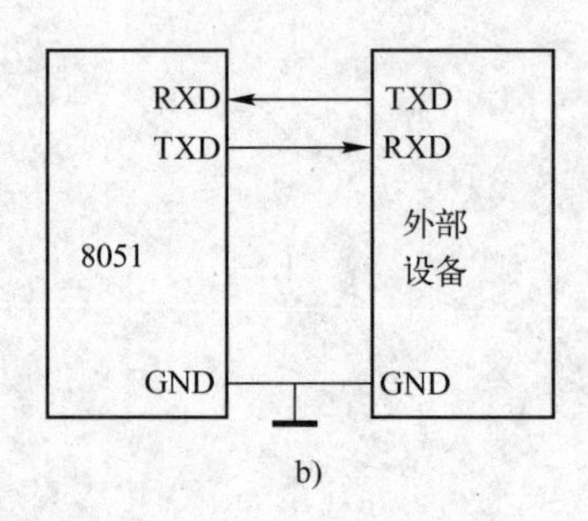

图 7-1　两种通信方式的硬件连接示意
a) 并行通信　b) 串行通信

2. 串行通信的数据传送方向

串行通信的数据传送方向有三种：一种是单工通信，只允许数据向一个方向传送；另一种是半双工通信，允许数据向两个方向中的任一方向传送，但每次只能有一个站发送；第三种是全双工通信，允许双向同时传送数据，它要求两端的通信设备都具有独立的发送和接收能力。

3. 串行通信的数据传输方式

串行通信有两种基本数据传输方式，即异步通信和同步通信。

(1) 异步通信

在异步通信中，发送端和接收端有各自的时钟。数据是一帧一帧发送的，每帧代表一个字符（即1个字节），其帧格式如图7-2所示。

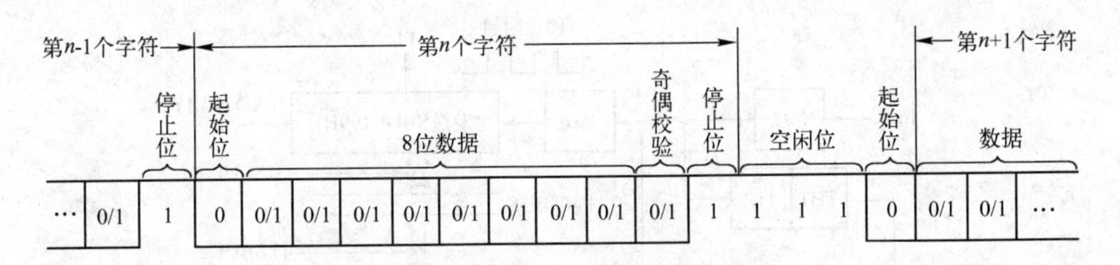

图7-2 异步通信数据帧格式

在帧格式中，先是一个起始位“0”，然后是5~8位数据（规定低位在前，高位在后），接下来是奇偶校验位（可以省略），最后是一个停止位“1”。用这种格式表示一个字符，则字符可以一个接着一个地传送，若停止位以后不是紧接传送下一个字符，则让线路上保持为“1”。接收端收到停止位后，知道上一字符已传送完毕，将为接收下一个字符作好准备，通过不断地检测线路的状态，若连续为“1”以后又检测到一个“0”，就知道发来了一个新字符，马上进行接收。

(2) 同步通信

在同步通信中，发送端和接收端由同一个时钟控制。数据开始传送前需用特定的同步字符来指示（常约定1~2个），在传送数据块时，字符与字符之间没有间隙，也不用起始位和停止位，其数据格式如图7-3所示。

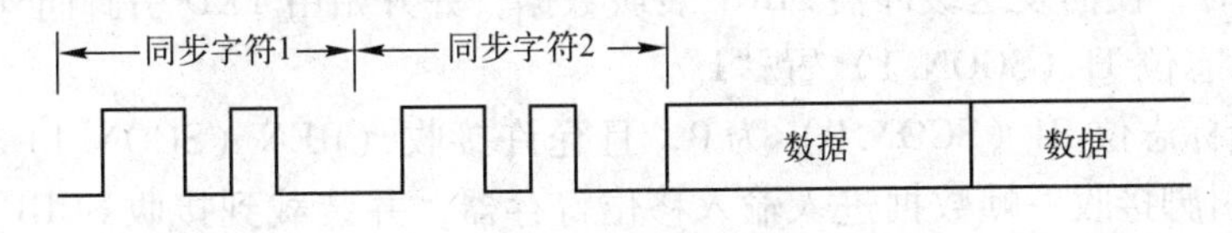

图7-3 同步通信数据格式

同步通信的速度要高于异步通信，但要求由时钟来实现发送端与接收端之间的同步，故硬件较复杂。

4. 波特率（Baud rate）

波特率，即数据传送速率，表示每秒钟传送二进制数的位数，它的单位是bit/s。例如，数据传送速率是120字符/s，而每个字符格式包含10位（1个起始位、1个停止位、8个数据位），这时传送的波特率为：

$$10 \times 120\ \text{bit/s} = 1200(\text{bit/s}) \tag{7-1}$$

串行通信的发送端和接收端在进行数据通信时，必须保证两者的波特率一致。

7.1.2 串行通信接口的结构

8051有一个可编程的全双工串行通信接口，它可作UART用，也可作同步移位寄存器用。其帧格式可有8位、10位或11位，并能设置各种波特率，给使用带来很大的灵活性。

1. 内部结构

8051 单片机通过引脚 RXD（P3.0，串行数据接收端）和引脚 TXD（P3.1，串行数据发送端）与外界进行通信。其内部结构简化示意图如图 7-4 所示。图中有两个物理上独立的接收、发送缓冲器 SBUF，它们占用同一地址 99H，可同时发送、接收数据，因此，该串口为全双工通信接口。发送缓冲器中只能写入，不能读出，接收缓冲器只能读出，不能写入。

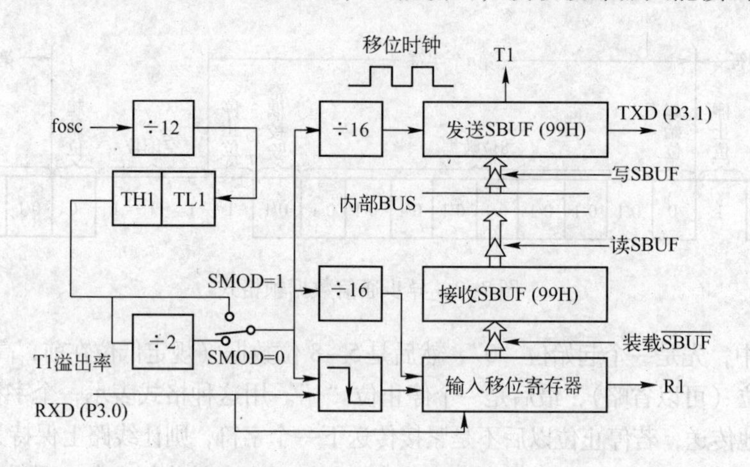

图 7-4　串行口内部结构示意

串行发送与接收的速率与移位时钟同步。8051 单片机用定时器 T1 作为串行通信的波特率发生器，T1 溢出率经 2 分频（或不分频）又经 16 分频作为串行发送或接收的移位脉冲，移位脉冲的速率即是波特率。

串口的发送和接收都是以特殊功能寄存器 SBUF 的名义进行读或写的，当向 SBUF 发“写数据”命令时，便向发送缓冲器 SBUF 装载数据，并开始由 TXD 引脚向外发送，发送完会使发送中断标志位 TI（SCON.1）置“1”。

在接收中断标志位 RI（SCON.0）为 0，且允许接收（REN（SCON.4）=1）时，接收器就会从 RXD 引脚接收一帧数据进入输入移位寄存器，并装载到接收 SBUF 中，同时置位 RI。当向 SBUF 发“读数据”命令时，将由接收缓冲器 SBUF 取出数据并通过 8051 内部总线送入 CPU。接收器是双缓冲结构，在前一个字节被从接收缓冲器 SBUF 读出之前，第二个字节即开始被接收（串行输入至移位寄存器）。

2. 串口控制寄存器（SCON）

8051 串行通信的方式选择、接收和发送控制以及串行口的状态标志等均由特殊功能寄存器 SCON（98H）控制和指示，复位时，SCON 所有位均清“0”。其格式如下：

SCON	D7	D6	D5	D4	D3	D2	D1	D0
(98H)	SM0	SM1	SM2	REN	TB8	RB8	TI	RI

（1）SM0 和 SM1

串行口工作方式选择位。两个选择位对应 4 种工作方式，如表 7-1 所示，其中 f_{osc} 是晶振振荡频率。

（2）SM2

多机通信控制位。当该位被置“1”时，启动多机通信模式；否则，禁止多机通信模式。多机通信模式仅仅在工作方式2、3下有效。在使用工作方式0时，应将该位清“0”。

表7-1　串口的工作方式

SM0	SM1	工作方式	说　明	波特率
0	0	方式0	同步移位寄存器	$f_{osc}/12$
0	1	方式1	10位异步收发	由定时器T_1控制
1	0	方式2	11位异步收发	$f_{osc}/32$或$f_{osc}/64$
1	1	方式3	11位异步收发	由定时器T_1控制

（3）REN

允许接收控制位。由软件置“1”或清“0”，当REN=1时，允许接收，而当REN=0时，禁止接收。

（4）TB8

在方式2或方式3中，发送数据的第9位（D8）装入TB8中。在方式0和方式1中，该位未用。

（5）RB8

在方式2或方式3中，接收到的第9位数据放在RB8位。在方式1中，若SM2=0（即不是多机通信情况），RB8中存入的是已接收到的停止位。在方式0中，该位未用。

（6）TI

发送中断标志。在一帧数据发送完时被置“1”。TI置“1”意味着向CPU提供“发送缓冲器SBUF已空”的信息，CPU可以准备发送下一帧数据。串行口发送中断被响应后，TI不会自动清“0”，必须由软件清“0”。

（7）RI

接收中断标志。在接收到一帧有效数据后由硬件置“1”。RI=1表示向CPU申请中断，表示一帧数据接收结束，并已装入接收SBUF中，要求CPU取走数据。CPU响应中断后，RI也必须由软件清“0”。

3. 电源控制寄存器PCON

电源控制寄存器PCON中只有一位SMOD与串行口工作有关，如下：

PCON	D7							
（87H）	SMOD							

SMOD：波特率倍增位。在串行口方式1、方式2和方式3时，波特率和2^{SMOD}成正比，即当SMOD=1时，波特率提高一倍。复位时，SMOD=0。

7.1.3　串行通信接口的工作方式

通过SCON寄存器，可将8051单片机串口设置成4种不同的工作方式：

方式0为同步移位寄存器输入/输出方式，常用于扩展I/O口。串行数据通过RXD输入或输出，而TXD用于输出移位时钟，作为外接部件的同步信号，以8位数据为一帧，不设起始位和停止位，先发送或接收最低位。

方式1为10位通用异步接口，采用异步通信方式。TXD与RXD分别用于发送与接收数据，收发一帧数据的格式为：1 位起始位、8 位数据位（低位在前）、1 位停止位，共 10 位。在接收时，停止位进入 SCON 的 RB8。此方式的传送波特率可调。

方式 2 和方式 3 均采用异步通信方式，由 TXD 和 RXD 发送与接收（两种方式操作是完全一样的，所不同的只是波特率）。每帧 11 位：1 位起始位，8 位数据位（低位在前），1 位可编程的第 9 数据位和 1 位停止位。发送时，第 9 数据位（TB8）可以设置为 1 或 0，也可将奇偶位装入 TB8 从而进行奇偶校验；接收时，第 9 数据位进入 SCON 的 RB8 位。

在实际应用中，通常采用工作方式 1，下面对此方式作重点介绍。

串口方式 1 的发送时序如图 7-5 所示。当向缓冲器 SBUF 执行“写数据”命令时，就启动了发送器开始发送。发送时的时钟信号由定时器 T1 送来的溢出信号经过 16 分频或 32 分频（取决 SMOD 的值）而取得的，可见方式 1 的波特率是可变的。发送开始时，$\overline{SEND}$变为有效，将起始位向 TXD（P3.1 口）输出，此后每过一个 TX 时钟周期产生一个移位脉冲，并由 TXD 输出一个数据位，8 位数据位全部发送完后，置位 TI 申请中断，置 TXD 为 1 作为停止位，再经一个时钟周期$\overline{SEND}$失效。

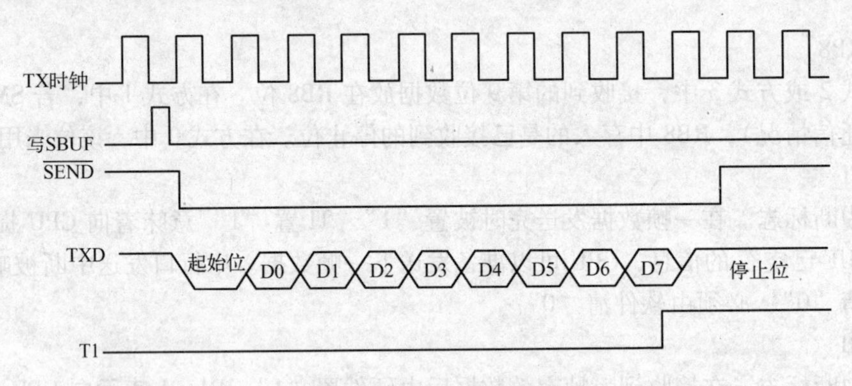

图 7-5　方式 1 发送时序

串口方式 1 的接收时序如图 7-6 所示。当满足下列条件时，单片机允许串口接收数据：

一是：没有串口中断事件或上一次中断数据已被取走，即 RI = 0。

二是：允许接收，即 REN = 1。

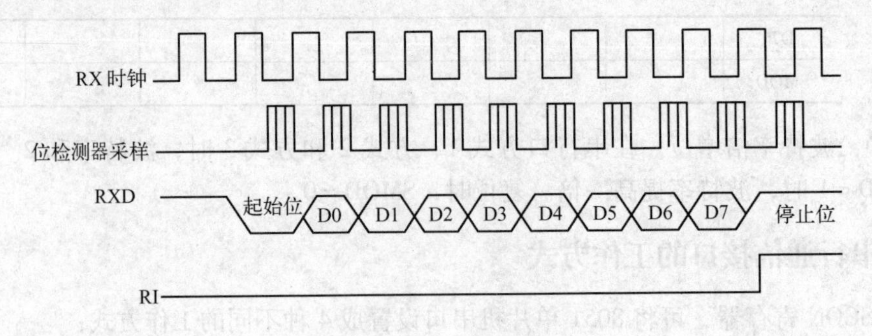

图 7-6　方式 1 接收时序

在接收状态下，外部数据被送入引脚 RXD（P3.0 口）上。单片机以 16 倍于波特率（同图 7-5 中的发送波特率）的频率采集该引脚上的数据，当检测到引脚上的负跳变时，启动串行接收；当数据接收完成之后，8 位数据被存放到 SBUF 中，停止位被放入 RB8 位，同时置位 RI，向 CPU 提出中断申请。

7.1.4 波特率的设定方法

在串行通信中，收、发双方对发送或接收的数据速率要有一定的约定。通信波特率的选用不仅和所选用的通信设备、传输距离有关，还受传输线状况所制约。用户应根据实际需要进行正确选用。

串行口的 4 种工作方式对应着三种波特率。由于输入的移位时钟的来源不同，所以，各种方式的波特率计算公式也不同。

1. 方式 0 的波特率

方式 0 的波特率固定为振荡频率的 1/12，并不受 PCON 寄存器中 SMOD 位的影响。

$$\text{方式 0 波特率} = f_{OSC}/12 \tag{7-2}$$

2. 方式 2 的波特率

方式 2 波特率取决于振荡频率和 PCON 中 SMOD 位，计算公式如下：

$$\text{方式 2 波特率} = \frac{2^{SMOD}}{64} \cdot f_{osc} \tag{7-3}$$

3. 方式 1 和方式 3 的波特率

方式 1 和方式 3 的波特率由定时器 T1 的溢出率决定和 SMOD 值同时决定，计算公式如下：

$$\text{方式 1、3 波特率} = \frac{2^{SMOD}}{32} \times (\text{T1 溢出速率}) \tag{7-4}$$

其中，T1 的溢出速率取决于振荡频率、T1 预置的初值及 T1 的工作模式。例如，若定时器 T1 采用模式 1 时，波特率公式如下：

$$\text{方式 1、3 波特率} = \frac{2^{SMOD}}{32} \times \frac{f_{OSC}}{12} / (2^{16} - \text{初值}) \tag{7-5}$$

对于工作模式 0 或 1，T1 溢出时，需要在中断服务程序重装初值，中断响应时间和执行指令会使波特率产生一定的误差，因此，要用改变初值的办法加以调整。而对于工作模式 2，则不存在这个问题，所以，通常情况下，在作为波特率发生器时，定时器 T1 应尽量采用模式 2。

7.2 串行接口的应用——人机对话

在多种场合，常常利用单片机串口的通信功能，将单片机与个人计算机（PC）连接，从而实现上位机（PC）和下位机（单片机）的人机对话。即上位机通过串口向单片机发送指令，单片机接收并处理指令，并将处理信息返回给上位机。在这种通信模式中，PC 常常作为主机，而单片机作为从机，命令由主机发起。

7.2.1 实例说明

利用串口的通信功能，实现 PC 对单片机端口的监控。PC 通过向单片机发送如下命令实现三种不同的功能。

1）命令字“0xaa”：读取 P2 口的状态，单片机收到此命令后，应向 PC 返回 P2 口的状态值。

2）命令字“0xbb”：将 P2 口全部置“1”，单片机无需回复数据给 PC。

3）命令字“0xcc”：将 P2 口全部清“0”，单片机无需回复数据给 PC。

7.2.2 硬件电路设计

在串行通信时，要求通信双方都采用同一个标准接口，由于单片机输出口采用的是 TTL 电平，而 PC 机串口采用的是 RS－232 电平，因此，在单片机与 PC 机串口之间应通过一个电平转换芯片实现 TTL 和 RS－232 电平的相互转换，这样才能实现两者的相互通信。目前，这种电平转换芯片主要采用美国德州仪器公司（TI）的 MAX202，其引脚图如图 7-7 所示。

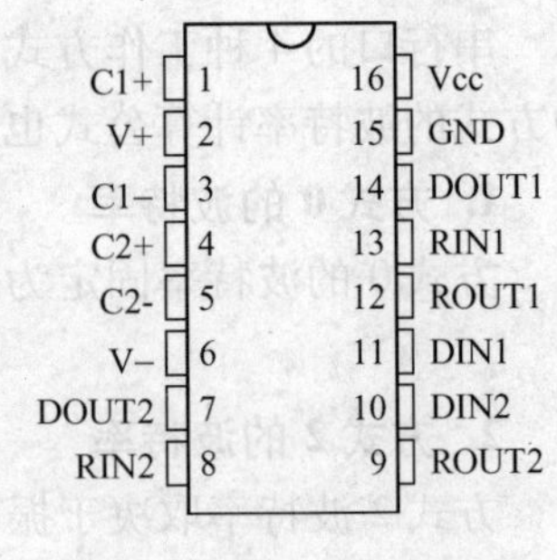

图 7-7　MAX202 引脚图

该芯片包含 2 个驱动（发送）器和 2 个接收器。每个接收器将 RS－232 电平转换成 5V 的 TTL/CMOS 电平，每个发送器将 TTL/CMOS 电平转换成 RS－232 电平。

利用 MAX202 的发送器 2 和接收器 2 实现的串口通信连接如图 7-8 所示。

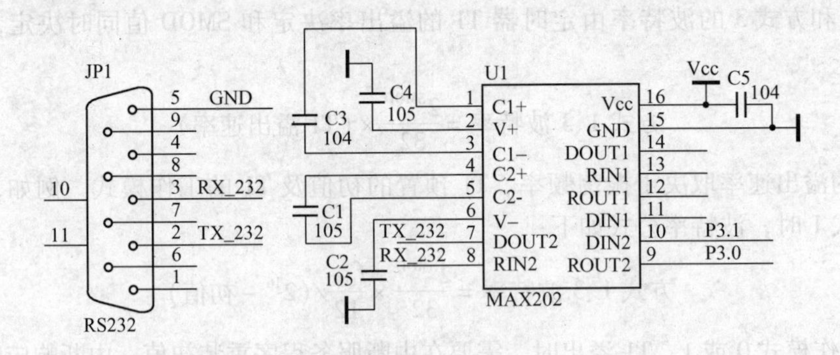

图 7-8　人机对话硬件连接图

JP1 为 DB9 标准接头，直接插在 PC 的串口上。单片机串口发送端 TXD（P3.1）发送的数据送入 MAX202 第 2 组发送器的输入端（DIN2 引脚），经电平转换后送至 JP1 的 2 脚，而 PC 发来的数据送入 MAX202 的第 2 组接收器的输入端（RIN2 引脚），经电平转换后进入单片机的串口接收端 RXD（P3.0）。

在 PC 上安装“串口助手”，通过它即可控制其串口与单片机进行数据通信。“串口助手”操作界面如图 7-9 所示。

通过“串口设置”选项，可以对 PC 串行端口号、数据帧格式、波特率进行设置。值得注意的是，必须保证“串口助手”中的数据帧格式、波特率与单片机串口的工作方式及波特率一致，否则，无法建立正常通信。通常情况下，在单片机内，需将串口设置成工作方式 1。

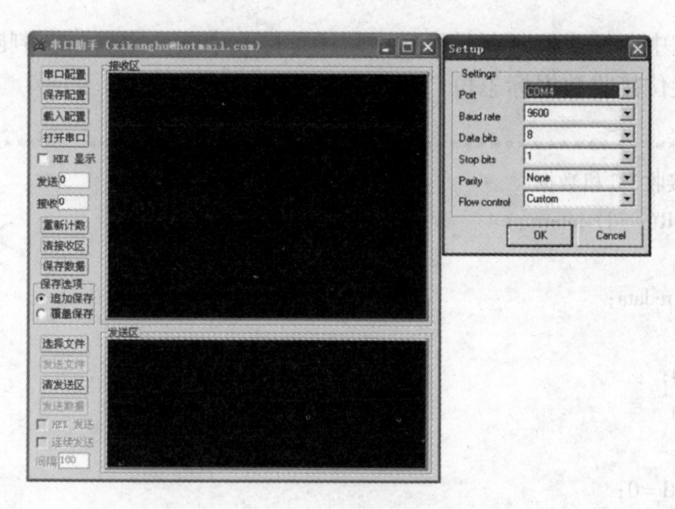

图 7-9　串口助手操作界面

7.2.3　程序设计

在单片机内，本例的程序设计部分应主要包含三大部分：串口初始化、数据接收及处理、回复 PC 数据。

这里，采用串口工作方式 1，通信波特率设为 9600 bit/s，单片机晶振频率 f_{osc} 为 12MHz，在接收 PC 数据时采用串口中断方式。根据式（7-5），将 SMOD 清“0”，定时器 T1 设置成工作方式 2，可以计算出 T1 的初值为：TH1 = TL1 = 253。

串口初始化程序如下：

```
/ ***************************** 初始化子程序 ***************************** /
//说明：串口工作方式 1，允许接收，波特率 9600 bit/s，定时器 T1 工作在模式 2，开启中断系统
void UARTInit(void)
{
    TL1 = 253;                          //赋初值
    TH1 = 253;
    TMOD = 0x20;                        //设置为模式 2，定时方式
    TF1 = 0;                            //清零中断标志位

    PCON = 0x00;                        //SMOD = 0
    SCON = 0x50;                        //REN = 1 允许接收，SM0SM1 = 1 工作方式 1，RI = TI = 0

    ES = 1;                             //开启串口中断
    ET1 = 0;                            //禁止定时器 T1 中断
    EA = 1;                             //开启中断系统
    TR1 = 1;                            //启动定时器 T1 工作
}
```

由于串口发送中断和接收中断的中断向量相同，因此，在利用中断方式进行串口数据接

收时，应首先通过中断标志位判断是发送中断还是接收中断。之后，应判断接收数据是否有效，若有效，则置位接收数据标志位“Reflag”。接收程序如下：

```
/*************************** 串口中断服务子程序 **************************/
//说明：接收 PC 机数据
void UartISR(void) interrupt 4
{
    uchar redata;

    ES = 0;
    if(RI)
    {
        RI = 0;
        redata = SBUF;                                              //接收数据
        if((redata == 0xaa) || (redata == 0xbb) || (redata == 0xcc))  //判断数据是否有效
        {
            PC_COM = redata;
            Reflag = 1;                                             //接收标志位置位
        }
    }
    ES = 1;
}
```

根据接收到的数据按如下方式处理：

```
/**************************** 串口接收处理程序 ***************************/
//说明：根据串口接收到的命令进行相关处理
void UARTReceiveDispose(uchar receivedata)
{
    uchar temdata;

    switch(receivedata)
    {
        case 0xaa:                    //读 P2 口状态，并返回给 PC
        {
            temdata = P2;
            UARTSend(temdata);
        }break;

        case 0xbb:                    //将 P2 口全部置位
        {
            P2 = 0xff;
        }break;
```

```
        case 0xcc:          //将 P2 口全部清零
        {
            P2 = 0x00;
        } break;

        default:break;
    }

}
```

串口发送程序如下（在发送时，应关闭串口中断）：

```
/******************************串口发送程序*******************************/
//说明：发送一个字节数据
void UARTSend( uchar senddata)
{
    ES = 0;
    TI = 0;
    SBUF = senddata;                    //发送数据
    while( TI = =0);                    //等待发送完成
    TI = 0;                             //清零发送完成标志位
}
```

主程序如下：

```
/*******************************头文件*********************************/
#include < REG51. H >

/*******************************宏定义*********************************/
#define uchar unsigned char
#define uint unsigned int

/****************************全局变量定义*****************************/
uchar PC_COM;                           //PC 发来的命令暂存单元
bit Reflag;                             //串口接收到数据标志位

/*******************************函数声明*********************************/
void UARTInit( void) ;                  //串口初始化程序
void UARTSend( uchar senddata) ;        //串口发送程序
void UARTReceiveDispose( uchar receivedata) ;   //串口接收处理程序

/*******************************主程序*********************************/
void main( void)
{
    UARTInit( ) ;                       //串口初始化
```

```
        Reflag = 0;                                    //接收标志位清零

        while(1)
        {
            if(Reflag)
            {
                Reflag = 0;
                ES = 0;
                UARTReceiveDispose(PC_COM);
                ES = 1;
            }
        }
    }
```

实际上，若 PC 仅通过发送一个字节的数据来完成一种命令形式是完全不够的。因为，有时 PC 发来的命令中可能要带有参数，如设置参数命令，这样的话，PC 发来一条命令，单片机就有可能要接收多个字节的数据，并且要区分命令字和具体参数等，如果没有统一的通信规约，单片机很容易判断出错。因此，通信双方往往会按照事先拟定好的通信协议格式进行数据通信，常用的标准协议格式有 MODBUS 等，在下一节中将介绍一种自定义的协议格式。

另外，单片机除了与 PC 进行通信外，还可与单片机进行点对点通信。此时，由于双方都为 TTL 电平，因此，在硬件连接上无需电平转换芯片，只需按照图 7-1b 连接即可。而在软件编程上没有任何区别。

7.3 串行接口的应用——多机通信

在现代工业控制领域，单片机往往作为现场控制器，用于对现场设备进行监测和控制，而在控制室设有监控中心，对各个现场设备进行统一监控，监控中心的 PC 作为主机，而多个现场控制器作为从机，它们通过串口相连进行数据通信，这样就形成了一种主从式的多机通信系统，其结构如图 7-10 所示。

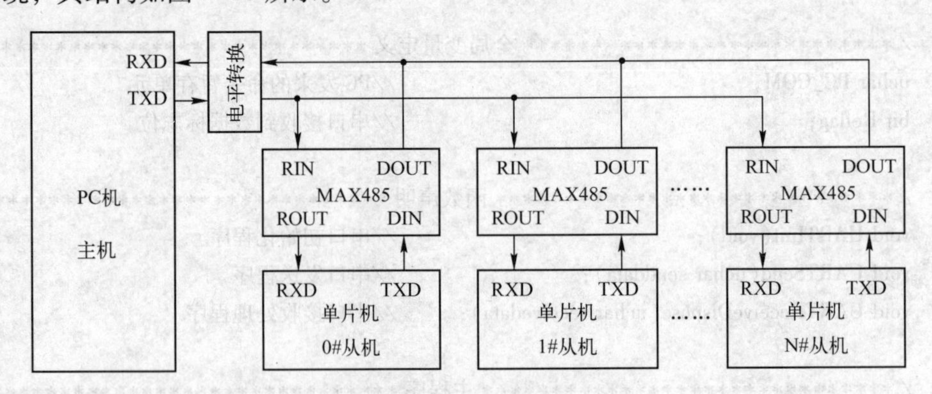

图 7-10　主从式多机通信系统结构图

所谓主从式通信，即任何时候只有一个主机，由它发起通信，而可以有多个从机，从机响应主机的通信请求，从机和从机之间不能传递数据。

7.3.1 RS－485 串行通信标准

上节中采用的 RS－232 通信标准采用的是不平衡传输方式，发送和接收双方的数据信号都是相对于信号地的，且采用负逻辑，即逻辑“1”：－3～－15 V，逻辑“0”：3～15 V。由于单片机采用 TTL/CMOS 电平，高电平（3.5～5 V）为逻辑“1”，低电平（0～0.8 V）为逻辑“0”，所以，须采用电平转换接口实现 TTL/CMOS 电平和 RS－232 电平的转换。RS－232 通信标准是为点对点通信而设计的，其驱动器负载为 3～7 千欧，它适合本地设备间的通信，在连接距离上，如果通信速率低于 20 kbps，其直接连接的最大物理距离为 15 m。显然，对于工厂内的现场监控系统而言，这个距离远远达不到要求，因此，需要考虑其他的通信标准。下面介绍 RS－485 串行通信标准。

与 RS－232 标准不同，RS－485 的数据信号采用差分传输方式，也称为平衡传输，它使用一对双绞线，将其中一根定义为 A，另一根定义为 B。

通常情况下，发送驱动器 A、B 之间的正电平在 2～6V 之间，负电平在－2～－6V 之间。除此之外，在 RS－485 标准中还有一“使能”端用于控制发送驱动器与传输线的切断与连接。当“使能”端起作用时，发送驱动器处于高阻状态，称做“第三态”，即它是有别于逻辑“1”与“0”的第三态。

接收器也有与发送端相对应的规定，收、发端通过平衡双绞线将 A 与 A、B 与 B 对应相连，当在接收端 A、B 之间有大于＋200 mV 的电平时，输出逻辑“1”，小于－200 mV 时，输出逻辑“0”。接收器接收平衡线上的电平绝对值范围通常在 200 mV～6 V 之间。

RS－485 的最大传输距离约为 1219 m，最大传输速率为 10 Mbit/s。平衡双绞线的长度与传输速率成反比，在 100 kbit/s 速率以下，才可能使用规定的最长的电缆。只有在很短的距离下才能获得最高传输速率。一般 100 m 长双绞线最大传输速率仅为 1 Mbit/s。

RS－485 需要两个终端电阻，接在传输总线的两端，其阻值要求等于传输电缆的特性阻抗。在短距离传输时可不接终端电阻。常用的 RS－485 接口芯片为 MAX485，如图 7－11 所示。

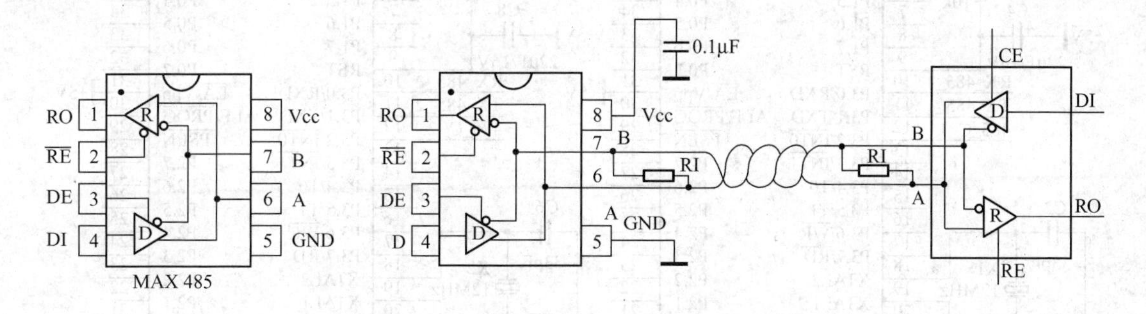

图 7－11 MAX485 引脚及典型工作电路图

图 7－11 中，$\overline{RE}$为接收器使能信号，DE 为驱动（发送）器使能信号，同时设置/RE 为高电平，DE 为低电平，可以使 MAX485 进入低功耗待机状态，为了保证 MAX485 可靠进入待机状态，应使$\overline{RE}$为高电平和 DE 为低电平的时间不少于 600ns。通常情况下，$\overline{RE}$引脚和

DE 引脚需连接到单片机的 I/O 引脚，以便对发送和接收状态进行控制。当$\overline{RE}$、DE 均为高电平时，MAX485 处于发送状态；而当/RE、DE 均为低电平时，MAX485 处于接收状态。

若要使单片机与 PC 采用 RS－485 标准进行通信，需要在 PC 端接 RS－485 和 RS－232 的协议转换器，实现 PC 电平（RS－232 电平）与 RS－485 电平的转换，如图 7-10 所示。

7.3.2 实例说明

采用 RS－485 通信标准，利用 PC 控制两个从机（单片机），要求完成以下两种不同的任务：

1）发送命令向指定从机的指定 I/O 口写入高/低电平。

2）发送命令获取单片机缓冲区中的数据，数据长度为 10 B。

7.3.3 硬件电路设计

硬件电路如图 7-12 所示，两个单片机的串口均通过电平转换芯片 MAX485 与通信线 485_ A、485_ B 相连，并将 RS－485 通信线 485_ A、485_ B 连接到 RS－232 与 RS－485 电平转换器（图中没有画出），再通过 DB9 接头接 PC 串口。单片机通过 P3.2 口控制 MAX485 的发送与接收“使能”引脚。

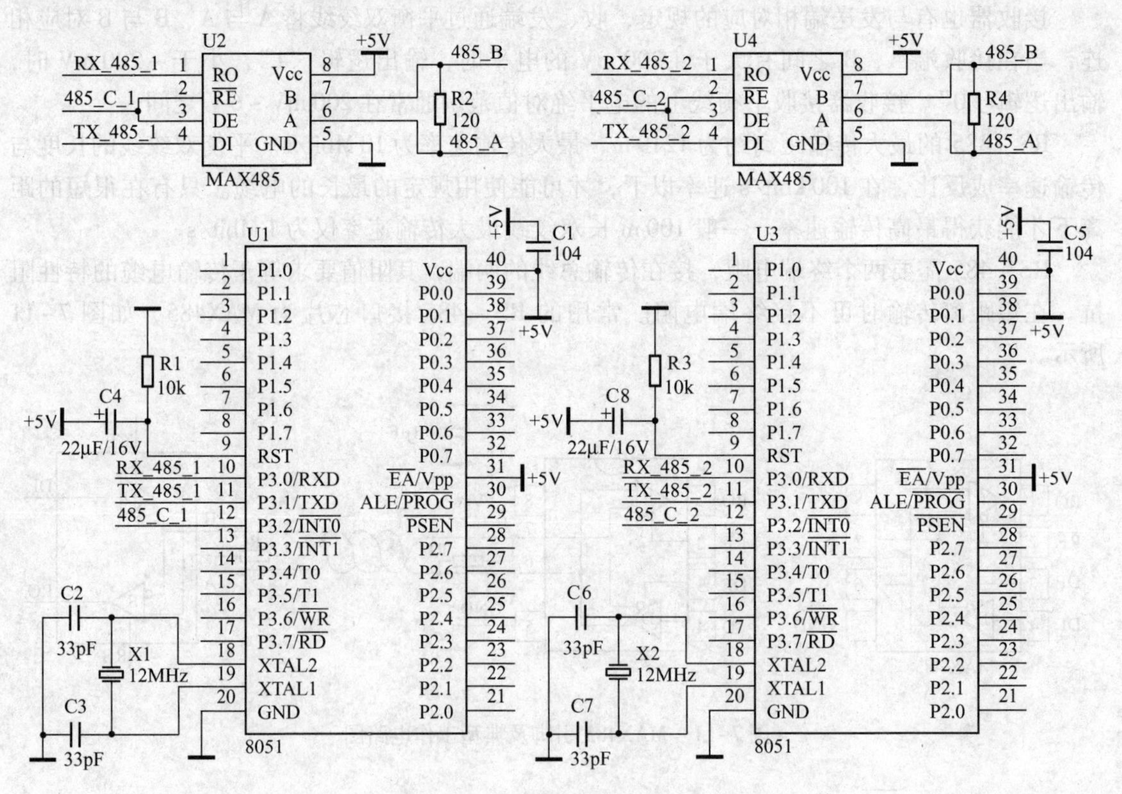

图 7-12　基于 RS－485 的多机通信电路图

7.3.4 自定义通信协议

根据设计要求，PC 与两个从机进行通信，在硬件上遵循 RS－485 通信标准。但要建立起它们之间的通信，在软件上还必须依照一定的通信协议进行，否则，就可能出现通信混乱。工业上常采用 MODBUS 协议，这里介绍一种自定义串口通信协议。其详细信息如下：

- 通信对象：主机（PC）和从机（单片机 U1 或单片机 U3）。
- 通信标准：RS－485。
- 波特率：9600 bit/s。
- 数据帧格式：

同步字符	地址	命令字	包长度	数据 1	数据 2	…	数据 n	校验码
Data0 ~ data3	Data4	Data5	Data6	Data7	Data8		Data（n＋6）	Data（n＋7）
EB 90 EB 90	1B	1B	1B	1B	1B	…	1B	1B

1. 帧格式解析

（1）地址

主机地址 SysMaster（这里取为 0xa0）；从机地址 SysSlaver（这里单片机 U1 地址取为 0xb1、单片机 U3 取为 0xb2）。

（2）命令字

0x01——主机发送写 I/O 口命令；

0x81——从机回复写 I/O 口命令；

0x02——主机发送读缓冲区命令；

0x82——从机回复读缓冲区命令。

（3）包长度

有效数据内容（数据 1、数据 2、…数据 n）字节长度＋校验码字节长度。

（4）校验码公式

Data(n＋7)＝Data4^Data5^Data6^Data7^Data8^…^Data（n＋6）。

2. 命令格式

（1）主机向从机发送写 I/O 口命令——命令字 0x01

0xeb 0x90 0xeb 0x90	SysSlaver	0x01	0x03	IO_ index	IO_ Value	Check

说明：IO_ index 为端口号，取值为 0 ~ 2，分别对应 P0 ~ P2 口。IO_ Value 为待写端口值。Check 为校验码。

从机返回帧格式如下：

0xeb 0x90 0xeb 0x90	SysMaster	0x81	0x02	ACK	Check

说明：ACK 为回复码，0xaa 表示写成功，0xbb 表示主机发送帧错误。

（2）主机向从机发送读缓冲区命令——命令字 0x02

0xeb 0x90 0xeb 0x90	SysSlaver	0x02	0x01	Check

从机返回帧格式如下：

0xeb 0x90 0xeb 0x90	SysMaster	0x82	0x0C	ACK	Rdata0	…	Rdata9	Check

说明：ACK 为回复码，0xaa 表示读成功，0xbb 表示主机发送帧错误。Rdata0 ~ Rdata9 为所读数据内容，若 ACK = 0xbb，则 Rdata0 ~ Rdata9 为无效数据。

7.3.5 程序设计

无论在硬件连接上遵循的是 RS – 232 标准还是 RS – 485 标准，对于单片机串口来说，其发送、接收以及中断处理程序都是一样的。

根据上述通信协议，由于在每条数据帧中都指定了地址，接收方通过串口中断进行接收时，会首先判断同步字符是否吻合，再比较接收到的地址是否与本机地址相等。若地址相等，表明是发给本机的数据，则继续接收后面的数据内容；否则，不再接收后续数据，准备接收下一帧的同步字符。同时，接收方接收完一帧数据后，需要计算本帧数据的校验码，再与接收的校验码进行比较，若相等，则接收到的这帧数据才有效。

下面为从机 1（单片机 U1）的主要程序清单：

```
/ ****************************** 头文件 ******************************* /
#include < reg51. h >
/ ****************************** 宏定义 ******************************* /
#define uchar unsigned char
#define uint unsigned int

#define SysMaster0xa0                          //PC 通信地址
#define SysSlaver0xb1                          //本机通信地址
//#define SysSlaver0xb2                        //本机通信地址

#define M_S_ComSet          0x01               //PC 发来写 I/O 口命令字
#define S_M_AnswerSet       0x81               //向 PC 回复写 I/O 口命令字
#define M_S_ComRead         0x02               //PC 发来的读缓冲区命令字
#define S_M_AnswerRead      0x82               //向 PC 回复读缓冲区命令字
/ *************************** 端口定义 ******************************* /
sbit RS485_C = P3^2;                           //MAX485 控制端

/ ************************** 全局变量定义 **************************** /
uchar Uart_Order;                              //命令字保存单元
uchar leng_recv;                               //长度保存单元
uchar Ckeck_uart;                              //校验码保存单元
uchar ConfirmWord;                             //回复码保存单元
uchar count_sbuf;                              //计数单元
```

```
uchar count_recv;                                //计数单元
uchar Check_FIRST;                               //校验码计算单元

bit flag_Rx_Over;                                //UART 接收到数据标志位
uchar Receive_BUF[20];                           //串口接收数据缓存
uchar Data_BUF[12];                              //数据缓存
/**************************** 串口初始化子程序 *************************/
//说明：初始化串行通信口，晶振频率 12 MHz
void Init_UART(void)
{
    SCON = 0x50;
    PCON = 0x00;

    TMOD |= 0x21;
    TH1 = 0xfd;                                  //9600bps
    TL1 = 0xfd;
    TR1 = 1;
    ES = 1;
}

/**************************** 串口发送字节子程序 *************************/
//说明：通过串口发送一个字节数据
void Send_Byte(uchar input)
{
    ES = 0;
    TI = 0 ;
    SBUF = input;
    while (TI == 0);
    TI = 0;
}

/************************** 串口发送一帧数据子程序 **********************/
//说明：按照协议格式组包，发送一帧数据
//输入：地址 addr，命令字 ordle、长度 ength
void Uart_Send_Dispose(uchar addr,uchar ordle,uchar length)
{
    uchar i;
    uchar sendtemp;
    uchar temp_check;

    Send_Byte(0xeb);                             //发送同步字符
    Send_Byte(0x90);
    Send_Byte(0xeb);
```

```
    Send_Byte(0x90);

    temp_check = addr;
    Send_Byte(addr);                              //发送地址

    temp_check = temp_check^ordle;
    Send_Byte(ordle);                             //发送命令字

    temp_check = temp_check^length;
    Send_Byte(length);                            //发送数据长度

    temp_check = temp_check^ConfirmWord;
    Send_Byte(ConfirmWord);                       //发送回复码

    for(i = 0;i < length - 2;i ++)                //发送数据内容
    {
        Send_Byte(Receive_BUF[i]);
        temp_check = temp_check^Receive_BUF[i];
    }

    Send_Byte(temp_check);                        //发送校验码
}

/ ********************** 串口接收数据处理子程序 ************************* /
//说明：根据 PC 发来命令进行处理。
void UART_ReceiveDispose(void)
{
    uchar i;
    ES = 0;

    RS485_C = 1;                                  //MAX485 使能发送
    switch(Uart_Order)
    {
        case M_S_ComSet:                          //主机发来写 I/O 口命令
        {
            for(i = 0;i < leng_recv - 1;i ++)
            {
                Check_FIRST = Check_FIRST^Receive_BUF[i];
            }
            if(Check_FIRST == Ckeck_uart)  //校验码正确
            {
                if(Receive_BUF[0] == 0)
                {
```

```
            P0 = Receive_BUF[1];
        }
        else if(Receive_BUF[0] ==1)
        {
            P1 = Receive_BUF[1];
        }
        else if(Receive_BUF[0] ==2)
        {
            P2 = Receive_BUF[1];
        }

        ConfirmWord = 0xaa;
    }
    else                                                    //校验码错误
    {
        ConfirmWord = 0xbb;
    }
    Uart_Send_Dispose(SysMaster,S_M_AnswerSet,2);
    RS485_C =0;                                             //MAX485 使能接收
    ES =1;
}break;

case M_S_ComRead:                                           //主机发读缓冲区命令
{
    for(i =0;i < leng_recv -1;i ++)
    {
        Check_FIRST = Check_FIRST^Receive_BUF[i];
    }
    if(Check_FIRST == Ckeck_uart)                           //校验码正确
    {
        for(i =0;i <10;i ++)
        {
            Receive_BUF[i] = Data_BUF[i];                   //读数据缓存
        }

        ConfirmWord = 0xaa;
    }
    else                                                    //校验码错误
    {
        ConfirmWord = 0xbb;
    }
    Uart_Send_Dispose(SysMaster,S_M_AnswerRead,12);
    RS485_C =0;                                             //MAX485 使能接收
```

```
            ES = 1;
        } break;
    }
}

/ ************************ 全局变量初始化子程序 ************************** /
//说明: 初始化全局变量。
void Varible_Init( void)
{
    count_sbuf = 0;                          //计数单元
    count_recv = 0;                          //计数单元
    flag_Rx_Over = 0;                        //UART 接收到数据标志位
}

/ ******************************* 主程序 ******************************** /
//说明:
void main( void)
{
    uchar i;
    EA = 0;
    Varible_Init( );                         //全局变量初始化
    Init_UART( );                            //串口初始化子程序
    EA = 1;
    RS485_C = 0;                             //MAX485 使能接收

    for( i = 0; i < 10; i ++ )
    {
        Data_BUF[ i ] = i;                   //写数据缓存
    }
    while(1)
    {
        if( flag_Rx_Over)                    //接收到串口数据
        {
            flag_Rx_Over = 0;
            UART_ReceiveDispose( );
        }
    }
}

/ ********************** 串口中断服务子程序 ************************** /
//说明: 采用中断方式, 接收 PC 发来的数据。
void SerialComm( void) interrupt 4
{
```

```
uchar uart_test;

TI = 0;
if( RI == 1)
{
    RI = 0;
    uart_test = SBUF;                //接收数据

    count_sbuf ++ ;                  //接收计数器加 1
    if( count_sbuf > 8)              // >= 8 则接收数据
        count_sbuf = 8;

    switch( count_sbuf)
    {
        case 1:                      //接收到的第 1 个数据
        {
            if( uart_test! = 0xeb)
                count_sbuf = 0;
        } break;
        case 2:                      //接收到的第 2 个数据
        {
            if( uart_test! = 0x90)
                count_sbuf = 0;
        } break;
        case 3:                      //接收到的第 3 个数据
        {
            if( uart_test! = 0xeb)
                count_sbuf = 0;
        } break;
        case 4:                      //接收到的第 4 个数据
        {
            if( uart_test! = 0x90)
                count_sbuf = 0;
        } break;
        case 5:                      //接收到地址
        {
            if( uart_test! = SysSlaver)  //若地址不正确则不接收后面的数据
                count_sbuf = 0;
        } break;
        case 6:                      //接收到命令字
        {
            Uart_Order = uart_test;
        } break;
```

```
                    case 7:                          //接收数据长度
                    {
                        leng_recv = uart_test;
                    } break;
                    case 8:                          //接收数据
                    {
                        Receive_BUF[count_recv] = uart_test;
                        count_recv ++ ;

                        if(leng_recv == count_recv)  //数据接收完毕
                        {
                            Ckeck_uart = Receive_BUF[count_recv - 1];
                            count_sbuf = 0;
                            count_recv = 0;
                            flag_Rx_Over = 1;
                            Check_FIRST = Uart_Addr;
                            Check_FIRST = Check_FIRST^Uart_Order;
                            Check_FIRST = Check_FIRST^leng_recv;
                        }
                    } break;
                }
            }
        }
```

将上述程序中的从机地址改成单片机 U3 的地址 0xb2，就可作为从机 2 的源程序下载到单片机 U3 中。

在 PC 上通过“串口助手”可控制两个从机完成指定的任务。

7.4 串行通信的软件模拟

由于 8051 单片机只有一个串口，而在实际应用中，常常需要用到两个或两个以上的串口，则一般情况下，可以通过普通 I/O 端口，采用软件模拟的方式进行扩展。

7.4.1 设计思路

所谓软件模拟，即通过软件编程来模拟串口发送和接收的时序，实现和标准串口同样的功能。下面介绍串口工作方式 1 的软件模拟思路。

串口的工作方式 1，即 10 位异步通信方式。在此方式下，每帧数据包括 1 位起始位、8 位数据位（低位在前）、1 位停止位，共 10 位。且每一帧数据表示 1 个字符，帧格式如图 7-13所示，其波特率决定了每位的传送时间间隔。

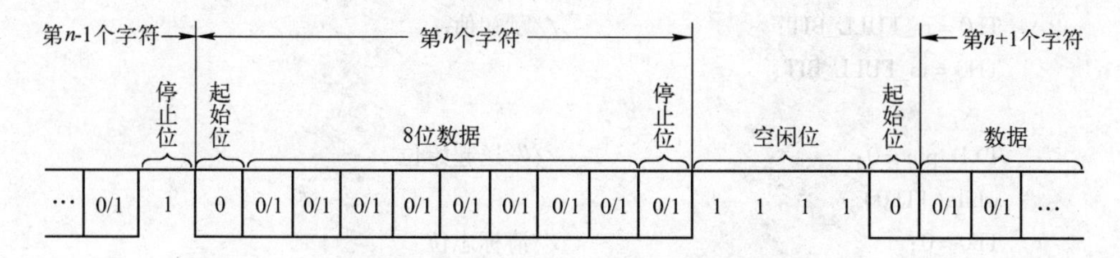

图 7-13　串口工作方式 1 数据帧格式

由此，可将定时器 T0 设为定时方式，且定时频率（定时时间的倒数）为串口波特率，则每次定时时间到，即可接收或发送一位数据，每处理完十位数据，则表示接收或发送了一个字节的数据内容。按照此思路，就可实现标准串口的接收和发送功能。

7.4.2　串口发送程序设计

软件模拟对时间要求严格，这里选用 11.0592 MHz 晶振，保证计算出的时间间隔为整数。波特率设为 9600 bit/s，发送时无需开启定时器中断系统。

```
sbit TXD_pin = P2^1;                      //虚拟串口发送端
#defineFosc 11059200                      //晶体频率：11.059 MHz
#define Baud 9600                         //波特率

#define rs_FULL_BIT0 ((Fosc/12)/Baud)
#define rs_FULL_BIT (256 - rs_FULL_BIT0)//收、发一位所需定时器计数值

/****************************** 初始化子程序 ******************************/
//说明：定时器 T0 工作在模式 2，关闭中断系统，定时时间 T = 1/9600(s).
void T0Init(void)
{
    TR0 = 0;                              //停止定时器 T0 工作
    TL0 = rs_FULL_BIT;                    //赋初值
    TH0 = rs_FULL_BIT;
    TMOD = 0x02;                          //设置为模式 2，定时方式
    TF0 = 0;                              //清零中断标志位

    EA = 0;                               //关闭中断系统
}

/************************ 虚拟串口发送数据子程序 ************************/
//说明：发送一个字节数据
void XUNIUARTSend(uchar input)
{
    uchar i = 8;
    EA = 0;
    TR0 = 1;                              //启动定时器 T0
```

```
    TL0 = rs_FULL_BIT;                    //赋初值
    TH0 = rs_FULL_BIT;

    TXD_pin = 0;                          //发送起始位
    while( !TF0);
    TF0 = 0;                              //清标志位

    while(i --)                           //发送 8 位数据位
    {
        TXD_pin = (bit)(input&0x01);      //先传低位
        while( !TF0);
        TF0 = 0;                          //清标志位
        input = input >> 1;
    }

    TXD_pin = 1;                          //发送停止位
    while( !TF0);
    TF0 = 0;                              //清标志位

    TR0 = 0;                              //停止定时器 T0
}
```

7.4.3 串口接收程序设计

为保证接收时不丢数据，开启定时器 T0 中断，且在侦测起始位时，将时间间隔缩短。以上述程序为基础，串口接收程序如下：

```
sbit RXD_pin = P2^0;                      //虚拟串口接收端

#definers_TEST0 rs_FULL_BIT0/4            //检测起始位的时间间隔所需定时器计数值
                                          //波特率较低时可以除以 3 或除以 2
#define rs_TEST (256 - rs_TEST0)

uchar rs_shift_count;                     //接收位计数
ucharbdata rs_BUF;                        //接收缓存
sbitrs_BUF_bit7 = rs_BUF^7;               //接收缓存最高位
bit flag_timer0;                          //定时时间到标志
bit flag_byte_receive;                    //接收到一个字节数据标志

/ ********************** 虚拟串口接收初始化子程序 ************************ /
//说明：开始监测起始位
void soft_receive_init(void)
{
    TR0 = 0;                              //停止定时器
```

```
    TF0 = 0;
    ET0 = 1;
    EA = 1;

    TH0 = rs_TEST;
    TL0 = rs_TEST;
    rs_shift_count = 0;
    TR0 = 1;                                //启动定时器
}
/************************* 虚拟串口接收子程序 *************************/
//说明：接收完 1 个字节的数据，将其放在缓存 rs_BUF 中，并置位标志位 flag_byte_receive
//准备接收下一个数据。
void byte_receive( void)
{
    if( rs_shift_count == 0)                //判断是否检测到起始位
    {
        if( RXD_pin == 1)
        {
            soft_receive_init( );
        }
        else
        {
            //准备接收有效数据位
            TL0 += rs_FULL_BIT;
            TH0 += rs_FULL_BIT;
            rs_shift_count ++ ;
            rs_BUF = 0;                     //清接收缓冲
        }
    }
    else
    {
        TL0 += rs_FULL_BIT;
        TH0 += rs_FULL_BIT;

        rs_shift_count ++ ;                 //2 --9：数据位 10：停止位

        if( rs_shift_count < 10)
        {
            rs_BUF = rs_BUF >> 1;           //接收第 1 -8 位数据位
            rs_BUF_bit7 = RXD_pin;
        }
        else
        {
            //收到停止位，继续检测 PC 发出的下一个起始位
            flag_byte_receive = 1;//接收到 1 个字节
```

```
            soft_receive_init( );
        }
    }
}

/ ************************* 定时器 1 中断处理程序 ************************** /
//说明: 用于虚拟串口的定时控制
void IntTimer1( void) interrupt 3
{
    flag_timer0 = 1;
}

/ ******************************* 主程序 ******************************** /
void main( void)
{
    flag_timer0 = 0;                        //定时时间到标志
    flag_byte_receive = 0;                  //接收到一个字节数据标志

    T0Init( );
    soft_receive_init( );                   //准备接收起始位

    while(1)
    {
        if( flag_timer0)
        {
            flag_timer0 = 0;
            byte_receive( );
        }
    }
}
```

7.5 总结交流

本章对 8051 单片机串口的内部结构和工作原理进行了介绍，并重点针对其工作方式 1，列举了人机对话、多机通信及软件模拟几个案例，涵盖了串口方式 1 应用的各个方面。

对于串口的学习，要着重理解和掌握以下几点：

1）工作方式 1 的数据帧格式、波特率的概念及其发送和接收机制。

2）串口的控制主要通过 SCON 和 PCON 两个寄存器实现，同时，定时器 T1 作为波特率发生器常设置成模式 2。

3）串口的发送中断和接收中断共用同一中断向量，CPU 在响应中断时，事先不会知道是发送中断 TI 还是接收中断 RI 产生的中断请求，所以必须由软件来判别。

另外，在进行点对点通信时，通信双方的发送端和接收端应交叉互连，有时常常在连接线缆或转接芯片上将连线接错，为此，可在通信的一方短接其接收和发送端，正常情况下，它应该能接收到自己发出去的数据。采用这种方法可以迅速地判断连线出错的位置。

目前，有些 PC 机或个人笔记本电脑不带串口，而由 USB 接口取代，若要与单片机建立通信，还必须在中间接一个 USB/232 转换芯片。比较常用的芯片型号是 CP2102，其数据手册和使用方法可在相关网站下载。

提 高 篇

第8章 存储器及I/O口的扩展

MCS－51单片机内部结构紧凑，功能强大，对于简单的应用，其最小系统就能满足要求。但芯片片内资源有限，在大多数实际应用场合，必须对其进行扩展，才能构成功能更强、规模更大的应用系统。

本章主要讨论了MCS－51单片机的外部并行总线结构，并对其程序存储器、数据存储器及并行I/O的扩展方法进行了详细介绍。

8.1 单片机外部并行总线结构

单片机与外部扩展器件之间可采用三组总线进行连接，即地址总线（Address Bus，AB）、数据总线（Data Bus，DB）和控制总线（Control Bus，CB）。通过MCS－51单片机的引脚构成的三总线结构如图8-1所示，其中，数据总线为8位并行总线，每次传送8位数据位。

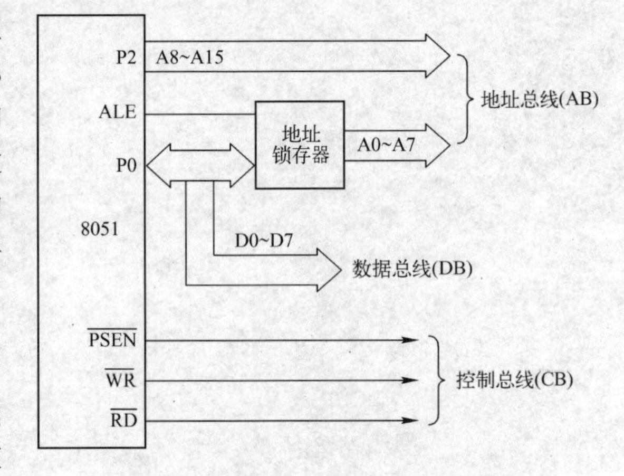

图8-1 MCS－51单片机的三总线结构

8.1.1 单片机的三总线

在扩展MCS－51单片机的外部总线时，主要用到了其P0、P2口线及部分控制线。三种总线的定义及特性如下。

1. 地址总线（A0～A15）

MCS－51单片机具有16位外部地址总线，其中，低8位地址A0～A7对应P0.0～P0.7，高8位地址A8～A15对应P2.0～P2.7。

2. 数据总线（D0～D7）

数据总线D0～D7共8根，分别对应单片机的P0.0～P0.7。由此可见，P0口线既作为低8位地址线，又作为数据线，因此，在扩展时需要加一个8位锁存器。在实际应用时，先把低8位地址送锁存器暂存，然后再由地址锁存器给外部设备提供低8位地址，高8位地址由P2口送出，在送出地址时，P0口就可作为数据线使用，这样就实现了P0口的低8位地址/数据线的分时复用功能。

地址锁存器采用74系列集成芯片74LS373，它与单片机的连接方法如图8-2所示，使用单片机的 ALE 引脚连接 74LS373 控制端 G，当单片机上电并正常工作后，ALE 引脚不断向外输出频率为 $f_{OSC}/6$ 的脉冲信号，作为锁存低 8 位地址的控制信号。

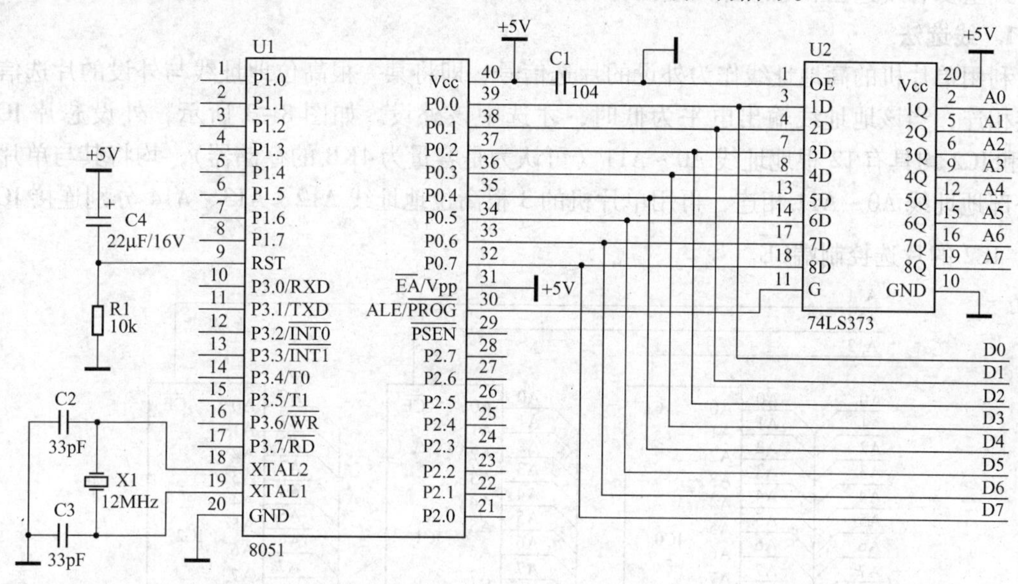

图 8-2　单片机与地址锁存器连接图

3. 控制总线（$\overline{PSEN}$，$\overline{WR}$，$\overline{RD}$）

在扩展外部设备时，还需要一些控制信号线，以构成扩展系统的控制总线。这些控制信号线有的是利用单片机引脚的第一功能，有的是第二功能，主要包括：

（1）外部程序存储器读控制信号$\overline{PSEN}$（引脚 31）

在扩展外部程序存储器时，此引脚需接外部程序存储器的$\overline{OE}$端。在访问片外程序存储器时，此端定时输出负脉冲作为读片外程序存储器的控制信号。

（2）外部数据存储器读/写控制信号$\overline{RD}$/$\overline{WR}$（引脚 17/16）

在扩展外部数据存储器时，此引脚需接外部数据存储器的读/写控制信号端。在扩展外部 I/O 端口时，$\overline{RD}$/$\overline{WR}$同样作为外部端口的读/写控制信号线用。

以上三条信号线构成了对外部程序存储器、外部数据存储器及 I/O 端口的读/写操作控制信号，在执行读/写操作指令时，控制时序会在这三条线上自动产生，无需人为干预。

另外，在对单片机程序存储器进行扩展时，$\overline{EA}$引脚的接法至关重要。当$\overline{EA}$引脚接高电平时，CPU 先访问片内 ROM，在 PC 的值超过 0FFFH（8051 单片机为 4KB）时，将自动转向执行片外 ROM 内的程序；当$\overline{EA}$引脚接低电平时，CPU 只访问外部 ROM 并执行外部程序存储器的指令，而不管是否有片内程序存储器。对无片内 ROM 的 8031，需外扩 ROM，此时必须将$\overline{EA}$引脚接地。

8.1.2　外部总线扩展的基本方法

MCS-51 单片机具有 16 位外部地址总线，其寻址空间最大可达 64KB（2^{16}B = 64 × 1024B）。利用单片机的三总线可扩展多个外部存储器、I/O 端口等外部设备，每个外部设备都具有一定的地址空间，但它们不能相互重叠，且地址空间之和不能大于 64KB。为避免多个外部设备间的地址空间产生冲突，常采用片选信号来确定各自的地址分配，产生片选信号的方式主要有线选法和地址译码法两种。

1. 线选法

利用单片机的高地址线作为外设的片选信号，即将某一根高位地址线与外设的片选信号直接相连，当该地址线输出电平为低时，才选中该外设。如图 8-3 所示，外设芯片 IC0、IC1 和 IC2 均具有 12 根地址线 A0 ~ A11（可认为是容量为 4KB 的存储器），均将其与单片机的外部地址线 A0 ~ A11 相连，再用单片机的 3 根高位地址线 A12、A13、A14 分别连接 IC0、IC1、IC2 的片选控制端 $\overline{CE}$。

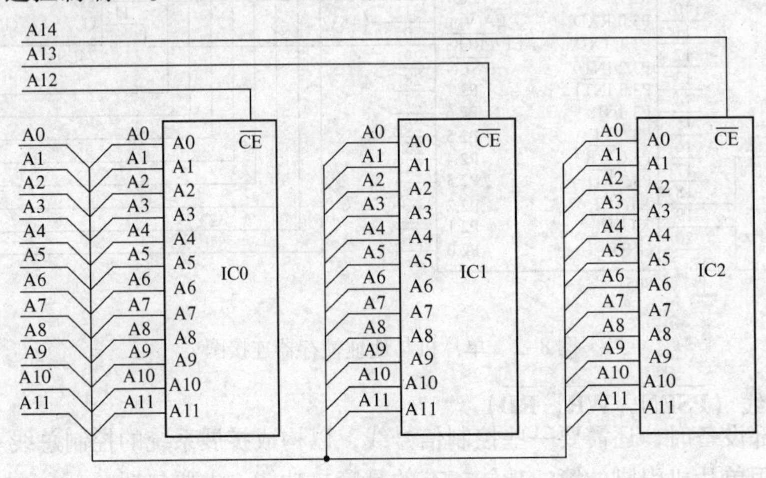

图 8-3　基本线选法扩展外部芯片

在寻址访问这三个芯片时，高位地址线 A12、A13、A14 中只能有一根输出低电平，而其余两根必须同时输出高电平，即每次操作只能选中一个芯片，否则，将会出现地址冲突。现假设未用的地址线 A15 输出高电平，这样就可以得到 IC0、IC1 和 IC2 的地址范围，如表 8-1 所示。

表 8-1　基本线选法地址分配表

外扩芯片	地址范围（二进制）		地址范围（十六进制）
	A15A14A13A12	A11A10 …A0	
IC0	1 1 1 0	0 0… 0 1 1… 1	E000H ~ EFFFH
IC1	1 1 0 1	0 0… 0 1 1… 1	D000H ~ DFFFH
IC2	1 0 1 1	0 0… 0 1 1… 1	B000H ~ BFFFH

从表 8-1 中可以看出，采用上述基本线选法进行扩展时，每一根线选地址线对应一个外扩芯片，且地址分配不能连续，这样就造成了资源浪费。为此，可以接一个非门，让一根地址线产生两个线选信号，如图 8-4 所示，当地址线 A12 输出低电平时，选中 IC0，而输出高电平时，则选中 IC1。

还假设未用的地址线 A15、A14、A13 均输出高电平，这样就可以得到 IC0 和 IC1 的地址范围，如表 8-2 所示。

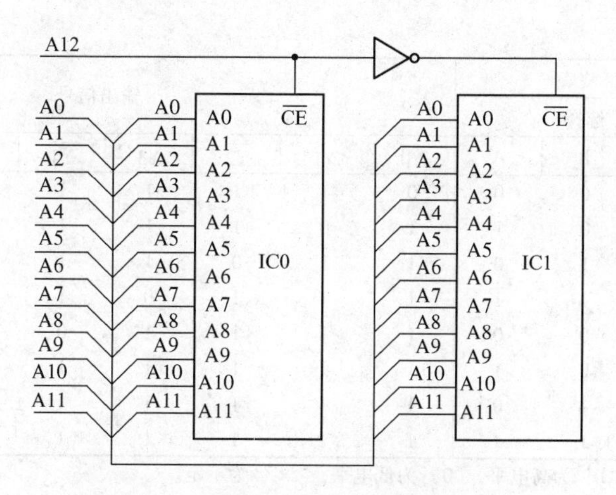

图 8-4　增加非门后线选法扩展外部芯片

表 8-2　增加非门后线选法地址分配表

外扩芯片	地址范围（二进制）		地址范围（十六进制）
	A15A14A13A12	A11A10 …A0	
IC0	1　1　1　0	0　0…0 1　1…1	E000H ~ EFFFH
IC1	1　1　1　1	0　0…0 1　1…1	F000H ~ FFFFH

由此可见，在扩展外设时，未用的地址线输出的高低电平对扩展没有任何影响，因此，也可以默认为低电平。另外，当系统容量较大时，除了外扩芯片内部选址所用的地址线以外，P2 口上多余地址线就可能不够用来作为片选信号，因此，线选法只适用于扩展容量较小的系统，而对于大容量系统，则需要采用译码法进行扩展。

2. 译码法

所谓译码法，即采用译码器将单片机的高位地址线进行译码，再将译码器的输出作为外扩芯片的片选信号。常用的译码器为 74LS138，其引脚图如图 8-5 所示，它是一种三位二进制代码的译码器，有三个输入端 A、B、C，八个输出端$\overline{Y0}$ ~ $\overline{Y7}$，三个允许端 G1、G2A、G2B。A、B、C 的八种不同组合对应着$\overline{Y0}$ ~ $\overline{Y7}$的每一路输出，故由三根地址线就可扩展八个外部芯片，即 C、B、A 三个端子输入电平为 000 ~ 111时，输出端$\overline{Y0}$ ~ $\overline{Y7}$依次输出低电平。但$\overline{Y0}$ ~ $\overline{Y_7}$能否输出，还要看允许输入端 G1，G2A 和 G2B 是否有效，只有当 G1 为高电平，G2A 和 G2B 均为低电平时，输出才有效。74LS138 的功能表如表 8-3 所示。

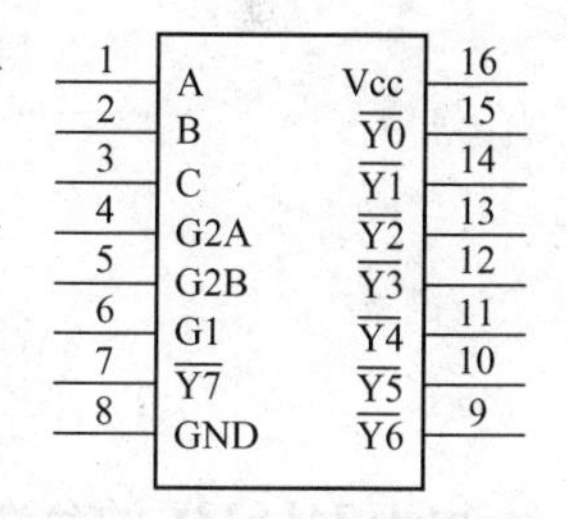

图 8-5　译码器 74LS138 引脚图

表 8-3　译码器 74LS138 的功能表

输入信号					输出信号							
允许		选择										
G1	G2 *	C	B	A	$\overline{Y0}$	$\overline{Y1}$	$\overline{Y2}$	$\overline{Y3}$	$\overline{Y4}$	$\overline{Y5}$	$\overline{Y6}$	$\overline{Y7}$
×	1	×	×	×	1	1	1	1	1	1	1	1
0	×	×	×	×	1	1	1	1	1	1	1	1

（续）

输入信号					输出信号							
允许		选择										
G1	G2 *	C	B	A	$\overline{Y0}$	$\overline{Y1}$	$\overline{Y2}$	$\overline{Y3}$	$\overline{Y4}$	$\overline{Y5}$	$\overline{Y6}$	$\overline{Y7}$
1	0	0	0	0	0	1	1	1	1	1	1	1
1	0	0	0	1	1	0	1	1	1	1	1	1
1	0	0	1	0	1	1	0	1	1	1	1	1
1	0	0	1	1	1	1	1	0	1	1	1	1
1	0	1	0	0	1	1	1	1	0	1	1	1
1	0	1	0	1	1	1	1	1	1	0	1	1
1	0	1	1	0	1	1	1	1	1	1	0	1
1	0	1	1	1	1	1	1	1	1	1	1	0

注：G2 * = $G_{2A}+G_{2B}$，“1”为高电平，“0”为低电平，“×”为不定。

采用译码法扩展3个均具有12根地址线A0～A11的外设芯片IC0、IC1和IC2的电路如图8-6所示。地址线A0～A11用于片内寻址，高位地址线A12、A13、A14分别连接到74LS138的选择输入端A、B、C，A15接其允许输入端G1，74LS138的输出端$\overline{Y0}$～$\overline{Y2}$分别作为IC0～IC2的片选信号。

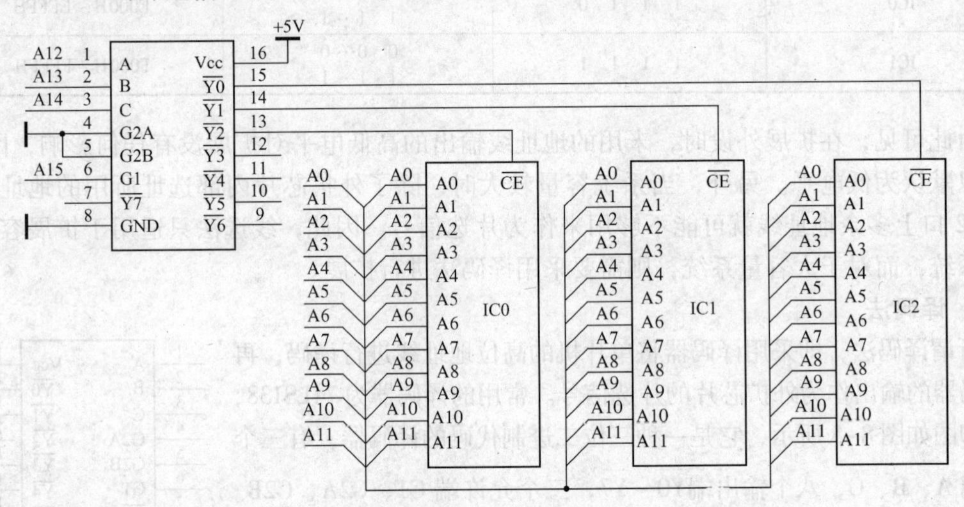

图8-6　译码法扩展外部芯片

由于74LS138的允许输入端G1电平必须为“1”，因此，地址线A15需输出高电平。再根据译码器输入/输出逻辑关系，可以得到IC0、IC1和IC2的地址范围如表8-4所示。

表8-4　译码法地址分配表

外扩芯片	地址范围（二进制）		地址范围（十六进制）
	A15A14A13A12	A11A10 …A0	
IC0	1 0 0 0	0 0… 0 1 1… 1	8000H～8FFFH
IC1	1 0 0 1	0 0… 0 1 1… 1	9000H～9FFFH
IC2	1 0 1 0	0 0… 0 1 1… 1	A000H～AFFFH

由上面的例子可知，译码法的优点是外扩芯片的地址空间连续，芯片之间不存在地址重叠现象，能够充分利用地址空间，且利用较少的高位地址线就可扩展多个芯片，因此，译码法适用于扩展大容量系统。

8.2 外部存储器的扩展

8051 单片机片内仅有 4KB 的程序存储器和 128B 的数据存储器，而 8031 单片机片内无 ROM，在某些实际应用场合，当用户程序和数据量过大时，就需要扩展外部程序存储器和数据存储器。程序存储器和数据存储器的扩展均需要基于单片机的三总线结构，因此，它们扩展的最大容量均为 64KB。

8.2.1 程序存储器的扩展

用 EPROM 作为单片机外部程序存储器是目前最常用的程序存储器扩展方法。扩展常用的 EPROM 芯片有 2716（2K×8）、2732（4K×8）、2764（8K×8）、27128（16K×8）、27256（32K×8）等。选用何种类型的芯片，应根据应用系统的具体要求，若对 EPROM 容量要求不大，可选易购买且容量小的芯片，要求容量大时可选容量大的芯片或多片小容量芯片组成。

在程序存储器扩展时，一般扩展容量都大于 256 B，除了由 P0 口提供低 8 位地址线之外，还需要由 P2 口提供若干位地址线。究竟需要多少位地址线，应根据程序存储器的总容量和选用的 EPROM 芯片容量而定。另外，扩展的 EPROM 芯片的读出控制信号应由$\overline{PSEN}$来控制。

以 8031 的扩展为例，8031 片内无 ROM，所以必须扩展 EPROM，此时$\overline{EA}$引脚应接地，为了将地址和数据分离，P0 口必须外接地址锁存器。如果只需扩展一片 EPROM，可不需片选控制，直接把 EPROM 的片选控制端$\overline{CE}$接地，如图 8-7 所示，地址线的位数由 EPROM 的容量而定，例如选用 2716（2K×8）芯片，需 11 位地址线，可用 P0 经地址锁存的 8 位再加上 P2 口的 3 位；若选用 2732（4K×8）的芯片，需 12 位地址线，此时可用 P0 的 8 位加 P2 口的 4 位，以此类推。

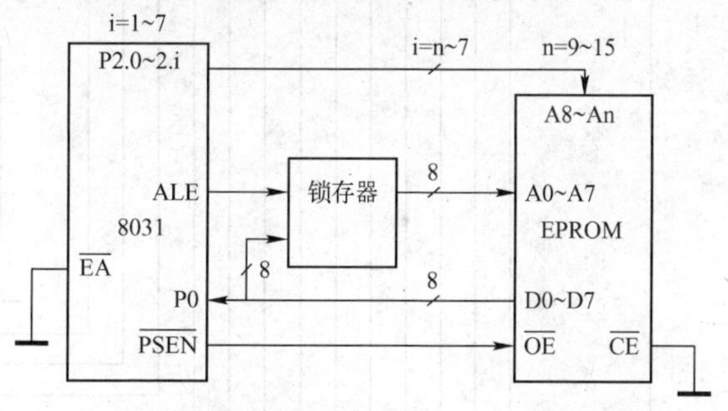

图 8-7 EPROM 程序存储器基本扩展电路

如果系统中需扩两片以上的 EPROM 芯片时，应考虑片选控制电路，此时 EPROM 的片选$\overline{CE}$端应由片选信号来控制。而片选信号的产生，常用的有两种方法，即线选法和译码法。当系统总的容量较小时，可用线选法，即用 P2 口的某一位选择一片 EPROM；当系统容量较大，除了芯片内部选址所用的地址线以外，P2 上多余地址线不够用来作为片选信号时，可以用译码法把 P2 口多余的地址线接到译码器上，译码器的输出作为片选信号。

图 8-8 就是用一根地址线经非门后产生两片 EPROM 的片选信号，扩展 16KB（8KB×2）的外部程序存储器。

图中，地址锁存器 74LS373 输出低 8 位地址，8031 的 P2.4～P2.0 输出高 5 位地址，13 根地址线的寻址范围为 8K，正好对应 2764 的片内 8K 地址单元，用 P2.5 选通 2764（A）和 2764（B），对应的地址空间为：

2764（A）：程序存储空间　C000H～DFFFH；

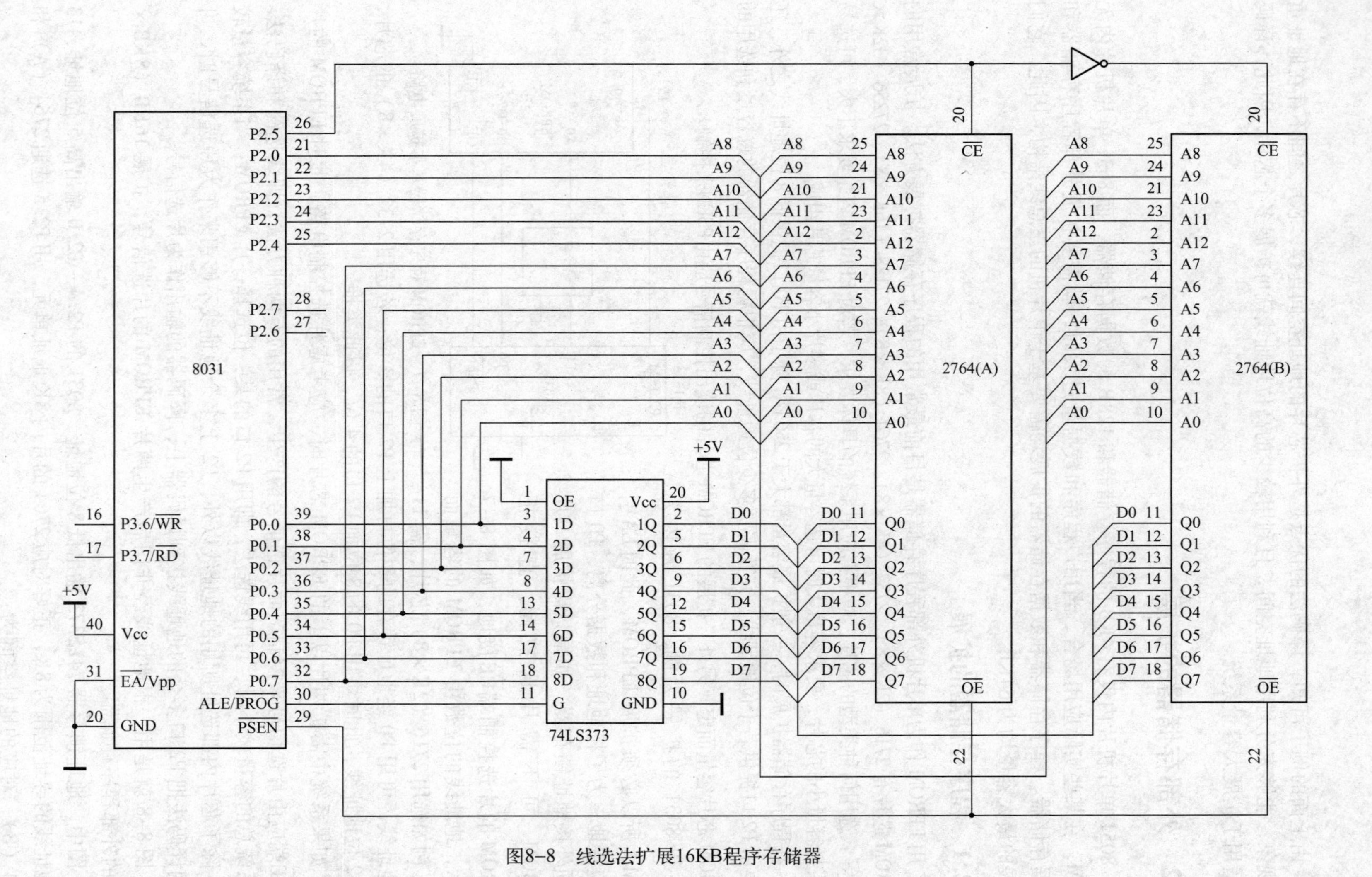

图8-8 线选法扩展16KB程序存储器

2764（B）：程序存储空间　E000H～FFFFH。

由于P2.7、P2.6未参与译码，也可默认输出低电平，因此，0000H～1FFFH和2000H～3FFFH也分别是2764（A）和2764（B）的地址空间。

外扩的EPROM常用于存放程序代码，用户程序经编译调试成功后，需要通过编程器将程序烧写到扩展EPROM中。当$\overline{EA}$接地时，单片机上电复位后，直接从外部EPROM中执行程序。而当$\overline{EA}$接高时，将先从片内ROM再从片外EPROM中读取执行用户程序代码，即片内、片外的程序存储器空间是统一编址的，详见1.2.4节所述。

8.2.2　数据存储器的扩展

MCS－51单片机最大可扩展64KB的RAM。由于面向控制时，实际需要扩展的容量并不大，故一般采用静态RAM较方便，常用的芯片有6116（2K×8）、6264（8K×8），特殊需要可用62256（32K×8）和628128（128K×8）等。与动态RAM相比，静态RAM无需考虑保持数据而设置的刷新电路，故扩展电路简单。但静态RAM是通过有源电路来保持存储器中的数据，因此，要消耗较多的功率，价格也较高。

扩展数据存储器同外扩程序存储器类似，由P2口提供高8位地址，P0口分时提供低8位地址和8位双向数据总线。不同之处在于，对于程序存储器，CPU只能从中读取程序或数据，因此，控制线只有$\overline{PSEN}$；而对于数据存储器，CPU不仅可以从中读取数据，也可向其写入数据，因此，控制线包括读/写控制信号$\overline{RD}$/$\overline{WR}$，分别接外部数据存储器的读/写控制端$\overline{OE}$/$\overline{WE}$。数据存储器的基本扩展电路如图8-9所示。

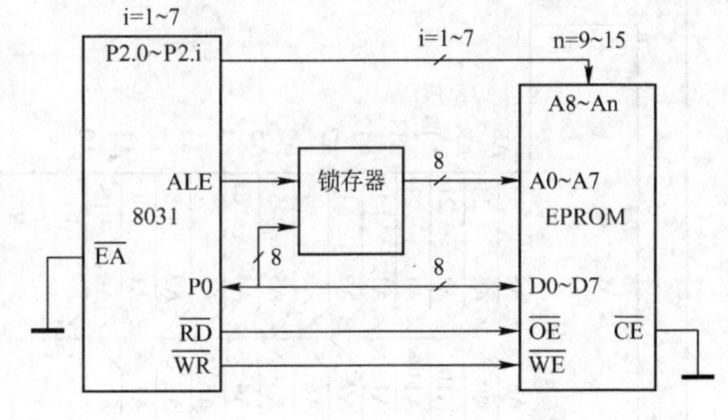

图8-9　数据存储器基本扩展电路

当要扩展较大容量的RAM时，除选用大容量的RAM芯片（例如62256）外，还可选用多片RAM芯片构成，若为后者，则需注意片选信号$\overline{CE}$的连接方法。图8-10为采用线选法扩展24KB RAM的电路图，选用3片8KB RAM 6264，地址锁存器74LS373输出低8位地址，8051的P2.4～P2.0输出高5位地址，13根地址线（P0.0～P0.7，P2.0～P2.4）的寻址范围为8K，正好对应6264的片内8K地址单元，用P2.5、P2.6、P2.7分别选通IC0、IC1和IC2，三个扩展芯片对应的地址空间分别为：

IC0：数据存储空间　C000H～DFFFH；

IC1：数据存储空间　A000H～BFFFH；

IC2：数据存书空间　6000H～7FFFH。

从图8-9中还可以看出，采用这种接法，若再想多扩展一片6264，则地址线已不够用，也就是说，此种接法能扩展的最大容量仅为24KB，且地址不连续。与程序存储器的扩展一样，若采用译码方法进行扩展，可以在一定程度上解决这个问题。

在某些应用场合，当片内程序存储器及数据存储器都不够使用时，则需要同时扩展外部EPROM和RAM。下面给出一个同时扩展8KB EPROM和16KB RAM的例子，如图8-11所示。

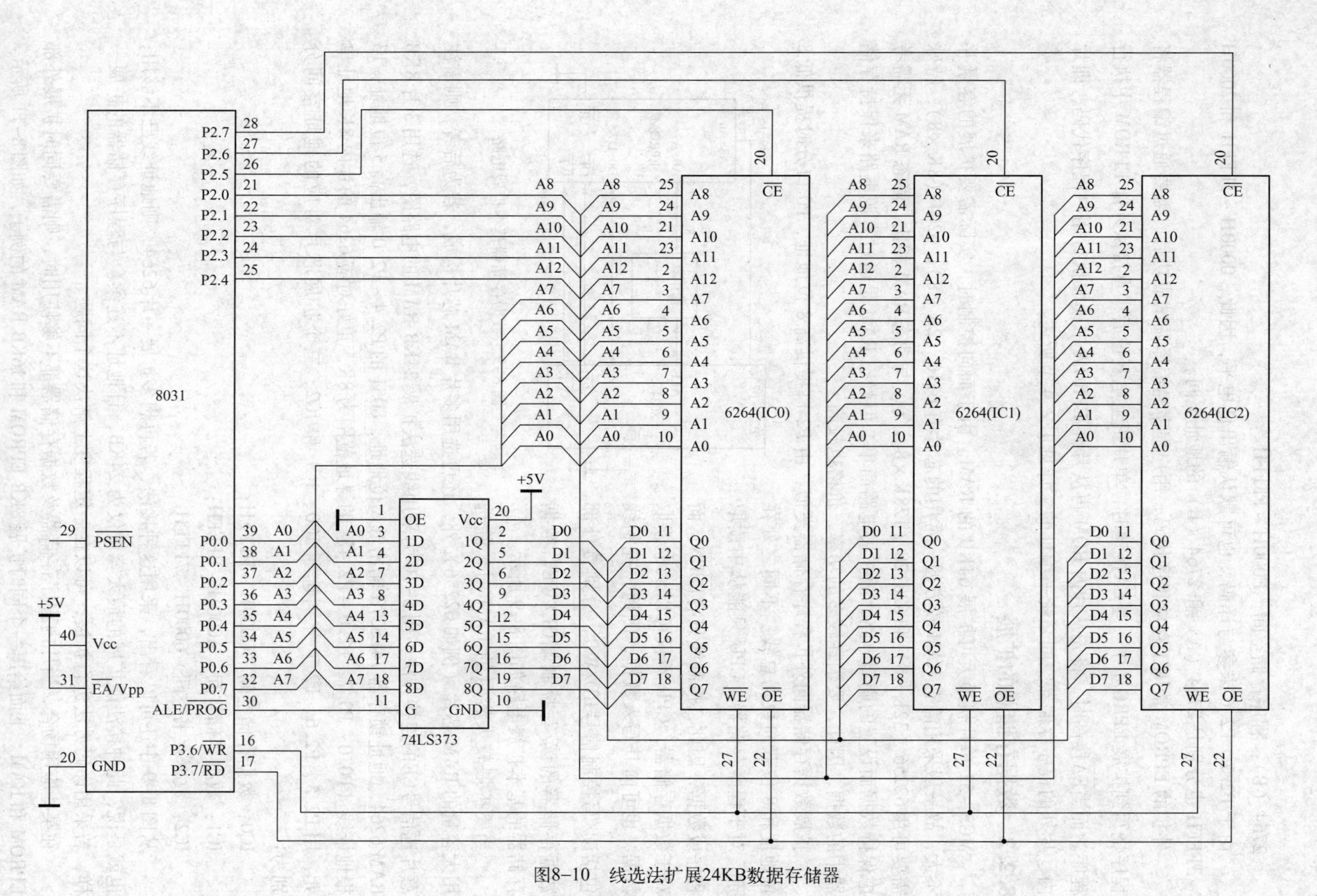

图8-10　线选法扩展24KB数据存储器

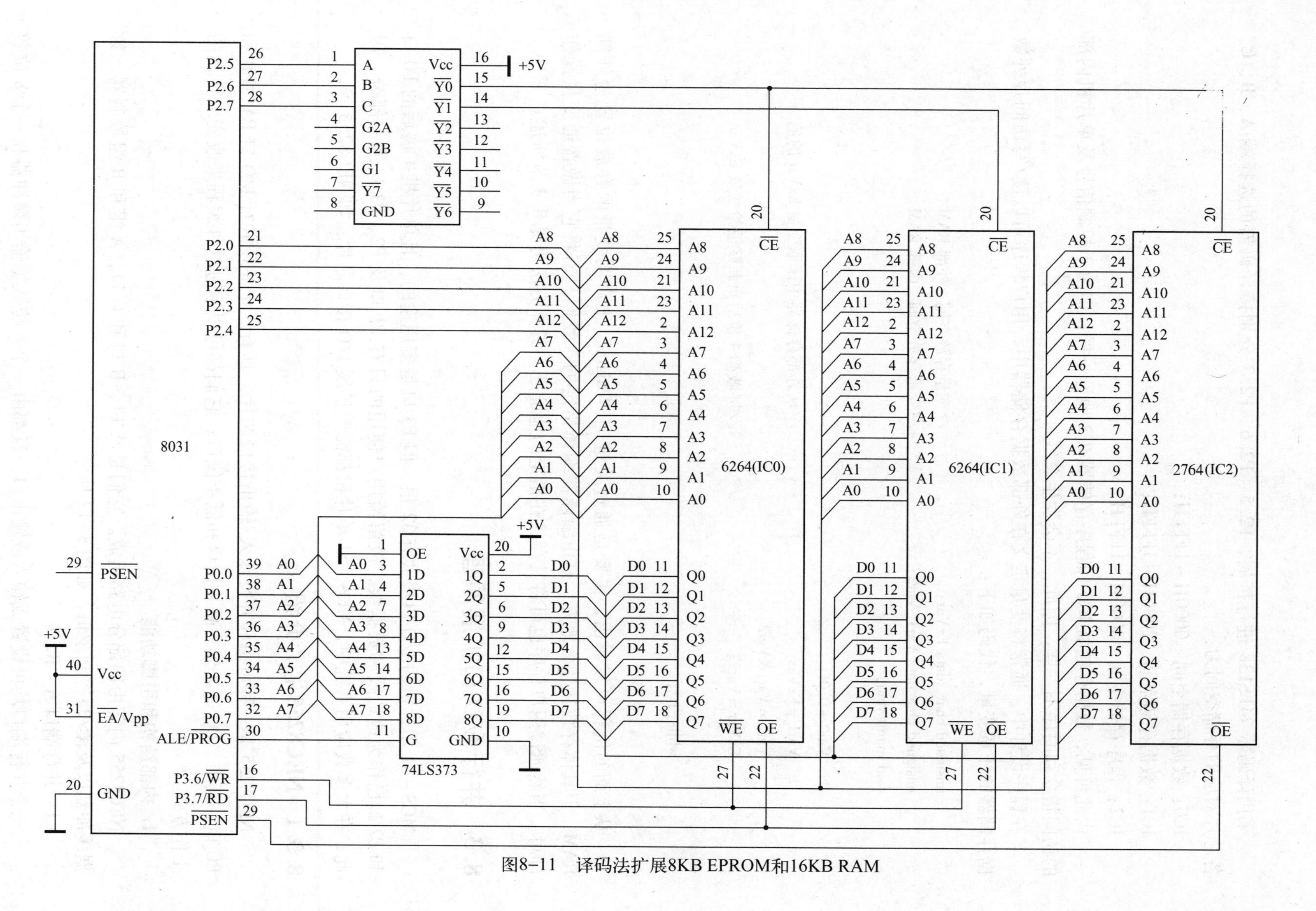

图8-11　译码法扩展8KB EPROM和16KB RAM

采用译码器 74LS138 进行扩展，P2.5、P2.6、P2.7 分别接译码器的选择端 A、B、C，各芯片对应的存储空间为：

IC0：数据存储空间　0000H～1FFFH；

IC1：数据存储空间　2000H～3FFFH；

IC2：程序存储空间　0000H～1FFFH。

由此可见，数据存储器 IC0 和程序存储器 IC2 地址一样，但由于控制信号及单片机内部的访问指令和时序不一样，因此，不会发生总线冲突。

在程序设计中，通常将变量定义在外部数据存储器中，用户程序可以读/写访问片外数据存储器的任意变量，代码如下：

```
unsigned char xdata ExVar;                    //变量存放空间, 外部 RAM
unsigned char data Var1,Var2;                 //变量存放空间, 内部 RAM
void main(void)
{
    Var2 = 0x0f;
    Var1 = ExVar;                             //从外部存储器中读取变量 ExVar 的值
    Var2 = Var1&Var2;
    ExVar = Var2;                             //屏蔽高 4 位后重新赋值给变量 ExVar

    while(1);
}
```

从上面的例程可以看出，主要是通过关键词“xdata”来声明变量的存放位置为外部 RAM，但具体存放在什么地方，是由编译器编译指定的，我们只需将它当做普通变量操作即可。当然通过用户程序也可将其存放在指定的地址处，具体方法可见 8.3 节所述。

8.3　并行 I/O 口扩展原理

MCS－51 单片机的 I/O 口线共有 32 根，但 P3 口是多用途的，且单片机扩展后的 P0 口和 P2 口已作为地址线和数据线，故留给用户使用的只有 P1 口及 P2、P3 口的一部分。因此，在大多数应用系统中，MCS－51 单片机都需要扩展 I/O 接口芯片，如 NEC8255 等。

8.3.1　NEC8255 芯片介绍

NEC8255 是一种可编程并行输入/输出接口芯片，具有 3 个 8 位并行 I/O 口 PA、PB 和 PC 口，其中，PC 口又分为高 4 位口和低 4 位口，它们都可以通过软件编程来改变 I/O 口的工作方式。

1. 内部结构和引脚功能

NEC8255 内部由四部分电路组成。它们是 A 口、B 口和 C 口，A 组和 B 组控制器，数据缓冲器以及读/写控制逻辑，如图 8-12 所示。

(1) 并行端口 A、B、C

三个并行端口均可设置成输入或输出口，且都由一个 8 位数据输出缓冲器和一个 8 位数

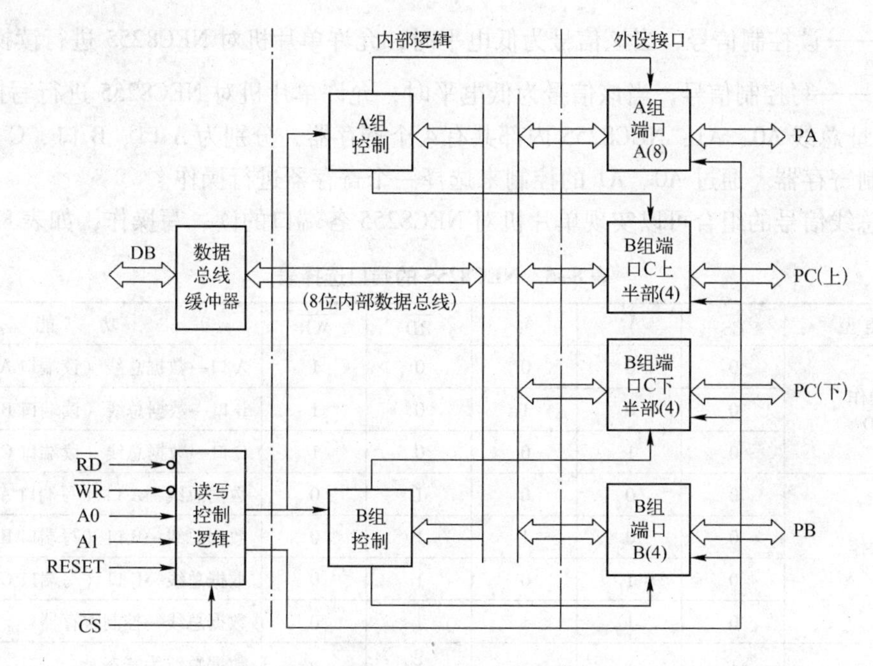

图 8-12　NEC8255 内部结构图

据输入缓冲器构成，区别在于 B、C 两个端口的数据输入缓冲器是没有锁存功能的，而 A 口具有锁存功能。另外，端口 C 还可以在端口 A、B 需要“握手信号”的工作方式中为端口 A 和 B 提供状态和控制信号。

（2）A 组和 B 组控制器

NEC8255 的三个并行端口被分为 A、B 两组进行控制，其中端口 A 和端口 C 的高 4 位组成 A 组，端口 B 和端口 C 的低 4 位组成 B 组。每组都由控制命令寄存器和内部控制逻辑组成，控制命令寄存器接收 CPU 送来的控制字，用于决定 NEC8255 的工作模式；内部控制逻辑用于控制 NEC8255 的工作模式。

（3）数据总线缓冲器

它是一个三态双向 8 位缓冲器，用来传送单片机和 NEC8255 间的控制字、状态字和数据。

（4）读/写控制逻辑

读/写控制逻辑可以接收单片机送来的读/写命令和选口地址，用于对 NEC8255 的读/写操作进行控制。

（5）引脚功能

NEC8255 有 40 条引脚，其排列情况如图 8-13 所示。

1）数据总线 D0 ~ D7：用于传送单片机和 NEC8255 间的数据、命令和状态字。

2）控制总线：

- RESET——复位引脚，高电平有效。
- $\overline{CS}$——片选输入信号，当该脚为低电平时，允许 NEC8255 工作。

引脚	名称	名称	引脚
1	PA3	PA4	40
2	PA2	PA5	39
3	PA1	PA6	38
4	PA0	PA7	37
5	$\overline{RD}$	$\overline{WR}$	36
6	$\overline{CS}$	RESET	35
7	GND	D0	34
8	A1	D1	33
9	A0	D2	32
10	PC7	D3	31
11	PC6	D4	30
12	PC5	D5	29
13	PC4	D6	28
14	PC0	D7	27
15	PC1	Vcc	26
16	PC2	PB7	25
17	PC3	PB6	24
18	PB0	PB5	23
19	PB1	PB4	22
20	PB2	PB3	21

图 8-13　NEC8255 的引脚图

● $\overline{RD}$——读控制信号，当该信号为低电平时，允许单片机对 NEC8255 进行读操作。

● $\overline{WR}$——写控制信号，当该信号为低电平时，允许单片机对 NEC8255 进行写操作。

3）地址总线 A0、A1：NEC8255 内部共有 4 个寄存器，分别为 A 口、B 口、C 口寄存器及一个控制寄存器。通过 A0、A1 的控制来选择一个寄存器进行操作。

上述总线信号的组合可以实现单片机对 NEC8255 各端口的读、写操作，如表 8-5 所示。

表 8-5　NEC8255 的端口选择表

操作类型	$\overline{CS}$	A_1	A_0	$\overline{RD}$	$\overline{WR}$	功　能
输入操作（READ）	0	0	0	0	1	A 口→数据总线（读端口 A）
	0	0	1	0	1	B 口→数据总线（读端口 B）
	0	1	0	0	1	C 口→数据总线（读端口 C）
输出操作（WRITE）	0	0	0	1	0	数据总线→A 口（写端口 A）
	0	0	1	1	0	数据总线→B 口（写端口 B）
	0	1	0	1	0	数据总线→C 口（写端口 C）
	0	1	1	1	0	数据总线→控制寄存器
禁止功能	1	×	×	×	×	数据总线为三态
	0	1	1	0	1	非法条件
	0	×	×	1	1	数据总线为三态

4）并行 I/O 口：PA0～PA7、PB0～PB7、PC0～PC7 分别为端口 A、B、C 对应的双向数据总线，其中，PC0～PC7 在工作方式 1 和 2 下还可为 A 口和 B 口提供状态/控制信号。

5）电源线：Vcc 为 +5V 电源线，GND 为地线。

2. 工作模式

NEC8255 具有 0、1、2 三种工作模式，只要正确选定控制字，并把它送到 NEC8255 的控制字寄存器中，就可设定它的工作模式。

（1）模式 0

这种方式不需要任何选通信号或联络信号，A 口、B 口和 C 口的任何一个端口都可以设定为输入或输出。

（2）模式 1

模式 1 有选通输入和选通输出两种工作方式。A 口和 B 口皆可独立设置成这种工作方式，C 口则用做 A 口和 B 口的握手联络线，以实现中断方式传送 I/O 数据。

（3）模式 2

模式 2 为一种应答式双向输入/输出方式，只有 A 口才能设定，而 B 口没有这种工作方式，此时，C 口用作 A 口的握手联络线。

在以上三种工作模式中，模式 0 最常用，本书只介绍这种模式的应用。

3. 控制字

NEC8255 有两个控制字：方式控制字和 C 口按位置/复位控制字。用户通过程序可以把这两个控制字送到 NEC8255 的控制字寄存器（A0A1 = 11B），以设定它的工作模式和 C 口各位状态。这两个控制字是以 D7 位的状态作为标志的。

（1）方式控制字

方式控制字用于决定8255A的三个端口的工作模式以及输入/输出。它以最高位 D7 =1 作为标志，具体格式如图8-14所示。

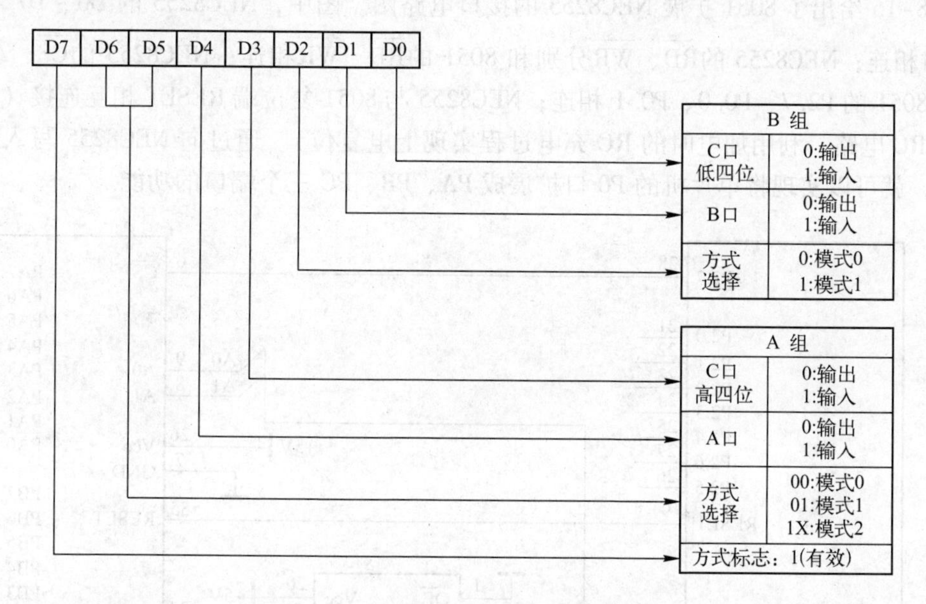

图8-14　NEC8255的方式控制字格式

例如，将A3H写入控制寄存器，则NEC8255被设置为A口工作在方式1的输出，B口工作在方式0的输入，C口高4位为输出，C口低4位为输入。

（2）C口按位置位/复位控制字

本控制字可以使C口各位单独置位或复位，以实现某些控制功能，控制字格式如图8-15所示。其中 D7 =0 是本控制字的特征位，D3 ~ D1 用于控制 PC0 ~ PC7 中哪一位置位或复位，D0是置位或复位控制位。例如，将07H写入控制口，则是将PC3置为“1”。

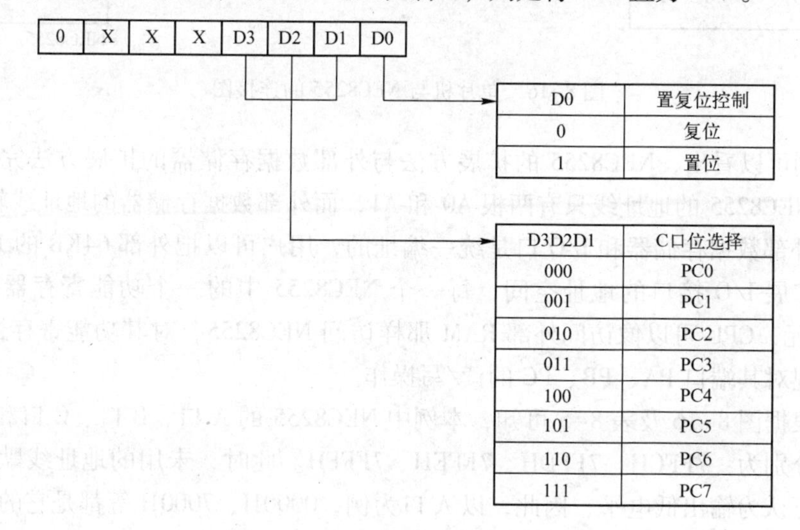

D0	置复位控制
0	复位
1	置位

D3D2D1	C口位选择
000	PC0
001	PC1
010	PC2
011	PC3
100	PC4
101	PC5
110	PC6
111	PC7

图8-15　C口置/复位控制字格式

8.3.2 NEC8255 的扩展方法

图 8-16 给出了 8051 扩展 NEC8255 的接口电路图。图中，NEC8255 的 D0 ~ D7 和 8051 的 P0 口相连；NEC8255 的$\overline{RD}$、$\overline{WR}$分别和 8051 的$\overline{RD}$、$\overline{WR}$相连；NEC8255 的$\overline{CS}$、A0、A1 分别和 8051 的 P2.7、P0.0、P0.1 相连；NEC8255 与 8051 复位端 RESET 相互连接（也可单独外接 RC 电路，利用加电时的 RC 充电过程实现上电复位）。通过向 NEC8255 写入相应的控制字，就可以实现将单片机的 P0 口扩展成 PA、PB、PC 三个端口的功能。

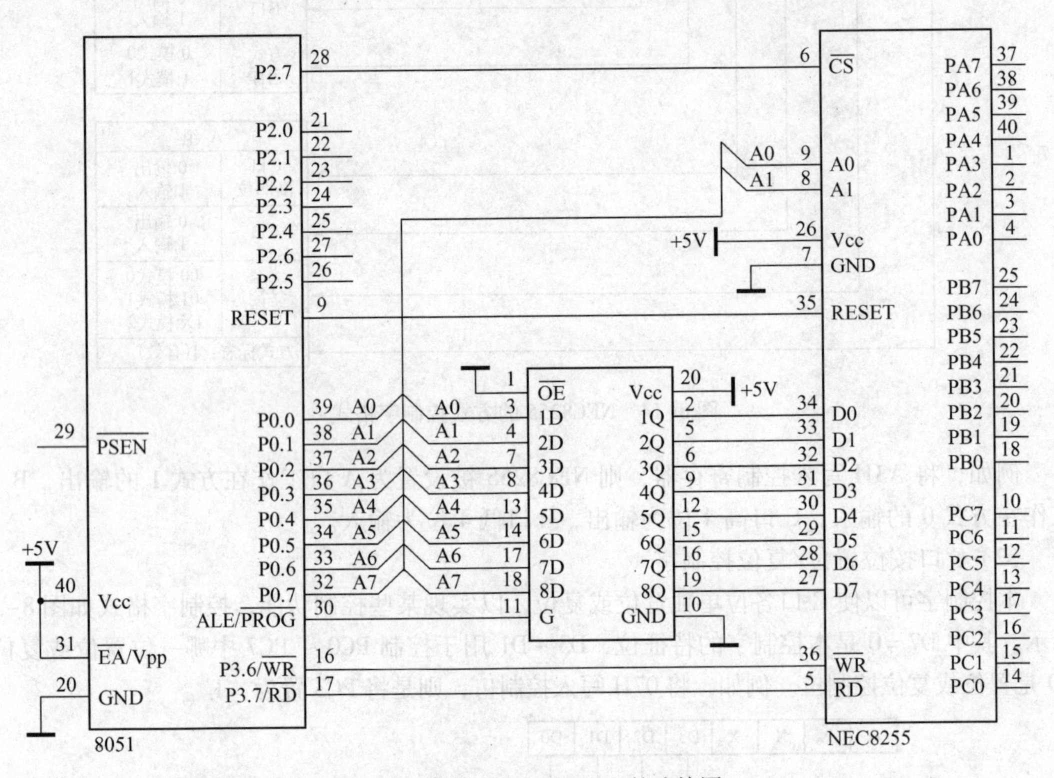

图 8-16 单片机与 NEC8255 的连接图

通过上例可以看出，NEC8255 的扩展方法与外部数据存储器的扩展方法完全一样，不同之处在于 NEC8255 的地址线只有两根 A0 和 A1，而外部数据存储器的地址线较多。因此，MCS-51 的外部数据存储器和 I/O 口是统一编址的，用户可以把外部 64KB 的 RAM 空间的一部分作为扩展 I/O 接口的地址空间，每一个 NEC8255 中的一个功能寄存器相当于一个 RAM 存储单元，CPU 可以像访问外部 RAM 那样访问 NEC8255，对其功能寄存器进行读/写操作，即实现对其端口 PA、PB、PC 的读/写操作。

显然，根据图 8-16 及表 8-5 可知，本例中 NEC8255 的 A 口、B 口、C 口和控制寄存器对应的地址分别为：7FFCH、7FFDH、7FFEH、7FFFH。此时，未用的地址线默认输出高电平，当然也可认为输出低电平，因此，以 A 口为例，0000H、7000H 等都是它的地址。

下面举一个 I/O 口扩展的例子。

将图 8-16 中 NEC8255 的 PA 口、PC 口低 4 位设为输入口，PB 口、PC 口高 4 位设为输出口，请编程完成将输入口的状态读入并送到对应输出口的功能。

要完成这类 I/O 扩展功能，需应遵循以下步骤：

1）确定硬件电路连接及 A 口、B 口、C 口和控制寄存器的地址（本例中分别为 7FFCH、7FFDH、7FFEH、7FFFH）。

2）确定控制字。控制字有两种：方式控制字和 C 口按位置/复位控制字。本例中显然指方式控制字，根据图 8-14 可知，方式控制字应为：91H。

3）对 NEC8255 进行配置：将控制字写入 NEC8255 的控制寄存器。

4）完成对 PA、PB、PC 口的读写操作。

本例的主要程序代码如下：

```
/ ****************************** 头文件 ********************************* /
#include < absacc. h >
#include < reg51. h >

/ ****************************** 宏定义 ********************************* /
#define COM8255 XBYTE[0x7FFF]                    //控制寄存器地址
#define PA8255    XBYTE[0x7FFC]                  //PA 口地址
#define PB8255    XBYTE[0x7FFD]                  //PB 口地址
#define PC8255    XBYTE[0x7FFE]                  //PC 口地址

#define COM 0x91                                 //方式控制字

/ ****************************** 主程序 ********************************* /
void main(void)
{
    unsigned char temp;                          //暂存单元

    COM8255 = COM;                               //写控制字到控制寄存器

    temp = PC8255;                               //读 PC 口
    temp = temp&0x0f;                            //屏蔽高 4 位
    temp = temp ≪ 4;
    PC8255 = temp;                               //将低 4 位的值送入高四位

    temp = PA8255;                               //读 PA 口
    PB8255 = temp;                               //将 PA 口的内容送入 PB 口

    while(1);
}
```

程序中，主要通过关键词“XBYTE”来对外部端口寄存器进行定义，实际上也可采用同样的方法来定义外部数据存储器中的变量，这样就可将变量定位在外部数据存储器中的指定地址处。

8.4 并行 I/O 口扩展应用——打印机接口

在单片机的应用系统中，有时需要配置微型打印机，用于实时打印一些运行数据，如传感器监测数据等。而由于单片机端口有限，若要连接具有并行接口的微型打印机，则需要对单片机的 I/O 口进行扩展。下面以 8051 单片机和 μp 系列打印机为例，介绍单片机打印机接口的扩展应用。

8.4.1 实例说明

μp 系列微型打印机属于点阵式打印机，具有标准的 Centronics 并行接口，便于与各种单片机和智能化仪器仪表联机使用。它内部具有 2KB 固化好的控打程序，能打印标准的 ASCII 码、128 个非标准字符以及点阵图形等。μp 系列微型打印机主要通过以下几根信号线与外部设备进行通信，实现其打印功能：

- DB0 ~ DB7：数据线，数据的传输是单向的，即只能从外部设备到打印机。
- $\overline{STB}$：数据选通输入信号，该信号上升沿时打印数据被打印机读入并锁存。
- BUSY：打印机“忙”信号，高电平表示打印机正在处理打印数据。

为此，可将打印机与单片机通过 NEC8255 相连，通过单片机控制打印机输出。打印机的工作过程为：单片机送来一个 8 位数据给打印机后，打印机通过$\overline{STB}$接收选通信号并锁存数据，同时从 BUSY 端发出“忙”信号（高电平），于是打印机开始工作，打印完成后将 BUSY 端变低，告知单片机数据打印完成，准备接收下一个数据。

本例要实现的功能是：控制打印机打印输出字符串“WELCOME”。

8.4.2 硬件电路设计

采用 8051 单片机扩展 NEC8255 及打印机接口的电路如图 8-17 所示。NEC8255 的片选线接 P0.7，地址线 A0、A1 分别采用单片机的 P0.0 和 P0.1 口，打印机与 8051 采用查询方式交换数据。打印机的“BUSY”状态信号输出给 PC7 口，$\overline{STB}$引脚接收来自 PC0 的输入信号，当$\overline{STB}$上输入负跳变时数据被读入。

8.4.3 软件设计

按照图 8-17 的硬件连接方法，可知 NEC8255 的 4 个寄存器地址分别为：PA 口 = 007CH；PB 口 = 007DH；PC 口 = 007EH；控制寄存器 = 007FH。

在本例中，PA 口作为输出口，PC4 ~ PC7 可作为输入口，PC0 ~ PC3 可作为输出口，而 PB 口设为输入口，则对应的方式控制字应为 8AH。主要程序代码如下：

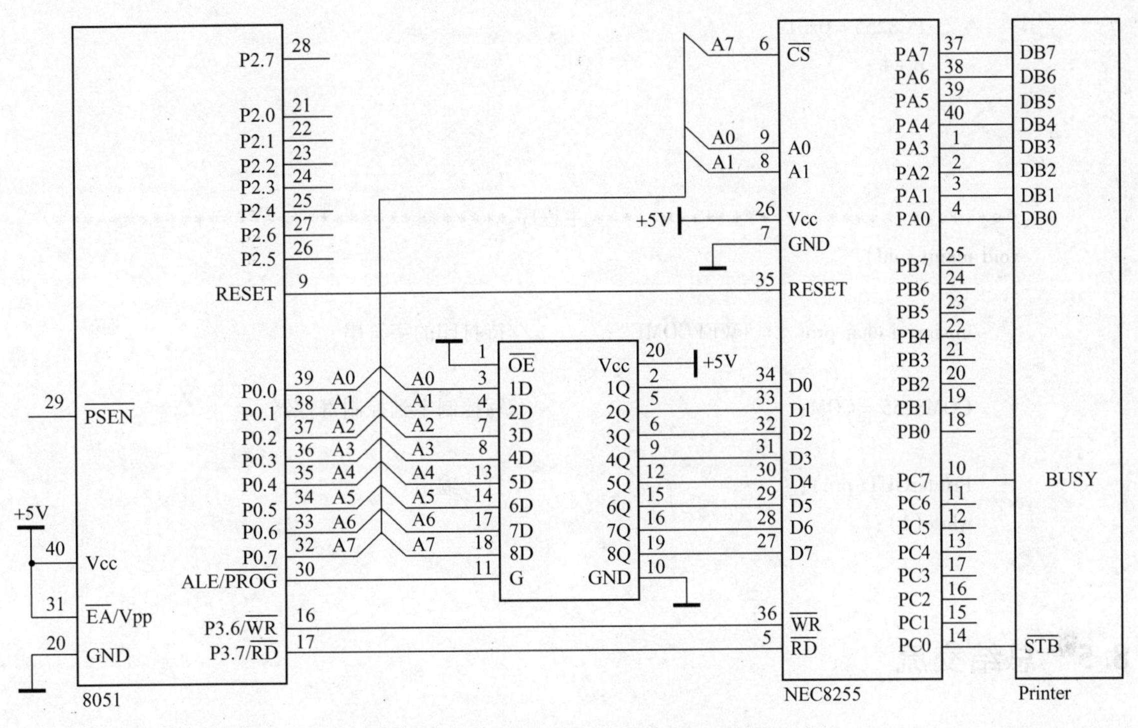

图 8-17　单片机通过 NEC8255 扩展打印机接口

```
/ ****************************** 头文件 ********************************* /
#include < absacc. h >
#include < reg51. h >

/ ****************************** 宏定义 ********************************* /
#define COM8255 XBYTE[0x007F]                //控制寄存器地址
#define PA8255   XBYTE[0x007C]               //PA 口地址
#define PB8255   XBYTE[0x007D]               //PB 口地址
#define PC8255   XBYTE[0x007E]               //PC 口地址

#define COM 0x8A                             //方式控制字

/ *************************** 字符串打印子程序 *************************** /
//说明: 完成打印一组字符串的功能
//输入: 待打印的字符串 P
void PrinterOUT(unsigned char *p)
{
    while( *p! = '\0 ')
    {
        while((PC8255&0x80)! =0);            //等待打印机打印完成
        PA8255 = *p;                         //写入下一个待打印数据
        PC8255 =0x00;                        //模拟/STB 负脉冲时序
```

```
        PC8255 = 0x01;
        p ++ ;
    }
}

/ ****************************** 主程序 ********************************** /
void main(void)
{
    unsigned char prn[ ] = "WELCOME";          //待打印的字符串

    COM8255 = COM;                             //写控制字到控制寄存器

    PrinterOUT(prn);                           //打印输出
    while(1);
}
```

8.5 总结交流

存储器及 I/O 的扩展是单片机应用中常用的技术，本章详细阐述了这两种扩展技术的基本方法，并结合实例进行了说明。归纳起来，以下几点需要重点掌握：

1）无论是外部存储器还是 I/O 口的扩展都是基于单片机的三总线结构，扩展的都是并行接口。

2）按照单片机的三总线进行扩展后，在访问外部设备时，用户程序无需模拟设备的控制时序，而这一工作完全由 CPU 自行完成，用户只需定义好变量及端口地址即可。

3）在扩展多个外部存储器时，应先将各个芯片的数据总线、地址总线和控制总线与单片机的三总线连好，再采用线选法或译码法将各个芯片的片选端与单片机的高位地址线连接即可。连线时，应注意数据存储器和程序存储器的控制总线不同，而地址线或地址范围可以相同或重叠。

4）在扩展并行 I/O 端口时，可将 NEC8255 看成仅具有 4 个存储单元的数据存储器，这 4 个存储单元分别对应 NEC8255 的 PA 口、PB 口、PC 口寄存器及控制寄存器。因此，扩展 NEC8255 的方法与扩展外部数据存储器的方法完全相同。

第9章　键盘与显示器的扩展

大多数单片机应用系统都需要与人进行信息交换，因此，扩展一些人机交互接口（如：键盘、显示器等）就显得尤为重要。

本章首先介绍键盘、显示器的内部结构及工作原理，再通过相关实例详细阐述 MCS－51 单片机与键盘、显示器的接口电路设计及软件编程方法。

9.1　键盘接口原理

键盘是由若干按键组成的开关矩阵，它是单片机最常用的输入设备，操作人员通过键盘输入数据或命令，实现简单的人机通信。

9.1.1　键盘实现方法

常用键盘可分为编码键盘和非编码键盘两种，它们的实现方法及特点如下。

1. 编码键盘

编码键盘采用硬件编码电路来实现键的编码。常用的键盘扫描芯片有 8279、7279 等，利用它可扩展多个按键，每当一个按键按下，键盘扫描芯片就会自动完成按键去抖、键值读取等功能，并将扫描所得的键值传给单片机。

编码键盘的特点是使用方便，反应速度快，占用单片机口线及 CPU 时间少，但对按键的检测是靠扩展的扫描芯片完成的，因此，硬件电路复杂，成本较高。

2. 非编码键盘

非编码键盘仅提供按键的“通”或“断”状态，键值的识别完全由单片机内的用户程序完成。按照键盘与单片机的连接方法，又可分为独立式键盘和行列式键盘两种。

如果扩展的按键数较少，则可直接将按键与单片机的 I/O 口相连（或通过 NEC8255 连接单片机），这种键盘就称为独立式键盘。用户程序通过读取 I/O 口的高低电平状态就可判断相应按键按下与否。

如果扩展的按键数较多，通常可将按键排列成行列式的结构形式，再将其行线和列线与单片机的 I/O 口相连（或通过 NEC8255 连接单片机），如图 9-5 所示，这种键盘就称为行列式键盘。与独立式键盘相比，在按键数较多的情况下，它可大大节约单片机的 I/O 口线。

非编码键盘中，键值的识别与读取完全由用户程序完成，所以，其编程较复杂且占用 CPU 时间较多。但它的硬件电路简单、成本低，且使用更加灵活，因此，一般的小型单片机系统常采用非编码键盘。本章将主要讨论非编码键盘的原理、接口及程序设计方法。

9.1.2　键盘设计原理

1. 按键去抖动原理

键的按下与释放是通过机械触点的闭合与断开来实现的。当键按下时，按键内的复位弹簧被压缩，动点触片和静点触片相连，按键的两个引脚被接通；当按键释放时，复位弹簧将动点触片弹开，使动点触片和静点触片脱离接触，按键的两个引脚断开连接。若按图 9-1 所示的方法连好按键，再用示波器测量图中“KEY”端，就可得到按键的工作波形。从图中可以看出：因机械触点的弹性作用，按键从开始闭合到触点接触稳定，或从稳定接触到触点断开都要经过数毫秒的抖动期，显然，抖动时间 t_1、t_3的长短与按键的机械特性有关，一般为 5 ~ 10 ms，在这段时间内会连续产生多个脉冲。为了确保单片机 CPU 对一次按键动作（按下或释放）只确认一次操作有效，就必须消除抖动期 t_1和 t_3的影响。

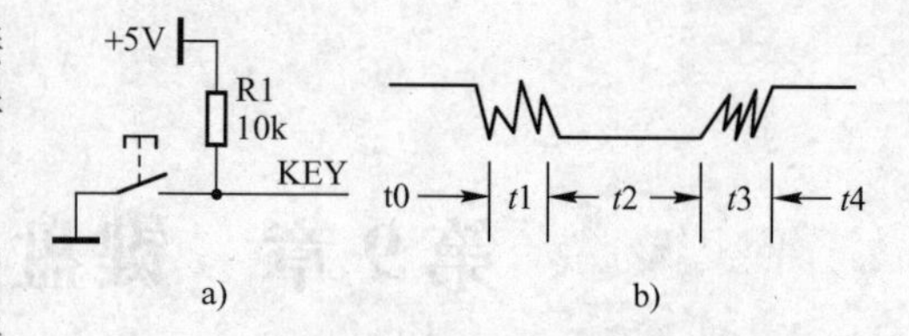

图 9-1　按键硬件连接及工作波形
a）硬件连接电路　b）抖动电压波形

消除按键的抖动常采用软件法，其基本思想是：在第一次检测到图 9-1 中的“KEY”端为低电平，表明可能有键按下，但也有可能是误动作，因此，需要执行一段约 10 ms 的软件延时程序后，再检测“KEY”端，若还是低电平，则表明确实有键按下，否则跳过检测。当按键释放时，“KEY”端将由低电平变为高电平，同样，在第一次检测到高电平后，需要延时 10 ms 左右，再重新读取“KEY”端电平，确认为高电平才表明按键已释放。

当然，按键消抖动还可采用硬件法，但需要增加额外的器件，成本和电路复杂度都会增大。而采用以上软件消抖法可以很方便地消除两个抖动期 t_1和 t_3的影响，在单片机应用系统的设计中被广泛采用。

2. 独立式键盘接口

独立式键盘就是各个按键相互独立，每个按键各接一根信号线，通过检测信号线的电平状态就可以很容易地判断哪个按键被按下。独立式键盘的扩展主要有以下两种方式。

（1）中断方式

采用单片机的外部中断实现对独立式键盘的检测，其硬件电路如图 9-2 所示。

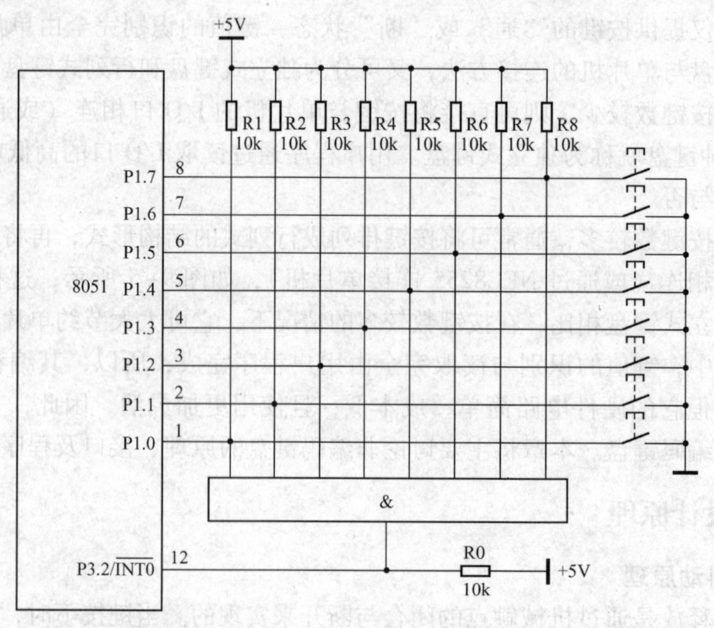

图 9-2　独立式键盘扩展——中断方式

各按键信号线除了与单片机的 P1 口相连外，还通过“与逻辑门”后连接外部中断 0 输入引脚，这样，只要有一个或多个键按下，与门输出即为低电平，向 CPU 发出中断申请，单片机在中断服务程序中，再通过读取 P1 口的电平状态，就可确认键盘的键值（即哪些键被按下）。

（2）查询方式

若不利用单片机的中断系统，则可直接实时地查询 I/O 口的电平状态，从而判断是否有键按下，并读取键值。查询方式的独立式键盘接口电路如图 9-3 所示。

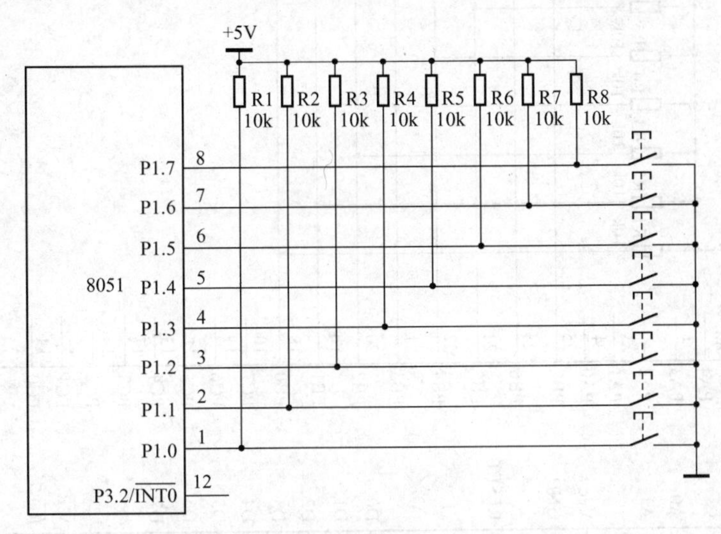

图 9-3　独立式键盘扩展——查询方式

此外，还可采用扩展的 I/O 口作为独立式键盘接口电路，图 9-4 即为采用 NEC8255 扩展的独立式键盘。对于这种扩展方式，可将按键看成外部 RAM 某个工作单元的位，通过读片外 RAM 就可识别按键的状态。

上述各种独立式键盘电路中，各按键均采用了上拉电阻，这是为了保证在按键断开时，各 I/O 口有确定的高电平，当然，如果输入口线内部已有上拉电阻，则单片机端口外部的上拉电阻就可以省去。

3. 行列式键盘接口

行列式（也称矩阵式）键盘由行线和列线组成，按键位于行、列的交叉位置。如图 9-5 所示，一个 4×4 的行、列结构可以构成一个由 16 个按键组成的键盘，按键的位置由行号和列号唯一确定，常采用依次排列键号的方式对键盘进行编码。

图中，行线通过上拉电阻接 +5V。当键盘上没有键闭合时，所有的行线和列线断开，行线 X0～X3 均呈高电平；当有键闭合时，该键所对应的行线和列线短路，行线的电平状态将由与之相连的列线电平决定。行列式键盘的扩展同样分为查询方式和中断方式两种。

（1）查询方式

以图 9-5 中的 4×4 行列式键盘为例，将其行线和列线直接与单片机的 I/O 口相连，即为采用查询方式扩展的行列式键盘接口，如图 9-6 所示。

通过对单片机 I/O 口的操作可实现按键的识别功能，但由于行列式键盘中行、列线同时为多键共用，各按键彼此可能相互影响，所以必须将行线和列线信号配合起来用于按键的识别，即通常采用逐行（或列）扫描法，其原理如下。

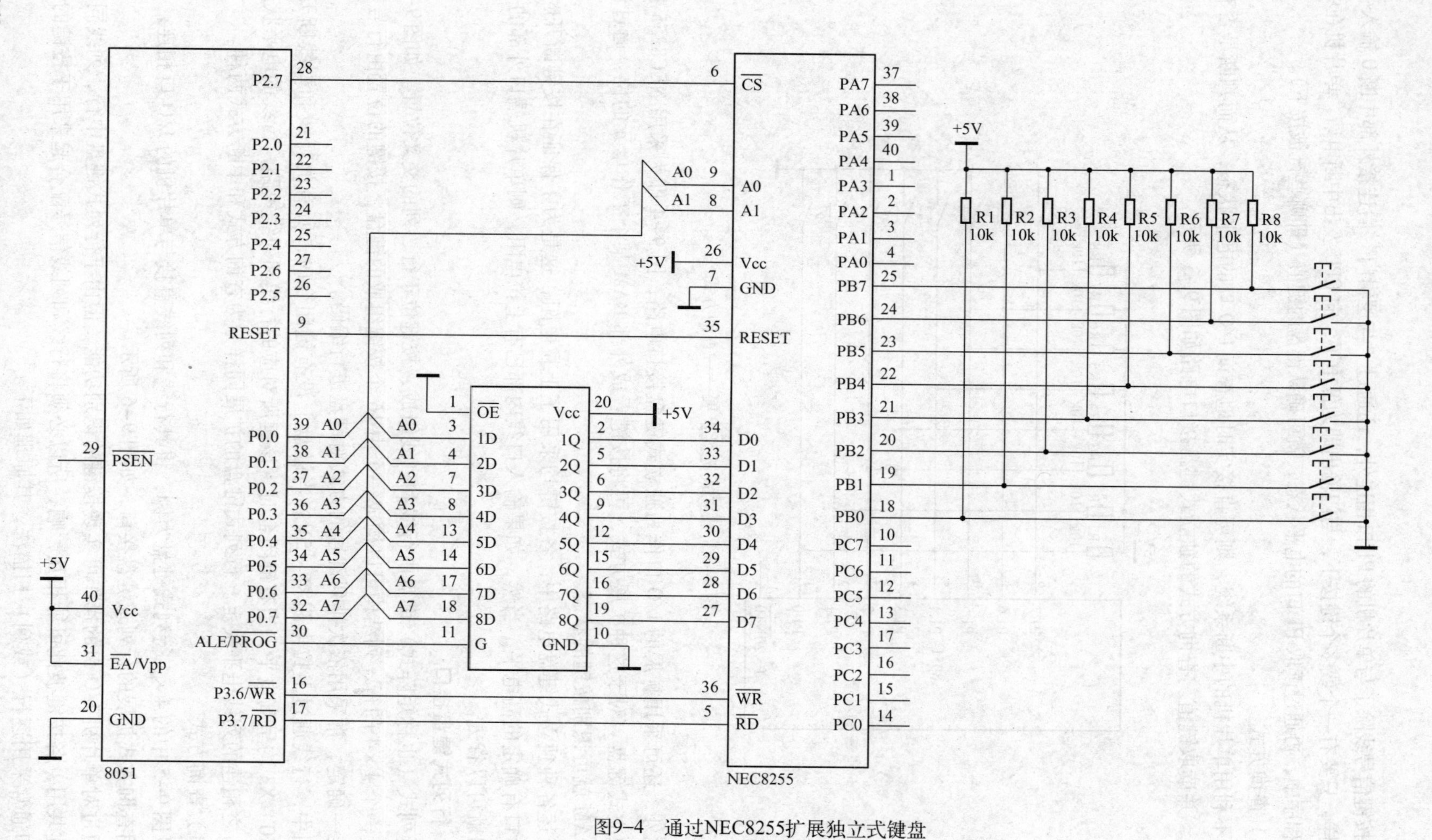

图9-4 通过NEC8255扩展独立式键盘

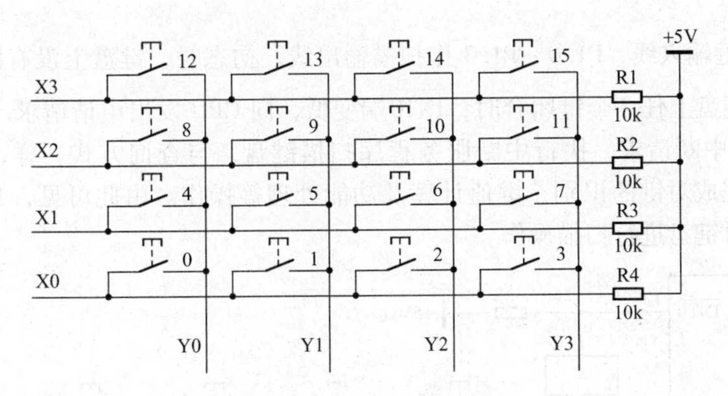

图9-5　4×4 行列式键盘结构

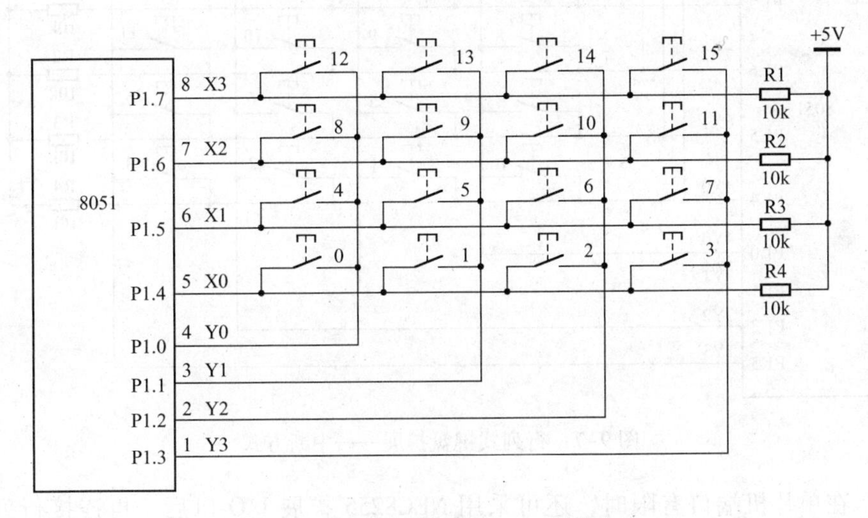

图9-6　行列式键盘扩展——查询方式

在单片机的控制下，使列线 Y0 为低电平，其余三根列线 Y1、Y2、Y3 均为高电平。然后单片机通过输入口读行线的状态，如果所有行线 X0 ~ X3 均为高电平，则说明 Y0 这一列上没有键闭合，如果读出的行线状态不全为高电平，则为低电平的行线与 Y0 相交的键处于闭合状态；如果 Y0 这一列上没有键闭合，接着使列线 Y1 为低电平，其余列线为高电平，用同样的方法检测 Y1 这一列键有无闭合，以此类推，直到最后使列线 Y3 为低电平，其余列线均为高电平，检查 Y3 这一列上是否有键按下。确定有键按下后，便可根据当前的行号和列号计算按键的键值，计算公式为：

$$键值 =（行号 \times 列数）+ 列号$$

当然，在进行正式扫描前，应先从全局上判断是否有键按下。为此，可将所有列线 Y0、Y1、Y2、Y3 全部置为低电平后，读取所有行线的值。若行线全部为高电平，则表明此时键盘没有任何按键按下；否则，通过按键消抖确认有键按下后进入逐行（或列）扫描，确定具体键值。

（2）中断方式

采用中断方式扩展的行列式键盘接口电路如图 9-7 所示。键盘的列线接到 P1 口的低 4 位，行线接到 P1 口的高 4 位，同时行线还经“与逻辑门”后接入单片机的$\overline{\text{INT0}}$引脚，因此

P1.4～P1.7 作键输入线，P1.0～P1.3 作扫描输出线。初态时，键盘上没有闭合键时，$\overline{\text{INT0}}$为高电平；当键盘上任一个键闭合时，$\overline{\text{INT0}}$端变低，向 CPU 发出申请请求。若 CPU 开放外中断 0，则响应中断请求，执行中断服务程序扫描键盘，与查询方式一样，采用逐行（或列）扫描方式完成对键的识别、键值计算及功能处理等操作。由此可见，只有在有键按下时，CPU 才会对键盘进行扫描操作。

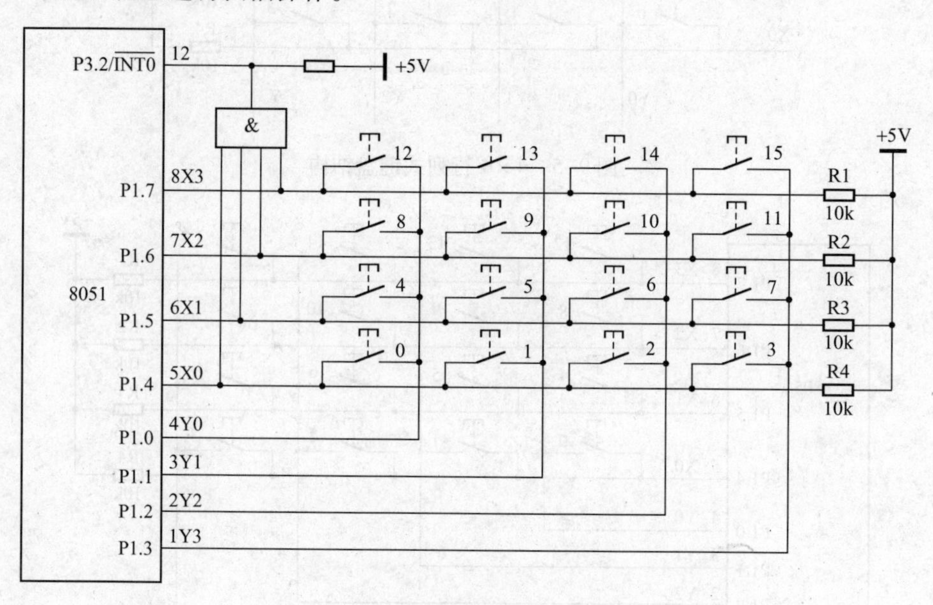

图 9-7　行列式键盘扩展——中断方式

同样，在单片机端口有限时，还可采用 NEC8255 扩展 I/O 口后，再连接行列式键盘，由于篇幅有限，这里不再赘述。

9.1.3　键盘扫描方法

单片机应用系统中，键盘扫描只是其工作内容之一，单片机在忙于各项工作任务时，如何兼顾键盘的输入，取决于对键盘的扫描方法。键盘扫描方法的选取应根据实际应用系统中 CPU 工作的忙、闲情况而定，其原则是既要保证能及时响应按键操作，又不要过多地占用 CPU 时间。通常键盘的扫描方法有三种：程控扫描法、定时扫描法和中断扫描法。

1. 程控扫描法

这种方法就是只有当单片机 CPU 空闲时，才调用键盘扫描子程序，反复地扫描键盘，等待用户从键盘上输入命令或数据，从而响应键盘的输入请求。程控扫描法的步骤如下：

1）在键盘扫描子程序中，首先判断整个键盘上有无按键按下。若有，则进行下一步操作。

2）软件延时 10ms 左右，消除按键抖动的影响。再重新读取键盘，如确实有键按下，才进行下一步操作。

3）读取并计算按键键值。

4）等待按键释放后，再根据键值进行按键功能的处理操作。

2. 定时扫描法

定时扫描方式就是单片机 CPU 每隔一定时间（如 10 ms）对键盘扫描一遍。当发现有键按下时，便进行去抖动、读键值，并分别进行处理等操作。定时时间间隔通常由 8051 内部定时器完成，这样可以减少计算机扫描键盘的时间，以减少 CPU 的开销。具体方法是：当定时时间到，CPU 自动转去执行键扫描程序，其扫描和求键的方法与程控扫描法类似，故这里不再赘述。

3. 中断扫描法

不管是程控扫描法还是定时扫描法，均占用单片机 CPU 的大量时间。无论有没有键入操作，CPU 总要在一定的时间进行扫描，这对单片机控制系统和智能化仪器都是不利的。为了进一步节省 CPU 的时间，可采用中断扫描法。这种方法的实质是：当没有键入操作时，CPU 不对键盘进行扫描，以节省 CPU 时间；一旦键盘输入，则向 CPU 申请中断。CPU 响应中断后，就转到相应的中断服务程序，对键进行扫描，以便判别闭合键的键号，并作相应的处理，具体步骤与程控扫描法类似。另外，若采用中断扫描法，则需要按照中断方式进行硬件连接，如图 9-2、图 9-7 所示。

由此可见，三种扫描方法中，中断扫描法效率最高，但硬件电路较其他两种方法约显复杂。

9.2 LED 接口原理

LED（Light Emitting Diode）是发光二极管的缩写。LED 显示器主要由发光二极管构成，所以在显示器前面冠以“LED”，它作为人机对话界面，在单片机系统中应用非常普遍，已成为各种仪器、仪表等电子设备不可缺少的重要组成部分。

常用的 LED 显示器分为数码管和点阵两种，其中，数码管只能显示数字和一些其他的简单字符，而点阵式 LED 显示器还可显示汉字和图形。由于数码管具有设计简单、价格低廉、功耗较低等优点，因此，它的应用更为广泛。

9.2.1 7 段数码管的工作原理

常用的数码管显示器为 7 段（或 8 段，比 7 段多一个小数点“dp”段），每个段对应一个发光二极管，7 个发光二极管按“日”字形排列，其外形及内部结构如图 9-8 所示。这种显示器有共阳和共阴两种，所有发光二极管的阳极连在一起称为共阳型 LED，相反，若所有发光二极管的阴极连在一起则称为共阴型 LED。当选用共阳型 LED 时，公共端（阳极）应接高电平，此时在某个发光二极管的阴极加上低电平，发光二极管就会被点亮，相应的段被显示。而对于共阴型 LED，其公共端（阴极）应接低电平，当某段对应的发光二极管阳极接高电平时被点亮。

为了使数码管显示不同的符号或数字，就要把相应段对应的发光二极管点亮，实际上就是送一组不同的电平组合到数码管的各段来控制其显示，而数码管的公共端接法固定，因此，此电平组合所构成的数据字称为待显字符的段码。对于 7 段发光二极管，再加上一个小数点位“dp”，共计 8 段，所以，提供给数码管显示器的段码正好是 1 个字节，各段与段码字节中各位的对应关系如下：

段码位	D7	D6	D5	D4	D3	D2	D1	D0
LED 显示段	dp	g	f	e	d	c	b	a

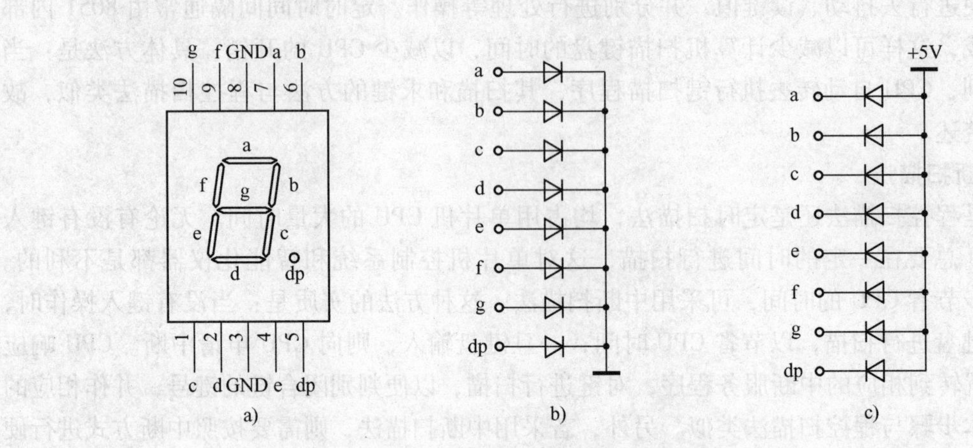

图 9-8 7 段数码管显示器内部结构与外形

a）外形与引脚 b）共阴型 c）共阳型

按照上述格式，0，1，2，3，…，F 等字符的段码如表 9-1 所示。

显然，对共阴型 LED 的段码求反，即可得共阳型 LED 的段码。表 9-1 只列出了部分段码，读者可以根据实际情况选用。

表 9-1 常用字符的 LED 字形码表

显示字符	dp	g	f	e	d	c	b	a	共阴型段码	共阳型段码
0	0	0	1	1	1	1	1	1	3FH	C0H
1	0	0	0	0	0	1	1	0	06H	F9H
2	0	1	0	1	1	0	1	1	5BH	A4H
3	0	1	0	0	1	1	1	1	4FH	B0H
4	0	1	1	0	0	1	1	0	66H	99H
5	0	1	1	0	1	1	0	1	6DH	92H
6	0	1	1	1	1	1	0	1	7DH	82H
7	0	0	0	0	0	1	1	1	07H	F8H
8	0	1	1	1	1	1	1	1	7FH	80H
9	0	1	1	0	1	1	1	1	6FH	90H
A	0	1	1	1	0	1	1	1	77H	88H
B	0	1	1	1	1	1	0	0	7CH	83H
C	0	0	1	1	1	0	0	1	39H	C6H
D	0	1	0	1	1	1	1	0	5EH	A1H
E	0	1	1	1	1	0	0	1	79H	86H
F	0	1	1	1	0	0	0	1	71H	8EH
–	0	1	0	0	0	0	0	0	40H	BFH
	1	0	0	0	0	0	0	0	80H	7FH
熄灭	0	0	0	0	0	0	0	0	00H	FFH

9.2.2　7 段数码管的控制原理

用 N 个数码管可拼接成 N 位 LED 显示器，如图 9-9 所示，为 4 位 LED 显示器的结构原理图。

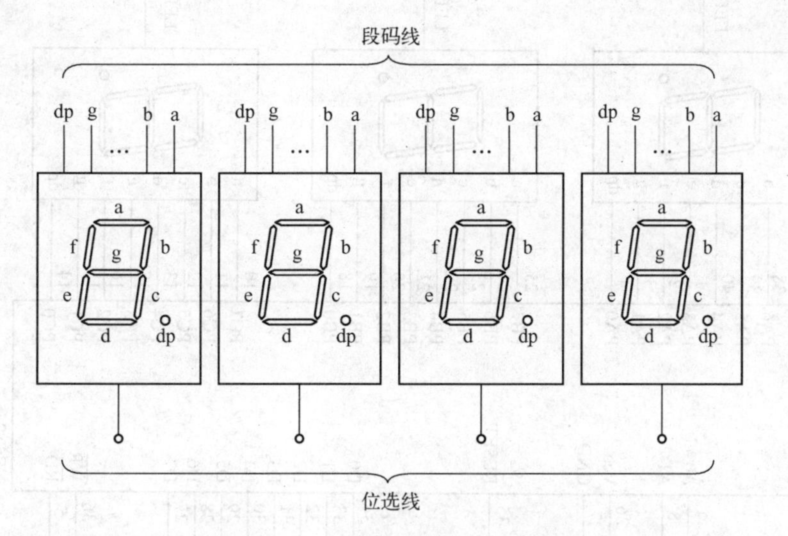

图 9-9　4 位 LED 显示器的构成

可以看出，N 位 LED 显示器具有 N 根位选线和 $8\times N$ 根段码线。段码线用于控制显示字符的字型，而位选线为各个数码管中的公共端，它用于控制每个 LED 显示位的亮或暗。LED 显示器的控制方式有静态显示和动态显示两种。

1. 静态显示

所谓静态显示，就是各数码管的显示字符一经确定，相应的段码输出将维持不变，各段发光二极管将恒定导通或截止，直到送入另一个字符的段码为止。正因为如此，静态显示时显示亮度都较高。

图 9-10 所示为一个 3 位静态 LED 显示器电路。这种显示方式的每一位都需要有一个 8 位输出口（例如 NEC8255 的 A、B、C 口）控制段码线，故在同一时间内，每位显示的字符可以各不相同。

这种显示控制方式编程容易，但占用口线较多，如图 9-10 电路所示，若直接用单片机的 I/O 口进行连接，则需要占用 3 个 8 位 I/O 口，显然，静态显示不适用于显示位数较多的场合。另外，静态显示时，用较小的电流就能得到较高的亮度，这是它的另一优点。当然，还可在 NEC8255 的输出口与数码管的段码线之间加驱动电路，以得到更高的显示亮度。

2. 动态显示

当显示位数较多时，为节约 I/O 口线，一般采用动态显示控制方式。在这种控制方式中，所有位的段码线并联在一起，由一个 8 位 I/O 口控制，而各位的位选线分别由相应的 I/O 线控制，形成各位的分时选通信号。

如图 9-11 所示为一个 3 位 LED 动态显示电路，图中，75452 为反向驱动器，7407 为同相驱动器。由于各位的段码线并联，8 个 I/O 口输出的段码对各个显示位来说都是相同的，因此，在同一时刻，如果各位的位选线都处于选通状态的话，3 位 LED 将显示相同的字符。

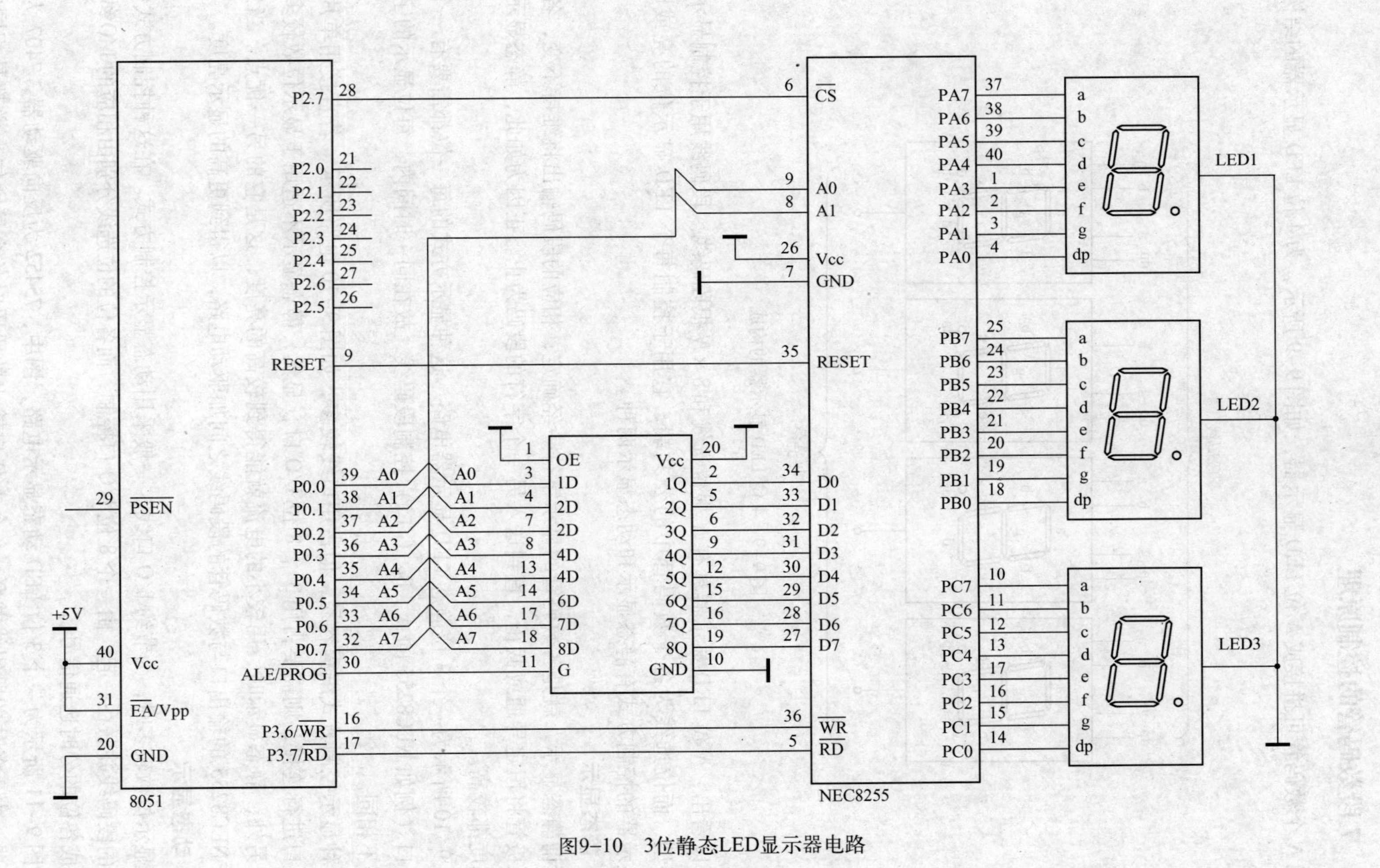

图9–10　3位静态LED显示器电路

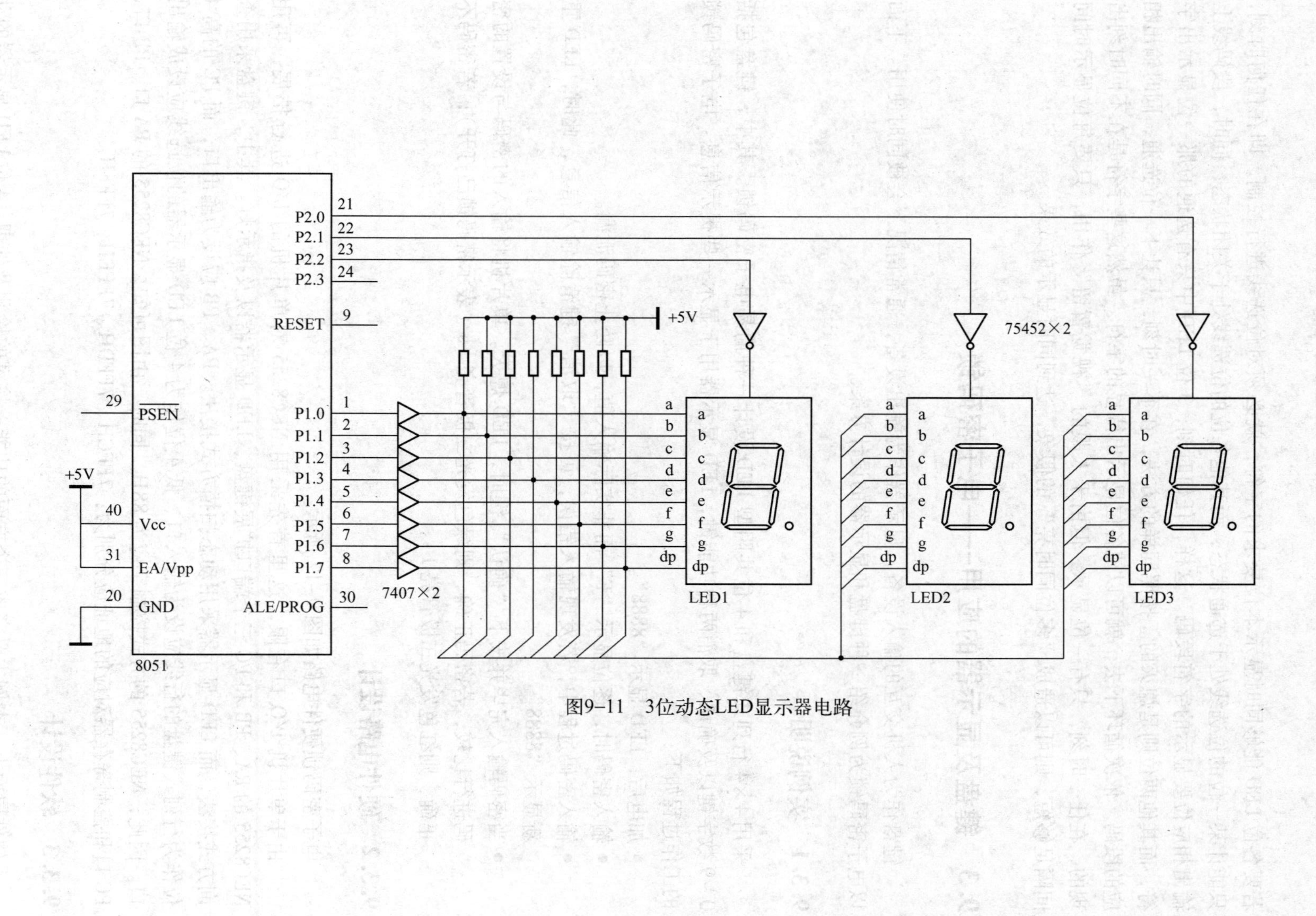

图9-11　3位动态LED显示器电路

若要各位 LED 能够同时显示本位要求的字符，就必须对位选线进行控制，即在任何时刻，只能让某一位的位选线处于选通状态，而其他各位的位选线处于关闭状态，同时，段码线上输出相应位要显示的字符段码。这样，任何时刻，3 位 LED 中只有选通的那一位显示出字符，而其他两位则是熄灭的。按照同样的方法，在下一时刻，只让下一位选通，同时输出相应的段码。依次循环下去，就可以使各位显示出待显的字符。虽然这些字符是在不同时刻出现的，在任一时刻，只有一位显示，但由于人眼的“视觉暂留”作用，只要每位显示时间间隔足够短，则可以造成“多位同时亮”的假象，达到同时显示的效果。

9.3 键盘及显示器的应用——电子密码锁

键盘作为人机交互的输入设备，显示器作为输出设备，通常情况下会被同时使用。下面以电子密码锁为例介绍一种键盘和显示器的设计方案。

9.3.1 实例说明

采用 4×4 行列式键盘和 4 位共阴型 LED 设计一种简易电子密码锁。其中，键盘包括 0~9 数字键以及确认、取消两种功能键，LED 显示器用于显示一些提示信息。电子密码锁的工作过程如下：

- 加电后，LED 显示“8888”。
- 输入密码时，逐位显示“F”而非实际输入值，以防止密码泄漏。
- 输入密码过程中，若发现输入错误，可按“取消”键清除输入信息，此时，LED 重新显示“8888”。
- 当密码输入完毕并按下“确认”键时，LED 熄灭。单片机将输入的密码与设置的密码进行比较，若密码正确，则绿色发光二极管亮 1 s（表示密码锁已打开）；若密码不正确，则红色发光二极管亮 1 s。

9.3.2 硬件电路设计

电子密码锁硬件电路如图 9-12 所示。

由于单片机 I/O 口有限，这里首先采用 NEC8255 对单片机的 I/O 进行扩展，再用 NEC8255 的 PA、PB 和 PC 三个端口扩展键盘、LED 显示器以及指示灯。其中，键盘采用查询方式接法，而 LED 显示器采用动态扫描方式接法。PA、PB 应设为输出口，而 PC 的高 4 位作为行列式键盘的行线应设为输入口、低 4 位作为 4 位 LED 显示器的位选线应设成输出口。因此，NEC8255 的方式控制字应为 88H。同时，由图可知，NEC8255 的 PA 口、PB 口、PC 口和控制寄存器对应的地址应分别为：7FFCH、7FFDH、7FFEH、7FFFH。

9.3.3 软件设计

软件层面上，本例主要完成三个方面的功能：按键的检测及处理、4 位 LED 显示器的动态显示、发光二极管的控制。

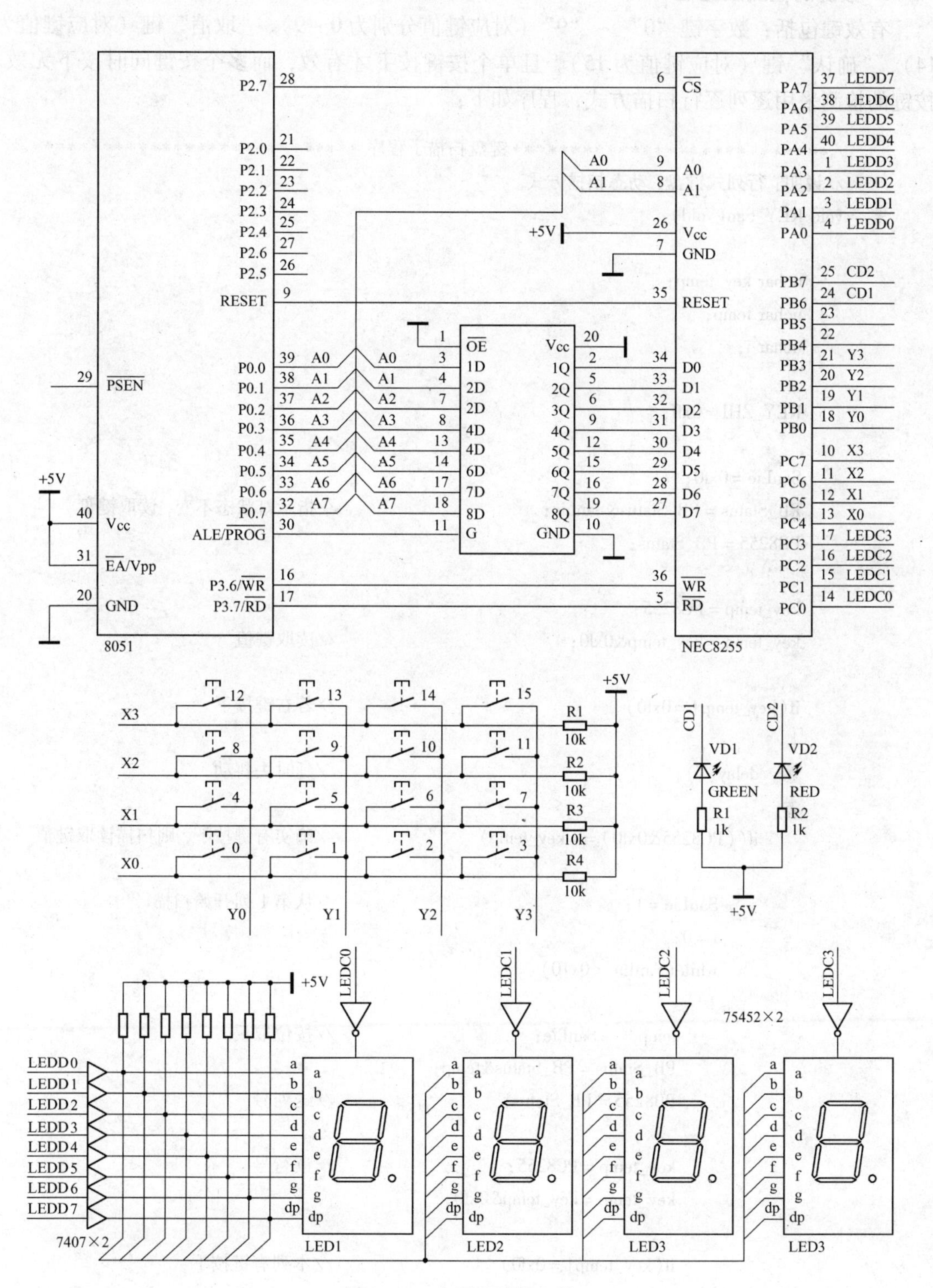

图 9-12 电子密码锁电路

1. 按键的检测及处理

有效键包括：数字键“0” ~ “9”（对应键值分别为 0 ~9）、“取消”键（对应键值为 14）、“确认”键（对应键值为 15）。且单个按键按下才有效，而多个按键同时按下无效。按键的检测采用逐列逐行扫描方式，程序如下：

```
/****************************键盘扫描子程序*****************************/
//说明：行列式键盘，动态扫描方式。
void KEY_San(void)
{
    uchar key_temp;
    uchar temp;
    uchar i;

    KEY_ZHI = 0xff;

    SanLie = 0xf0;
    PB_Status = PB_Status&SanLie;                    //指示灯状态不变，读取键盘
    PB8255 = PB_Status;

    key_temp = PC8255;
    key_temp = key_temp&0xf0;                        //读取键值

    if(key_temp! = 0xf0)                             //若右键按下
    {
        delay(1);                                    //延时去抖动

        if((PC8255&0xf0) == key_temp)                //确实有键按下，则扫描读取键值
        {
            SanLie = 1;                              //从第 1 列开始扫描
            i = 0;
            while(SanLie < 0x10)
            {
                temp = ~SanLie;                      //按位取反
                PB_Status = PB_Status&temp;
                PB8255 = PB_Status;                  //送列号

                key_temp = PC8255;                   //读行号
                key_temp = key_temp&0xf0;

                if(key_temp! = 0xf0)                 //本列有键按下
                {
                    key_temp = key_temp >>4;         //行号
```

```
                    KEY_ZHI = key_temp << 2;            //行号×列数 (4)
                    KEY_ZHI = KEY_ZHI + i;              //计算键值

                    SanLie = 0xf0;
                    PB_Status = PB_Status&SanLie;       //读取键盘
                    PB8255 = PB_Status;

                    while((PC8255&0xf0)! = 0xf0);       //等待按键释放
                    return;
                }

                SanLie = SanLie << 1;
                i ++ ;
            }
        }
    }
}
```

扫描并计算出的键值保存在变量 KEY_ZHI 中，若没有按键按下，则 KEY_ZHI = 0xff。若有键按下，则应根据键值作如下处理：

```
/ ************************** 键盘功能处理子程序 ************************** /
//说明：根据键值处理相应功能。
void KEY_Dispose(void)
{
    uchar i;

    if(KEY_ZHI < 10)
    {
        if(LED_Index < 4)
        {
            DisBuf[LED_Index ++ ] = 0x0f;           //对应密码显示为'F'
            KeyBuf[LED_Index ++ ] = KEY_ZHI;        //保存输入密码
        }
    }
    else if(KEY_ZHI == 14)                          //"取消"键按下
    {
        for(i = 0;i < 4;i ++ )
        {
            DisBuf[i] = 8;                          //对应密码显示为'8'
            KeyBuf[i] = 0xff;                       //密码输入缓冲复位
        }
        LED_Index = 0;                              //显示更新位复位
    }
```

```
else if(KEY_ZHI == 15)                          //"确认"键按下
{
    LED_Index = 0;                              //显示更新位复位
    for(i = 0;i < 4;i ++ )
    {
        if(KeyBuf[i]! = KeyWord[i])             //密码不吻合
        {
            PC8255 = 0;                         //送位码
            flag_Dis = 0;                       //LED 不显示

            flag_Red = 1;                       //红色指示灯开始亮 1 s
            PB_Status = PB_Status&RedLed_ON;
            PB8255 = PB_Status;                 //红灯亮
            Counter_1s = 0;
            return;
        }
    }
    //密码吻合
    PC8255 = 0;                                 //送位码
    flag_Dis = 0;                               //LED 不显示

    flag_Green = 1;                             //绿色指示灯开始亮 1 s
    PB_Status = PB_Status&GreenLed_ON;
    PB8255 = PB_Status;                         //绿灯亮
    Counter_1s = 0;
    return;
}
}
```

变量 LED_Index 用于指示当前输入的密码位，每输入一位密码，LED_Index 加 1，而当按下“取消”或“确认”键时，LED_Index 复位为 0。

2. LED 显示器的动态显示及发光二极管的控制

LED 显示器的动态显示对时间要求严格，这里的显示时间间隔设为 10 ms。同样，发光二极管的 1 s 延时也要求精确，为此，必须采用定时器中断进行控制。本例中，仅用定时器 T0 实现上述两个功能，使定时器 T0 工作在工作模式 2，它单次的定时时间为 200 μs。程序代码如下：

```
/************************定时器 T0 初始化子程序************************/
//说明：初始化定时器 T0，定时 200 μs，工作在模式 2
void Timer0_Init(void)
{
    TL0 = 56;                       //赋初值
```

```
    TH0 = 56;
    TMOD = 0x02;                          //设置为模式 2，定时方式
    TF0 = 0;                              //清零中断标志位

    ET0 = 1;                              //允许定时器 T0 中断
    EA = 1;                               //开启中断系统
    TR0 = 1;                              //启动定时器 T0 工作
}
/**********************定时器 T0 中断服务子程序***********************/
//说明：中断定时 0.2 ms。主要完成 LED 的动态显示及指示灯的 1 s 定时功能
void timer0_ISR (void) interrupt 1
{
    if(flag_Dis)                          //LED 动态显示
    {
        Counter_10ms ++;
        if(Counter_10ms == 50)            //10 ms 定时时间到
        {
            Counter_10ms = 0;
            PC8255 = LED_disbit;          //送位码

            if(LED_disbit == 1)           //送段码
                PA8255 = LED_ZiMo[DisBuf[0]];
            else if(LED_disbit == 2)
                PA8255 = LED_ZiMo[DisBuf[1]];
            else if(LED_disbit == 4)
                PA8255 = LED_ZiMo[DisBuf[2]];
            else if(LED_disbit == 8)
                PA8255 = LED_ZiMo[DisBuf[3]];

            if(LED_disbit < 0x20)         //更新实时显示位
                LED_disbit = LED_disbit << 1;
            else
                LED_disbit = 1;

        }
    }

    if((flag_Green) || (flag_Red))        //当前绿灯或红灯亮
    {
        Counter_1s ++;
        if(Counter_1s == 5000)            //1 s 定时时间到
        {
            Counter_1s = 0;
            if(flag_Green)
```

```
                {
                    flag_Green = 0;
                    PB_Status = PB_Status | GreenLed_OFF;
                    PB8255 = PB_Status;        //绿灯灭
                }
                if(flag_Red)
                {
                    flag_Red = 0;
                    PB_Status = PB_Status | RedLed_OFF;
                    PB8255 = PB_Status;        //红灯灭
                }

                flag_Dis = 1;                  //LED 显示
                LED_disbit = 1;                //从第 1 位开始显示
                Counter_10ms = 0;
            }
        }
    }
```

3. 主程序实现

相关变量、初始化及主程序如下：

```
/*******************************头文件***********************************/
#include <absacc.h>
#include <reg51.h>
/*******************************宏定义***********************************/
#define uchar unsigned char
#define uint unsigned int

#define COM8255 XBYTE[0x7FFF]          //控制寄存器地址
#define PA8255   XBYTE[0x7FFC]         //PA 口地址
#define PB8255   XBYTE[0x7FFD]         //PB 口地址
#define PC8255   XBYTE[0x7FFE]         //PC 口地址
#define COM 0x88                       //方式控制字

#define GreenLed_ON     0xbf           //绿灯亮控制字
#define RedLed_ON     0x7f             //红灯亮控制字
#define GreenLed_OFF     0x40          //绿灯灭控制字
#define RedLed_OFF     0x80            //红灯灭控制字
/*****************************全局变量定义*******************************/
//共阴 LED 段码："0 ~ F"
uchar code LED_ZiMo[] =
{0x3f,0x06,0x5b,0x4f,0x66,0x6d,0x7d,0x07,0x7f,0x6f,0x77,0x7c,0x39,0x5e,0x79,0x71};
uchar code KeyWord[4] = {0x01,0x02,0x03,0x04};     //密码
```

```
uchar KeyBuf[4];                        //输入密码缓冲区
uchar DisBuf[4];                        //显示缓冲区
uchar LED_Index;                        //显示更新位存储单元
uchar LED_disbit;                       //LED 动态实时显示位存储单元
uchar KEY_ZHI;                          //键值存储单元
uchar SanLie;                           //逐列扫描，当前扫描列存储单元

uchar Counter_10ms;                     //定时 10 ms 计数单元
uint Counter_1s;                        //定时 1 s 计数单元
uchar PB_Status;                        //PB 口状态寄存器

bit flag_Dis;                           //显示标志。1：LED 显示；0：LED 熄灭
bit flag_Green;                         //1：绿灯亮；0：绿灯灭
bit flag_Red;                           //1：红灯亮；0：红灯灭
/ ****************************** 函数声明 ********************************* /
void delay(uint n);                     //软件延时子程序
void Timer0_Init(void);                 //定时器 T0 初始化子程序
void Start_Inital(void);                //开机初始化子程序
void KEY_San(void);                     //键盘扫描子程序
void KEY_Dispose(void);                 //键盘功能处理子程序
/ *************************** 软件延时子程序 ****************************** /
void delay(uint n)
{
    uint i,j;
    for(i = n;i > 0;i --)
    {
        for(j = 1000;j > 0;j --);
    }
}
/ ************************** 开机初始化子程序 ***************************** /
//说明：开机相关变量、端口初始化
void Start_Inital(void)
{
    uchar i;
    COM8255 = COM;                      //写控制字到 8255 控制寄存器

    PB8255 = 0xff;                      //红绿灯全灭
    flag_Green = 0;                     //1：绿灯灭
    flag_Red = 0;                       //1：红灯灭
    PB_Status = 0xff;                   //PB 状态

    DisBuf[0] = 8;                      //开机显示字符为“8888”
    DisBuf[1] = 8;
```

```
        DisBuf[2] =8;
        DisBuf[3] =8;
        flag_Dis =1;
        LED_Index =0;                       //显示更新位复位
        LED_disbit =1;                      //LED 动态实时显示位

        for(i =0;i <4;i ++)
        {
            KeyBuf[i] =0xff;                //密码缓冲位全填'1'
        }

        Counter_10ms =0;                    //定时 10 ms 计数单元清零
        Counter_1s =0;                      //定时 1 s 计数单元清零
    }
/******************************主程序******************************/
    //说明：主程序主要完成键盘扫描及处理功能。
    void main(void)
    {
        Start_Inital();                     //开机初始化
        Timer0_Init();                      //定时器 T0 初始化
        while(1)
        {
            KEY_San();                      //键盘扫描
            KEY_Dispose();                  //键盘功能处理
        }
    }
```

本例采用的是共阴型 LED（从定义的段码表可以看出），主程序主要完成键盘的扫描及处理功能，同时开启了定时器及中断系统，当定时时间到时，LED 显示和发光二极管的指示等功能会得到及时处理。

9.4 1602 字符型 LCM 的应用——数字和字符的显示

LED 显示器只能显示一些简单的数字和字符，而在 51 单片机的应用系统中，常常还需要显示一些汉字、字符或者图形等信息，这时就需要使用液晶显示器（Liquid Crystal Display，LCD）。由于 LCD 的控制必须使用专用的驱动电路，且 LCD 面板的接线需要采用特殊技巧，再加上 LCD 面板十分脆弱，因此一般不会单独使用，而是将 LCD 面板、驱动与控制电路组合成液晶显示模块（Liquid Crystal Display Mould，LCM）一起使用。

LCM 的种类繁多，一般可分为字段型 LCM、点阵字符型 LCM 和点阵图形型 LCM 三种。字符型 LCM 专门用来显示英文和其他拉丁文字母、数字、符号等，它一般由若干个 5×8 或 5×11 点阵组成，每个点阵显示一个字符。这类模块一般应用于数字寻呼机、数字仪表等电子设备中。本节将介绍最常见的 1602 字符型 LCM。

9.4.1　1602 字符型 LCM

1602 字符液晶显示模块由若干个 5×8 点阵块组成的显示字符块组成，每个点阵块为一个字符位。其名称含义为：可分两行显示，每行最多显示 16 个字符。通常采用日立公司生产的控制器 HD44780 作为其的控制芯片。1602 字符液晶显示模块的实物如图 9-13 所示。

图 9-13　1602 字符液晶实物

1. 引脚定义

1602 字符液晶显示模块通常有 16 个引脚，也有少数有 14 个引脚，当选用 14 个引脚的 LCM 时，该 LCM 没有背光。其引脚功能如表 9-2 所示。

表 9-2　1602 字符液晶的引脚功能定义

引脚号	引脚名称	引脚功能说明	引脚号	引脚名称	引脚功能说明
1	VSS	电源地	9	DB2	数据总线 其中，在采用 4 位数据接口时，DB4 ~ DB7 用做数据线
2	VDD	+5 V 电源	10	DB3	
3	V0	液晶显示偏压信号，接 0 ~ 5 V 以调节显示对比度	11	DB4	
4	RS	寄存器选择 1：数据；0：指令	12	DB5	
5	R/W	读、写操作选择 1：读；0：写	13	DB6	
6	E	使能信号。数据在下降沿时被写入 LCM，在高电平时被读出 LCM	14	DB7	
7	DB0	数据总线	15	LEDA	背光 +5 V 电源
8	DB1		16	LEDK	LED 背光负电源

2. 基本特性

1602 字符液晶显示模块具有如下特性：

1）具有 80 个字节的数据显示存储器（Data Display RAM，DDRAM）。液晶屏幕显示位与 DDRAM 地址的对应关系如表 9-3 所示。

表 9-3　液晶屏幕显示位与 DDRAM 地址的对应关系

显示位		1	2	3	4	5	6	…	39	40
DDRAM 地址	第 1 行	00H	01H	02H	03H	04H	05H	…	26H	27H
	第 2 行	40H	41H	42H	43H	44H	45H	…	66H	67H

通过设置 DDRAM 的地址，并向其写入字符的地址码，就可将字符显示在屏幕上指定的位置处。

2）具有字符发生器 ROM（Character Generate ROM，CGROM），包含 192 个 5×7 点阵字符集，如表 9-4 所示。从中可以看出，字符在 CGROM 中的地址码值（高 4 位不全为 0）刚好与字符的 ASCII 码值相同，所以在需要显示数字和字母时，只需要向 DDRAM 送入其 ASCII 码即可。

表 9-4 CGROM 与 CGRAM 字符集

低4位 \ 高4位	0000	0010	0011	0100	0101	0110	0111	1000	1001	1010	1011	1100	1101	1110	1111
0000	CG RAM (1)														
0001	CG RAM (2)														
0010	CG RAM (3)														
0011	CG RAM (3)														
0100	CG RAM (5)														
0101	CG RAM (6)														
0110	CG RAM (7)														
0111	CG RAM (8)														
1000	CG RAM (1)														
1001	CG RAM (2)														
1010	CG RAM (3)														
1011	CG RAM (4)														
1100	CG RAM (5)														
1101	CG RAM (6)														
1110	CG RAM (7)														
1111	CG RAM (8)														

3）具有64 B 字符发生器 RAM（Character Generate RAM，CG RAM），可自行定义8 个5 ×8 点阵字符。字符地址码（DDRAM DATA）、CGRAM 地址及自编字型数据（CGRAM DATA）之间的关系如表 9-5 所示，表中为字符“￥”的点阵数据。

表 9-5 DDRAM 数据、CGRAM 地址与 CGRAM 数据的关系

DDRAM 数据								CGRAM 地址						CGRAM 数据							
7	6	5	4	3	2	1	0	5	4	3	2	1	0	7	6	5	4	3	2	1	0
											0	0	0	x	x	x	1	0	0	0	1
											0	0	1	x	x	x	0	1	0	1	0
											0	1	0	x	x	x	1	1	1	1	1
0	0	0	0	x	a	a	a	a	a	a	0	1	1	x	x	x	0	0	1	0	0
											1	0	0	x	x	x	1	1	1	1	1
											1	0	1	x	x	x	0	0	1	0	0
											1	1	0	x	x	x	0	0	1	0	0
											1	1	1	x	x	x	0	0	0	0	0

3. 指令格式

1602 字符液晶显示模块有一系列的指令集，包括清屏指令、复位指令等。

（1）清屏指令

RS	R/W	D7	D6	D5	D4	D3	D2	D1	D0
0	0	0	0	0	0	0	0	0	1

向 DDRAM 写入“20H”，清空屏幕显示，同时清零地址计数器 AC 的值。

（2）归零指令

RS	R/W	D7	D6	D5	D4	D3	D2	D1	D0
0	0	0	0	0	0	0	0	1	*

将屏幕的光标回归原点，AC = 0。

（3）输入方式选择指令

RS	R/W	D7	D6	D5	D4	D3	D2	D1	D0
0	0	0	0	0	0	0	1	I/D	S

用于设置光标和画面移动方式。其中：I/D = 1，数据读、写操作后，AC 自动加 1；I/D = 0，数据读、写操作后，AC 自动减 1。S = 1，数据读、写操作，画面平移；S = 0，数据读、写操作，画面保持不变。

（4）显示开关控制指令

RS	R/W	D7	D6	D5	D4	D3	D2	D1	D0
0	0	0	0	0	0	1	D	C	B

用于设置显示、光标及闪烁的开与关。其中：D 表示显示开关，D = 1 为开，D = 0 为关。C 表示光标开关，C = 1 为开，C = 0 为关。B 表示闪烁开关，B = 1 为开，B = 0 为关。

（5）光标和画面移动指令

RS	R/W	D7	D6	D5	D4	D3	D2	D1	D0
0	0	0	0	0	1	S/C	R/L	*	*

用于在不影响 DDRAM 的情况下使光标、画面移动。其中：S/C = 1，画面平移一个字符位；S/C = 0，光标平移一个字符位。R/L = 1，右移；R/L = 0，左移。

（6）功能设置指令

RS	R/W	D7	D6	D5	D4	D3	D2	D1	D0
0	0	0	0	1	DL	N	F	*	*

用于设置工作方式。其中：DL = 1，8 位数据接口；DL = 0，4 位数据接口。N = 1，两行显示；N = 0，一行显示。F = 1，5 × 10 点阵字符；F = 0，5 × 7 点阵字符。

(7) CGRAM 设置指令

RS	R/W	D7	D6	D5	D4	D3	D2	D1	D0
0	0	0	1	A5	A4	A3	A2	A1	A0

设置用户自定义字符 CGRAM 地址，A5 ~ A0 = 0x00 ~ 0x3F。

(8) DDRAM 设置指令

RS	R/W	D7	D6	D5	D4	D3	D2	D1	D0
0	0	1	A6	A5	A4	A3	A2	A1	A0

设置 DDRAM 地址。当采用一行显示时 A6 ~ A0 = 0 ~ 4FH；当采用两行显示时，首行A6 ~ A0 = 00H ~ 27H，次行 A6 ~ A0 = 40H ~ 67H。

(9) 读 BF 和 AC 指令

RS	R/W	D7	D6	D5	D4	D3	D2	D1	D0
0	1	BF	AC6	AC5	AC4	AC3	AC2	AC1	AC0

BF = 1 表示液晶忙；BF = 0 表示液晶准备好接收数据。此时，AC 值的意义为最近一次使用的（CGRAM 或 DDRAM）地址值。

(10) 写数据指令

RS	R/W	D7	D6	D5	D4	D3	D2	D1	D0
1	0	数据							

用于将 CGROM 中字符的地址码写入 DDRAM 以使 LCD 显示出相应的字符或将用户自创的字符数据存入 CGRAM 内。

(11) 读数据指令

RS	R/W	D7	D6	D5	D4	D3	D2	D1	D0
1	1	数据							

根据最近设置的地址，从 DDRAM 或 CGRAM 读出数据。

9.4.2 实例说明

利用单片机扩展一块字符型液晶显示模块 1602，并控制其显示时间值，时间的显示格式为“00:00:00”。

9.4.3 硬件电路设计

单片机与 1602 可采用 8 位数据接口或 4 位数据接口两种连接方式。采用 8 位数据口时，数据传输速度较快，但占用单片机口线较多；相反，若采用 4 位数据口，则占用口线较少，但一个字节数据需要分高 4 位和低 4 位传送两次，因此，数据通信速度较慢。本例采用 8 位数据接口连接方式，硬件电路如图 9-14 所示。

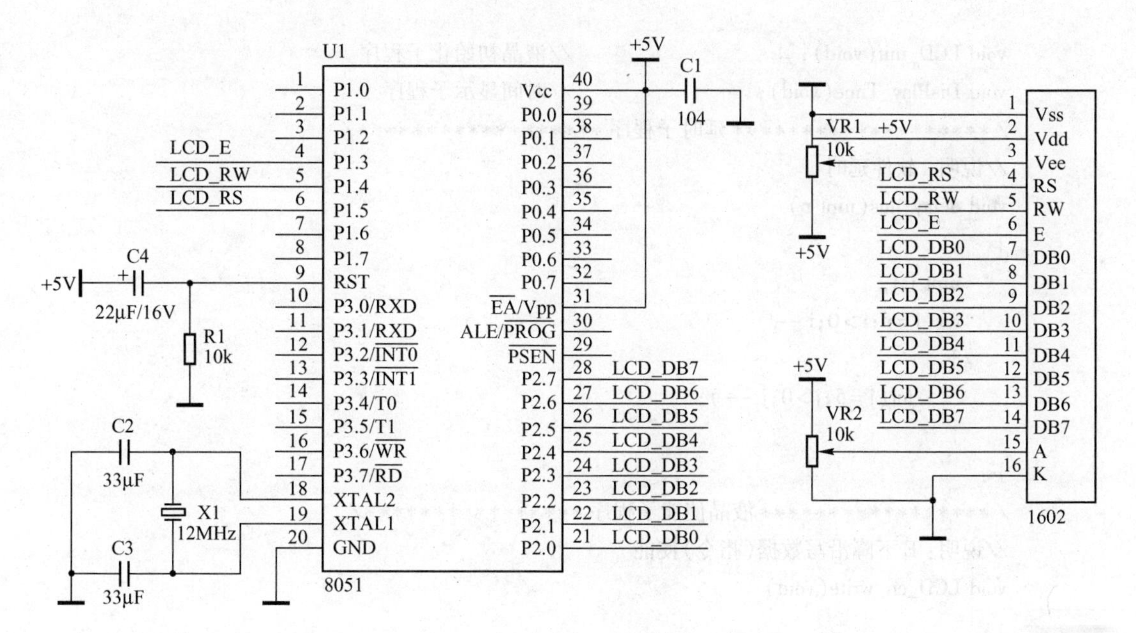

图 9-14　单片机与 1602 接口电路

9.4.4　软件设计

根据实例要求可知，待显示的字符仅包括：“0” ~ “9”及“：”，这些字符的点阵数据可直接从 CGROM 中取出，而无需通过 CGRAM 自定义字型。因此，将这些字符的 ASCII 码（即字符在 CGROM 中的地址码）送入 DDRAM 的指定位置即可。程序清单如下：

```
/********************头文件********************/
#include <reg51.h>
#include <intrins.h>
/********************宏定义********************/
#define uchar unsigned char
#define uint unsigned int
/*******************端口定义*******************/
sbit LCD1602_RS = P1^5;              //1：数据；0：命令
sbit LCD1602_RW = P1^4;              //1：读；0：写
sbit LCD1602_EN = P1^3;              //液晶使能
#define LCD_DATA    P2               //液晶数据总线
/*****************全局变量定义*****************/
uchar code discode[ ] = {"0123456789:"}; //字符地址码
uchar Realtime[3];                   //实时时间存储单元
/*******************函数声明*******************/
void delay_nus(uint n);              //延时子程序
void LCD_en_write(void);             //液晶使能子程序
void LCD_write_command(uchar command); //写指令子程序
void LCD_write_data(uchar Recdata);  //写数据子程序
void LCD_set_xy(uchar x, uchar y);   //写 DDRAM 地址子程序
```

```
void LCD_init(void);                        //液晶初始化子程序
void DisPlay_Time(void);                    //时间显示子程序
/****************** 延时子程序 ******************/
//说明：软件延时
void delay_nus(uint n)
{
    uint i,j;
    for(i = n;i > 0;i --)
    {
        for(j = 5;j > 0;j --);
    }
}
/***************** 液晶使能子程序 ****************/
//说明：E 下降沿写数据(指令)使能
void LCD_en_write(void)
{
    LCD1602_EN = 1;
    delay_nus(1);
    LCD1602_EN = 0;
}
/****************** 写指令子程序 ****************/
//说明：写指令
void LCD_write_command(uchar command)
{
    uchar temp;
    delay_nus(5);
    LCD1602_RS = 0;                         //RS = 0
    LCD_DATA = command;
    LCD_en_write();
}
/***************** 写数据子程序 ****************/
//说明：写数据
void LCD_write_data(uchar Recdata)
{
    uchar temp;
    delay_nus(16);
    LCD1602_RS = 1;                         //RS = 1
    LCD_DATA = Recdata;
    LCD_en_write();
}
/**************** 写 DDRAM 地址子程序 ***************/
//说明：列 x = 0 ~ 15，行 y = 0,1
void LCD_set_xy(uchar x, uchar y)
```

```
{
    uchar address;
    if (y==0)
        address=0x80+ x;
    else
        address=0xc0+ x;
    LCD_write_command(address);
}
/***************液晶初始化子程序****************/
//说明：采用4位数据口，两行显示，5×7点阵
void LCD_init(void)
{
    LCD1602_RW=0;

    LCD_write_command(0x28);
    delay_nus(40);
    LCD_write_command(0x28);
    delay_nus(40);
    LCD_write_command(0x28);

    delay_nus(20);
    LCD_en_write();
    delay_nus(20);
    LCD_write_command(0x28);            //4位数据口，两行显示
    delay_nus(20);
    LCD_write_command(0x0c);            //显示开
    LCD_write_command(0x01);            //清屏
    LCD_write_command(0x06);            //自动加1
    delay_nus(300);
}
/****************时间显示子程序*****************/
//说明：显示实时时间值
void DisPlay_Time(void)
{
    uchar temp;
    LCD_set_xy(4, 0);                   //写DDRAM地址

    //显示"时"
    temp=Realtime[2];
    LCD_write_data(discode[temp/10]);
    LCD_write_data(discode[temp%10]);
    //显示":"
    LCD_write_data(discode[10]);
```

```
        //显示"分"
        temp = Realtime[1];
        LCD_write_data(discode[temp/10]);
        LCD_write_data(discode[temp%10]);
        //显示"秒"
        temp = Realtime[0];
        LCD_write_data(discode[temp/10]);
        LCD_write_data(discode[temp%10]);
    }
/ ********************** 主程序 *********************/
void main(void)
{
        LCD_init();

        Realtime[0] = 25;
        Realtime[1] = 5;
        Realtime[2] = 10;

        DisPlay_Time();
        while(1);
}
```

9.5　12864 点阵型 LCM 的应用——汉字和图形的显示

1602 液晶显示模块只能显示数字和一些简单的字符，在某些需要显示汉字和图形的应用场合将不再适用。相反，12864 点阵 LCM 在这些领域被广泛采用。

9.5.1　12864 点阵型 LCM

12864 是一种图形点阵液晶显示模块。它主要采用动态驱动原理由行驱动控制器和列驱动器两部分组成了 128（列）× 64（行）的全点阵液晶显示。可以显示 8×4 行 16×16 点阵的汉字，也可完成字符、图形的显示，构成全中文人机交互图形界面。

1. 引脚定义

12864 液晶显示模块的实物图和引脚定义分别如图 9-15 和表 9-6 所示。

图 9-15　12864 液晶模块实物图

表 9-6　12864 液晶显示模块引脚功能定义

引脚号	引脚名称	引脚功能描述	引脚号	引脚名称	引脚功能描述
1	Vss	电源地	11	DB4	数据线
2	Vdd	电源电压，+5 V	12	DB5	
3	VLCD	LCD 驱动负电压，用于液晶亮度控制，要求 VDD - VLCD = 13 V	13	DB6	
4	D/I	数据/指令选择。1：数据；0：指令	14	DB7	
5	R/W	读/写操作选择。1：读；0：写	15	/CSA	片选信号，当/CSA 为低时，液晶左半屏显示
6	E	使能信号，数据在下降沿时被写入 LCM，在高电平时被读出 LCM	16	/CSB	片选信号，当/CSB 为低时，液晶右半屏显示
7	DB0	数据线	17	/RES	复位信号，低电平有效
8	DB1		18	VEE	液晶驱动电源，输出 -10 V 电压
9	DB2		19	LED +	LED 背光正电源
10	DB3		20	LED -	LED 背光负电源

2. 内部结构

12864 液晶显示屏分为左半屏（64 行 × 64 列）和右半屏（64 行 × 64 列），其列驱动器分别为 KS0108B(1)和 KS0108B(2)，通过液晶模块的外围引脚/CSA 和/CSB 可实现两个半屏的选通控制。每个列驱动器 KS0108B（或其兼容控制驱动器 HD61202）与行驱动器 KS0107B（或其兼容驱动器 HD61203）配合使用对液晶屏进行列、行驱动。其内部逻辑电路如图 9-16 所示。

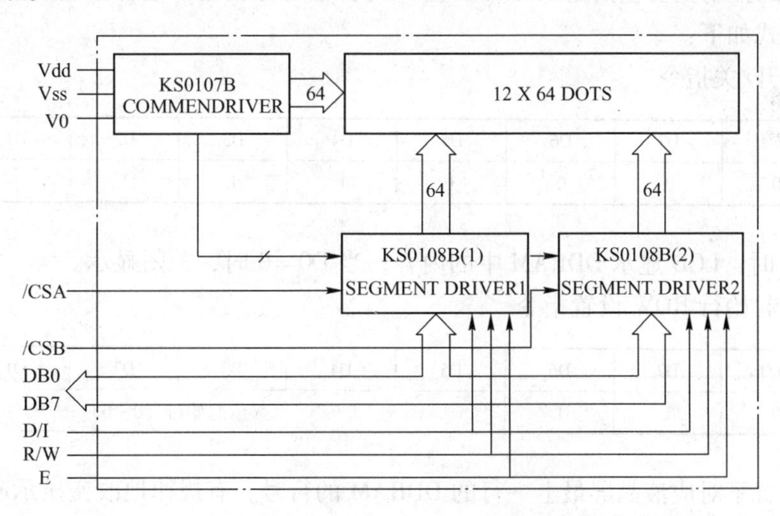

图 9-16　12864 液晶显示模块内部逻辑电路

列驱动器 KS0108B 内部含有 64 × 64 = 4096 位显示 RAM（DDRAM），DDRAM 中每位数据（1 或 0）对应 LCD 屏上一个点的状态（亮或暗），其地址结构如图 9-17 所示。

待显对象在 DDRAM 中的位置主要通过 X 地址寄存器和 Y 地址寄存器进行确定。

X 地址寄存器是一个三位页地址寄存器，其输出控制着 DDRAM 中 8 个页面的选择，每个页面为 64（列） × 8（行）位。X 地址寄存器没有自动修改功能，所以要想转换页面需

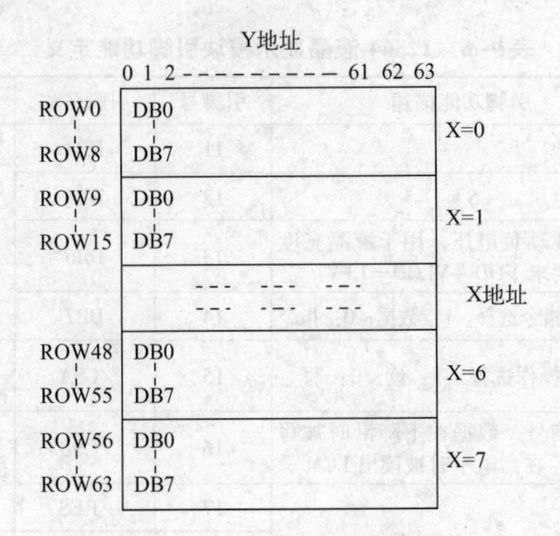

图 9-17 DDRAM 地址结构

要重新设置 X 地址寄存器的内容。

Y 地址寄存器是一个 6 位循环加以计数器，它管理某一页面上的 64 个列，Y 和 X 地址结合唯一选通显示存储器的一个 8 位单元。Y 地址计数器具有自动加一功能，在显示存储器读/写操作后 Y 地址计数将自动加一。当计数器加至 3FH 后循环归零再继续加一。

另外，通过设置显示起始行寄存器，可将 DDRAM 与点阵显示屏上的位置一一对应，如：设置显示起始行为 0，则 DDRAM 第一行对应显示屏上的第一行。

3. 指令格式

对 12864 的控制主要包括显示开关设置，显示起始行设置，地址指针设置和数据读/写等指令，其格式如下：

（1）显示开/关指令

R/W	D/I	D7	D6	D5	D4	D3	D2	D1	D0
0	0	0	0	1	1	1	1	1	1/0

当 D0 = 1 时，LCD 显示 DDRAM 中的内容；当 D0 = 0 时，关闭显示。

（2）显示起始行 ROW 设置指令

R/W	D/I	D7	D6	D5	D4	D3	D2	D1	D0
0	0	1	1	显示起始行（0～63）					

该指令设置了对应液晶屏最上一行的 DDRAM 的行号，有规律地改变显示起始行可以使 LCD 实现显示滚屏的效果。

（3）页（PAGE）设置指令

R/W	D/I	D7	D6	D5	D4	D3	D2	D1	D0
0	0	1	0	1	1	1	页号（0～7）		

DDRAM 共 64 行，分 8 页，每页 8 行，即设置 X 地址寄存器的值。

（4）列地址（Y Address）设置指令

R/W	D/I	D7	D6	D5	D4	D3	D2	D1	D0
0	0	0	1	显示列地址（0～63）					

设置了页地址和列地址就唯一确定了 DDRAM 中的一个单元，这样单片机 CPU 就可以用读/写指令读出该单元中的内容或向该单元写进一个字节数据。

（5）读状态指令

R/W	D/I	D7	D6	D5	D4	D3	D2	D1	D0
1	0	BUSY	0	ON/OFF	REST	0	0	0	0

该指令用来查询液晶显示模块内部控制器的状态，各参量含义如下：

BUSY：1－内部在工作；0－正常状态。

ON/OFF：1－显示关闭；0－显示打开。

RESET：1－复位状态；0－正常状态。

在 BUSY 和 RESET 状态时，除读状态指令外其他指令均不对液晶显示模块产生作用。在对液晶显示模块操作之前要查询 BUSY 状态，以确定是否可以对液晶显示模块进行操作。

（6）写数据指令

R/W	D/I	D7	D6	D5	D4	D3	D2	D1	D0
0	1	数据							

该指令用于写待显内容的字模数据。

（7）读数据指令

R/W	D/I	D7	D6	D5	D4	D3	D2	D1	D0
1	1	数据							

每执行完一次读、写操作，列地址就自动增一，必须注意的是：进行读操作之前，必须有一次空读操作，紧接着再读才会读出所要读的单元中的数据。

9.5.2 实例说明

利用单片机扩展液晶显示模块 12864，并控制其分别显示如下内容：

一是：小四号汉字“欢迎使用!”。

二是：分辨率为 128×64 的图片，如图 9-18 所示。

欢迎使用！

图 9-18 待显示图片

9.5.3 硬件电路设计

单片机与 12864 液晶显示模块的接口电路如图 9-19 所示，调节可变电阻 VR1 可以改变液晶亮度。

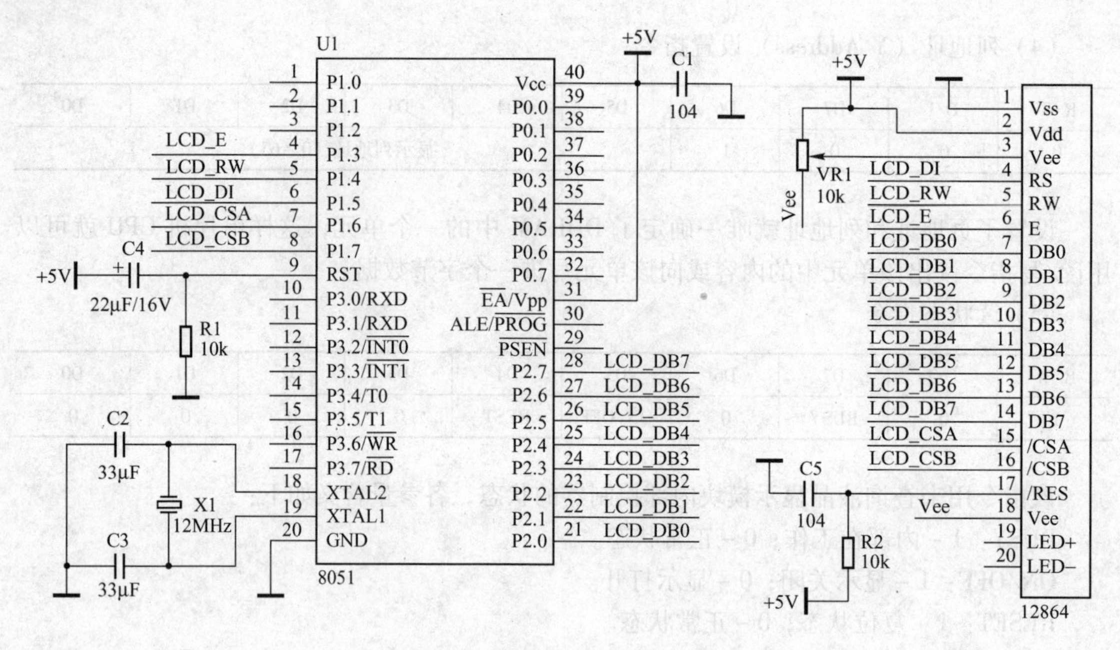

图 9-19　单片机与 12864 接口电路

9.5.4　软件设计

根据 9.5.1 节所述，在显示字符、汉字或图形时，应首先设置 12864 的 DDRAM 地址寄存器和显示起始行寄存器，确定显示位置，再通过其并行数据线依次送入相应的字模数据即可。而待显对象的字模数据需通过第三方软件获取，如 Zimo21 等。其主界面如图 9-20 所示。

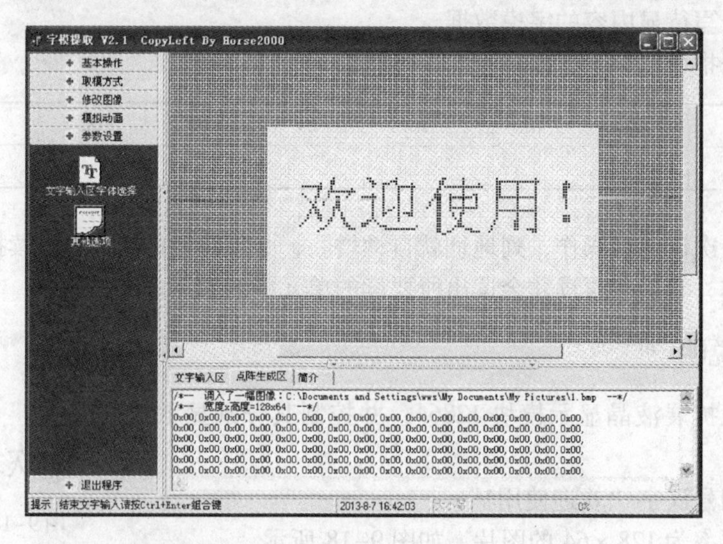

图 9-20　字模软件 Zimo21 的操作主界面

取模之前，应先通过“参数设置”菜单设置文字字体、大小及取模方式。之后，在文字输入区输入相应的汉字或字符，或导入相应的位图，再按〈Ctrl + Enter〉键即可生成对应的字模数据。由于篇幅有限，Zimo21 的详细使用方法这里不再赘述。

程序清单如下：

```
/********************头文件******************/
#include <reg51.h>
#include <intrins.h>
/********************宏定义*******************/
#define uchar unsigned char
#define uint unsigned int
//液晶控制指令
#define COM_ON          0X3F
#define COM_OFF         0X3E
#define Start_ROW       0XC0
#define Start_Page      0xB8
#define Start_Column    0x40
#define BUSY_MASK       0X80
/********************端口定义******************/
sbit LCD_CSA = P1^6;        //液晶左屏片选
sbit LCD_CSB = P1^7;        //液晶右屏片选
sbit LCD_DI = P1^5;         //1：数据；0：命令
sbit LCD_RW = P1^4;         //1：读；0：写
sbit LCD_E = P1^3;          //液晶使能
#define LCD_DATA   P2       //液晶数据总线
/***************************全局变量定义****************************/
//字模数据
uchar code HUAN_ZIMO[32] =              //"欢"，宽 x 高 = 16x16
{0x14,0x24,0x44,0x84,0x64,0x1C,0x20,0x18,0x0F,0xE8,0x08,0x08,0x28,0x18,0x08,0x00,
0x20,0x10,0x4C,0x43,0x43,0x2C,0x20,0x10,0x0C,0x03,0x06,0x18,0x30,0x60,0x20,0x00};

uchar code YING_ZIMO[32] =              //"迎"，宽 x 高 = 16x16
{0x40,0x41,0xCE,0x04,0x00,0xFC,0x04,0x02,0x02,0xFC,0x04,0x04,0x04,0xFC,0x00,0x00,
0x40,0x20,0x1F,0x20,0x40,0x47,0x42,0x41,0x40,0x5F,0x40,0x42,0x44,0x43,0x40,0x00};

uchar code SHI_ZIMO[32] =               //"使"，宽 x 高 = 16x16
{0x40,0x20,0xF0,0x1C,0x07,0xF2,0x94,0x94,0x94,0xFF,0x94,0x94,0x94,0xF4,0x04,0x00,
0x00,0x00,0x7F,0x00,0x40,0x41,0x22,0x14,0x0C,0x13,0x10,0x30,0x20,0x61,0x20,0x00};

uchar code YONG_ZIMO[32] =              //"用"，宽 x 高 = 16x16
{0x00,0x00,0x00,0xFE,0x22,0x22,0x22,0x22,0xFE,0x22,0x22,0x22,0x22,0xFE,0x00,0x00,
0x80,0x40,0x30,0x0F,0x02,0x02,0x02,0x02,0xFF,0x02,0x02,0x42,0x82,0x7F,0x00,0x00};

uchar code TANHAO_ZIMO[32] =            //"!"，宽 x 高 = 16x16
{0x00,0x00,0x00,0xF0,0x00,0x00,0x00,0x00,0x00,0x00,0x00,0x00,0x00,0x00,0x00,0x00,
0x00,0x00,0x00,0x5F,0x00,0x00,0x00,0x00,0x00,0x00,0x00,0x00,0x00,0x00,0x00,0x00};
```

```
uchar code Figure_ZIMO[8192] = {              //图片字模，宽度 x 高度 = 128x64
0x00,0x00,0x00,0x00,0x00,0x00,0x00,0x00,0x00,0x00,0x00,0x00,0x00,0x00,0x00,0x00,0x00,
0x00,0x00,0x00,0x00,0x00,0x00,0x00,0x00,0x00,0x00,0x00,0x00,0x00,0x00,0x00,0x00,0x00,
0x00,0x00,0x00,0x00,0x00,0x00,0x00,0x00,0x00,0x00,0x00,0x00,0x00,0x00,0x00,0x00,0x00,
0x00,0x00,0x00,0x00,0x00,0x00,0x00,0x00,0x00,0x00,0x00,0x00,0x00,0x00,0x00,0x00,0x00,
0x00,0x00,0x00,0x00,0x00,0x00,0x00,0x00,0x00,0x00,0x00,0x00,0x00,0x00,0x00,0x00,0x00,
0x00,0x00,0x00,0x00,0x00,0x00,0x00,0x00,0x00,0x00,0x00,0x00,0x00,0x00,0x00,0x00,0x00,
0x00,0x00,0x00,0x00,0x00,0x00,0x00,0x00,0x00,0x00,0x00,0x00,0x00,0x00,0x00,0x00,0x00,
0x00,0x00,0x00,0x00,0x00,0x00,0x00,0x00,0x00,0x00,0x00,0x00,0x00,0x00,0x00,0x00,0x00,
0x00,0x00,0x00,0x00,0x00,0x00,0x00,0x00,0x00,0x00,0x00,0x00,0x00,0x00,0x00,0x00,0x00,
0x00,0x00,0x00,0x00,0x00,0x00,0x00,0x00,0x00,0x00,0x00,0x00,0x00,0x00,0x00,0x00,0x00,
0x00,0x00,0x00,0x00,0x00,0x00,0x00,0x00,0x00,0x00,0x00,0x00,0x00,0x00,0x00,0x00,0x00,
0x00,0x00,0x00,0x00,0x00,0x00,0x00,0x00,0x00,0x00,0x00,0x00,0x00,0x00,0x00,0x00,0x00,
0x00,0x00,0x00,0x00,0x00,0x00,0x00,0x00,0x00,0x00,0x00,0x00,0x00,0x00,0x00,0x00,0x00,
0x00,0x00,0x00,0x00,0x00,0x00,0x00,0x00,0x00,0x00,0x00,0x00,0x00,0x00,0x00,0x00,0x00,
0x00,0x00,0x00,0x00,0x00,0x00,0x00,0x00,0x00,0x00,0x00,0x00,0x00,0x00,0x00,0x00,0x00,
0x00,0x00,0x00,0x00,0x00,0x00,0x00,0x00,0x00,0x00,0x00,0x00,0x00,0x00,0x40,0x40,0x40,
0x40,0x40,0x40,0xC0,0xE0,0x00,0x00,0x00,0xF0,0x38,0x00,0x00,0x00,0x00,0x00,0x00,0x80,
0x00,0x00,0x00,0x00,0x00,0x08,0x18,0x70,0x20,0x00,0x00,0xE0,0x20,0x20,0x10,0x10,0x38,
0xC0,0x40,0x40,0x40,0x40,0xE0,0x40,0x00,0x00,0x00,0x00,0x00,0x00,0x00,0x00,0x80,0xF0,
0x38,0x48,0x40,0x40,0x40,0x40,0x40,0x40,0xF8,0x40,0x40,0x40,0x40,0x40,0x60,0x40,0x00,
0x00,0x00,0x00,0x00,0xF8,0xF0,0x10,0x10,0x10,0x10,0x10,0x10,0xF0,0x10,0x10,0x10,0x10,
0x10,0x10,0xF8,0x10,0x00,0x00,0x00,0x00,0x00,0x00,0x00,0x00,0x00,0xE0,0xF0,0x60,0x00,
0x00,0x00,0x00,0x00,0x00,0x00,0x00,0x00,0x00,0x00,0x00,0x00,0x00,0x00,0x00,0x00,0x00,
0x00,0x00,0x00,0x00,0x00,0x00,0x02,0x04,0x08,0x90,0x60,0xDC,0x87,0x00,0x30,0x08,0x07,
0x01,0xC1,0x7D,0xFD,0x01,0x01,0x05,0x03,0x01,0x01,0x00,0x00,0x04,0x04,0x04,0x04,0xFE,
0x04,0x00,0x00,0xFF,0x00,0x80,0x80,0x40,0x00,0xFF,0x00,0x00,0x00,0x00,0xFF,0x00,0x00,
0x00,0x00,0x00,0x40,0x30,0x08,0x06,0xFF,0xFE,0x00,0x00,0x00,0xFE,0x44,0x44,0x44,0x44,
0xFF,0x44,0x44,0x44,0x42,0x7E,0x00,0x00,0x00,0x00,0x00,0x00,0x00,0xFF,0x87,0x84,0x84,
0x84,0x84,0x84,0x84,0xFF,0x84,0x84,0x84,0x84,0x84,0x84,0xFF,0x00,0x00,0x00,0x00,0x00,
0x00,0x00,0x00,0x00,0x00,0x07,0x7F,0x00,0x00,0x00,0x00,0x00,0x00,0x00,0x00,0x00,0x00,
0x00,0x00,0x00,0x00,0x00,0x00,0x00,0x00,0x00,0x00,0x00,0x00,0x00,0x00,0x20,0x10,0x08,
0x06,0x01,0x00,0x01,0x87,0x4E,0x40,0x20,0x18,0x0C,0x03,0x00,0x00,0x07,0x1C,0x30,0x60,
0x40,0x40,0x00,0x00,0x30,0x30,0x18,0x08,0x07,0x08,0x10,0x20,0x23,0x61,0x40,0x40,0x40,
0x40,0x4F,0x40,0x41,0x41,0x43,0x43,0x40,0x20,0x00,0x00,0x00,0x00,0x00,0x00,0x00,0xFF,
0xFF,0x00,0x00,0x80,0x80,0x43,0x24,0x38,0x3F,0x21,0x40,0x40,0xC0,0x80,0x80,0x80,0x00,
0x00,0x00,0x80,0x60,0x18,0x07,0x00,0x00,0x00,0x00,0x00,0x00,0x78,0x7F,0x00,0x00,0x00,
0x40,0x40,0xC0,0xFF,0x00,0x00,0x00,0x00,0x00,0x00,0x00,0x00,0x00,0x00,0x0E,0x0E,0x0E,
0x00,0x00,0x00,0x00,0x00,0x00,0x00,0x00,0x00,0x00,0x00,0x00,0x00,0x00,0x00,0x00,0x00,
0x00,0x00,0x00,0x00,0x00,0x00,0x00,0x00,0x00,0x00,0x00,0x00,0x00,0x00,0x00,0x00,0x00,
0x00,0x00,0x00,0x00,0x00,0x00,0x00,0x00,0x00,0x00,0x00,0x00,0x00,0x00,0x00,0x00,0x00,
```

```
0x00,0x00,0x00,0x00,0x00,0x00,0x00,0x00,0x00,0x00,0x00,0x00,0x00,0x00,0x00,0x00,0x00,
0x00,0x00,0x00,0x00,0x00,0x00,0x00,0x00,0x00,0x00,0x01,0x01,0x00,0x00,0x00,0x00,0x00,
0x00,0x00,0x00,0x00,0x00,0x00,0x00,0x00,0x00,0x00,0x00,0x00,0x00,0x00,0x00,0x00,0x00,
0x00,0x00,0x00,0x00,0x00,0x00,0x00,0x00,0x00,0x00,0x00,0x00,0x00,0x00,0x00,0x00,0x00,
0x00,0x00,0x00,0x00,0x00,0x00,0x00,0x00,0x00,0x00,0x00,0x00,0x00,0x00,0x00,0x00,0x00,
0x00,0x00,0x00,0x00,0x00,0x00,0x00,0x00,0x00,0x00,0x00,0x00,0x00,0x00,0x00,0x00,0x00,
0x00,0x00,0x00,0x00,0x00,0x00,0x00,0x00,0x00,0x00,0x00,0x00,0x00,0x00,0x00,0x00,0x00,
0x00,0x00,0x00,0x00,0x00,0x00,0x00,0x00,0x00,0x00,0x00,0x00,0x00,0x00,0x00,0x00,0x00,
0x00,0x00,0x00,0x00,0x00,0x00,0x00,0x00,0x00,0x00,0x00,0x00,0x00,0x00,0x00,0x00,0x00,
0x00,0x00,0x00,0x00,0x00,0x00,0x00,0x00,0x00,0x00,0x00,0x00,0x00,0x00,0x00,0x00,0x00,
0x00,0x00,0x00,0x00,0x00,0x00,0x00,0x00,0x00,0x00,0x00,0x00,0x00,0x00,0x00,0x00,0x00,
0x00,0x00,0x00,0x00,0x00,0x00,0x00,0x00,0x00,0x00,0x00,0x00,0x00,0x00,0x00,0x00,0x00,
0x00,0x00,0x00,0x00,0x00,0x00,0x00,0x00,0x00,0x00,0x00,0x00,0x00,0x00,0x00,0x00,0x00,
0x00,0x00,0x00,0x00,0x00,0x00,0x00,0x00,0x00,0x00,0x00,0x00,0x00,0x00,0x00,0x00,0x00,
0x00,0x00,0x00,0x00,0x00,0x00,0x00,0x00,0x00,0x00,0x00,0x00,0x00,0x00,0x00,0x00,0x00,
0x00,0x00,0x00,0x00,0x00,0x00,0x00,0x00,0x00,0x00,0x00,0x00,0x00,0x00,0x00,0x00,0x00,
0x00,0x00,0x00,0x00,0x00,0x00,0x00,0x00,0x00,0x00,0x00,0x00,0x00,0x00,0x00,0x00,0x00,
0x00,0x00,0x00,0x00,0x00,0x00,0x00,0x00,0x00,0x00,0x00,0x00,0x00,0x00,0x00,0x00,0x00,
0x00,0x00,0x00,0x00,0x00,0x00,0x00,0x00,0x00,0x00,0x00,0x00,0x00,0x00,0x00,0x00,0x00,
0x00,0x00,0x00,0x00,0x00,0x00,0x00,0x00,0x00,0x00,0x00,0x00,0x00,0x00,0x00,0x00,0x00,
0x00,0x00,0x00,0x00};
/******************************函数声明******************************/
void delay(uint n);                               //软件延时子程序
void write_cmd_L(uchar cmd);                      //液晶写左命令子程序
void write_cmd_R(uchar cmd);                      //液晶写右命令子程序
void write_dat_L(uchar dat);                      //液晶写左数据子程序
void write_dat_R(uchar dat);                      //液晶写右数据子程序
void lcd_clr(void);                               //清屏子程序
void lcd_init(void);                              //初始化子程序
void write_data(uchar xpos,uchar ypos,uchar lcddata);      //液晶写数据子程序
void hz_disp16x16(uchar x, uchar y, uchar *hz);            //汉字显示子程序
/****************软件延时子程序****************/
void delay(uint n)
{
    uint i,j;
    for(i=n;i>0;i--)
    {
        for(j=1000;j>0;j--);
    }
}
/**************液晶写左命令子程序**************/
```

```
//说明：向左半屏写命令
void write_cmd_L( uchar cmd)
{
    LCD_CSB = 1;
    LCD_CSA = 0;
    LCD_DI = 0;
    _nop_();
    LCD_RW = 1;
    _nop_();
    LCD_E = 1;
    LCD_DATA = 0xff;                                   //读前写1
    while(LCD_DATA&BUSY_MASK)
    {
        LCD_DATA = 0xff;
    }
    LCD_E = 0;
    LCD_RW = 0;
    LCD_DATA = cmd;
    LCD_E = 1;
    _nop_();
    _nop_();
    LCD_E = 0;
}
/ *************** 液晶写右命令子程序 *************** /
//说明：向右半屏写命令
void write_cmd_R( uchar cmd)
{
    LCD_CSB = 0;
    LCD_CSA = 1;
    LCD_DI = 0;
    _nop_();
    LCD_RW = 1;
    _nop_();
    LCD_E = 1;
    LCD_DATA = 0xff;                                   //读前写1
    while( LCD_DATA&BUSY_MASK)
    {
        LCD_DATA = 0xff;
    }
    LCD_E = 0;
    LCD_RW = 0;
```

```
    LCD_DATA = cmd;
    LCD_E = 1;
    _nop_();
    _nop_();
    LCD_E = 0;
}

/**************液晶写左数据子程序*****************/
//说明：向左半屏写数据
void write_dat_L(uchar dat)
{
    LCD_CSB = 1;
    LCD_CSA = 0;
    LCD_DI = 0;
    _nop_();

    LCD_RW = 1;
    _nop_();
    LCD_E = 1;
    LCD_DATA = 0xff;                                    //读前写1
    while(LCD_DATA&BUSY_MASK)
    {
        LCD_DATA = 0xff;
    }
    LCD_E = 0;
    LCD_DI = 1;
    LCD_RW = 0;
    LCD_DATA = dat;
    LCD_E = 1;
    _nop_();
    _nop_();
    LCD_E = 0;
}
/***************液晶写右数据子程序****************/
//说明：向右半屏写数据
void write_dat_R(uchar dat)
{
    LCD_CSB = 0;
    LCD_CSA = 1;
    LCD_DI = 0;
    _nop_();
```

```
    LCD_RW = 1;
    _nop_();
    LCD_E = 1;
    LCD_DATA = 0xff;                                          //读前写 1
    while(LCD_DATA&BUSY_MASK)
    {
        LCD_DATA = 0xff;
    }
    LCD_E = 0;
    LCD_DI = 1;
    LCD_RW = 0;
    LCD_DATA = dat;
    LCD_E = 1;
    _nop_();
    _nop_();
    LCD_E = 0;
}
/ ***************** 清屏子程序 *********************** /
//说明: 清除全屏显示
void lcd_clr(void)
{
    uchar i,j,page;
    for(i = 0; i < 8; i ++ )                                  //共 8 页
    {
        page = i;
        page | = Start_Page;

        write_cmd_L(page);                                    //写起始页地址
        write_cmd_L(Start_Column);                            //写起始列地址
        for(j = 0; j < 64; j ++ )                             //左屏共 64 列
        {
            write_dat_L(0);
        }

        write_cmd_R(page);
        write_cmd_R(Start_Column);
        for(j = 0; j < 64; j ++ )
        {
            write_dat_R(0);
        }
```

```
    }
}
/******************初始化子程序******************/
//说明：初始化液晶显示器
void lcd_init(void)
{
    write_cmd_L(COM_OFF);                          //关显示
    write_cmd_R(COM_OFF);
    write_cmd_L(Start_ROW);                        //起始行
    write_cmd_R(Start_ROW);
    write_cmd_L(COM_ON);                           //开显示
    write_cmd_R(COM_ON);
    lcd_clr();                                     //清屏
}
/*****************液晶写数据子程序**************/
//说明：显示单列数据。
//输入：xpos为列地址，ypos为页地址，lcddata为单个字节数据。
void write_data(uchar xpos,uchar ypos,uchar lcddata)
{
    if(xpos<128)
    {
        if((xpos & 0x40)==0)
        {
            write_cmd_L(Start_Page | ypos );         //起始页
            write_cmd_L(Start_Column | xpos);       //起始列
        write_dat_L(lcddata);
        }
        else
        {
            write_cmd_R(Start_Page | ypos);
            write_cmd_R(Start_Column | xpos);
            write_dat_R(lcddata);
        }
    }
}
/*****************汉字显示子程序******************/
//说明：显示单个汉字。
//输入：x为起始列(取值0~127)，y起始页(取值0~7)。
void hz_disp16x16(uchar x, uchar y, uchar *hz)
{
```

```
    uchar i;
    for(i=0; i<16; i++)
    {
        write_data(x+i, y, hz[i]);
        write_data(x+i, y+1, hz[16+i]);
    }
}
/********************** 主程序 **********************/
void main(void)
{
    uchar i;

    lcd_init();                                    //液晶初始化
    //显示汉字
    hz_disp16x16(16,0,&HUAN_ZIMO[0]);              //欢
    hz_disp16x16(32,0,&YING_ZIMO[0]);              //迎
    ch_disp8x16(48,0,&SHI_ZIMO[0]);                //使
    ch_disp8x16(64,0,&YONG_ZIMO[0]);               //用

    delay(500);                                    //延时
    lcd_clr();                                     //清屏
    //显示图像
    for(i=0;i<128;i++)
    {
        write_data(i,0,Figure_ZIMO[i]);            //显示第0页
        write_data(i,1,Figure_ZIMO[128+i]);        //显示第1页
        write_data(i,2,Figure_ZIMO[256+i]);        //显示第2页
        write_data(i,3,Figure_ZIMO[384+i]);        //显示第3页
        write_data(i,4,Figure_ZIMO[512+i]);        //显示第1页
        write_data(i,5,Figure_ZIMO[640+i]);        //显示第2页
        write_data(i,6,Figure_ZIMO[768+i]);        //显示第3页
        write_data(i,7,Figure_ZIMO[896+i]);        //显示第3页
    }
    while(1);
}
```

9.6 总结交流

键盘和显示器作为人机交互接口，是单片机应用系统的重要组成部分。本章主要介绍了键盘、LED显示器及LCM的接口原理，并通过实例详细阐述了它们的具体应用方法。

1）非编码键盘的硬件扩展主要分为查询和中断两种方式；而在软件编程方面，键盘的扫描方法分为程控扫描法、定时扫描法及中断扫描法三种。行列式键盘可利用较少的单片机I/O口扩展较多的按键，但需逐列、逐行扫描，编程复杂。

2）7段数码管显示器又称为LED显示器，实际上是由7个并联的发光二极管组成，它们有一个公共端，根据内部公共端的接法分为共阳型和共阴型两种。LED显示器的控制方式分为静态扫描和动态扫描两种。

3）1602和12864属于最常用的两种点阵型液晶显示模块。显示屏幕均由多个点阵构成，每个点代表一位，若送入的对应数据位为“1”，则该点被点亮，若送入的对应数据位为“0”，则该点变暗。两者的区别在于：1602只能显示字符，且显示时无需送入具体的点阵数据，而是送字符在CGROM中的地址码到DDRAM即可；12864需要送入字符对应的点阵数据到DDRAM。

第10章 常用数据传输接口与技术

数据传输（通信）在单片机的应用中占有十分重要的地位，它是单片机与外界设备进行信息交互的一种常用手段，其硬件基础是数据传输接口。

数据传输接口分为并行数据接口和串行数据接口。并行数据接口在进行数据传输时，数据总线上的所有数据同时输入或输出，传输速度很快；而串行数据接口只有一根数据传输线，数据是一位一位地传递的，如一个字节的数据需要分8次传递，传输速度较慢。

8051单片机本身的数据传输接口主要为8位并行数据接口和全双工串行通信接口。随着电子技术的迅猛发展，并行数据接口在单片机系统中的使用率越来越低。由于在使用并行数据接口时，需要多根数据线，同时还要使用一些控制线和握手信号线，占用口线较多，当有些扩展设备需要安放在距离单片机较远的位置时，并行数据传输接口就显得十分笨拙，并且数据线上的电平会随着通信线路的加长而不断衰减，导致通信失败。所以，现在大部分的电子器件和设备都提供有串行数据接口，常用的有I^2C总线接口、SPI总线接口及1-Wire总线接口等。下面将从总线接口协议、驱动程序、应用实例三个方面对这些数据传输接口与技术进行介绍。

10.1 I^2C 总线

I^2C（Inter Integrated Circuit）总线是由Philips公司在20世纪80年代推出的一种两线制串行总线标准。该总线在物理上由一根串行数据线SDA和一个串行时钟线SCL组成，各种使用该标准的器件都可以直接连接到总线上进行通信，可以在同一条总线上连接多个外部器件，数据传输速率在100 kbit/s以上，是51单片机常用的外部资源扩展方法之一。表10-1是I^2C总线中的一些常用术语。

表10-1 I^2C总线中的常用术语

术 语	描述说明
发送器	发送数据到总线的器件
接收器	从总线接收数据的器件
主机	初始化数据传输、产生时钟信号和终止数据传输的器件
从机	被主机寻址的器件
多主机	同时有多于一个主机尝试控制总线
主器件地址	主机的内部地址，每一种主器件有其特定的主器件地址
从器件地址	从机的内部地址，每一种从器件有其特定的从器件地址
仲裁过程	同时有一个以上的主机尝试操作总线，I^2C总线使其中一个主机获得总线的使用权，且不会破坏数据交互的过程
同步过程	两个或两个以上器件同步时钟信号的过程

串行数据 SDA 和串行时钟 SCL 线在连接到总线的器件间传递信息，每个器件都有一个唯一的地址标识，而且都可以作为发送器或接收器，此外，每个器件在执行数据传输时，也都可以被看作是主机或从机，主机是用于初始化总线数据传输、产生允许传输的时钟信号、终止总线数据传输的器件，任何被主机寻址的器件都被认为是从机。

I^2C 总线允许多主机工作，当总线上同时有一个以上的主机尝试控制总线时，I^2C 总线的仲裁机制会使其中一个主机获得总线的使用权，且不会破坏数据交互的过程。

10.1.1 I^2C 总线协议

SDA 和 SCL 都是双向线路，总线上的数据信号 SDA（或时钟信号 SCL）是由所有连接到该信号线上的 I^2C 器件 SDA 信号（或 SCL 信号）进行逻辑“与”产生的，都需要通过一个上拉电阻（通常情况下为 4.7 kΩ）连接到电源正端，当总线空闲时，这两条线路都是高电平。连接到总线的器件的输出级必须是漏极开路或集电极开路才能执行线与的功能，图 10-1 所示为 I^2C 总线接口电路结构。

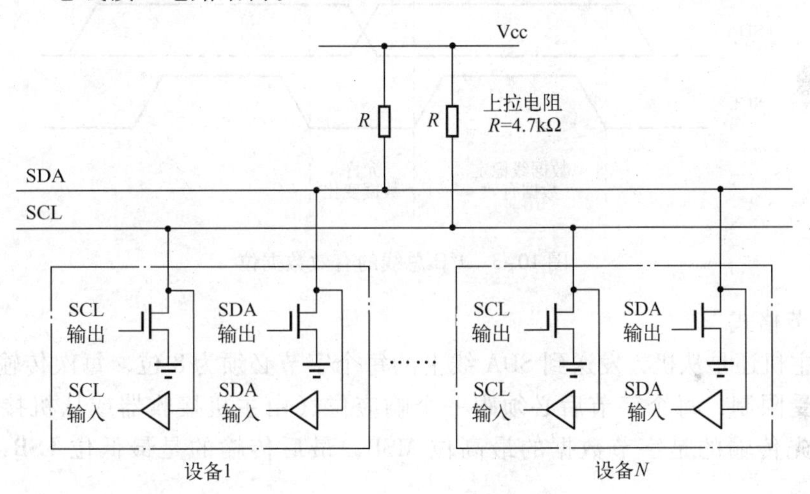

图 10-1　I^2C 总线接口电路结构

1. I^2C 总线的起始和停止条件

在 I^2C 总线协议中，数据传输必须由主机发送的启动信号开始，以主机发送的停止信号结束，如图 10-2 所示。当 SCL 为高电平时，SDA 从高电平向低电平切换，这个情况表示起始条件（S）；当 SCL 为高电平时，SDA 由低电平向高电平切换表示停止条件（P）。

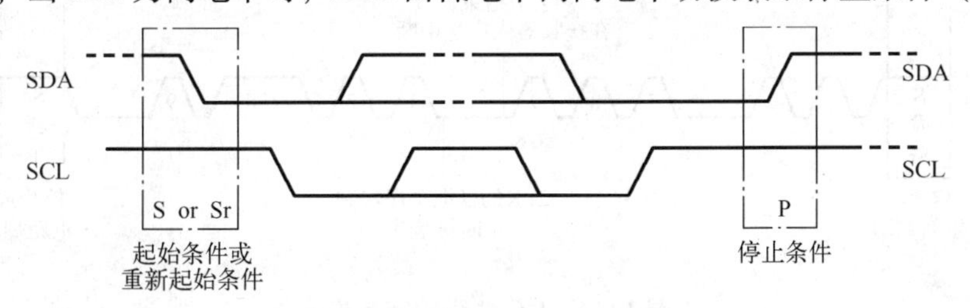

图 10-2　I^2C 总线的起始条件和停止条件

总线在起始条件后被认为处于忙的状态，在停止条件后，总线被认为再次处于空闲状态。一般情况下，起始条件（S）应在停止条件（P）后产生。但也可在起始条件前不产生停止条件（P），这样的起始条件称为重复起始条件（Sr），这样总线将一直处于忙的状态，此时的重复起始条件（Sr）和起始条件（S）在功能上是一样的。

如果连接到总线的器件合并了必要的接口硬件，那么用它们可以自动检测起始条件和停止条件，而且十分简便。但是，若连接在总线上的器件是没有 I^2C 总线接口的微控制器，则在每个 SCL 时钟周期至少要采样 SDA 线两次，以判别有没有发生电平切换。

2. I^2C 总线的数据传输

在启动信号后，主机会向从机发送或从从机接收多个字节数据，该过程的数据传输格式如下：

（1）有效数据位

SDA 线上每传输一个数据位 SCL 线上就产生一个时钟脉冲，且 SDA 线上的数据必须在时钟的高电平周期保持稳定，SDA 线的高或低电平状态只有在 SCL 线的时钟信号是低电平时才能改变，如图 10-3 所示。

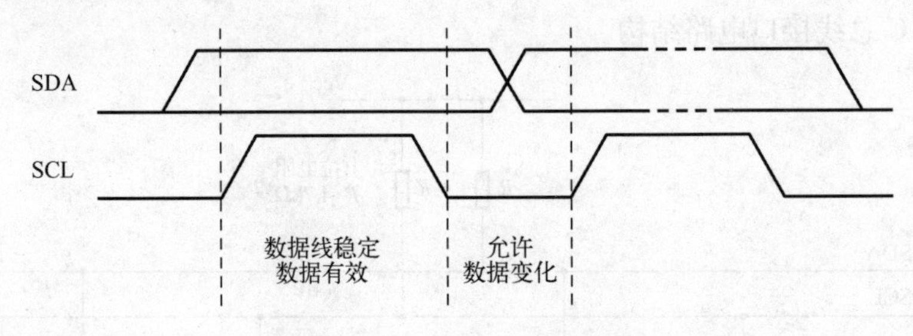

图 10-3　I^2C 总线的有效数据位

（2）字节格式

无论是主机还是从机，发送到 SDA 线上的每个字节必须为 8 位，每次传输可以发送的字节数量不受限制，每个字节后必须跟一个响应位（由主机接收器或从机接收器发送）。SDA 线上首先传输的是字节数据的最高位 MSB，最后传输的是最低位 LSB，如图 10-4 所示。

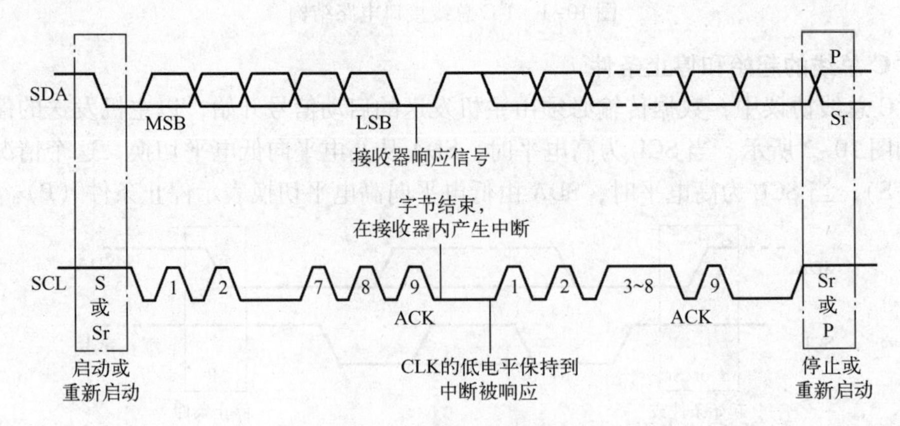

图 10-4　I^2C 总线的字节格式

如果从机要完成一些其他功能（例如一个内部中断服务程序）后才能接收或发送下一个完整的数据字节，可以使时钟线 SCL 保持低电平从而迫使主机进入等待状态；当从机准备好接收或发送下一个数据字节并释放时钟线 SCL 后，数据的传输继续。

(3) 响应

数据传输必须带响应。相关的响应时钟脉冲由主机产生。在响应的时钟脉冲期间，发送器释放 SDA 线（高），同时接收器必须将 SDA 线拉低，使它在这个时钟脉冲的高电平期间保持稳定的低电平，如图 10-5 所示。

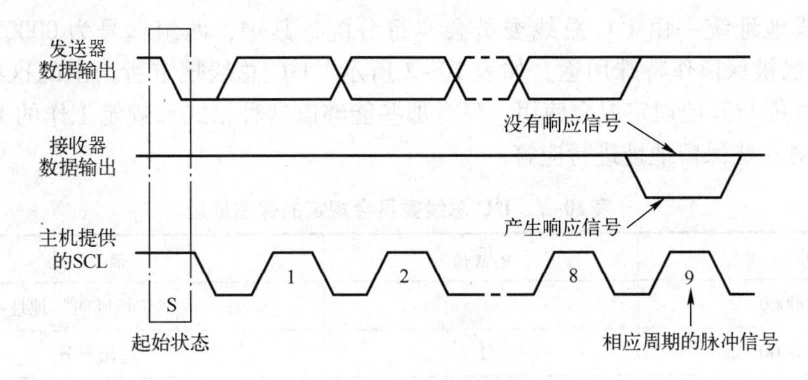

图 10-5 I^2C 总线的响应位

若主机作为发送器，从机作为接收器。则当从机不能响应时（例如它正在执行一些实时函数，已不能接收或发送数据），从机必须使数据线保持高电平作为非响应信号，然后主机产生一个停止条件（P）终止传输或者产生重复起始条件（Sr）开始新的传输。

若主机作为接收器，从机作为发送器。主机必须通过在接收数据的最后一个字节后不产生响应，向从机发送器通知数据结束。从机发送器必须释放数据线，允许主机产生一个停止（P）或重复起始条件（Sr）。

3. I^2C 总线的寻址

通常情况下，主机会在起始条件（S）后的第一个字节发送一个从机地址用于决定选择哪一个从机。例外的情况是，也可能发送一个“广播呼叫”地址，用于寻址所有从器件，使用这个地址时，理论上所有从器件都会发出一个响应，但是，也可以使器件忽略这个地址，“广播呼叫”地址的第二个字节定义了要采取的行动。针对“广播呼叫”地址，这里不作过多分析，读者可以查询相关资料详细了解。

第一个字节的高 7 位组成了从机地址，而最低位（LSB）$R/\overline{W}$决定了报文的方向，如图 10-6 所示。第一个字节的最低位是“0”，表示主机会写信息到被选中的从机，在后续通信中，主机将作为发送器使用；“1”表示主机会从被选从机中读取信息，此时，主机作为发送器，但在后续通信中，主机将作为接收器使用。

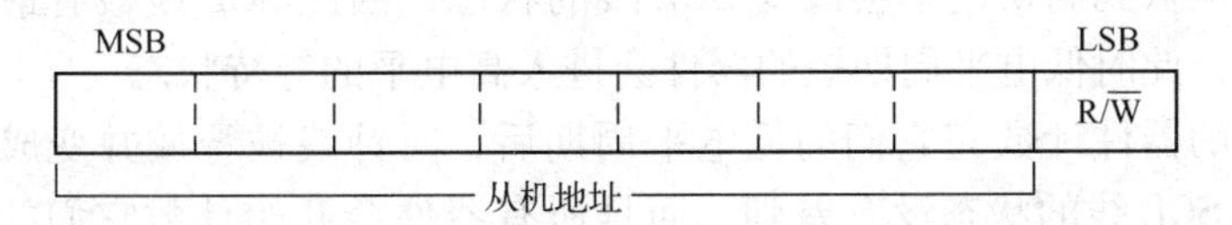

图 10-6 I^2C 总线起始条件后的第一个字节

当发送了一个地址后，系统中的每个器件都在起始条件后将地址字节的高 7 位与它自己的地址比较。如果地址完全相同，该器件就被主机选中进行通信，至于是从机接收器还是从机发送器由 R/$\overline{W}$位决定。

从机地址由一个固定部分和一个可编程部分构成。由于在一个系统中可能有几个同样的器件，所以从机地址的可编程部分可使最大数量的相同器件连接到 I^2C 总线上。器件可编程地址位的数量由它可使用的引脚决定。例如，如果器件有 4 个固定的和 3 个可编程的地址位，那么同一条总线上总共可以连接 8 个相同的器件。

I^2C 总线地址统一由 I^2C 总线委员会实行分配，其中，两组编号为 0000XXX 和 1111 XXX 的地址已被保留作特殊用途，如表 10-2 所示。I^2C 总线规定所给出的这些保留地址，使得 I^2C 总线能与其他规定混合使用，只有那些能够以这种格式和规定工作的 I^2C 总线兼容器件才允许对这些保留地址进行应答。

表 10-2　I^2C 总线委员会规定的保留地址

从机地址	R/$\overline{W}$位	描　述
0000000	0	“广播呼叫”地址
0000000	1	起始字节
0000001	X	CBUS 地址
0000010	X	保留给不同的总线格式
0000011	X	保留到将来使用
00001XX	X	Hs 模式主机码
11111XX	X	保留到将来使用
11110XX	X	10 位从机寻址

4. I^2C 总线的仲裁

在 I^2C 某一条总线上可能会挂接几个都会对总线进行操作的主机，如果有一个以上的主机需要同时对总线进行操作，I^2C 总线就必须使用仲裁来决定哪一个主机能获得总线的操作权。

（1）同步

所有主机在 SCL 线上产生它们自己的时钟来传输 I^2C 总线上的报文。数据只在时钟的高电平周期有效。因此，需要一个确定的时钟进行逐位仲裁。

时钟同步通过“线与”连接 I^2C 接口到 SCL 线来执行。这就是说，SCL 线的高到低切换会使器件开始计数它们的低电平周期，而且一旦器件的时钟变低电平，它会使 SCL 线保持这种状态，直到时钟的高电平到来，如图 10-7 所示。但是如果另一个时钟仍处于低电平周期，这个时钟的从低到高切换不会改变 SCL 线的状态，因此 SCL 线被有最长低电平周期的器件保持低电平，此时低电平周期短的器件会进入高电平的等待状态。

当所有有关的器件计数完它们的低电平周期后，时钟线被释放并变成高电平。在这之后，器件时钟和 SCL 线的状态没有差别。而且所有器件会开始计数它们的高电平周期。首先完成高电平周期的器件会再次将 SCL 线拉低。

这样，产生的同步 SCL 时钟的低电平周期由低电平时钟周期最长的器件决定，而高电平周期由高电平时钟周期最短的器件决定。

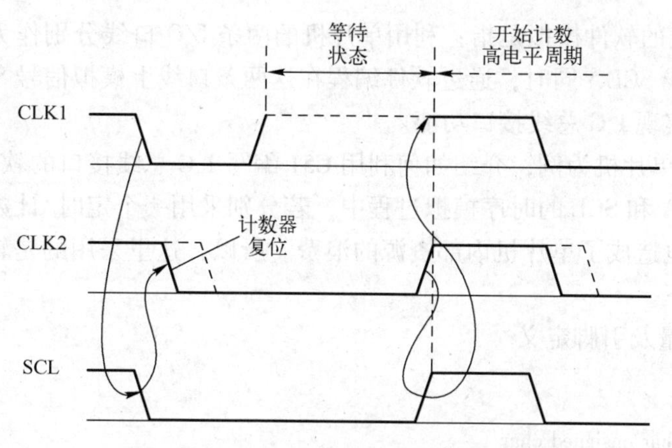

图 10-7　I²C 总线仲裁过程中的时钟同步

（2）仲裁

主机只能在总线空闲的时候启动传输。两个或多个主机可能在起始条件的最小持续时间（$t_{HD;STA}$）内产生一个起始条件，结果在总线上产生一个规定的起始条件。

I²C 总线的仲裁是在 SCL 信号为高电平时，根据当前 SDA 的状态来进行的。在总线仲裁期间，如果有其他的主机已经在 SDA 上发送一个低电平，则发送高电平的主机将会发现该时刻 SDA 上的信号和自己发送的信号不一致，此时该主机自动被仲裁为失去对总线的控制权。图 10-8 显示了两个主机的仲裁过程，当然可能包含更多的内容（由连接到总线的主机数量决定）。图中，产生 DATAl 的主机的内部数据电平与 SDA 线的实际电平有一些差别，如果关断数据输出，就意味着总线连接了一个高输出电平，这不会影响赢得仲裁的主机的数据传输。

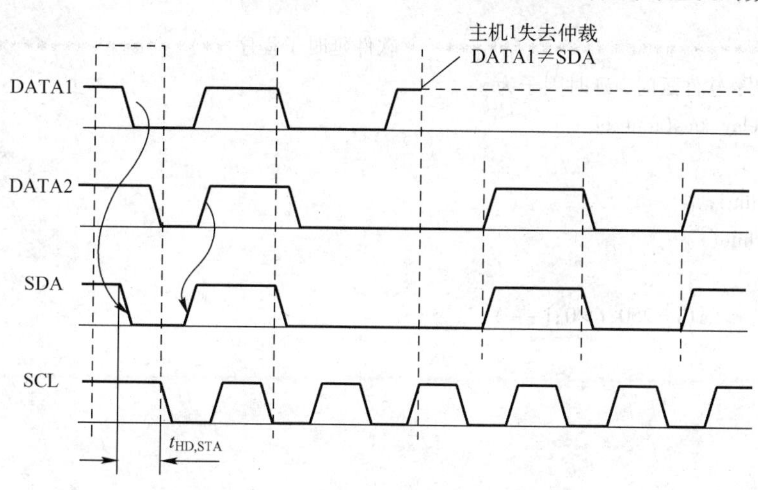

图 10-8　I²C 总线中两个主机的仲裁过程

10.1.2　I²C 总线的软件模拟

在以单片机为核心的控制系统中，如果外扩 I²C 总线器件，此时单片机往往是 I²C 总线中的主机，即数据交换的发起者。当所选单片机自身带有 I²C 总线接口时，可以直接利用其硬件接口，且在软件上可利用自带的指令对 I²C 接口进行操作，十分方便。但若要选用 8051 这类自身不含 I²C 总线硬件接口的单片机，则只有采用软件模拟的方法来实现 I²C 总线器件的扩展。

所谓I^2C总线的软件模拟是指：利用单片机的两条I/O口线分别作为I^2C总线的数据线SDA和时钟信号线SCL，同时，通过软件编程在这两条口线上模拟信号SDA和SCL的时序，使其协同工作，实现I^2C总线接口功能。

下面以8051单片机为例，介绍如何利用C51编写I^2C总线接口的软件模拟程序。

在对信号SDA和SCL的时序模拟过程中，若分别采用一个定时/计数器进行计时，显然过于烦琐，而且也造成了单片机内部资源的浪费。所以，这里采用的是软件延时法。程序编写步骤及清单如下。

（1）全局变量及引脚定义

代码如下：

```
#define uchar unsigned char
#define uint unsigned int

uchar IIC_ACK_Check;
uchar bdata IIC_Byte;                    //IIC 数据传输字节
sbit IIC_Receive_Bit = IIC_Byte^0;       //IIC 总线读数据位暂存单元
sbit IIC_Send_Bit = IIC_Byte^7;          //IIC 总线写数据位暂存单元
sbit IIC_SCL = P3^6;                     //IIC 时钟信号
sbit IIC_SDA = P3^5;                     //IIC 数据信号
```

（2）软件延时程序

代码如下：

```
/ ****************************** 软件延时子程序 ******************************/
//说明：软件延时，延时因子为 x
void delay_xms( uint x)
{
    uint i;
    while( x)
    {
        for( i = 250;i > 0;i -- )
        {}
        x -- ;
    }
}
```

（3）产生I^2C总线数据传输的起始信号

代码如下：

```
/ **************************** IIC 总线启动子程序 ****************************/
//说明：IIC 总线启动条件：IIC_SCL 为高电平时，IIC_SDA 产生下降沿
void IIC_Start( void)
{
    IIC_SDA = 1;
```

```
    delay_xms(10);
    IIC_SCL = 1;
    delay_xms(10);
    IIC_SDA = 0;
    delay_xms(10);
    IIC_SCL = 0;
}
```

(4) 产生 I^2C 总线数据传输的停止信号

代码如下:

```
/****************************IIC 总线停止子程序*******************************/
//说明: IIC 总线停止条件: IIC_SCL 为高电平时, IIC_SDA 产生上升沿.
void IIC_Stop(void)
{
    IIC_SCL = 0;

    IIC_SDA = 0;
    delay_xms(10);
    IIC_SCL = 1;
    delay_xms(10);
    IIC_SDA = 1;
    delay_xms(10);
}
```

(5) 等待从机返回一个响应信号 ACK

代码如下:

```
/****************************从机应答检测子程序*****************************/
//说明: 检测从机应答
    uchar Slave_Ack_Check(void)
    {
    IIC_SCL = 1;

    IIC_SDA = 1;                    //先写 1
    delay_xms(1);
    IIC_ACK_Check = IIC_SDA;   //读取应答信号
    delay_xms(1);
    IIC_SCL = 0;

    if(IIC_ACK_Check)
    {
        return 0;
    }
    return 1;
}
```

(6) 向从机（或接收器）返回一个响应信号 ACK

代码如下：

```
/*****************************主机应答子程序*******************************/
//说明：将 IIC_SDA 线拉低回答 ACK.
void IIC_Ack(void)
{
    IIC_SDA = 0;

    IIC_SCL = 1;
    delay_xms(2);
    IIC_SCL = 0;
    delay_xms(2);
    IIC_SDA = 1;
}
```

(7) 向从机（或接收器）返回一个非响应信号，迫使数据传输过程结束

代码如下：

```
/****************************主机非应答子程序******************************/
//说明：将 IIC_SDA 线拉高回答 NACK.
void IIC_NAck(void)
{
    IIC_SDA = 1;
    IIC_SCL = 1;
    delay_xms(2);
    IIC_SCL = 0;
    delay_xms(2);
}
```

(8) 向 I^2C 总线发送一个字节

代码如下：

```
/****************************总线写字节子程序******************************/
//说明：向 IIC 总线写一个字节的数据
void IIC_WriteByte(uchar outdata)
{
    uchar i;
    IIC_Byte = outdata;
    for(i = 0;i < 8;i ++)
    {
        IIC_SDA = IIC_Send_Bit;                //写 1 位数据
        delay_xms(1);
        IIC_SCL = 1;
        delay_xms(1);
        IIC_SCL = 0;
```

```
            IIC_Byte = IIC_Byte << 1;          //将读取到的数据左移一位
        }
    }
```

(9) 从 I^2C 总线上接收一个字节的数据

代码如下：

```
/**************************总线读字节子程序**************************/
//说明：从 IIC 总线读取 1 个字节的数据
void IIC_ReadByte(void)
{
    uchar i;
    for(i = 0;i < 8;i ++)
    {
        IIC_SCL = 1;
        IIC_Byte = IIC_Byte << 1;       //将读取到的数据左移一位
        IIC_SDA = 1;//先写 1
        delay_xms(1);
        IIC_Receive_Bit = IIC_SDA;  //读取数据线上的数据
        delay_xms(1);
        IIC_SCL = 0;
    }
}
```

在对 I^2C 总线的模拟中，延时时间至关重要，不能太短也不能太长，具体时间长短应根据所扩从器件的特性来定（可从相关从器件的数据手册上查询）。

上面程序中，软件延时时间与单片机时钟周期及延时因子（延时子程序中的输入变量）直接相关，这里，单片机晶振为 12MHz，所使用的时间长度完全适用于 EEPROM 芯片 AT24C64，若要扩展其他芯片，应根据具体情况对延时时间作相应修改。

10.1.3 EEPROM 芯片 AT24C64

EEPROM 是"Electrically Erasable Programmable Read - only"（电可擦除可编程只读存储器）的缩写，与普通 ROM 一样，掉电情况下内部所保存的数据不会丢失，所不同的是，在特定引脚上施加特定电压或使用特定的总线擦写命令就可以很方便地在在线的情况下对它完成数据的擦除和写入，而普通 ROM 不具备在线擦除和写入功能。这使得 EEPROM 被广泛应用于各种家电、工业及通信设备中，用来保存设备所需的配置数据、采集数据及程序等信息。EEPROM 分为并行 EEPROM 和串行 EEPROM，两者在功能上基本相同，但串行 EEPROM 器件提供更少的引脚数、更小的封装、更低的电压和更低的功耗，在使用时具有更高的灵活性。

生产 EEPROM 的厂商很多，如 Atmel、Microchip 公司，它们都是以 24 来开头命名芯片型号的，最常用就是 24C 系列。24C 系列从 24C01 到 24C512，C 后面的数字代表该型号的芯片有多少 K 的存储位。如 Atmel 的 AT24C64，存储位是 64 Kbit，也就是说可以存储 8 KB，它支持 1.8 ~ 5 V 电源，可以擦写 1 百万次，数据可以保持 100 年，使用 5 V 电源时时钟可以达到 400 kHz，并且有多种封装可供选择。

图 10-9 为 AT24C64 的引脚图，其引脚功能如下：

1）A0 ~ A2 用于设置芯片的器件地址。在同一总线上有多个器件时，可以通过设置 A0 ~ A2 引脚来确定器件地址。

2）SDA 是串行数据引脚。用于在对芯片读、写时输入或输出数据、地址等，这个引脚是双向引脚，它是漏极开路的，使用时需要加上一个上拉电阻。

3）SCL 脚是器件的串行同步时钟信号。如果该器件应用在单片机系统中，单片机一般情况下应作为主机，因此，SCL 脚应该由单片机控制，产生串行同步时钟信号，控制总线的存取。同 SDA 脚一样，使用时也要加一个上拉电阻。

4）WP 脚是写保护脚。当接入高电平时，芯片处于禁止写入状态（所禁止的地址段要看各芯片的详细资料，这里，AT24C64 受 WP 保护的区域为高 16Kbit），当把 WP 脚接到地线时，芯片处于正常的读写状态。当一个电路要求正常使用时不允许程序修改 EEPROM 中的数据，只能在维护设置时才可以修改数据，这样可以在电路上设置 WP 跳线或用单片机对 WP 脚进行控制。

1. 器件地址

I^2C 总线在操作受控器件时，需要先发送受控器件的器件地址，24 系列的 EEPROM 也不例外，在启动 I^2C 总线前需要先发送一个字节的器件地址和读写标识，称为器件寻址。图 10-10 是 AT24C64 的器件寻址时每一位所代表的意思。

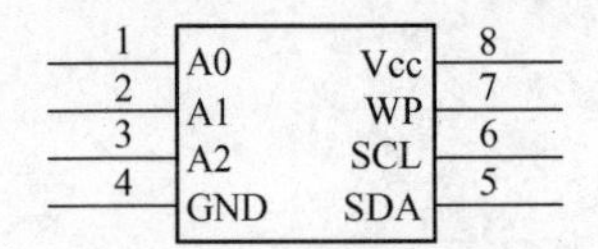

图 10-9　AT24C64 引脚图

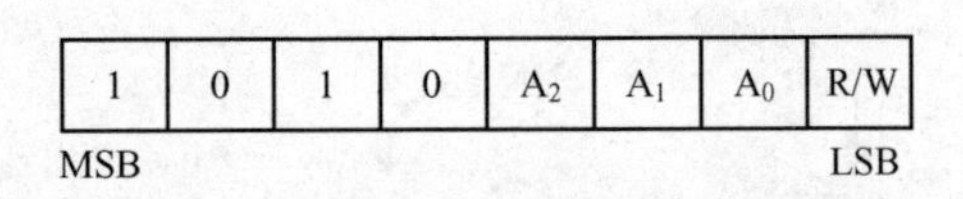

1	0	1	0	A_2	A_1	A_0	R/W

MSB　LSB

图 10-10　AT24C64 器件地址及读写标识

A2、A1、A0 位是器件地址，它是对应于芯片的 A2、A1、A0 引脚，也就是说，如果芯片 A0 引脚被设置成高电平，则在发送器件地址时，字节中的 A0 位要设置为“1”，若 A0 引脚接低电平，则 A0 位应设置为“0”。不难看出，在同一总线最多可以挂 8 个 AT24C64。

器件地址字节中的 R/W 位是用于标识当前操作是读器件还是写器件，写器件时 R/W 位设置“0”，读器件时 R/W 位设置“1”。

2. 字节地址

上述器件地址只是用来选择总线上的一块 EEPORM，但并没有指定被选 EEPROM 中的具体存储单元。AT24C64 内部包含 8KB 单元，每个字节单元都对应有一个地址，称为字节地址，因此，在对 AT24C64 进行读、写操作时，还需指定字节地址。

显然，AT24C64 的字节地址共有 13 位，因此，需要占用 2 B，其中，最高 3 位为无效位。

另外需要指出的是，Atmel 公司的 24C 系列芯片中，24C32 及以上的型号使用 16 位地址进行寻址。但 24C32 之前的型号使用的是 8 位地址，这些芯片中若内部存储单元超过 256 B，则会占用到图 10-10 中的 A0、A1、A2 位的来作字节地址的高位，以此解决地址位不足的问题。所以，不同的型号芯片的器件地址位定义有所不同，能挂在同一总线上的同一型号的芯片数也不一定相同，在设计电路、选择器件时要注意这个问题。

3. 指令格式

24C 系列芯片的读写指令格式只有几种，下面以 AT24C64 的指令格式为例来说明。

（1）写入单个字节

写入单个字节指令每次只能向芯片中的一个地址写入一个字节的数据。首先发送开始位来通知芯片开始进行指令传输，然后传送设置好的器件地址字节，R/W 位应置0，接着是分开传送16位地址的高、低字节，再传送要写入的数据，最后发送停止位表示本次指令结束。图10-11是写入单个字节的时序图。

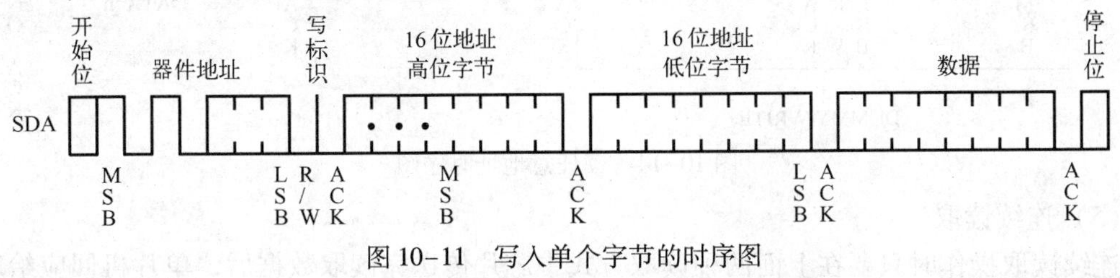

图10-11　写入单个字节的时序图

（2）页写入

AT24C64的存储单元分为256页，每页32 B。它还支持32 B的页写入模式，其操作基本和字节写入模式一样，不同的是它需要发送第一个字节的地址，然后一次性最多发送32 B的数据后，再发送停止位。写入过程中其余数据的地址增量由芯片自身完成。图10-12为页写入的时序图。无论哪种写入方式，指令发送完成后，芯片内部即开始进行写操作，这时SDA会被芯片拉高，直到写入完成后，芯片将SDA重新变低有效。

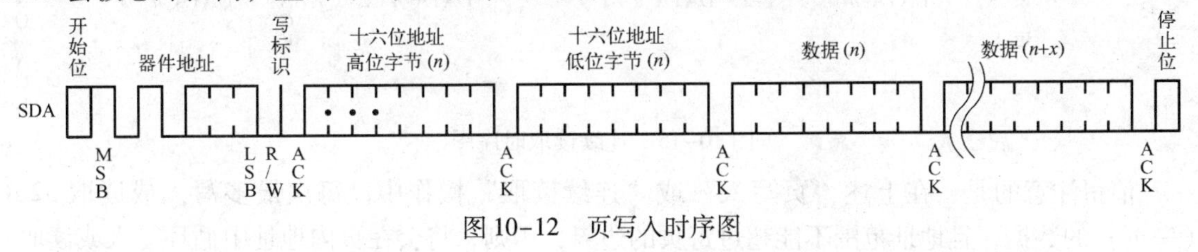

图10-12　页写入时序图

（3）读当前地址

这种读取模式是读取当前芯片内部的地址指针指向的数据。每次读写操作后，芯片会把最后一次操作过的地址作为当前的地址。在这里要注意的是在单片机接收完芯片传送的数据后不必发送低电平的ACK给芯片，直接拉高SDA（即发送非应答信号）等待一个时钟后发送停止位即可。图10-13是读当前地址时序图。

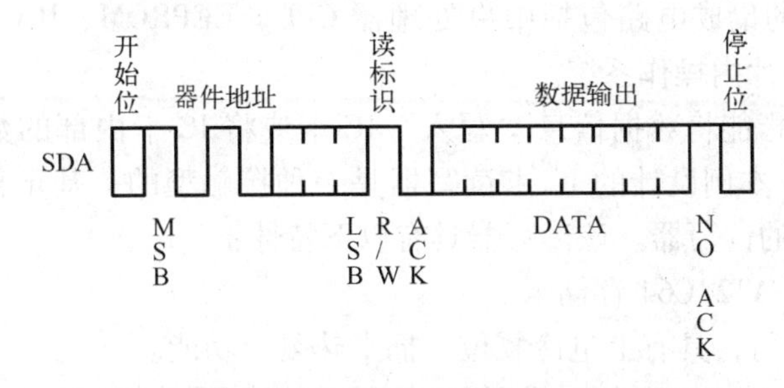

图10-13　读当前地址时序图

（4）读任意地址

“读当前地址”可以说是读的基本指令，读任意地址时只是在这个基本指令之前加一个“伪操作”，这个“伪操作”传送一个写指令，但这个写指令在地址传送完成后就要结束，这时芯片内部的地址指针指到这个地址上，再用“读当前地址”指令就可以读出该地址的数据。图 10–14 是读任意地址的时序图。

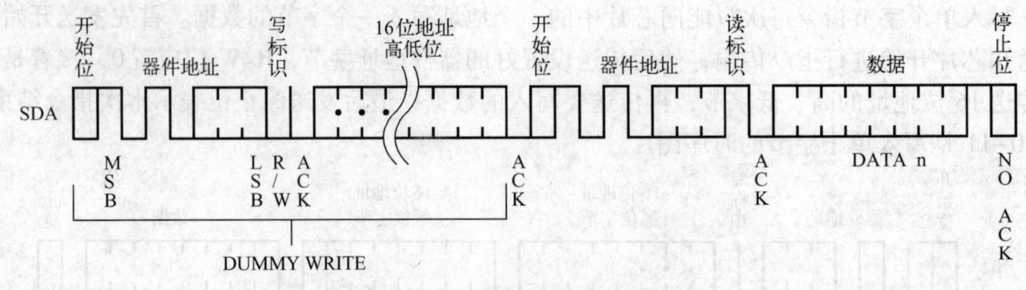

图 10–14　读任意地址时序图

（5）连续读取

连续读取操作时只要在上面两种读取方式中芯片传送完读取数据后，单片机回应给芯片一个低电平的 ACK 应答，那么芯片地址指针自动加一并传送数据，直到单片机不回应并停止操作。图 10–15 是连续读取的时序图。

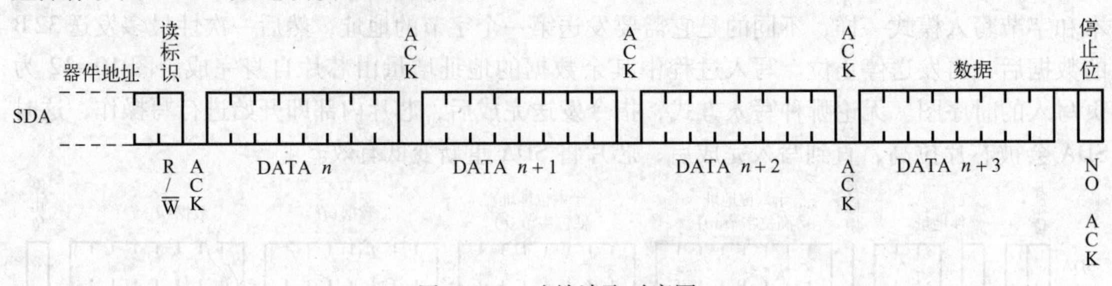

图 10–15　连续读取时序图

值得注意的是，在上述“页写入”或“连续读取”操作中，每次最多写入或读取 32 B（一页）的数据，且地址范围不能超过每页的边界，否则，将会在页内地址中循环写入或读取。

10.1.4　AT24C64 的应用——接触式 IC 卡读写器

根据 IC 卡内部镶嵌的集成电路的不同，目前，市面上流行的 IC 卡主要分为以下三类：

- 存储器卡：卡中的集成电路为 EEPROM。
- 逻辑加密卡：卡中的集成电路为加密逻辑单元和 EEPROM。
- CPU 卡：卡中的集成电路包括中央处理器 CPU、EEPROM、RAM 以及固化在只读存储器 ROM 中的片内操作系统。

IC 卡读写器就是指能将数据信息“写入”IC 卡或将 IC 卡内部的数据信息“读出”或“擦除”的电子设备。本例设计的 IC 卡读写器是一种接触型的、基于普通存储卡（卡内集成芯片为 AT24C64）的读写器。该读写器具有以下特性：

- 能识别和读/写 AT24C64 存储卡。
- 能自动连续读/写，具有上电冷复位、插卡热复位功能。
- 通过 RS232 接口与 PC 通信，采用 PC 控制卡的读/写功能。
- 具有声光提示读/写状态功能。

1. 硬件电路

如图 10–16 所示为 IC 卡读写器硬件原理图。其主要由 IC 卡插拔检测电路、串行接口电路、声光提示电路和单片机最小系统电路构成。

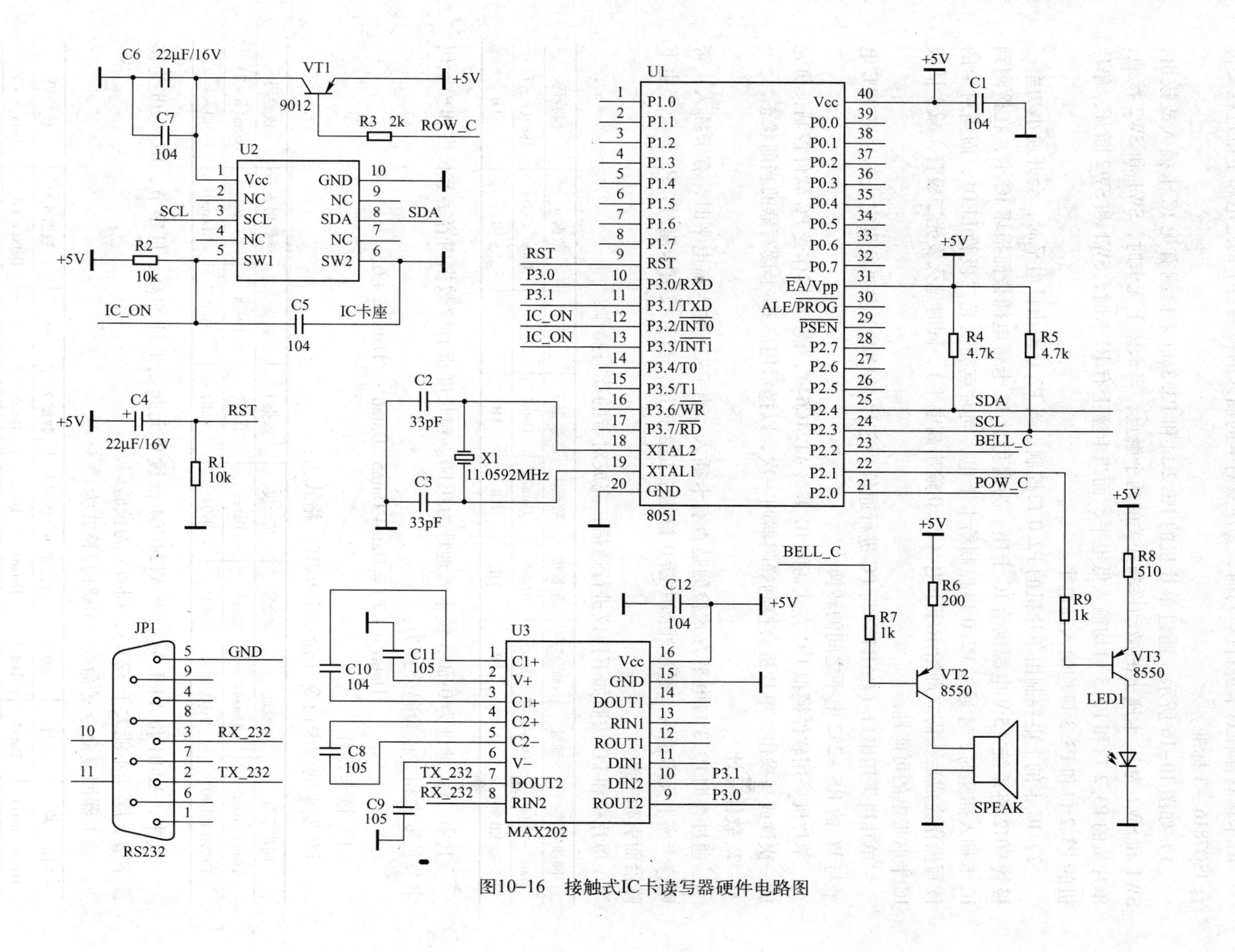

图10-16　接触式IC卡读写器硬件电路图

IC 卡读写器在对卡进行读/写时，要注意对卡的插入的检测，卡的上电和下电过程要符合 ISO7816－3 标准。

1）如图 10-16 所示，通过单片机的 P3.2 口和 P3.3 口来检测有无 IC 卡插入或拔出，SW1 和 SW2 为 IC 卡座上的微动检测开关的两个触点，当卡座上无卡时，SW1 和 SW2 接通，单片机的 P3.2 口和 P3.3 口均输入低电平，而当卡座上有 IC 卡时，SW1 和 SW2 断开，单片机的 P3.2 口和 P3.3 口均输入高电平。

2）IC 卡的上电控制由单片机的 P2.0 口控制，当 P2.0 输出低电平时，会开通小功率三极管 9012 将系统 +5 V 电源供给 IC 卡座。为避免对 IC 卡带电插拔而损坏 IC 卡，在检测到 IC 卡插入插座时，才通过 P2.0 口控制给卡上电，同时点亮发光二极管 LED1，而当对卡的读写操作完成后，需立即给卡座下电（P2.0 输出高电平），同时熄灭发光二极管，减少插拔 IC 卡时带电的可能性。

单片机采用串口（UART）与 PC 进行通信，芯片 MAX202 主要负责完成单片机 TTL 电平与 PC 的 RS－232 电平之间的转换。

单片机采用软件模拟 I^2C 方式访问 IC 卡（AT24C64），读/写操作受 PC 软件控制，每完成一次读或写操作，单片机会控制蜂鸣器叫一次，以提示用户 IC 卡读写器的当前状态。

2. 软件设计

通过查询 P3.3 口电平方式检测是否有卡插入：当 P3.3 输入高电平时，有卡插入；否则，卡座上无卡插入。通过外部中断 0 检测卡是否拔出，当卡拔出卡座时，P3.2 会产生下降沿而引起中断。

单片机和 PC 按照如下协议进行通信，完成对卡的读写操作：

同步字符	地址	命令字	包长度	数据 1	数据 2	…	数据 n	校验码
Data0 ~ data3	Data4	Data5	Data6	Data7	Data8	…	Data(n+6)	Data(n+7)
EB 90 EB 90	1B	1B	1B	1B	1B	…	1B	1B

其中，PC 地址为 0xa0，读卡器地址为 0xb0。包长度指有效数据内容字节长度和校验码字节长度之和。校验码公式为：

$$Data(n+7) = Data4\text{\^{}}Data5\text{\^{}}Data6\text{\^{}}\cdots\text{\^{}}Data(n+6)$$

（1）读卡操作

PC 发来的读卡命令（命令字 0x01）格式为：

同步字符	地址	命令字	包长度	数据 1	数据 2	数据 3	校验码
Data0 ~ data3	Data4	Data5	Data6	Data7	Data8	Data9	Data(n+7)
EB 90 EB 90	0xb0	0x01	0x04	AddH	AddL	RLength	Check

其中，AddH 和 AddL 分别为 AT24C64 待读单元起始地址的高、低字节，RLength 为待读字节长度（不能大于 32 B），Check 为校验码。

读卡器回复命令（命令字 0x81）格式为：

同步字符	地址	命令字	包长度	数据 1	数据 2	…	数据 n	校验码
Data0 ~ data3	Data4	Data5	Data6	Data7	Data8	…	Data(n+6)	Data(n+7)
EB 90 EB 90	0xa0	0x81	Length	ACK	Rdata0	…	Rdata(n-2)	Check

若读卡器接收到的读卡命令错误（如校验码不对等），则 ACK = 0xbb，ACK 后面字节直接为校验码，不再发送其他数据，此时数据长度为 0x02。

若读卡器接收到的读卡命令正确，但读卡失败，则 ACK = 0xcc，ACK 后面字节直接为校验码，不再发送其他数据，此时数据长度为 0x02。

若读卡器接收到的读卡命令正确，且读卡成功，则 ACK = 0xaa，ACK 后面先发送所读数据 Rdata0 ~ Rdata(n - 2)，最后发送校验码，此时数据长度为 RLength + 2。

（2）写卡操作

PC 发来的写卡命令（命令字 0x02）格式为：

同步字符	地址	命令字	包长度	数据 1	数据 2	数据 3	…	数据 n	校验码
Data0 ~ data3	Data4	Data5	Data6	Data7	Data8	Data9	…	Data(n + 6)	Data(n + 7)
EB 90 EB 90	0xb0	0x02	Length	AddH	AddL	Wdata0	…	Wdata(n - 3)	Check

其中，AddH 和 AddL 分别为 AT24C64 待写单元起始地址的高、低字节，Wdata0 ~ Wdata(n - 3)为待写数据内容，待写数据长度为 Length - 3 个字节（不能大于 32 B），Check 为校验码。

读卡器回复命令（命令字 0x82）格式为：

同步字符	地址	命令字	包长度	数据 1	校验码
Data0 ~ data3	Data4	Data5	Data6	Data7	Data8
EB 90 EB 90	0xa0	0x82	0x02	ACK	Check

若读卡器接收到的写卡命令错误（如校验码不对等），则 ACK = 0xbb。

若读卡器接收到的写卡命令正确，但写卡失败，则 ACK = 0xcc。

若读卡器接收到的写卡命令正确，且写卡成功，则 ACK = 0xaa。

本例的主要程序清单如下：

```
/*********************头文件*********************/
#include <reg51.h>
/*********************宏定义*********************/
#define uchar unsigned char
#define uint unsigned int

//AT24C64 器件地址及读写标志
#define EEPROM_READ   0XA1          //读存储器，器件地址为：Device = 0x00
#define EEPROM_WRITE   0XA0         //写存储器，器件地址为：Device = 0x00

#define MasterAddr   0xa0           //PC 通信地址
#define SlaverAddr   0xb0           //本机通信地址

#define M_S_ComRead   0x01          //PC 发来的读卡命令字
#define S_M_AnswerRead   0x81       //向 PC 回复读卡命令字
```

```
#define M_S_ComWrite   0x02            //PC 发来的写卡命令字
#define S_M_AnswerWrite   0x82         //向 PC 回复写卡命令字
/ ******************端口定义 ********************/
sbit IIC_SCL = P2^3;                   //IIC 时钟信号
sbit IIC_SDA = P2^4;                   //IIC 数据信号
sbit POWER_C = P2^0;                   //IC 卡上电控制端
sbit LED1_C = P2^1;                    //指示灯控制端
sbit BELL_C = P2^2;                    //蜂鸣器控制端
sbit IC_ON = P3^3;                     //IC 卡插入检测端口
/ ****************** 全局变量定义 *****************/
uchar IIC_ACK_Check;
uchar bdata IIC_Byte;                  //IIC 数据传输字节
sbit IIC_Receive_Bit = IIC_Byte^0;     //IIC 总线读数据位暂存单元
sbit IIC_Send_Bit = IIC_Byte^7;        //IIC 总线写数据位暂存单元

uchar Uart_Order;                      //命令字保存单元
uchar leng_recv;                       //长度保存单元
uchar Ckeck_uart;                      //校验码保存单元
uchar ConfirmWord;                     //回复码保存单元
uchar count_sbuf;                      //计数单元
uchar count_recv;                      //计数单元
uchar Check_FIRST;                     //校验码计算单元

bit flag_Rx_Over;                      //UART 接收到数据标志位
bit Flag_CardON;                       //卡在线标志
uchar Receive_BUF[35];                 //串口接收数据缓存
uchar Data_BUF[35];                    //数据缓存
/ ************************** EEPROM 页写数据子程序 *************************/
//说明：先写 Slave ID，再写两个字节的内存地址，再连续写入数据
//输入：为写入内存的起始地址，写入的数据长度及写入的数据
//其中，写入的数据长度不得大于 32 B
//输出：1——写成功；0——写失败
uchar write_sequence(uint add,uchar length,uchar *buff)
{
    uchar i;
    IIC_Start();                       //IIC 开始
    IIC_WriteByte(EEPROM_WRITE);       //写从机 ID
    if(Slave_Ack_Check() ==0x00)       //检测应答信号
    {
        return 0;
    }
    IIC_WriteByte(add >>8);            //写内存地址高 8 位
    if(Slave_Ack_Check() ==0x00)
```

```
    {
        return 0;
    }
    IIC_WriteByte(add);                    //写内存地址低 8 位
    if(Slave_Ack_Check() ==0x00)
    {
        return 0;
    }
    for(i=0;i<length;i++)
    {
        IIC_WriteByte( *(buff+i));         //写数据
        if(Slave_Ack_Check() ==0x00)
        {
            return 0;
        }
    }
    IIC_Stop();                            //IIC 停止
    return 1;
}
/********************** 从 EEPROM 中连续读数据子程序 **********************/
//说明：先写 Slave ID，再写两个字节的内存地址，再写读指令，最后连续读取的数据
//输入：为读内存的起始地址，读出的数据长度及读出数据的存放位置
//其中，读出的数据长度不得大于 32 B
//输出：1——读成功；0——读失败
uchar read_sequence(uint add,uchar length,uchar *buff)
{
    uchar i;
    IIC_Start();                           //IIC 开始
    IIC_WriteByte(EEPROM_WRITE);           //写从机 ID
    if(Slave_Ack_Check() ==0x00)           //检测应答信号
    {
        return 0;
    }
    IIC_WriteByte(add>>8);                 //写内存地址高 8 位
    if(Slave_Ack_Check() ==0x00)
    {
        return 0;
    }
    IIC_WriteByte(add);                    //写内存地址低 8 位
    if(Slave_Ack_Check() ==0x00)
    {
        return 0;
    }
```

```
    IIC_Start();                      //IIC 开始
    IIC_WriteByte(EEPROM_READ);       //写读命令
    if(Slave_Ack_Check() ==0x00)
    {
        return 0;
    }
    for(i =0;i <(length -1);i ++)
    {
        IIC_ReadByte();               //读一个字节的数据
        *(buff +i) =IIC_Byte;
        _nop_();
        IIC_Ack();
    }
    IIC_ReadByte();                   //读一个字节的数据
    *(buff +length -1) =IIC_Byte;
    IIC_NAck();
    _nop_();
    _nop_();
    IIC_Stop();                       //IIC 停止
    return 1;
}
/****************************串口初始化子程序**************************/
//说明:初始化串行通信口,晶振频率 11.0592 MHz
void Init_UART(void)
{
    SCON =0x50;
    PCON =0x00;
    TMOD |=0x21;
    TH1 =0xfd;                        //9600 bit/s
    TL1 =0xfd;
    TR1 =1;
    ES =1;
}
/***************************串口发送字节子程序*************************/
//说明:通过串口发送一个字节数据
void Send_Byte(uchar input)
{
    ES =0;
    TI =0 ;
    SBUF =input;
    while (TI ==0);
    TI =0 ;
}
```

```
/************************** 串口发送一帧数据子程序 *********************/
//说明：按照协议格式组包，发送一帧数据
//输入：地址 addr，命令字 ordle、长度 ength
void Uart_Send_Dispose(uchar addr,uchar ordle,uchar length)
{
    uchar i;
    uchar sendtemp;
    uchar temp_check;
    Send_Byte(0xeb);                        //发送同步字符
    Send_Byte(0x90);
    Send_Byte(0xeb);
    Send_Byte(0x90);
    temp_check = addr;
    Send_Byte(addr);                        //发送地址
    temp_check = temp_check^ordle;
    Send_Byte(ordle);                       //发送命令字
    temp_check = temp_check^length;
    Send_Byte(length);                      //发送数据长度
    temp_check = temp_check^ConfirmWord;
    Send_Byte(ConfirmWord);                 //发送回复码
    for(i = 0;i < length - 2;i ++ )         //发送数据内容
    {
        Send_Byte(Data_BUF[i]);
        temp_check = temp_check^Data_BUF[i];
    }
    Send_Byte(temp_check);                  //发送校验码
}
/********************** 串口接收数据处理子程序 *************************/
//说明：根据 PC 发来命令进行处理
void UART_ReceiveDispose(void)
{
    uchar i;
    uint addW;
    ES = 0;

    switch(Uart_Order)
    {
        case M_S_ComRead:              //主机发来读卡命令
        {
            if(Flag_CardON)            //IC 卡在线
            {
                for(i = 0;i < leng_recv - 1;i ++ )
                {
```

```
                Check_FIRST = Check_FIRST^Receive_BUF[i];
            }
            if(Check_FIRST == Ckeck_uart)//校验码正确
            {
                addW = Receive_BUF[0];
                addW = (addW <<8) + Receive_BUF[1];
                POWER_C = 0;//卡上电
                if(read_sequence(addW,Receive_BUF[2],&Data_BUF[0]) ==1)//读卡成功
                {
                    ConfirmWord = 0xaa;
                    Uart_Send_Dispose(MasterAddr,S_M_AnswerRead,Receive_BUF[2] +2);
                }
                else                    //读卡失败
                {
                    ConfirmWord = 0xcc;
                    Uart_Send_Dispose(MasterAddr,S_M_AnswerRead,2);
                }
                POWER_C = 1;    //卡下电
                BELL_C = 0;     //蜂鸣器叫
                delay_xms(1000);
                BELL_C = 1;
                ES = 1;
            }
            else                    //校验码错误
            {
                ConfirmWord = 0xbb;
                Uart_Send_Dispose(MasterAddr,S_M_AnswerRead,2);
                ES = 1;
            }
        }
        else                    //IC卡离线
        {
            ConfirmWord = 0xcc;
            Uart_Send_Dispose(MasterAddr,S_M_AnswerRead,2);
            ES = 1;
        }
    }break;
    case M_S_ComWrite:      //主机发写卡命令
    {
        if(Flag_CardON) //IC卡在线
        {
            for(i = 0;i < leng_recv - 1;i ++)
            {
```

```
                Check_FIRST = Check_FIRST^Receive_BUF[i];
            }
            if(Check_FIRST == Ckeck_uart)            //校验码正确
            {
                addW = Receive_BUF[0];
                addW = (addW << 8) + Receive_BUF[1];
                POWER_C = 0;                         //卡上电
                if(write_sequence(addW,leng_recv - 3,&Receive_BUF[2]) == 1)//写卡成功
                {
                    ConfirmWord = 0xaa;
                    Uart_Send_Dispose(MasterAddr,S_M_AnswerWrite,2);
                }
                else                                 //读卡失败
                {
                    ConfirmWord = 0xcc;
                    Uart_Send_Dispose(MasterAddr,S_M_AnswerWrite,2);
                }
                POWER_C = 1;                         //卡下电
                BELL_C = 0;                          //蜂鸣器叫
                delay_xms(1000);
                BELL_C = 1;
                ES = 1;
            }
            else//校验码错误
            {
                ConfirmWord = 0xbb;
                Uart_Send_Dispose(MasterAddr,S_M_AnswerWrite,2);
                ES = 1;
            }
        }
        else//IC 卡离线
        {
            ConfirmWord = 0xcc;
            Uart_Send_Dispose(MasterAddr,S_M_AnswerWrite,2);
            ES = 1;
        }
    }break;
  }
}
/************************** 全局变量初始化子程序 **************************/
//说明：初始化全局变量。
void Varible_Init(void)
{
```

```
    count_sbuf = 0;                          //计数单元
    count_recv = 0;                          //计数单元
    flag_Rx_Over = 0;                        //UART 接收到数据标志位
    Flag_CardON = 0;                         //卡在线标志
}
/ ***************************** 主程序 ********************************* /
//说明:
void main(void)
{
    EA = 0;
    Varible_Init();                          //全局变量初始化
    Init_UART();                             //串口初始化子程序
    IT0 = 1;                                 //外部中断 0 采用边沿触发方式
    EA = 1;
    while(1)
    {
        if(Flag_CardON == 0)                 //卡处于离线状态
        {
            IC_ON = 1;                       //读之前先写 1
            if(IC_ON)
            {
                delay_xms(1);                //重读
                IC_ON = 1;                   //读之前先写 1
                if(IC_ON)
                {
                    Flag_CardON = 1;         //卡在线
                    LED1_C = 0;              //点亮指示灯
                }
            }
        }

        if(flag_Rx_Over)                     //接收到串口数据
        {
            flag_Rx_Over = 0;
            UART_ReceiveDispose();
        }
    }
}
/ ************************ 串口中断服务子程序 **************************** /
//说明:采用中断方式,接收 PC 发来的数据
void SerialComm(void) interrupt 4
{
    uchar uart_test;
```

```
TI = 0;
if( RI == 1)
{
    RI = 0;
    uart_test = SBUF;                       //接收数据

    count_sbuf ++ ;                         //接收计数器加 1
    if( count_sbuf > 8)                     // >= 8 则接收数据
        count_sbuf = 8;
    switch( count_sbuf)
    {
        case 1:                             //接收到的第 1 个数据
        {
            if( uart_test != 0xeb)
                count_sbuf = 0;
        } break;
        case 2:                             //接收到的第 2 个数据
        {
            if( uart_test != 0x90)
                count_sbuf = 0;
        } break;
        case 3:                             //接收到的第 3 个数据
        {
            if( uart_test != 0xeb)
                count_sbuf = 0;
        } break;
        case 4:                             //接收到的第 4 个数据
        {
            if( uart_test != 0x90)
                count_sbuf = 0;
        } break;
        case 5:                             //接收到地址
        {
            if( uart_test != SlaverAddr)    //若地址不正确，则不接收后面的数据
                count_sbuf = 0;
        } break;
        case 6:                             //接收到命令字
        {
            Uart_Order = uart_test;
        } break;
        case 7:                             //接收数据长度
        {
            leng_recv = uart_test;
```

```
        }break;
        case 8:                                    //接收数据
        {
            Receive_BUF[count_recv] = uart_test;
            count_recv ++;
            if(leng_recv == count_recv)        //数据接收完毕
            {
                Ckeck_uart = Receive_BUF[count_recv - 1];
                count_sbuf = 0;
                count_recv = 0;
                flag_Rx_Over = 1;
                Check_FIRST = Uart_Addr;
                Check_FIRST = Check_FIRST^Uart_Order;
                Check_FIRST = Check_FIRST^leng_recv;
            }
        }break;
    }
  }
}
/ ***********************外部中断0服务子程序 *************************/
//说明: 外部中断0, 用于检测拔卡操作
void Init0(void)interrupt 0
{
    Flag_CardON = 0;                               //卡在线标志
    LED1_C = 1;                                    //关掉指示灯
}
```

关于 I^2C 总线的驱动程序在 10.1.2 节中已给出，上述程序中不再列出。

10.2 SPI 总线

SPI（Serial Peripheral Interface，串行外围设备接口）是由 Motorola 公司推出的一种高速的、同步串行外围接口，速度可达到 3 Mbit/s，采用 3 根或 4 根信号线进行数据传输，节约了芯片的引脚，同时为 PCB 的布局节省空间，提供方便，正是由于这种简单易用的特性，现在越来越多的芯片集成了这种通信接口。

10.2.1 SPI 总线协议

SPI 是一个环形总线结构，由 MOSI（主设备数据输出，从设备数据输入）、MISO（主设备数据输入，从设备数据输出）、SCK（时钟信号，由主设备产生）、NSS（从设备使能信号，由主设备控制）组成，如图 10-17 所示。

从图 10-17 不难看出，SPI 从设备使用了两条数据线（MOSI 和 MISO）和两条控制线

（NSS 和 SCK）。由于 SPI 是串行通信协议，也就是说数据是一位一位地传输的，这就是 SCK 时钟线存在的原因。由 SCK 提供时钟脉冲，MOSI、MISO 则基于此脉冲完成数据传输。数据输出通过 MISO 线在时钟上升沿或下降沿时改变，在紧接着的下降沿或上升沿被读取，以完成一位数据的传输，输入也使用相同的原理。这样，至少 8 次时钟信号的改变（一次包括上升沿和下降沿各一个）就可以完成 8 位数据的传输。NSS 是芯片的片选信号线，也就是说只有片选信号为预先规定的使能信号时（高电位或低电位），对此芯片的操作才有效。这就使在同一总线上连接多个 SPI 设备成为可能。

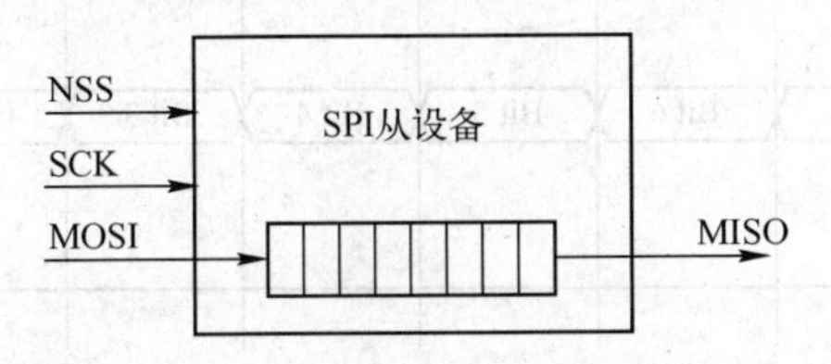

图 10-17　SPI 从设备数据接口

如图 10-18 所示，每个从设备的 NSS 信号分别与系统主机（单片机）中相互独立的片选信号 CS1、CS2 和 CS3 相连，这样系统主机可以通过片选信号来选通其中任何一个 SPI 从设备，并且进行独立的读/写操作，而未被选通的从设备均处于高阻隔离状态。

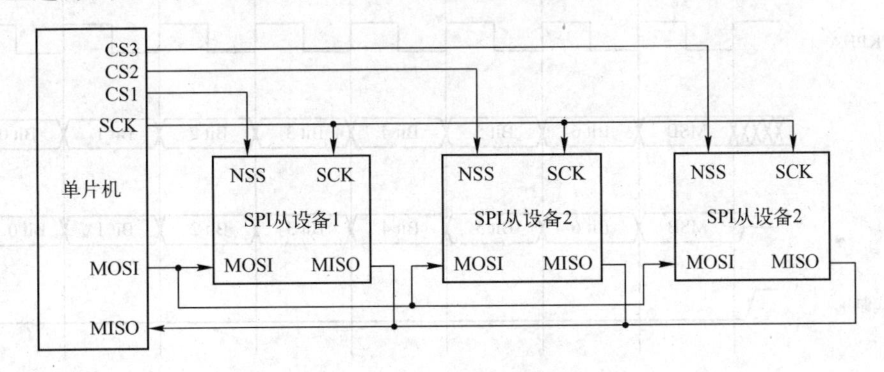

图 10-18　多个 SPI 从设备与单片机连接图

在 SPI 总线上，只有一个主机，SCK 信号线只能由主机控制。与普通的串行通信不同，普通的串行通信一次连续传送至少 8 位数据，而 SPI 允许数据一位一位地传送，甚至允许暂停，因为 SCK 时钟线由主机控制，当没有时钟跳变时，从设备将不采集或传送数据，也就是说，主机通过对 SCK 时钟线的控制可以完成对通信的控制。由于 SPI 的数据输入和输出线相互独立，所以，允许同时完成数据的输入和输出操作。在点对点的通信中，SPI 接口不需要进行器件寻址操作，且为全双工通信，简单高效。SPI 接口的一个缺点是：没有应答机制确认，即从设备是否接收到数据无法确认。

SPI 总线的时钟信号 SCK 有时钟极性（CKPOL）和时钟相位（CKPHA）两个参数，前者决定了有效时钟是高电平还是低电平，后者决定有效时钟的相位，这两个参数配合起来决定了 SPI 总线的数据和时钟时序，共有 4 种模式，如图 10-19 和图 10-20 所示。

当时钟信号 SCK 相位为 0（即 CKPHA = 0），时钟信号 SCK 的极性也为 0（即 CKPOL = 0）时，通信过程中的串行数据位在时钟信号 SCK 的上升沿被锁存；当时钟信号 SCK 相位为 0（即 CKPHA = 0），时钟信号 SCK 的极性为 1（即 CKPOL = 1）时，通信过程中的串行数据位在时钟信号 SCK 的下降沿被锁存。在 CKPHA = 1 时，时钟信号的相位会翻转 180°。

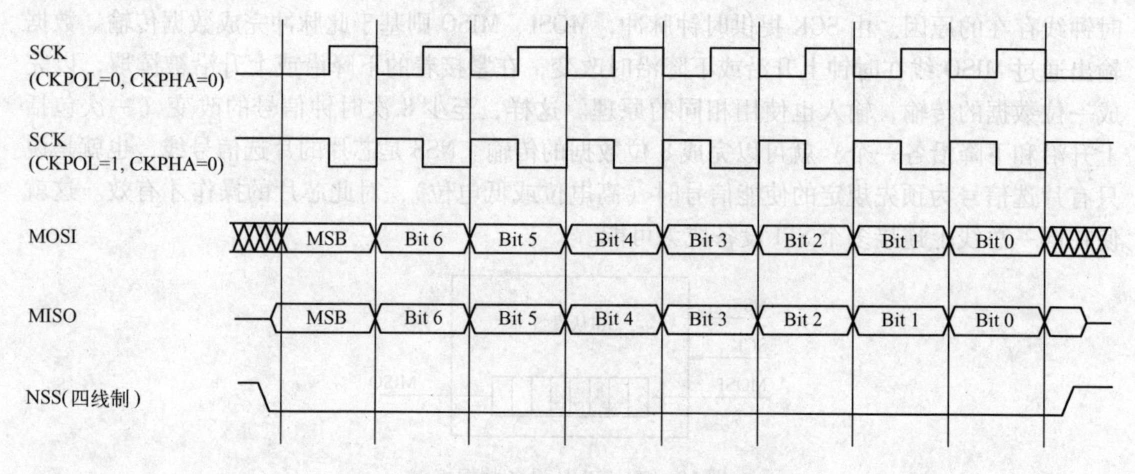

图 10-19　CPHA = 0 时 SPI 总线数据传输时序

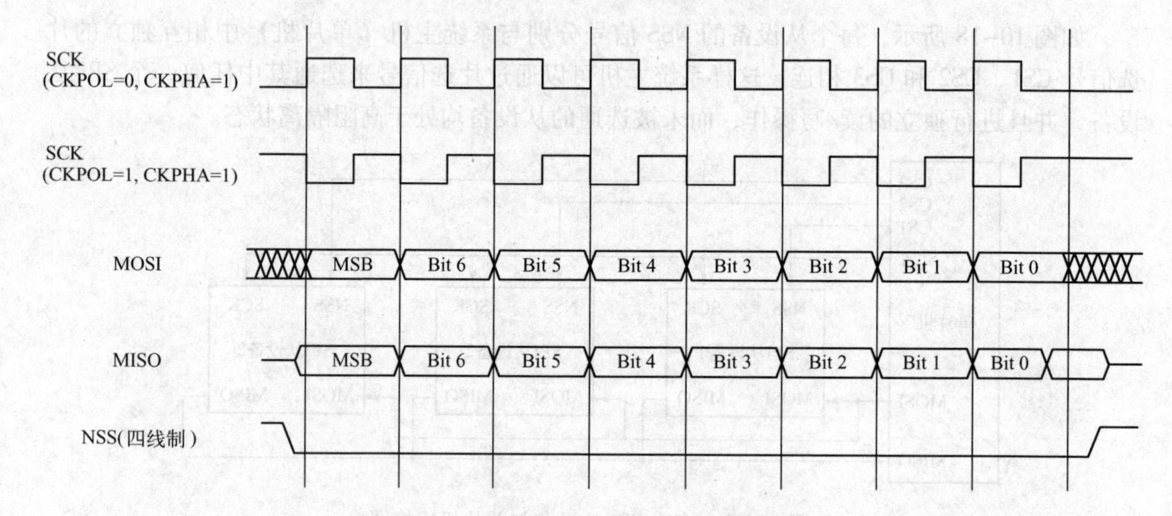

图 10-20　CPHA = 1 时 SPI 总线数据传输时序

10. 2. 2　SPI 总线的软件模拟

为扩展带有 SPI 接口的外围芯片，单片机一般作为 SPI 主机。由于 8051 这类简单单片机内部不含 SPI 总线接口，和 I^2C 一样，也经常采用单片机的普通 I/O 口来模拟 SPI 总线。

这里分别采用单片机的 P3. 3 口、P3. 4 口、P3. 5 口及 P3. 6 口来模拟 SPI 总线的 SCK、MOSI、MISO 及 NSS 信号端。SPI 总线的读写程序清单如下。

（1）头文件声明及端口定义

代码如下：

```
#include <reg51. h>
#include <intrins. h>
#define uchar unsigned char
sbit SPI_SCK = P3^3;        //SPI 时钟信号
```

```
sbit SPI_MOSI = P3^4;         //SPI 数据输出信号
sbit SPI_MISO = P3^5;         //SPI 数据输入信号
sbit SPI_NSS = P3^6;          //SPI 数据片选信号
```

（2）SPI 发送与接收数据程序

代码如下：

```
/*****************SPI 发送和接收字节数据子程序******************/
//说明：完成 SPI 的发送和接收一个字节数据功能
//输入：spidat --- 发送的数据
//输出：接收到的数据
uchar SpiTxRxByte(uchar spidat)
{
    uchar i,j,temp;
    temp = 0;
    SPI_NSS = 0;                    //片选使能从设备
    SPI_SCK = 0;
    for(i = 0; i < 8; i ++)
    {
        if(spidat & 0x80)           //写一位数据
        {
            SPI_MOSI = 1;
        }
        else
        {
            SPI_MOSI = 0;
        }
        spidat <<= 1;
        for(j = 0;j < 10;j ++)
            _nop_();
        SPI_SCK = 1;
        temp <<= 1;
        if(SPI_MISO)                //读一位数据
            temp ++;
        for(j = 0;j < 5;j ++)
            _nop_();
        SPI_SCK = 0;
    }
    SPI_NSS = 1;                    //禁止从设备
    return temp;
}
```

上述程序中，发送和接收的位数为 8 位，即 1 个字节。在实际应用中，有些 SPI 从设备需要一次传送 8 位以上的数据，如扩展带 SPI 接口的 12 位 A/D 转换器，读取转换结果时，显然一次要读取 12 位的数据，此时，只需改变程序中的循环次数即可。另外，本例中，SPI 的工作时序为时钟高电平时锁存数据，若所扩芯片与之不一致，可对程序中时钟信号的电平高低作修改。

10.2.3　时钟芯片 DS1302

DS1302 是美国 DALLAS 公司推出的一种涓流充电、高性能、低功耗的实时时钟芯片，该芯片是 DS1202 的升级产品，与 DS1202 兼容，但增加了“主电源/备用电源”双电源引脚，同时提供了对备用电源进行涓细电流充电的能力（要求备用电源为可充电电池，如锂电池等）。该芯片内部含有一个实时时钟日历，可以对年、月、日、星期、时、分、秒进行计时，可以自动调整每月的天数，同时具有闰年补偿功能。用户可以通过设置实现 24 或 12 小时制格式，芯片工作电压为 2.5 ~ 5.5 V。芯片内部有一个 31 × 8bit 的用于临时性存放数据的 RAM 寄存器（如果 DS1302 不掉电，数据将永久保存）。DS1302 采用简单的三线制 SPI 与 CPU 进行同步通信，一次可以传送一个或多个字节的实时时钟或 RAM 数据。

引脚	名称	名称	引脚
1	Vcc2	Vcc1	8
2	X1	SCLK	7
3	X2	I/O	6
4	GND	$\overline{RST}$	5

图 10-21　DS1302 引脚图

DS1302 的引脚如图 10-21 所示，其引脚定义如下：

- X1、X2：外接晶振引脚，通常连接 32.768 kHz 晶振。
- $\overline{RST}$：复位引脚，与 SPI 总线 NSS 信号对应，即当$\overline{RST}$=1 时，芯片使能，可以进行数据的读/写操作；当$\overline{RST}$=0 时，芯片被禁止读/写操作。
- I/O：数据输入/输出引脚，与 SPI 总线中的 MOSI 和 MISO 对应。
- SCLK：同步串行时钟输入引脚，与 SPI 总线中的 SCK 对应。
- Vcc2：主电源输入引脚，连接系统电源 Vcc（该芯片与 TTL 兼容，可以使 Vcc = 5 V）。
- Vcc1：备用电源输入端，通常接 2.7 ~ 3.5 V 电源，当 Vcc2 > Vcc1 + 0.2V 时，DS1302 由 Vcc2 供电；当 Vcc2 < Vcc1 时，DS1302 由 Vcc1 供电。
- GND：电源地。

DS1302 串行时钟由电源、输入移位寄存器、命令控制逻辑、振荡器、实时时钟以及 RAM 组成，其内部结构如图 10-22 所示。

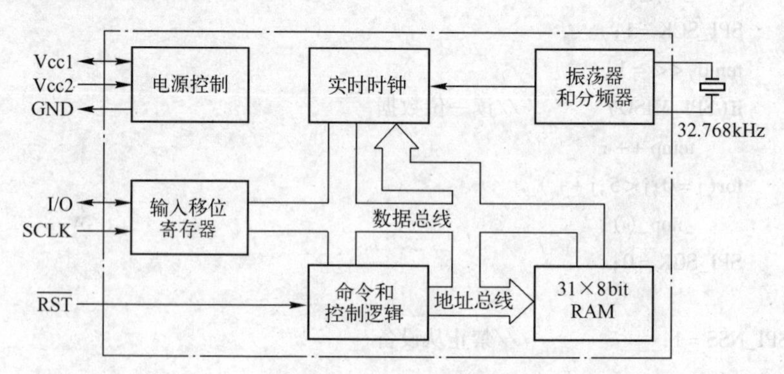

图 10-22　DS1302 内部结构

1. DS1302 的读/写操作

单片机对 DS1302 进行读/写操作时，必须由命令字节初始化，如图 10-23 所示。

命令字节的最高位 MSB（D7）必须为逻辑“1”，如果为“0”，则不能把数据写入 DS1302。D6 为逻辑“0”，表示读/写对象为时钟/日历；为逻辑“1”，表示读/写对象为 RAM。D5 ~ D1 为 DS1302 中当前读/写单元的地址。最低位 LSB（D0）表示读/写状态，为逻辑“1”，表示对指定单元进行“读”操作；为逻辑“0”，表示对指定单元进行“写”操作。

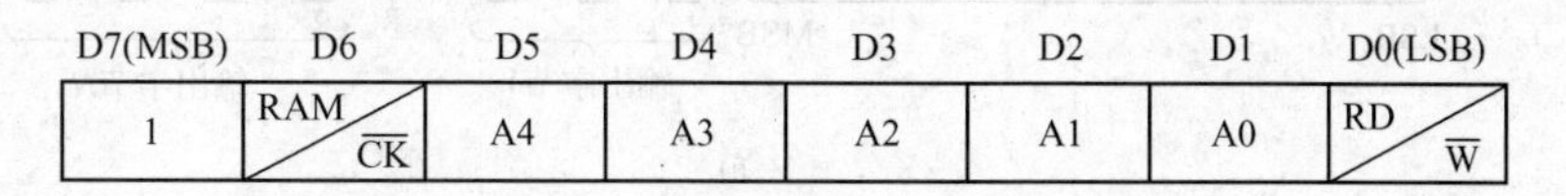

图 10-23　DS1302 地址/命令格式

单片机向 DS1302 写入数据时，在写命令字节的 8 个 SCLK 周期后，DS1302 会在接下来的 SCLK 周期的上升沿读入数据字节。

单片机从 DS1302 读取数据时，在读命令字节的 8 个 SCLK 周期后，DS1302 会在接下来的 SCLK 周期的下降沿输出数据字节，单片机可进行读取。

需要注意的是：在单片机从 DS1302 中读取数据时，从 DS1302 输出的第一个数据位发生在紧接着单片机输出的命令字节最后一位后的第一个下降沿处，而且在读操作过程中，只要保持$\overline{RST}$时钟为高电平状态，当有额外的 SCLK 时钟周期时，DS1302 将发送新的数据字节，这一输出特性使得 DS1302 具有多字节连续输出能力。

图 10-24 所示为单字节数据读/写时序。

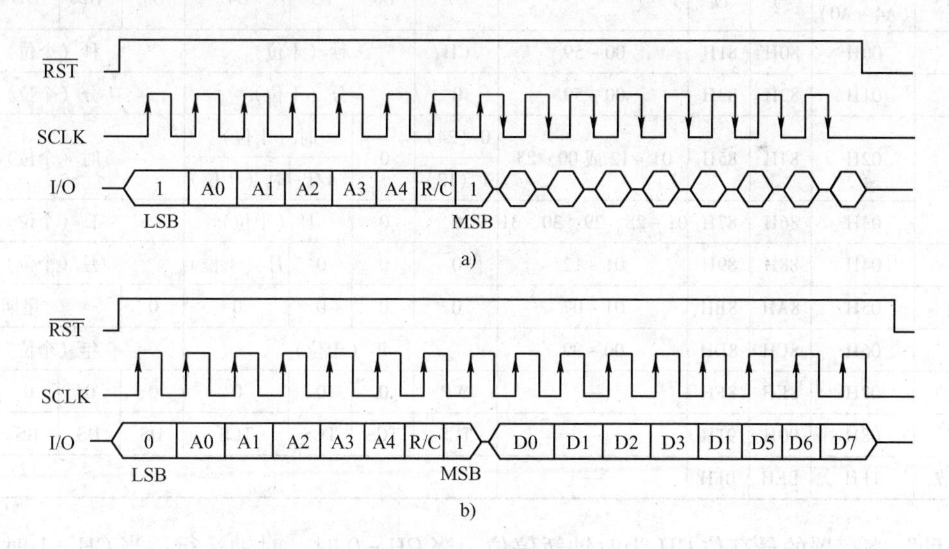

图 10-24　DS1302 单字节数据读/写时序

a）单字节数据读时序　b）单字节数据写时序

除了采用单字节数据读/写外，还可采用突发方式多字节连续读/写，此时，地址/命令字节中地址必须为 1FH。在多字节方式中，无论读或写，都是从地址 0 的 D0 位开始。突发方式多字节数据读/写时序如图 10-25 所示。

2. DS1302 中的寄存器

在 DS1302 中时钟/日历寄存器如表 10-3 所示。

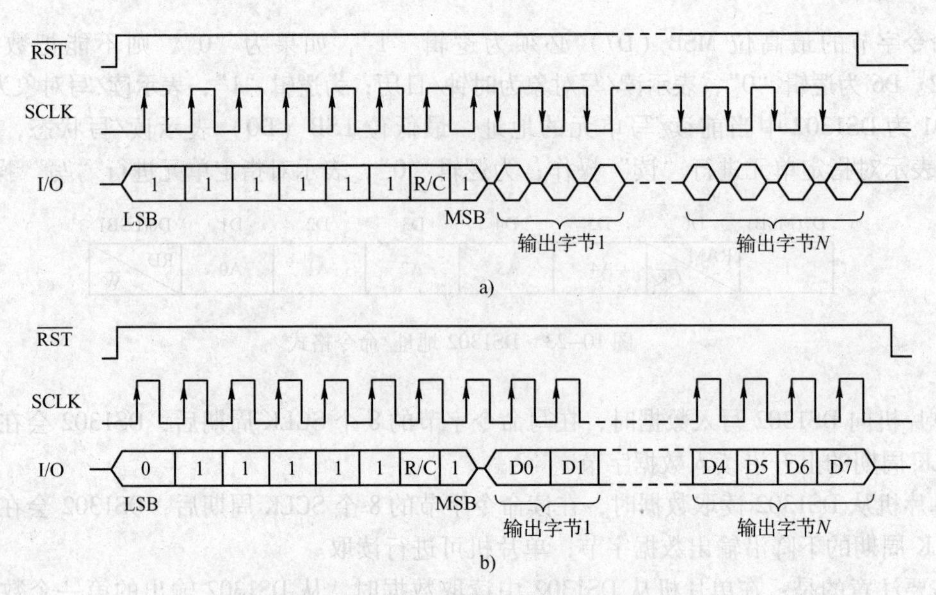

图 10-25　DS1302 多字节读/写时序

a）多字节数据读时序　b）多字节数据写时序

表 10-3　DS1302 时钟/日历寄存器

寄存器		命令码		数值范围（BCD 码）	寄存器中各位的内容							
名称	地址（A4～A0）	写	读		D7	D6	D5	D4	D3	D2	D1	D0
秒	00H	80H	81H	00～59	CH	秒（十位）			秒（个位）			
分	01H	82H	83H	00～59	0	分（十位）			分（个位）			
时	02H	84H	85H	01～12 或 00～23	0（24）	0	时（十位）		时（个位）			
					1（12）		A/P	时（十位）				
日	03H	86H	87H	01～28，29，30，31	0	0	日（十位）		日（个位）			
月	04H	88H	89H	01～12	0	0	0	月（十位）	月（个位）			
星期	05H	8AH	8BH	01～07	0	0	0	0	0	星期		
年	06H	8CH	8DH	00～99	年（十位）				年（个位）			
写保护	07H	8EH	8FH	—	WP	0	0	0	0	0	0	0
涓流	08H	90H	91H	—	TCS	TCS	TCS	TCS	DS	DS	RS	RS
多字节	1FH	BEH	BFH	—	—							

“秒”寄存器的最高位 CH 为时钟暂停位，当 CH＝0 时，时钟运行；当 CH＝1 时，时钟暂停。

“时”寄存器的最高位为 12/24 标志，当该标志为 0 时，时钟以 24 小时制运行，D5D4 位为“时”数据的十位，D3～D0 为“时”数据的个位；当该标志位为 1 时，时钟以 12 小时制运行，D5 位表示上、下午，D4 位为“时”数据的十位，D3～D0 为“时”数据的个位。

“写保护”寄存器的 D7 位是写保护，其余 7 位置为 0。在对时钟/日历单元和 RAM 单元进行写操作前，D7 必须为 0；当 D7＝1 时，写保护有效，可以防止对其他寄存器进行写操作。

"消流"充电寄存器用于管理 DS1302 备用电源的充电，其内部结构如图 10-26 所示。D7 ~ D4（TCS）控制涓流充电器的选择，只有当 D7 ~ D4 处于 1010 状态时才允许使用涓流充电器，其他任何状态都禁止使用涓流充电器。D3D2（DS）用于选择连接于 Vcc2 与 Vcc1 之间的二极管数目，当 DS 为 01 时，选择 1 个二极管（即上面电路接通）；当 DS 为 10 时，选择两个二极管（即下面电路接通），当 DS 为 00 或 01 时，两个支路全被断开，涓流充电器被禁止。D1D0（RS）用于选择接连在 Vcc2 与 Vcc1 之间的电阻，当 RS 为 01 时，选择 R1（2 kΩ）；当 RS 为 10 时，选择 R2（4 kΩ）；当 RS 为 11 时，选择 R3（8 kΩ）；当 RS 为 00 时，不选择任何电阻，电路断开，涓流充电器被禁止。

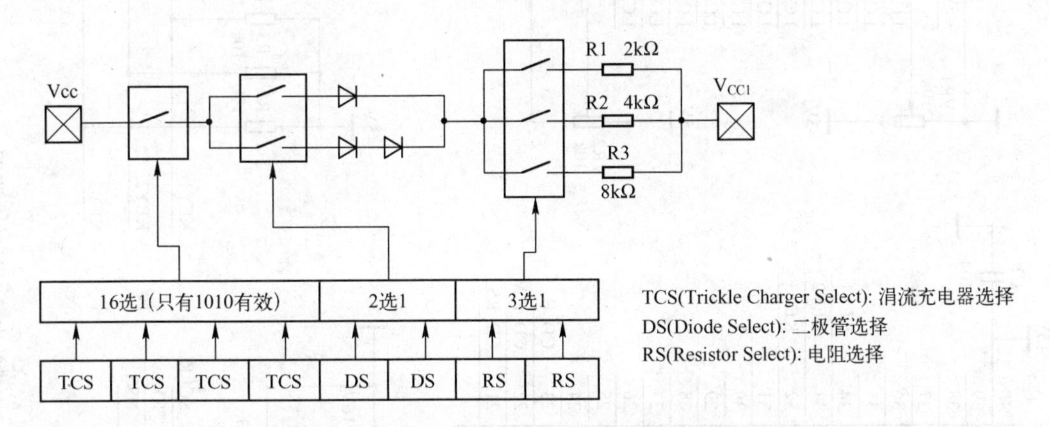

图 10-26　DS1302 可编程涓流充电器内部结构

用户可根据备用电源的类型（如锂电池、超级电容器等）和所允许的最大充电电流来设置涓流充电器的输出电流、充电电流的计算方法：假设 Vcc2 = 5.0 V，通过编程使用两个二极管和 4 kΩ 电阻，则可得到的最大充电电流为：

$$I_{\max}=\frac{5.0\ \mathrm{V}-0.7\ \mathrm{V}-0.7\ \mathrm{V}}{4\ \mathrm{k\Omega}}=0.9\ \mathrm{mA} \tag{10-1}$$

有关 DS1302 的 RAM 区，这里不作介绍，读者可查阅 DS1302 的数据手册进行了解。

10.2.4　DS1302 的应用——电子时钟

目前，市面上的电子时钟大多采用 8051 单片机及 DS1302 时钟芯片制成，下面介绍这种电子时钟的具体设计方法。

1. 硬件电路

电子时钟的硬件电路如图 10-27 所示。8051 单片机通过 P3.3 口、P3.4 口及 P3.5 口与 DS1302 的 SCLK、I/O 和 $\overline{\mathrm{RST}}$ 相连，采用软件模拟 SPI 总线。DS1302 的晶振选择典型值 32.768 kHz，备用电源选择普通的 3V 纽扣式电池，并配有电池座。实时时间采用 1602 型液晶显示器显示，并设有三个独立按键，用于设置时间。

2. 软件设计

关于 1602 液晶显示器及按键的软件编程方法在第 9 章中作了详细介绍，这里不再考虑。下面主要介绍 DS1302 的驱动及时间的设置与读取程序，程序清单如下：

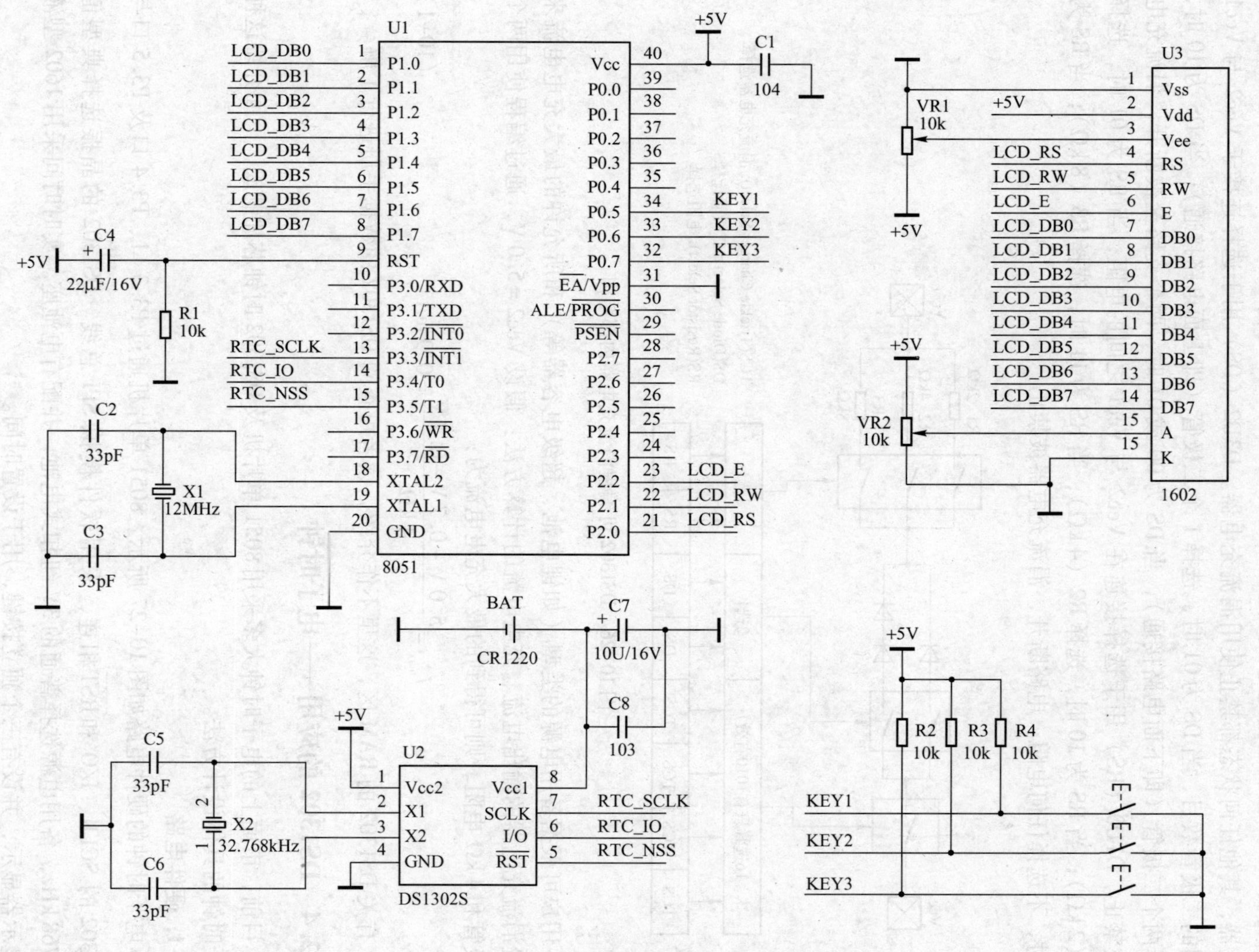

图10–27　由DS1302构成的电子时钟的电路图

(1) 头文件、端口及全局变量定义

```
/ ********************* 头文件 ********************/
#include  <reg51. h >
#include  < intrins. h >
/ ********************* 宏定义 ********************/
#define uchar unsigned char
/ ******************** 端口定义 *********************/
sbit RTC_SCK = P3^3;                  //RTC 时钟信号
sbit RTC_IO = P3^4;                   //RTC 数据信号
sbit RTC_RST = P3^5;                  //RTC 片选信号, 高电平有效
/ ****************** 全局变量定义 ******************/
uchar bdata SR_data;                  //SPI 数据传输字节
sbit RTC_HiBit = SR_data^7;
sbit RTC_LoBit = SR_data^0;

uchar ucCurtime[10];                  //当前时间保存单元, BCD 码
```

(2) DS1302 的驱动程序

```
/ ******************** 写字节子程序 **************************/
//说明: 向 DS1302 写入 1 个字节数据
//输入: 待写数据
void RTInputByte(uchar inputdata)
{
    uchar i;
    SR_data = inputdata;
    for(i = 8; i > 0; i -- )
    {
        RTC_IO = RTC_LoBit;                     //传送字节低位
        RTC_SCK = 1;
        _nop_();
        _nop_();
        RTC_SCK = 0;
        _nop_();
        _nop_();
        SR_data = SR_data  >>  1;
    }
}
/ ******************** 读字节子程序 **************************/
//说明: 从 DS1302 读出 1 个字节数据
//输出: 读出的数据
uchar RTOutputByte(void)
{
```

```
    uchar i;
    for(i = 8; i > 0; i -- )
    {
        SR_data = SR_data  >> 1;
        RTC_HiBit = RTC_IO;                       //读取字节低位
        RTC_SCK = 1;
        _nop_( );
        _nop_( );
        RTC_SCK = 0;
        _nop_( );
        _nop_( );
    }
    return( SR_data);
}
/ ********************** 单字节写子程序 ***************************** /
//说明: 先写地址命令字, 后写单个字节数据
//输入: ucAddr: DS1302 地址命令字, ucData: 要写的数据
void W1302( uchar ucAddr, uchar ucDa)
{
    RTC_RST = 0;                               //禁止访问 DS1302
    RTC_SCK = 0;
    RTC_RST = 1;                               //允许访问 DS1302
    RTInputByte( ucAddr);                      //写地址/命令字
    RTInputByte( ucDa);                        //写 1 B 数据
    RTC_SCK = 1;
    RTC_RST = 0;                               //禁止访问 DS1302
}
/ ********************** 单字节读子程序 ***************************** /
//说明: 先写地址命令字, 后读单个字节数据
//输入: ucAddr: DS1302 地址命令字
//输出: 读出的单个字节数据
uchar R1302( uchar ucAddr)
{
    uchar ucData;
    RTC_RST = 0;                               //禁止访问 DS1302
    RTC_SCK = 0;
    RTC_RST = 1;                               //允许访问 DS1302
    RTInputByte( ucAddr);                      //写地址/命令字
    ucData = RTOutputByte( );                  //读 1 B 数据
    RTC_SCK = 1;
    RTC_RST = 0;                               //禁止访问 DS1302
    return( ucData);
}
```

(3) 时间设置与读取程序

```
/*******************时间设置子程序*************************/
//说明：采用单字节写方式完成
//输入：pClock：时钟数据地址，依次保存有秒、分、时、日、月、星期、年
//格式为 BCD 码
void Set1302(uchar *pClock)
{
    uchar i;
    uchar ucAddr = 0x80;

    W1302(0x8e,0x00);                    //控制命令、WP = 0，取消写操作
    for(i = 7; i > 0; i--)
    {
        W1302(ucAddr, *pClock);          //写秒、分、时、日、月、星期、年
        pClock++;
        ucAddr += 2;
    }
    W1302(0x8e,0x80);                    //控制命令，WP = 1，写保护
}

/*******************时间读取子程序*************************/
//说明：采用单字节读方式完成，读取的当前时间保存在全局变量
//ucCurtime[]中，格式为 BCD 码
void Get1302(void)
{
    uchar i;
    uchar ucAddr = 0x81;

    for (i = 0; i < 7; i++)
    {
        ucCurtime[i] = R1302(ucAddr); //读秒、分、时、日、月、星期、年
        ucAddr += 2;
    }
}
```

上述程序中仅用到了 DS1302 的单字节读/写方式，而对于多字节突发方式，读者可自行编写。

10.3 1－Wire 总线

1－Wire 总线又称单总线，是美国 Dallas 公司推出的一种总线标准。与目前多数标准串行数据通信方式，如 SPI、I^2C 等不同，它采用单根信号线，既传输时钟，又传输数据，而

且数据传输是双向的，同时可以通过该信号线向单总线器件提供短暂的电源，如图 10-28 所示。它具有节省 I/O 口线资源、结构简单、成本低廉、便于总线扩展和维护等诸多优点，在电池供电设备、便携式仪器以及现场监控系统中具有良好的应用前景。

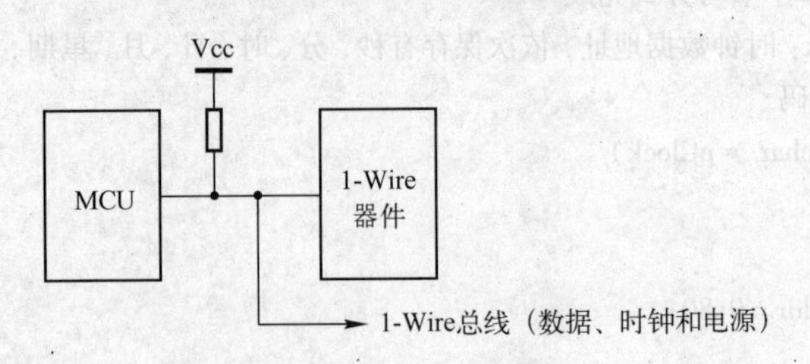

图 10-28　1 - Wire 总线接口

10.3.1　1 - Wire 总线器件简介

1. 单总线器件的硬件结构

单总线系统中包含一个主机和若干从机，它们共用一条数据线，总线上所有的器件采用"线与"的方式进行连接，这要求单总线上每个器件的端口必须为漏极开路输出或具有三态输出的功能。由于主机和从机都是漏极开路输出的，所以在总线靠近主机的地方必须连接上拉电阻（该电阻的阻值一般为 4.7 kΩ），系统才能正常工作。

单总线器件一般采用 3 个引脚的封装形式，其外形类似于小功率晶体管，在单总线器件的三个引脚中，一个是电源地端，一个是输入/输出端，一个是电源端。当在单总线上的从设备很少时，电源端可以不连接，而采用接地的方式，如图 10-29 所示。

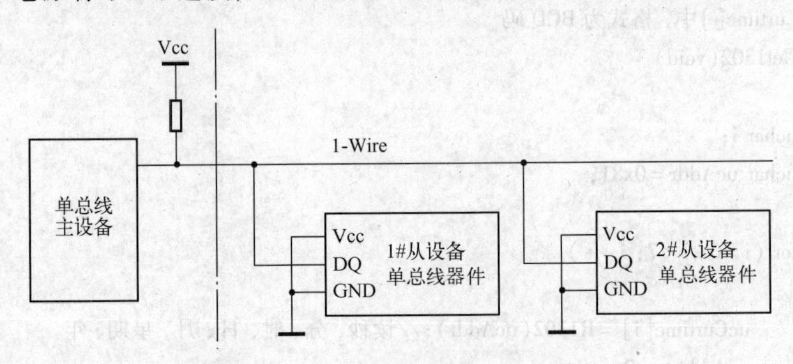

图 10-29　1 - Wire 总线多从机连接方式

之所以单总线器件可以将 Vcc 引脚与地线相连，主要是由其内部的结构所决定的，如图 10-30 所示为单总线器件内部结构。

由图 10-30 可以看出，单总线器件的电源部分由两个二极管 VD1 和 VD2、一个电容 C_{PP} 以及电源检测电路组成。当 Vcc 端连接到系统的 Vcc 时，总线器件由 Vcc 经 D2 向内部进行供电；当 Vcc 端与 GND 端连接并连接到系统中的数字地时，单总线器件的供电由 DQ 经 D1 或 C_{PP}完成。

假设该设备为从设备。当 1 - Wire 总线的 DQ 线为高电平"1"时，总线为器件提供了电源，并通过二极管 D1 对电容 C_{PP}进行充电，并使电容 C_{PP}充电达到饱和。当 1 - Wire 总线

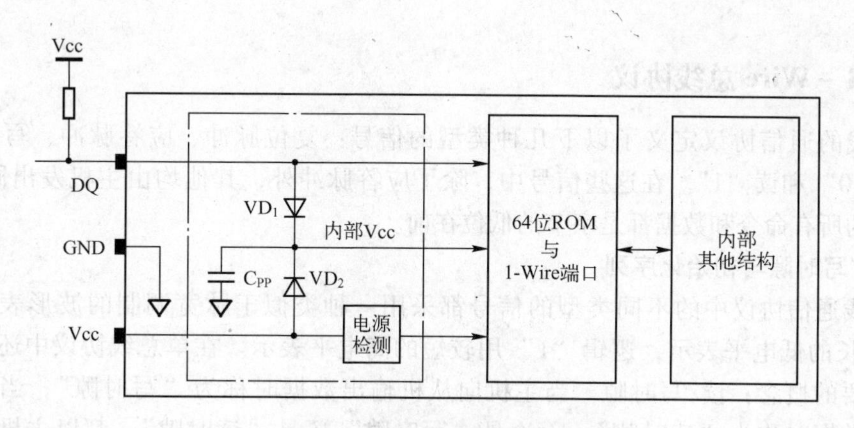

图 10-30　1 - Wire 总线器件内部结构图

的 DQ 线为低电平“0”时，电容 C_{PP} 开始向单总线器件内部进行供电，这个供电时间不会太长，但必须足以使单总线器件维持到下一次主设备将 1 - Wire 总线拉高。这种“偷电”式的供电又称为寄生电源（Parasite Power），此时，为了确保单总线器件正常、可靠地工作，主设备应间隔的输出高电平，且保证能够提供足够的电源电流，一般为 1 mA，当主设备使用 +5 V 电源时，总线的上拉电阻不应大于 5 kΩ，所以通常选用 4.7 kΩ 的上拉电阻，当主设备使用的电源电流较低或不能提供充足的电源电流时，应采用总线驱动电路，以便将 DQ 线的高电平强拉到 +5.0 V，从而可以增加驱动电流。

2. 单总线器件的序列号

当很多单总线器件连接在同一条总线上时，主设备可以通过搜寻每个器件的序列号进行访问，这时可能会提出一个疑问：如果出现两个序列号相同的单总线器件怎么办？

其实，用户可以放心使用，这正是单总线器件最基本的特征：每个单总线器件都有一个采用激光刻制的序列号，任何单总线器件的序列号都不会重复。

单总线器件的序列号由 48 位二进制数组成，与家族码、校验码共同构成了单总线器件的 ROM 注册码，如图 10-31 所示。

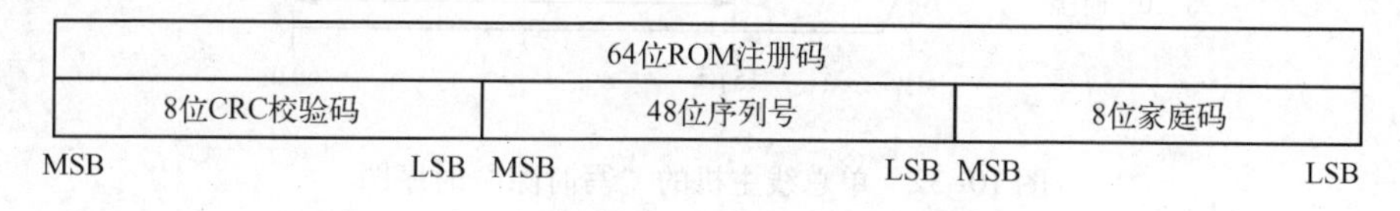

图 10-31　单总线器件 ROM 注册码的数据格式

其中，最低的 8 位是家族码。家族码决定了单总线器件的分类，如可寻址开关 DS2045 的家族码为 05H，数字温度计 DS18B20 的家族码为 28H，4 通道 A/D 转换器 DS2450 的家族码为 20H 等，一共有 256 种不同类型的单总线器件。

接下来的是 48 位序列号，因为 $2^{48}=281474976710656$，所以只有在生产了如上数量的芯片后序列号才会出现重复，这显然是不可能的。

最高的 8 位是 CRC 检验码。当主设备接收到 64 位 ROM 注册码后，可以计算出前 56 位序列码的循环冗余校验码，与接收到的 8 位 CRC 校验码比较后，便可知道本次数据传输的正确性。

10.3.2 1 – Wire 总线协议

单总线的通信协议定义了以下几种类型的信号：复位脉冲、应答脉冲、写“0”、写“1”、读“0”和读“1”。在这些信号中，除了应答脉冲外，其他均由主机发出同步信号，并且发送的所有命令和数据都是字节的低位在前。

1. 读/写时隙与初始化序列

单总线通信协议中的不同类型的信号都采用一种类似于脉宽调制的波形表示，逻辑“0”用较长的低电平表示，逻辑“1”用较短的高电平表示。在单总线协议中还要注意一个十分重要的概念：读/写时隙。当主机向从机输出数据时称为“写时隙”，当主机由从机中读取数据时称为“读时隙”，无论是“写时隙”还是“读时隙”，都以主机驱动数据总线（DQ）为低电平开始，数据线的下降沿触发从机内部的延时电路，使之与主机取得同步。

（1）写时隙

单总线通信协议中包括两种“写时隙”：写“0”和写“1”，主机采用“写时隙”向从机写入二进制数据“0”或“1”。所有“写时隙”至少需要 60μs，而且在两次独立的“写时隙”之间至少需要 1μs 的恢复时间。两种“写时隙”均起始于主机拉低总线（DQ），如图 10-32 所示。产生写“0”时隙的方式：在主机拉低总线后，需在整个时隙期间内保持低电平即可（至少 60 μs）；产生写“1”时隙的方式：主机在拉低总线后，接着必须在 15 μs 之内释放总线，由上拉电阻将总线拉至高电平，并维持整个时隙期间。在“写时隙”起始后 15 ~ 60 μs 期间，单总线的从机采样总线的电平状态：如果在此期间采样值为低电平，则向从设备写入逻辑“0”；如果为高电平，则向从设备写入逻辑“1”。

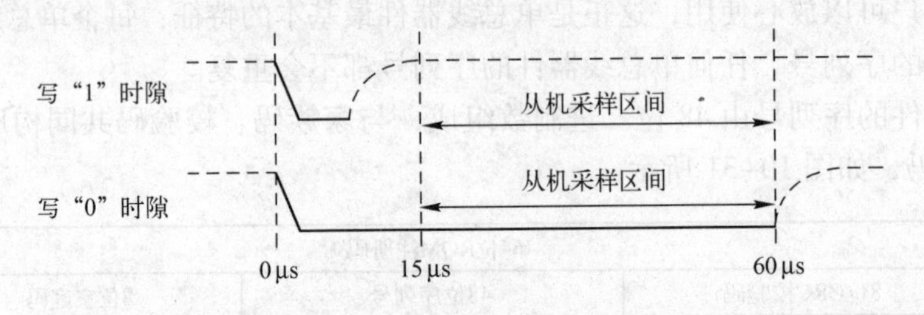

图 10-32　单总线主机的“写时隙”时序图

图 10-32 中，实线代表主机拉低总线，虚线代表主机释放总线由上拉电阻拉至高电平。

（2）读时隙

单总线器件仅在主机发出“读时隙”时，才向主机传输数据。所以在主机发出读数据命令后，必须马上产生读时隙，以便从机能够传输数据。所有读时隙至少需要 60 μs，且在两次独立的读时隙之间至少需要 1 μs 的恢复时间。每个读时隙都由主机发起，至少拉低总线 1 μs，如图 10-33 所示。在主机发起“读时隙”之后，从机才开始在总线上发送“0”或“1”。若从机发送“1”则保持总线为高电平，若发送“0”则拉低总线。当发送“0”时，从机在该时隙结束后释放总线，由上拉电阻将总线拉回至空闲高电平状态。从机发出的数据在起始时隙之后，保持有效时间 15 μs，因而主机在读时隙期间必须释放总线，并且在时隙起始后的 15 μs 之内采样总线状态。

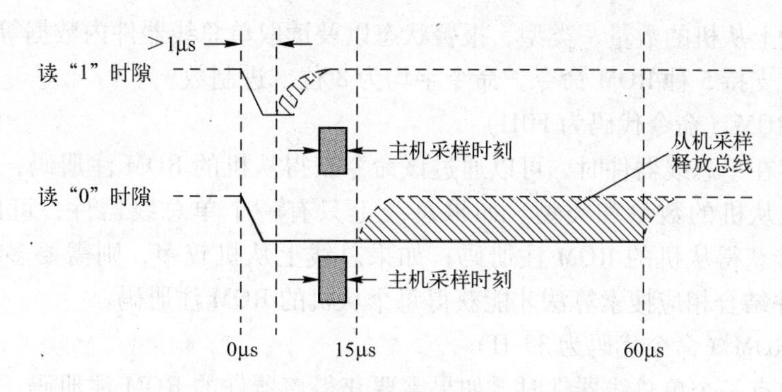

图 10-33　单总线主机的“读时隙”时序图

图 10-33 中，细实线代表主机拉低总线，粗实线代表从机拉低总线，虚线代表主机释放总线由上拉电阻拉至高电平。

(3) 初始化序列

单总线上的所有通信都是以初始化序列开始的，包括主机发出的复位脉冲及从机的应答脉冲，其时序图如图 10-34 所示，细实线代表主机拉低总线，粗实线代表从机拉低总线，虚线代表主机释放总线由上拉电阻拉至高电平。

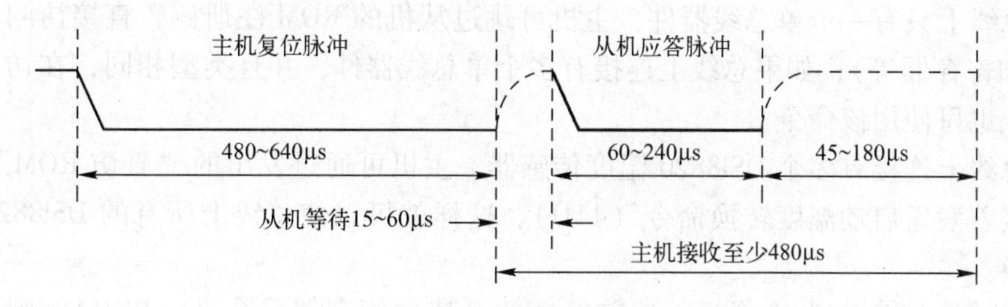

图 10-34　单总线初始化序列时序图

在初始化序列中，首先由主机发出 480 ~ 640 μs 的低电平作为复位脉冲，然后主机释放总线，由上拉电阻将总线拉至高电平，同时主机进入接收状态。在进入接收状态 15 ~ 60 μs 后，主机开始检测 I/O 引脚上的下降沿，以监视单总线上是否有从机存在，以及从机是否产生应答，这个检测的时间一般为 60 ~ 240 μs。检测结束后，主机等待从机释放总线。主机的整个接收状态至少应维持 480 μs。

从机接收到主机发送的复位脉冲，在等待 15 ~ 60 μs 后，向总线发出一个应答脉冲（该应答脉冲是一个 60 ~ 240 μs 的低电平信号，由从机将总线拉低），表示从机已经准备好，可根据各类命令发送或接收数据。

复位脉冲是主机以广播的形式发出的，所以总线上的所有从机只要接收到复位脉冲都会发出应答脉冲。主机一旦检测到应答脉冲，就认为总线上存在从机，并已准备好接收命令或数据，这时主机可以开始发送相关信息。如果主机没有检测到应答脉冲，则认为总线上没有从机，在程序的设计上可以跳过相应的单总线操作，而转入其他的程序。

2. 单总线通信的 ROM 命令

在主机检测到从机的应答脉冲后，便可以向从机发送 ROM 命令。这些 ROM 命令与从机唯一的 64 位注册码有关，允许在一条单总线上连接多个单总线器件。主机可以通过 ROM

命令得知单总线上从机的数量、类型、报警状态以及读取单总线器件内数据等相关信息。大部分的从机可以支持5种ROM命令，命令字均为8位二进制数。

(1) 搜索ROM（命令代码为F0H）

当系统中存在单总线器件时，可以通过该命令获得从机的ROM注册码，这样主机就可以判断出总线上从机的数量和类型。如果总线上只有一个单总线器件，可以通过“读取ROM”命令直接获得从机的ROM注册码；如果总线上从机较多，则需要多次使用“搜索ROM”命令，并结合相应搜索算法才能获得每个从机的ROM注册码。

(2) 读取ROM（命令代码为33 H）

当总线上只有一个单总线器件时，如果需要获得该器件的ROM注册码，可以执行该命令。如果总线上连接有多个单总线器件，使用该命令必然引起混乱。

(3) 匹配ROM（命令代码为55 H）

当总线上连接有多个单总线器件并知道每个器件的ROM注册码时，可以使用该命令对任何一个从机进行呼叫，这个过程相当于串行通信中的地址匹配过程，只有与主机发出的ROM注册码相同的从机，才能响应主机发出的其他命令，而总线上的其他从机将等待主机再次发出复位脉冲。

(4) 直访ROM（命令代码为CCH）

如果总线上只有一个单总线器件，主机可跳过从机的ROM注册码，直接访问从机内其他单元（如寄存器等）；如果总线上连接有多个单总线器件，并且类型相同，在访问一些特殊单元时，也可使用该命令。

例如总线上连接有多个DSl8820温度传感器，主机可通过发出的“直访ROM”（CCH）命令后，接着发送启动温度转换命令（44H），这样就可以使总线上所有的DSl8820同时启动温度转换。

如果在“直访ROM”命令后，接着发送的是读取暂存器等命令（BEH），则只能用于总线上只有一个单总线器件的情况，否则将造成数据的冲突。

(5) 报警搜索（命令代码为ECH）

仅有少数单总线器件支持该命令。该命令允许主机判断哪些从机发生了报警，如最近的测量温度过高或过低等。除那些设置了报警标志的从机响应外，该命令的工作方式完全等同于“搜索ROM”命令。

在使用ROM命令对单总线器件进行操作时，也需要按照一定的格式传输数据，如图10-35所示。

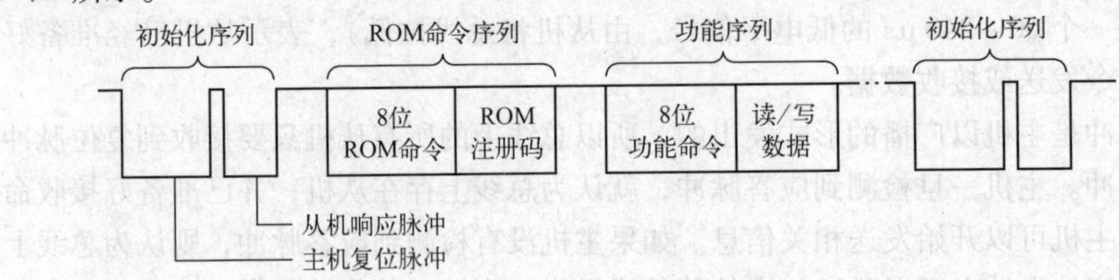

图10-35 单总线数据传输格式

3. 单总线器件的ROM搜索

ROM注册码的搜索一般采用二叉树形结构，搜索过程沿各个分节点向下进行，直到找到器件的 ROM 注册码为止，后续的搜索操作沿着节点上的其他路径进行，按照同样的方式，直到找到总线上所有器件的 ROM 注册码。

在主机发出复位脉冲后，所有器件都会发出响应脉冲。之后，由主机发出“搜索 ROM”命令，这时，所有的单总线器件同时向总线上发送 ROM 注册码的第一位（最低有效位，即家族码的最低位），按照单总线通信协议的规定，无论主机是“写操作”还是“读操作”，都以主机将总线拉低来启动每一位的操作。当所有从机应答时，单总线上获得的结果相当于所有从机发送数据的逻辑与。在从机发送 ROM 注册码的第一位后，主机启动下一位操作，从机发送第一位的补码，主机根据两次得到的结果可以对 ROM 注册码的第一位做出 4 种判断，如表 10-4 所示。

表 10-4　两次读到的数据位结果判断

第一次	第二次	结　论
0	0	从机 ROM 注册码中，当前位既有 0，又有 1，即存在差别
0	1	从机 ROM 注册码中，当前位为 0
1	0	从机 ROM 注册码中，当前位为 1
1	1	总线上没有从机响应

在主机接收两次数据后，就可以根据判断的结果，将用于存放 ROM 注册码的相应数据位中写入 0 或 1，同时将该位信息写入从机。

当主机发送一次“搜索 ROM”命令后，从机会按照从低到高的顺序，将 ROM 注册码输出，每一位输出两次，所以主机总共将接收到 128 个数据位。

由此看来，ROM 注册码的搜索过程只是一个简单的三步循环程序：“读一位”、“读该位的补码”、“写入一个期望的数据位”。总线主机在 ROM 注册码的每一位上都重复这样的三步循环程序。完成后，主机就能够知道该器件的 ROM 注册码信息，剩下的设备数量及其 ROM 注册码通过相同的操作过程即可获得。

例如，在单总线上连接 4 个不同的器件，ROM 注册码如下所示：

ROM1：0 0 1 1 0 1 0 1…

ROM2：1 0 1 0 1 0 1 0…

ROM3：1 1 1 1 0 1 0 1…

ROM4：0 0 0 1 0 0 0 1…

具体搜索过程如下：

1）主机发出复位脉冲，启动初始化序列。从机设备发出响应的应答脉冲。

2）主机在总线上发出“搜索 ROM”命令。

3）4 个从机分别将 ROM 注册码的第一位输出到单总线上，ROM1 和 ROM4 输出“0”，而 ROM2 和 ROM3 输出“1”。总线上的输出结果是所有输出的逻辑与，所以主机从总线上读到的是“0”。接着四个从机分别将 ROM 注册码中第一位的补码输出到单总线上，此时 ROM1 和 ROM4 输出“1”，而 ROM2 和 ROM3 输出“0”，这样主机读到的该位补码还是“0”，主机由此判定从机 ROM 注册码中，第一位既有“0”又有“1”。

4）主机在存放 ROM 注册码单元中写入“0”，同时向所有从机也写入“0”，从而禁止了 ROM2 和 ROM3 响应余下的搜索命令，仅在总线上留下了 ROM1 和 ROM4。

5）主机再执行两次读操作，依次收到“0”和“1”，这表明ROM1和ROM4在ROM注册码的第二位都是“0”。

6）主机在存放ROM注册码的单元和总线同时写入“0”，在总线上继续保持ROM1和ROM4。

7）主机又执行两次读操作，收到两个“0”，表明所连接设备的ROM注册码在第三位既有“0”也有“1”。

8）主机再次在存放ROM注册码的单元和总线同时写入“0”，从而禁止了ROM1响应余下的搜索命令，仅在总线上留下了ROM4。

9）主机读完ROM4余下的ROM注册码，这样就完成了第一次搜索，并找到了位于总线上的第一个从机。

10）重复执行第1~7步，开始新一轮的“搜索ROM”命令。

11）主机向存放ROM注册码的单元和总线同时写入“1”，使ROM4离线，仅在总线上留下ROM1。

12）主机读完ROMl余下的ROM注册码，这样就完成了第二次的ROM搜索，找到了第二个从机。

13）重复执行第1~3步，开始新一轮的“搜索ROM”命令。

14）主机向存放ROM注册码的单元和总线同时写入“1”，这次禁止了ROM1和ROM4响应余下的搜索命令，仅在总线上留下了ROM2和ROM3。

15）主机又执行两次读操作，读到两个“0”。

16）主机在存放ROM注册码的单元和总线同时写入“0”，这样禁止了ROM3，而留下了ROM2 。

17）主机读完ROM2余下的ROM注册码，这样就完成了第三次的ROM搜索，找到了第三个从机。

18）重复执行第13~15步，开始新一轮的“搜索ROM”命令。

19）主机在存放ROM注册码的单元和总线同时写入“1”，这次禁止了ROM2，而留下了ROM3。

20）主机读完ROM3余下的ROM注册码，这样就完成了第4次的ROM搜索，找到了第4个从机。

10.3.3 1-Wire总线的软件模拟

由于8051单片机内部不带1-Wire总线接口，因此，在扩展外部单总线器件时，需要利用一个I/O口线，采用软件模拟方式实现与扩展器件的单总线通信。

这里，仅对1-Wire总线底层驱动进行模拟。而有关ROM命令序列，功能序列的软件程序都可基于这些底层驱动编写，且每个单总线器件的功能序列可能不一样，因此，这里不作讨论。

（1）端口定义

代码如下：

```
#define uchar unsigned char
    sbit OneWire_DQ = P3^7;              //1-Wire 数据线
```

(2) 软件延时程序

代码如下:

```
/******************** 延时子程序 ******************/
//说明: 软件延时
void delay( uchar n)
{
    uchar i;
    for( i = 0;i < n;i ++ );
}
```

(3) 读时隙程序

代码如下:

```
/****************** 读时隙子程序 *****************/
//说明: 完成读一位数据的功能
//输出: 所读位数据
uchar Read_Bit( void)
{
    uchar i;
    OneWire_DQ = 0;
    OneWire_DQ = 1;            //间隔 1 μs 后释放 DQ 线
    for( i = 0;i < 3;i ++ );
    return( OneWire_DQ);
}
```

(4) 写时隙程序

代码如下:

```
/****************** 写时隙子程序 *****************/
//说明: 完成写一位数据的功能
//输入: 带写位数据
voidWrite_Bit( uchar Wbit)
{
    OneWire_DQ = 0;
    if( Wbit == 1)
    {
        OneWire_DQ = 1;
    }
    delay(5);
    OneWire_DQ = 1;            //释放 DQ 线
}
```

(5) 初始化序列程序

代码如下:

```
/***************初始化序列子程序***************/
//说明: 完成初始化序列功能
//输出: 0——总线上有从机存在, 1——总线上无从机存在
uchar Inital_Onewire( void)
{
    uchar ReceiveACK;
    ReceiveACK = 0;
    OneWire_DQ = 0;
    delay(29);                  //延时 480 ~ 640 μs
    OneWire_DQ = 1;             //释放 DQ 线
    delay(3);                   //延时 15 ~ 60 μs
    ReceiveACK = OneWire_DQ;    //读取从机应答脉冲
    delay(25);                  //延时
    OneWire_DQ = 1;             //释放 DQ 线
    return( ReceiveACK);
}
```

这里，单片机晶振采用 12 MHz，若改用其他频率，则应对延时时间作相应修改。

10.3.4 数字温度传感器 DS18B20

DS18B20 是美国 Dallas 公司生产的单总线数字式温度传感器，具有体积小、结构简单、操作灵活、使用方便等特点，封装形式多样，适用于各种狭小空间内设备的数字测温和控制。DS18B20 的引脚定义及封装形式如图 10-36 所示，它具有如下特点：

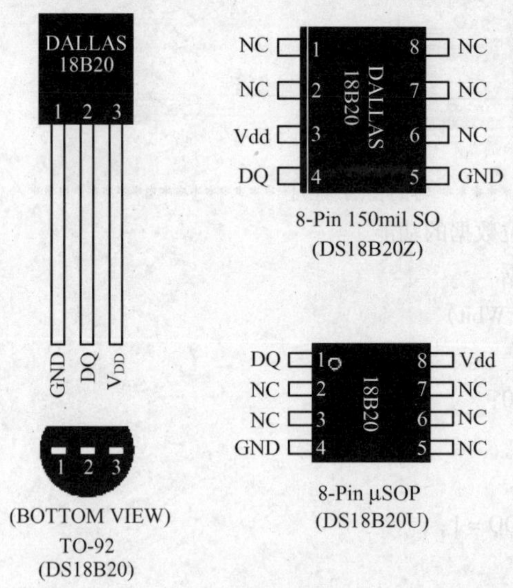

图 10-36　DS18B20 的引脚定义及封装形式

- 单总线接口，单片机只需要提供一个 I/O 端口与该器件进行通信。可方便地实现多点测温。
- 每个芯片都有唯一的 64 位光刻 ROM 编码，家族码为 28H。
- 无须外部元件，可采用数据线为芯片供电；电源电压范围是 3.0 ~5.5 V。

• 温度测量范围 -55～+125℃。传感器的分辨率为可编程的 9～12 位（包括 1 位符号位）。
• DS18B20 的转换时间与所设分辨率有关。当设为 9 位、10 位、11 位、12 位时，最大转换时间分别为 93.75 ms、187.5 ms、375 ms 和 750 ms。
• 通过“程序设置寄存器”，用户可以设置器件是处于测试模式还是处于工作模式（芯片出厂时设置为工作模式）。
• 温度数据由两个字节组成。内部含有 EEPROM，其报警上、下限温度值和设定的分辨率倍数在芯片掉电的情况下不丢失。

DS18B20 由 4 部分组成：寄生电源电路、64 位 ROM 与单总线接口、存储器控制逻辑以及暂存寄存器。其内部结构框图如图 10-37 所示。

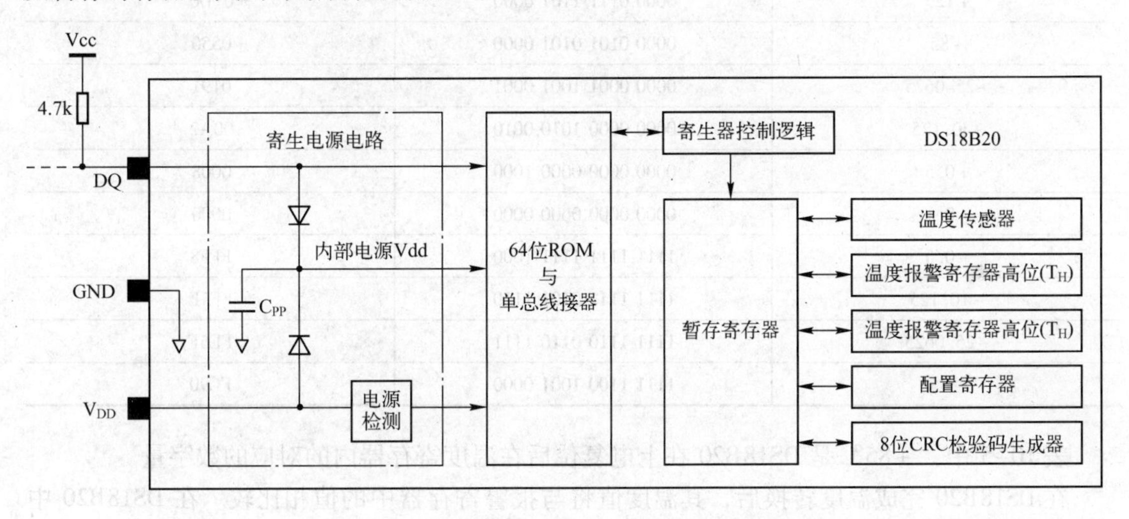

图 10-37　DS18B20 内部结构框图

1. DS18B20 的工作原理

DS18B20 的核心功能是一个直接数字式温度传感器。该芯片的分辨率可按照用户的需要配置成 9 位、10 位、11 位或 12 位，对应的温度变化量分别为 0.5℃、0.25℃、0.125℃和 0.0625℃，芯片在上电后的默认设置是 12 位。DS18B20 可以工作在低功耗的空闲状态。

单总线系统中的主机发出温度转换命令（44H）后，DS18B20 便开始启动温度测量并把测量的结果进行 A/D 转换。经过 A/D 转换后，所产生的温度数据将存储在内部两个温度寄存器单元中，数据的存储格式为带符号位的二进制补码，同时 DS18B20 返回到空闲状态。

DS18B20 的温度数据输出单位为“摄氏度”，如果需要用“华氏”为单位，可以使用查表或计算的方式获得。温度数据在两个温度寄存器单元中的存储格式如图 10-38 所示。

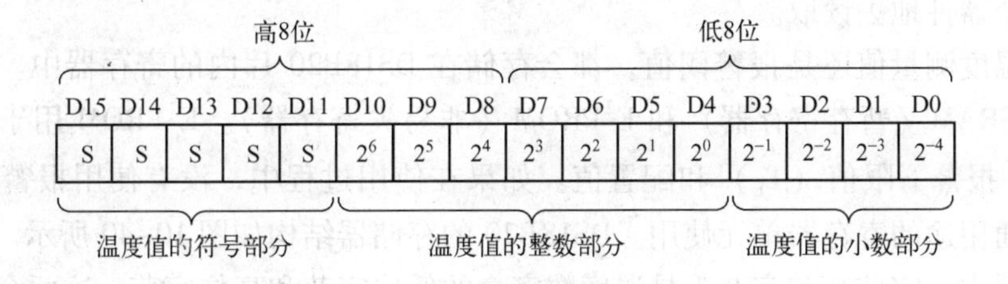

图 10-38　DS18B20 的温度数据存储格式

标志位（S）是温度数据的符号扩展位，表示温度的正负：如果温度为正，则 S=0；如果温度为负，则 S=1。在实际使用过程中，如果 DS18B20 被配置为 12 位分辨率，则在温度寄存器单元中所有数据位都为有效位；如果 DS18B20 被配置为 11 位分辨率，则 D0 位数据无效；如果 DS18B20 被配置为 10 位分辨率，则 D0 位、D1 位数据无效；如果 DS18B20 被配置为 9 位分辨率，则 D0 位、D1 位、D2 位数据无效。以 12 位分辨率为例，表 10-5 给出了部分数字量输出与温度值之间的对应关系。

表 10-5　部分数字量输出与温度值之间的对应关系

温度/℃	数字量输出（二进制）	数字量输出（十六进制）
+125	0000 0111 1101 0000	07D0
+85	0000 0101 0101 0000	0550
+25. 0625	0000 0001 1001 0001	0191
+10. 125	0000 0000 1010 0010	00A2
+0. 5	0000 0000 0000 1000	0008
0	0000 0000 0000 0000	0000
-0. 5	1111 1111 1111 1000	FFF8
-10. 125	1111 1111 0101 1110	FF5E
-25. 0625	1111 1110 0110 1111	FE6F
-55	1111 1100 1001 0000	FC90

表 10-5 中，+85℃是 DS18B20 在上电复位后在温度寄存器内的对应的数字量。

在 DS18B20 完成温度转换后，其温度值将与报警寄存器中的值相比较。在 DS18B20 中有两个报警寄存器，T_H为温度上限值，T_L为温度下限值，这两个寄存器均为 8 位，所以在进行温度比较时，只取出温度值的中间 8 位（D4～D11）进行比较。T_H和 T_L寄存器格式如图 10-39 所示。

D7	D6	D5	D4	D3	D2	D1	D0
S	2^6	2^5	2^4	2^3	2^2	2^1	2^0

图 10-39　T_H和 T_L寄存器格式

如果温度测量的结果低于 T_L或高于 T_H，则设置报警标志，这个比较过程会在每次温度测量后进行。一旦报警标志设置后，器件就会响应系统中主机发出的条件搜索命令（ECH）。这样处理的好处是，可以使单总线上的所有器件同时测量温度，如果有些点上的温度超过了设定的阈值，则这些报警的器件就可以通过条件搜索的方式识别出来，而不需要一个器件一个器件地去读取。

无论是温度测量值还是报警阈值，都会存储在 DS18B20 片内的寄存器中。DS18B20 的寄存器包括 SRAM（暂存寄存器）和 E^2PROM（非易失寄存器）。E^2PROM 用于存放报警上限值（T_H）、报警下限值（T_L）和配置值。如果在使用过程中，没有使用报警功能，T_H和 T_L可作为普通用途的寄存器单元使用。DS18B20 的存储器结构如图 10-40 所示。

在暂存器中，字节 0 和字节 1 是温度数字量的低位字节和高位字节，这两个寄存器是只读寄存器，在上电位时的默认值为0550H，即 85℃。字节 2 和字节 3 可用于存放报警阈值或用作用户寄存器。字节 4 是配置寄存器，用于设置 DS18B20 温度测量分辨率，格式如表 10-6 所示。

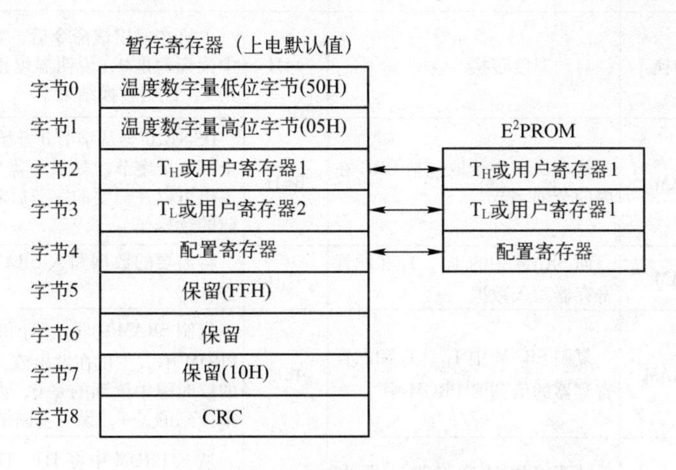

图 10-40　DS18B20 存储器结构

表 10-6　配置寄存器格式

D7	D6	D5	D4	D3	D2	D1	D0
0	R1	R0	1	1	1	1	1

其中，D0～D4 在读操作时总为“1”，在写操作时可为任意值；D7 在读操作时总为“0”，在写操作时可以为任意值；D5 和 D6 用于设置温度测量分辨率，如表 10-7 所示。

表 10-7　温度分辨率配置表

R1	R0	分辨率/bit	最长转换时间/ms
0	0	9	93.75
0	1	10	187.5
1	0	11	375
1	1	12	750

暂存器中的字节 5、字节 6 和字节 7 保留未使用。字节 8 用于存放前 8 个字节的 CRC 检验值。

E^2PROM 中的值在掉电后仍然保留，SRAM 中的值在掉电后会丢失。在器件上电时，SRAM 会恢复默认值，同时将 E^2PROM 中的数据复制到 SRAM 中。所以，上电时 SRAM 的字节 2、3、4、8 中的值取决于 E^2 PROM 中的值。

用户可以通过“回读 E^2”命令（B8H）将 E^2PROM 中的值读到 SRAM 中。单总线系统中的主机在发出“回读 E^2”命令后，通过一个“读时隙”来判断回读操作是否完成：如果回读操作正在执行，则 DS18B20 会向总线上发送一个“0”；如果回读操作已经完成，则 DS18B20 会向总线上发送一个“1”。“回读 E^2”命令会在 DS18B20 上电时自动完成一次，保证芯片在上电后可以使用有效的数据。

2. DS18B20 的功能命令

DS18B20 的功能命令包括两类：温度转换命令和存储器命令，如表 10-8 所示。

表 10-8　DS18B20 的功能命令

	命　令	描　述	代码	总线的响应
温度转换命令	温度转换	启动温度转换	44H	主机在发出该命令后，如果在紧接着的读时隙中读到的是 0，说明温度正在转换；如果读到的是 1，说明转换结束
存储器命令	读 SRAM	从 SRAM 中读取包括 CRC 在内的全部字节	BEH	DS18B20 会从字节 0 开始输出包括 CRC 在内的全部 9 个字节。如果不需要读取全部 9 个字节，主机可以在需要的字节后输出复位脉冲以终止当前的读操作
	写 SRAM	向 SRAM 中的 T_H、T_L 和配置寄存器写入数据	4EH	将需要的数据写入 SRAM 中的 T_H、T_L 和配置寄存器
	复制 SRAM	复制 SRAM 中 T_H、T_L 和配置寄存器的值到 E^2PROM 中	48H	复制 SRAM 中 T_H、T_L 和配置寄存器的值到 E^2PROM 中。主机在发出该命令后，如果在紧接着的读时隙中读到的是 0，说明复制正在进行；如果读到的是 1，说明复制结束
	回读 E^2	从 E^2PROM 中将 T_H、T_L 和配置寄存器的值回读到 SRAM 中。	B8H	从 E^2PROM 中将 TH、TL 和配置寄存器的值回读到 SRAM 中。主机在发出该命令后，如果在紧接着的读时隙中读到的是 0，说明回读正在进行；如果读到的是 1，说明回读结束
	读电源	读取 DS18B20 的供电方式	B4H	主机在发出该命令后，如果在紧接着的读时隙中读到的是 0，说明当前使用的是寄生电源；如果读到的是 1，说明当前使用的是外部供电

需要注意的是，当系统中 DS18B20 使用寄生电源供电时，由于“温度转换”和“复制 SRAM”的操作都是在主机发送命令后，由 DS18B20 自主完成的，同时又需要较长的时间（“温度转换”的时间最长），所以通常要在主机发出这些命令后，通过 MOSFET 将总线电压强拉至高电平，以保证这些操作的顺利完成，如图 10-41 所示。

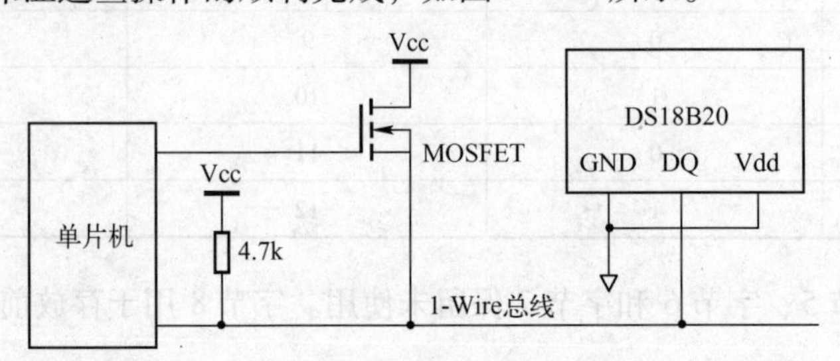

图 10-41　DS18B20 使用 MOSFET 进行强上拉电路图

一般的，在“温度转换”时，需要根据温度测量的分辨率选择保持强上拉的时间；在“复制 SRAM”时，需要至少保持 10 ms 的强上拉，而且必须在主机发出命令的 10 μs 的时间内使用 MOSFET 进行上拉。

10.3.5　DS18B20 的应用——数字温度计

下面介绍一种简易数字温度计的设计方法。本温度计用于测量室温，温度范围为 -10 ~ 50℃，要求温度测量值保留 1 位小数。

1. 硬件电路

如图 10-42 所示为数字温度计的硬件电路图，主要由 8051 单片机、数字温度传感器

DS18B20 和字符型液晶显示器 1602 及其他一些外围元件组成。单片机晶振频率为 12 MHz。

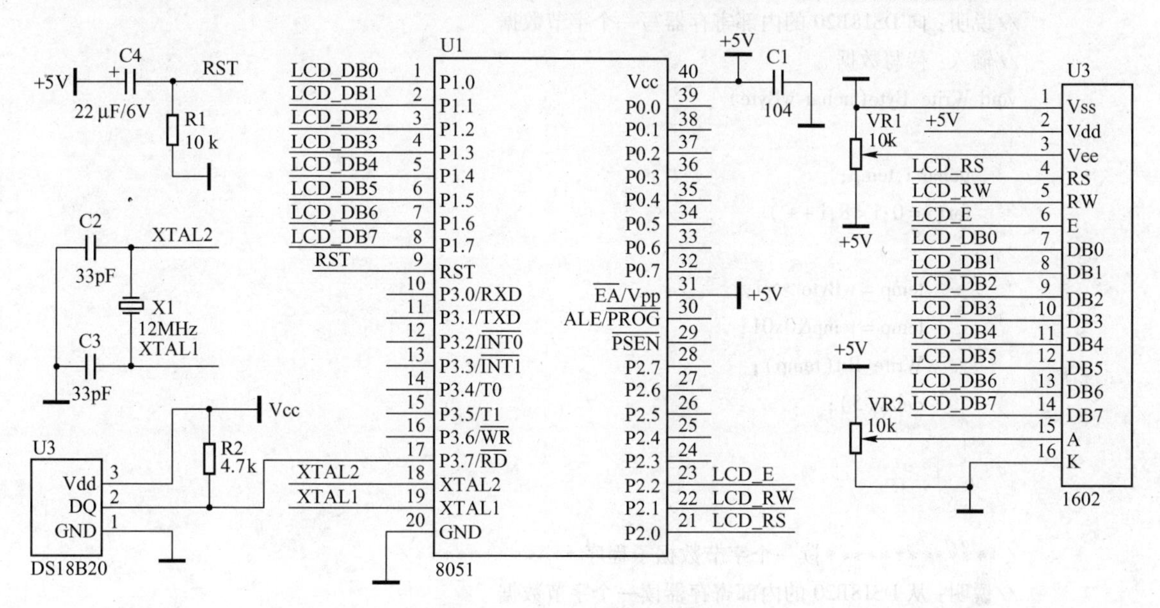

图 10-42　数字温度计电路图

2. 软件设计

本例的软件设计主要由温度检测与计算、温度显示及主程序等多个功能块构成。可采用定时器中断方式，每隔 5 s 测量并更新显示一次温度值。程序清单如下：

```
/ ********************** 头文件 ********************* /
#include <reg51.h>
/ ********************** 宏定义 ********************* /
#define uchar unsigned char
#define uint unsigned int

#define JumpRom_COM 0xCC                 //直访 ROM 命令字
#define ReadSRom_COM 0xBE                //读 SRAM 命令字
#define Start_COM 0x44                   //启动温度检测命令字
/ ********************* 端口定义 ******************** /
sbit OneWire_DQ = P3^7;                  //1_Wire 数据线
/ ****************** 全局变量定义 ****************** /
uint T5S_Count;                          //定时 5 秒计数单元
uchar Temp_H;                            //温度高字节 hex 格式
uchar Temp_L;                            //温度低字节 hex 格式
uchar Temp_FUHAO;                        //温度正负 0——正，1——负
uchar TemperatureBuf[3];                 //当前温度保存单元，从低到高
                                         //保存温度的十位、个位、十分位
uchar bdata FlagByte;
sbit FlagTimed = FlagByte;               //定时时间到标志位
```

```
/*************写一个字节数据子程序************/
//说明：向 DS18B20 的内部寄存器写一个字节数据
//输入：待写数据
void Write_Byte(uchar wByte)
{
    uchar i,temp;
    for(i=0;i<8;i++)
    {
        temp = wByte>>i;
        temp = temp&0x01;
        Write_Bit(temp);
        delay(5);
    }
}

/*************读一个字节数据子程序************/
//说明：从 DS18B20 的内部寄存器读一个字节数据
//输出：读出的数据
uchar Read_Byte(void)
{
    uchar i,temp,Rbyte;

    Rbyte=0;
    temp=1;
    for(i=0;i<8;i++)
    {
        if(Read_Bit())                    //所读位为 1
        {
            Rbyte=Rbyte+(temp<<i);
        }
        delay(5);
    }
    return(Rbyte);
}

/*************读取当前温度子程序************/
//说明：读取温度值，进行温度计算、并启动下一次转换
void Read_Temp(void)
{
    uchar temp;

    //读取温度值
    Inital_Onewire();                     //初始化序列
```

```
    Write_Byte(JumpRom_COM);            //直访 ROM 命令
    Write_Byte(ReadSRom_COM);           //读 SRAM 命令字
    Temp_L = Read_Byte();               //读温度低字节
    Temp_H = Read_Byte();               //读温度高字节

    //温度计算
    Temp_FUHAO = 0;
    if(Temp_H&0x08)                     //符号
    {
        Temp_FUHAO = 1;
    }
    temp = Temp_H&0x07;                 //整数部分
    temp = temp<<4;
    temp = temp | (Temp_L>>4);
    TemperatureBuf[0] = temp/10;
    TemperatureBuf[1] = temp%10;

    temp = Temp_L&0x0f;                 //小数部分
    TemperatureBuf[2] = (temp*5)>>3;

    //启动下一次转换
    Inital_Onewire();                   //初始化序列
    Write_Byte(JumpRom_COM);            //直访 ROM 命令
    Write_Byte(Start_COM);              //启动温度检测
}

/******************* 主程序 *******************/
//说明：单片机晶振频率 12 MHz
void main(void)
{
    FlagTimed = 0;
    T5S_Count = 0;

    TMOD = 0x02;                        //定时器 T0 工作在定时方式 2
    TH0 = 6;
    TL0 = 6;                            //定时 250 μs
    ET0 = 1;
    EA = 1;                             //开放中断
    TR0 = 1;                            //启动定时器工作

    while(1)
    {
        if(FlagTimed)
```

```
            {
                FlagTimed = 0;
                Read_Temp( );
                DisplayT( );
            }
        }
}

/ *********** 定时器 T0 总断服务程序 ************ /
//说明：单次定时 250 μs
void T0_Int( void) interrupt 1
{
    T5S_Count ++ ;
    if( T5S_Count == 20000)
    {
        T5S_Count = 0;
        FlagTimed = 1;
    }
}
```

上述程序中，1602 的驱动及温度显示子程序“DisplayT( )”并没有详细写出，读者可参考第 9 章进行编写。另外，延时子程序“delay( )”、写时隙子程序“Write_Bit( )”及读时隙子程序“Read_Bit( )”在 10. 3. 3 节中已经给出。

10. 4　总结交流

本章对单片机常用的三种通信总线技术进行了介绍，重点讲述了 I^2C、SPI 和 1 – Wire 总线的接口电路，通信时序及一些相关特性，由于 8051 单片机内部不具有这些硬件接口，因此，还讨论了这些总线的软件模拟方法，最后，通过实例详细讲解了这些总线接口的扩展及应用方法。

读者学习本章时，应重点把握这些通信总线的硬件电路、工作时序及软件模拟方法，并能学会利用这些总线技术进行相关扩展。而针对内部带有这三种通信接口的单片机，可查阅相关资料，有了本章的基础，读者学习起来应该很容易。

第 11 章　A/D 与 D/A 接口的扩展

在单片机测控应用系统中，往往有一些连续变化的模拟量，如温度、压力、流量、速度等物理量。这些模拟量必须转换成数字量后才能输入到单片机中进行处理；单片机处理的结果，也常常需要转换为模拟信号，驱动相应的执行机构，实现对系统的控制。这种实现模拟量变换成数字量的设备称为模/数转换器（A/D），数字量转换成模拟量的设备称为数/模转换器（D/A）。本章主要介绍 A/D、D/A 转换原理及几种典型的 A/D、D/A 集成电路芯片，并通过实例阐述它们与单片机的接口扩展原理及控制方法。

11.1　A/D 转换器概述

A/D 转换器（Analog to Digital Converter，ADC）是单片机数据采集通道的重要组成部分。外界的信号、物理量或者化学组成需通过特定的传感器转化为模拟信号输出（一般为电压信号），再经过 A/D 转换器转换成数字信号，以便单片机进行运算、存储、控制和显示等。由于常用的 A/D 转换器只能对一定范围内的电压信号进行转换，所以往往还需要先将传感器输出的电压信号进行调理，使之满足 A/D 转换器所允许的输入范围。这些转换和调理电路就构成了单片机的 A/D 数据采集通道，如图 11-1 所示。

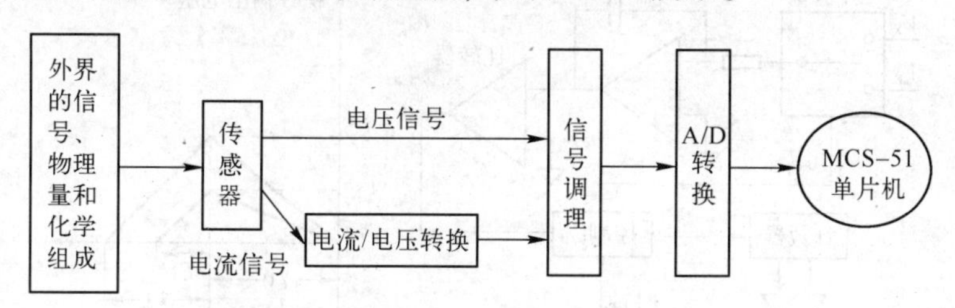

图 11-1　单片机 A/D 数据采集通道

11.1.1　A/D 转换器的转换原理

由于应用场合和要求不同，需要采用不同工作原理的 A/D 转换器，主要有逐次逼近式、双斜积分式、电压 - 频率式、并行式等几种，常见的 ADC0809、AD574 等 A/D 转换器是逐次逼近式，MC14433、CH7106 等 A/D 转换器是双斜积分式。前者转换速度快；后者转换速度慢，但抗干扰能力强。这两类 A/D 在单片机测控系统中都获得了广泛的应用。

1. 逐次逼近式 A/D 转换原理

逐次逼近式 A/D 转换器也称为连续比较式 A/D 转换器。这是一种采用对分搜索原理来实现 A/D 转换的器件，逻辑框图如图 11-2 所示。它主要由 N 位寄存器、N 位 D/A 转换器、比较器、控制逻辑以及输出锁存器等五部分组成。下面介绍其工作原理。

启动信号作用后，时钟信号在控制逻辑作用下，首先使寄存器的最高位出 $D_{N-1}=1$，其余位为“0”，N 位寄存器的数字量一方面作为输出用，另一方面经 D/A 转换器转换成模拟

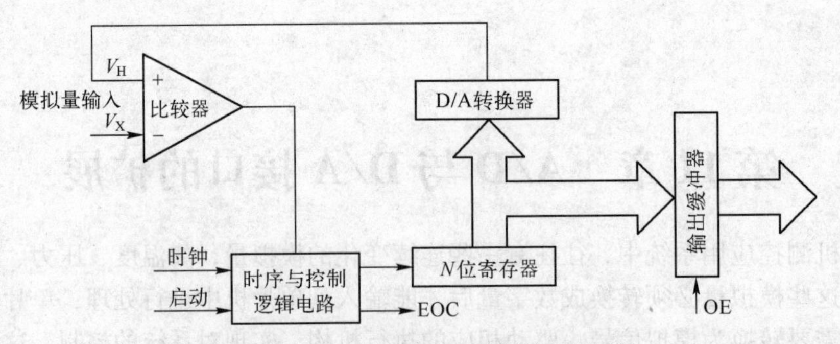

图 11-2　逐次逼近式 A/D 转换原理框图

量 V_H 后送到比较器，在比较器中与被转换的模拟量 V_X 进行比较，控制逻辑根据比较器的输出进行判断。若 $V_X \geqslant V_H$，则保留这一位；若 $V_X < V_H$，则使 $D_{N-1}=0$。D_{N-1} 位比较完后，再对下一位 D_{N-2} 进行比较，使 $D_{N-2}=1$，与上一位 D_{N-1} 位一起送入 D/A 转换器，转换后再进入比较器，与 V_X 比较，……，如此一位一位地继续下去，直到最后一位 D_0 比较完毕为止。此时，发出信号表示转换结束。这样经过 N 次比较后，N 位寄存器的数字量即为 V_X 所对应的数字量。

2. 双积分式 A/D 转换原理

双积分式 A/D 转换器是基于间接测量原理，将被测电压值 V_X 转换成时间常数，由测量时间常数而得到未知电压值的。原理框图如图 11-3a 所示。它由电子开关、积分器、比较器、计数器、逻辑控制门等部件组成。

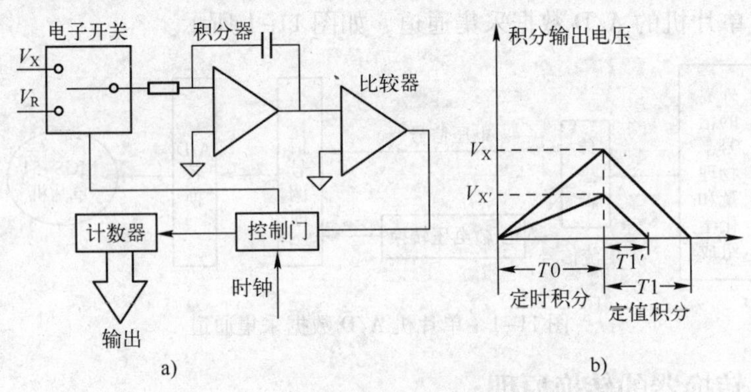

图 11-3　双积分式 A/D 转换原理框图
a）内部组成　b）转换原理示意图

所谓双积分，就是进行一次 A/D 转换需要二次积分。转换时，控制门通过电子开关把被测电压 V_X 加到积分器的输入端，在固定时间 T_0 内对 V_X 积分（称为定时积分），积分输出终值与 V_X 成正比；接着，控制门将电子开关切换到极性与 V_X 相反的基准电压 V_R 上，进行反相积分，由于基准电压 V_R 恒定，所以积分输出将按 T_0 期间积分的值以恒定的斜率下降（称为定值积分），由比较器检测积分输出过零时，停止积分器工作。反相积分的时间 T_1 与定值积分的初值（即定时积分的终值）成正比，故我们可以通过测量反相积分时间 T_1 计算出 V_X，即：

$$V_X = \frac{T_1}{T_0} V_R \tag{11-1}$$

反相积分时间 T_1 由计数器对时钟脉冲计数得到。图 11-3b 给出了两种不同输入电压（$V_X > V'_X$）的积分情况，显然 V'_X 值小，在 T_0 定时积分期间积分器输出终值也小，而下降斜率相同，故反相积分时间 T'_1 也小。

由于双积分法二次积分的时间较长，故 D/A 转换速度较慢，但精度可以做得比较高；对周期变化的干扰信号输出为零，抗干扰性能也较好。

11.1.2 A/D 转换器的主要性能指标

A/D 转换器的性能指标是正确选用 ADC 芯片的基本依据，也是衡量 A/D 转换器质量的关键，主要包括以下几点：

（1）转换量程

转换量程指 A/D 转换器能够转换的电压范围，如 0 ~ 5 V，-10 ~ +10 V 等。

（2）转换时间和转换速度

转换时间是 A/D 转换器完成一次转换所需要的时间，转换速度是转换时间的倒数，它们是 A/D 转换器很重要的指标。A/D 转换器型号不同，转换速度差别很大，通常，8 位逐次逼近式 A/D 转换器的转换时间约 100 μs 左右，双积分式 A/D 转换器的转换时间约数百毫秒。

（3）分辨率和量化误差

分辨率是衡量 A/D 转换器输入模拟量最小变化程度的技术指标，取决于 A/D 转换器的位数，所以习惯上用输出二进制或 BCD 码位数表示。例如，对于二进制输出型的 A/D 芯片 ADC0809 来说，只能将模拟信号转换成 00H ~ FFH 数字量，因此，其分辨率为 8 位，表明它可以对满量程的 $1/2^8$ 的增量作出反应。

量化误差是将模拟量转换成数字量（即量化）过程中引起的误差，其理论上规定为单位数字量的一半，即$(\pm 1/2)$LSB，其中，$1\text{LSB} = (1/2^N)$满刻度值，N 为 A/D 转换器的位数。分辨率和量化误差是统一的，提高分辨率则可以减小量化误差。

（4）转换精度

A/D 转换器的转换精度可用绝对误差和相对误差表示。

绝对误差是指对应于一个给定的数字量，A/D 转换器的误差。其误差大小由实际模拟量输入值与理论值之差来量度。例如，理论上，5 V 模拟输入电压应产生 12 位数字量的一半，即 800H，但实际上从 4.997 ~ 4.999 V 都能产生数字量 800H，则绝对误差为

$$(4.997 + 4.999)\text{ V}/2 - 5\text{ V} = -2\text{ mV}$$

由此看出，一个数字量对应的模拟输入量不是固定值，而是一个范围。一般情况下，产生已知数字量的模拟输入值，定义为输入范围的中间值。

相对误差是指绝对误差和满刻度之比，常用百分数表示。一般地，A/D 转换器的位数越多，相对误差（或绝对误差）就越小。

11.2 ADC0809 的应用——数字电压表

ADC0809 是 CMOS 工艺、采用逐次逼近法的 8 位 A/D 转换器，典型转换时间为 100 μs，被广泛应用于各种单片机应用系统中。下面介绍利用 ADC0809 设计一个数字电压表的应用实例。

11.2.1 A/D 转换芯片 ADC0809

ADC0809 的引脚及内部逻辑组成如图 11-4 所示。它由一个 8 路模拟开关、一个地址锁存与译码器、一个 A/D 转换器和一个三态输出锁存器组成。多路模拟开关可以选通 8 个模拟通道，允许 8 路模拟量分时输入，共用一个 A/D 转换器进行转换。三态输出锁存器用于锁存 A/D 转换完的数字量，仅当 OE 端为高电平时，数据才能被取走。

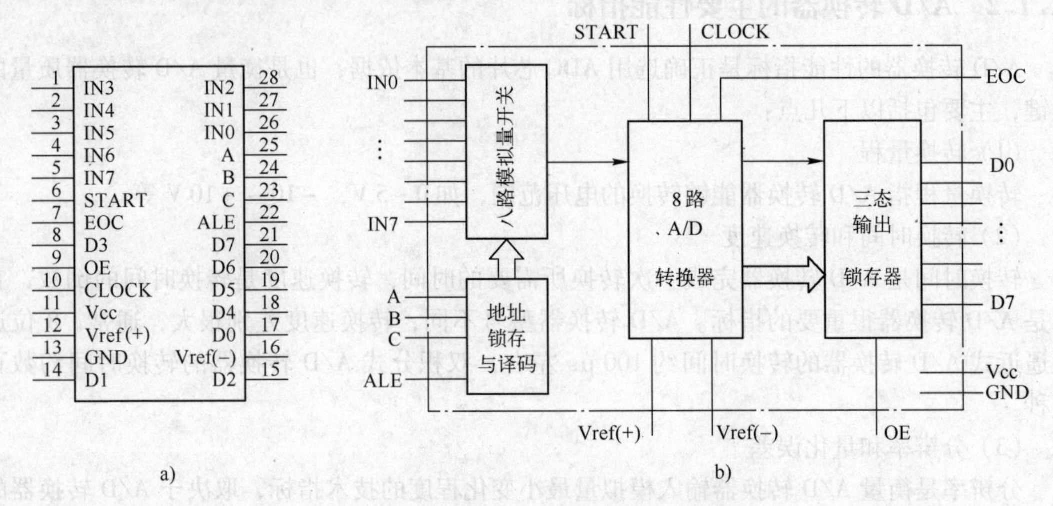

图 11-4 ADC0809 的内部结构及引脚图

a）ADC0809 引脚图 b）ADC0809 内部逻辑组成

1. ADC0809 的引脚功能

- IN0 ~ IN7：8 路模拟量输入端。
- D0 ~ D7：8 位数字量输出端。
- A、B、C：模拟输入通道地址选择线。C、B、A 的 000 ~ 111 8 位编码对应 IN0 ~ IN7 共 8 个通道。
- ALE：地址锁存信号。由低到高的正跳变将通道地址锁存到地址锁存器。
- START：A/D 转换启动信号。此信号要求保持 200 ns 以上。其上升沿将内部逐次逼近寄存器清零，下降沿启动 A/D 转换。
- EOC：转换结束信号。转换开始后（START 有效后的 1 ~ 8 个脉冲后），EOC 信号变为低电平，经 128 个脉冲后 A/D 转换结束，EOC 变为高电平。该信号可作为 A/D 状态信号供查询，也可用做中断请求信号。
- OE：允许输出信号。高电平有效。
- CLK：时钟输入信号。要求频率范围为 10 ~ 1280 kHz，典型值为 640 kHz。
- Vref(+)和 Vref(−)：分别为 A/D 转换器的参考电压的高电平端和低电平端。
- Vcc：电源电压，+5 V。
- GND：接地端。

2. ADC0809 的工作时序

ADC0809 的工作时序如图 11-5 所示。工作过程为：首先，单片机输出三位地址到 A、B、C 地址输入端，并使 ALE = 1 将地址锁存到地址寄存器中，此地址经译码选中 8 路模拟电压之一送到内部 A/D 转换器。然后，CPU 输出启动信号到 START 端，使 ADC0809 自动启动转换。当 A/D 转换结束时，EOC 上跳为高电平，通知 CPU 其 A/D 转换结束，CPU 输出读取命令到 OE，将输出锁存器中的数据读到 CPU 中。

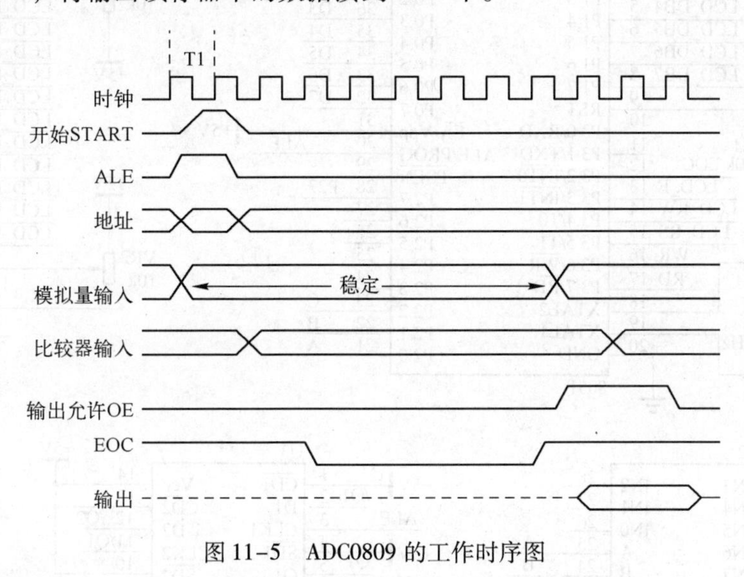

图 11-5　ADC0809 的工作时序图

11.2.2　实例说明

利用单片机及 ADC0809 设计一个数字电压表。由于该单片机系统硬件电路较复杂，这里仅考虑电压检测及显示部分。其中，显示器采用字符型 LCM 1602。

11.2.3　硬件电路设计

系统硬件电路如图 11-6 所示。单片机与液晶显示模块 1602 的连接在第 9 章中已详细说明，这里不再赘述。而单片机与 ADC0809 之间采用“三总线”方式连接，下面重点介绍 ADC0809 的扩展电路。

1. 时钟电路

ADC0809 需由外部提供时钟信号，输入脚为引脚 10。如果单独为其设计一个时钟电路，则在硬件电路上是一种资源浪费。单片机 ALE 引脚输出频率比较稳定，是单片机晶振频率的 1/6。而 ADC0809 输入信号的频率要求为 10～1280 kHz，典型值为 640 kHz，这样就可以应用 ALE 信号经一定倍数的分频后得到 ADC0809 需要的时钟频率。在图 11-6 中，单片机晶振频率为 12 MHz，其 ALE 端输出频率为 2 MHz 的方波信号，再经过 74LS74 构成的两级 D 触发器进行 4 分频后得到 500 kHz 的信号，接近 ADC0809 所需时钟频率的典型值。

2. 参考电压

在 A/D 转换电路中，参考电压十分关键。通常情况下，参考电压决定了模拟量输入的电压范围，参考电压可以设计成单电压方式（参考电压的负端接模拟地），也可以设计成差分电压方式（参考电压的负端不接模拟地，而连接到其他电压值上）。在使用参考电压时，应尽可能地保持电压值稳定，否则，参考电压的波动将会直接影响到 A/D 转换的结果。

一般情况下，如果对 A/D 转换的结果要求不是很高，可以将参考电压连接到系统的

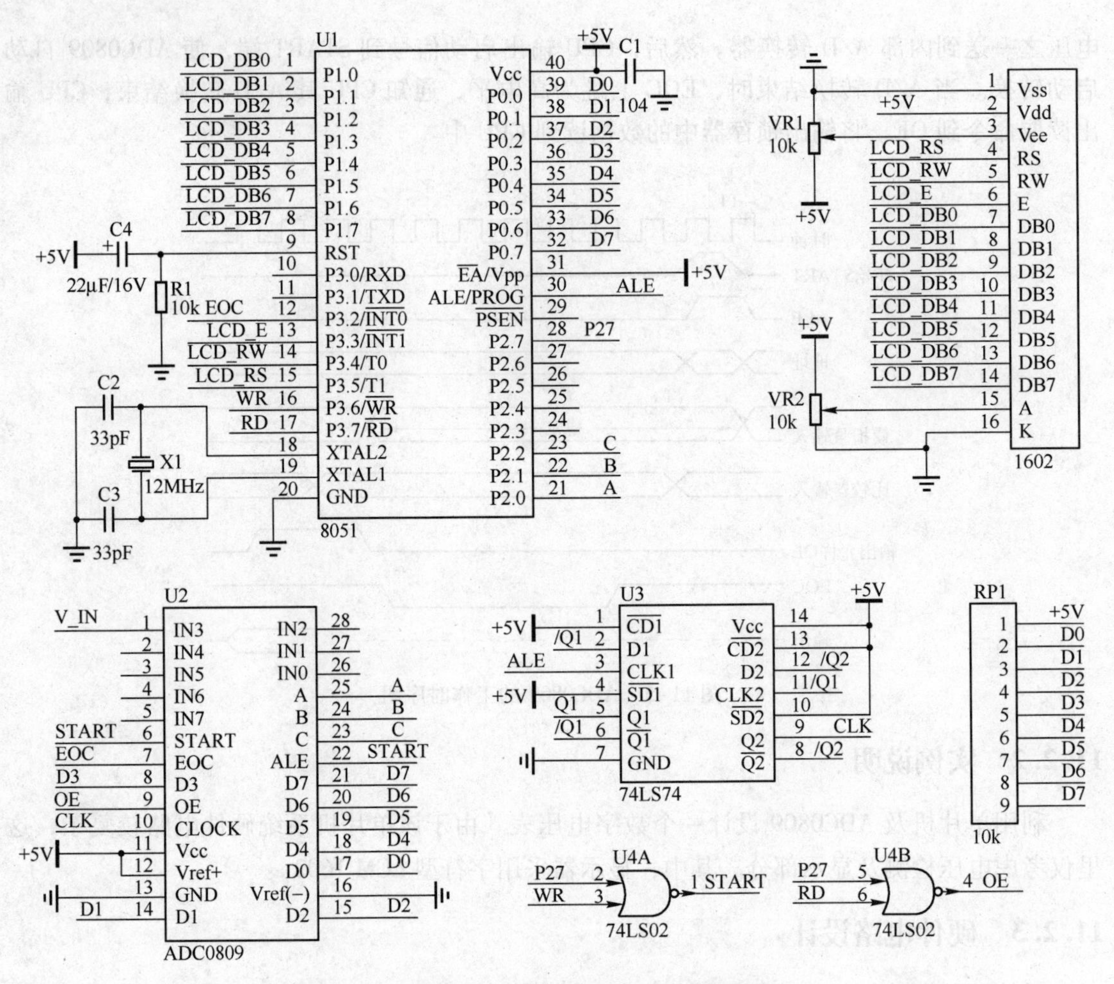

图 11-6 数字电压表硬件电路（三总线方式）

+5 V 电源和地线上，如图 11-6 所示，本例采用的就是这种接法，其测量范围为 0 ~ 5 V。而在某些对准确度要求较高的场合，常使用精密稳压芯片（如 LM317 等）获得较高准确度的参考电压，另外，这种方法还可以方便地获得系统电源电压以外的参考电压值。

3. 控制信号

单片机对 ADC0809 的控制主要包括 START、OE 及 EOC 三种信号。这里采用“三总线”接法，单片机的地址线（P2. 7）和控制线（RD 和 WR）要经过两个“或非门”才能连接到 ADC0809，且 P2. 7 必须输出低电平，只有这样才能完全满足 ADC0809 控制信号的要求。

由于 ADC0809 在进行 A/D 转换时，EOC 输出低电平，而在转换完成后才输出高电平，这种信号与单片机外部中断要求的信号电平不匹配，所以，若要利用单片机的外部中断进行检测，还必须经过“反相器”后才能送入其外部中断引脚。本例采用查询方式。

4. 地址设置

按照图 11-6 所示的接法，不难求出 ADC0809 的 8 个模拟输入端口的地址应为：7800H ~ 7F00H，其中，低 8 位无效，也可写成 78FFH ~ 7FFFH 等。这 8 个地址并不连续，问题出现在 ADC0809 的 A、B、C 三个地址选择引脚上。这三个引脚连接到了单片机的高 8 位地址线（P2. 0、P2. 1 和 P2. 2）上，好处是地址线和数据线不会产生冲突，电路中可以省去单片机的低 8 位地址锁存器（74LS373），比较合理。

除了以上的“三总线”连接方式，还可采用 I/O 方式扩展 ADC0809，系统硬件电路如图 11-7 所示。

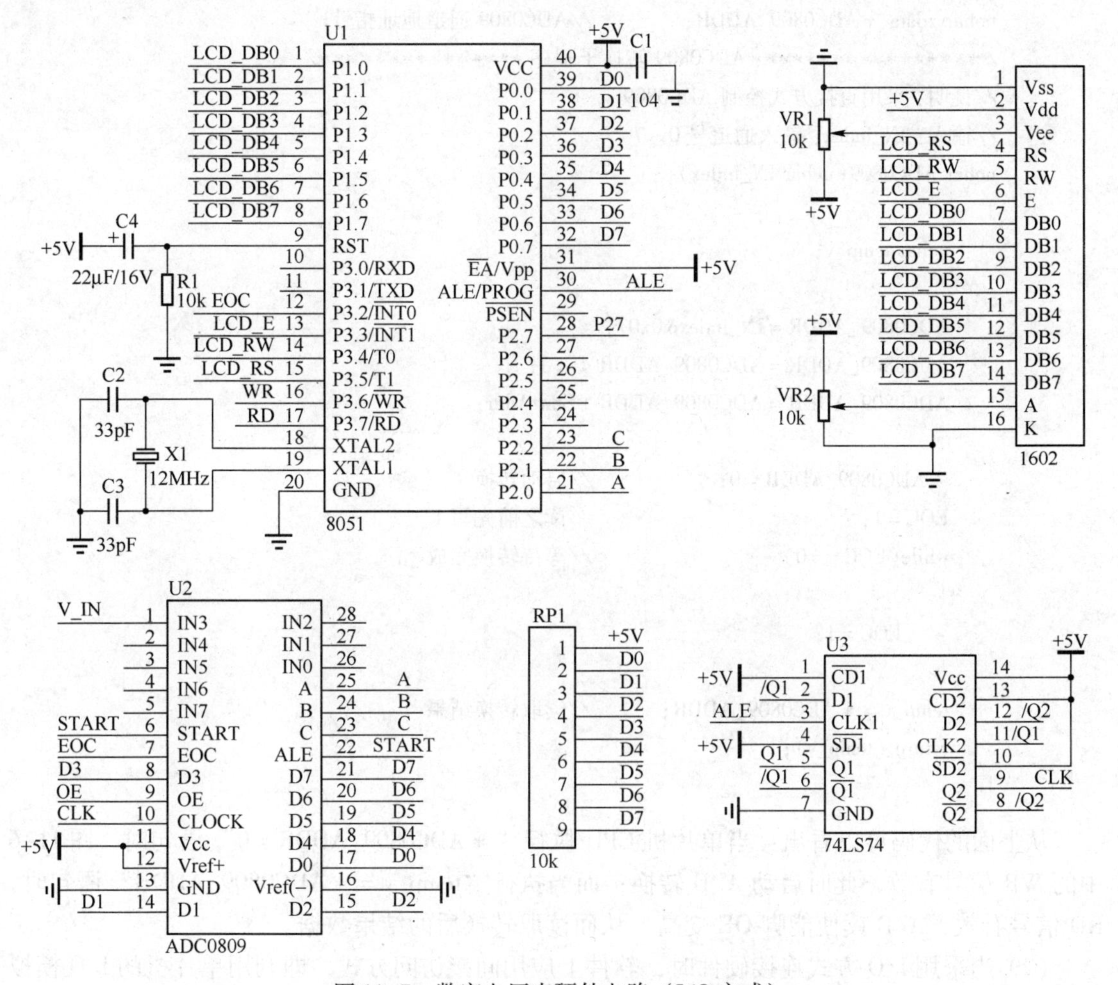

图 11-7　数字电压表硬件电路（I/O 方式）

与“三总线”连接方式相比，这种方法硬件电路较简单，省去了“或非门”。但在软件上需要通过单片机的 I/O 口模拟 ADC0809 的工作时序实现对其控制，因此，编程较复杂。

11.2.4　软件设计

本例的软件程序由 ADC0809 的驱动控制、检测数据的处理及电压值的显示三部分构成，下面逐一分析讨论。

1. ADC0809 的驱动控制

根据上节两种不同的硬件连接方式，驱动程序有所区别。

(1) 当硬件上采用“三总线”连接方式时，软件上应用直接访问方式，即直接将 ADC0809 的 8 个模拟输入通道当做单片机的外部 RAM 进行读、写访问，实现对模拟量的检测。程序清单如下：

```
/**********************端口定义*******************/
#define StartAddr 0x7800                  //ADC0809 通道 0 地址
sbit EOC = P3^2;                          //ADC0809 转换完成信号,1:转换完成
uchar xdata * ADC0809_ADDR;              //ADC0809 通道地址指针
/****************ADC0809 转换子程序**************/
//说明:采用直接方式控制 ADC0809
//输入:IN_index:输入通道号 0~7
uchar ADC0809(uchar IN_index)
{
    uchar temp_v;

    ADC0809_ADDR = IN_index&0x07;
    ADC0809_ADDR = ADC0809_ADDR <<8;
    ADC0809_ADDR = ADC0809_ADDR + StartAddr;

    * ADC0809_ADDR = 0;                   //启动转换
    EOC = 1;                              //读之前先写 1
    while(EOC == 0)                       //等待转换完成
    {
        EOC = 1;
    }
    temp_v = * ADC0809_ADDR;              //读取转换结果
    return (temp_v);
}
```

从上面的代码可以看出：当单片机 CPU 执行“* ADC0809_ADDR = 0”语句时，图 11-6 中的 WR 信号有效，此时启动 A/D 转换；而当执行“temp_v = * ADC0809_ADDR”语句时，RD 信号有效，A/D 读使能脚 OE 变高，从而读取转换后的结果数据。

（2）当采用 I/O 方式连接硬件时，软件上应用间接访问方式，即利用单片机的 I/O 模拟 ADC0809 的工作时序，从而实现对 ADC0809 控制。程序清单如下：

```
/**********************端口定义*******************/
sbit START = P3^6;                        //ADC0809 启动信号
sbit OE = P3^7;                           //ADC0809 读使能信号,高有效
sbit EOC = P3^2;                          //ADC0809 转换完成信号,1:转换完成
sbit ADDA = P2^0;                         //ADC0809 通道选择信号
sbit ADDB = P2^1;
sbit ADDC = P2^2;
#define ADC0809_DATA   P0                 //ADC0809 数据口
/****************ADC0809 转换子程序**************/
//说明:采用间接方式控制 ADC0809
//输入:IN_index:输入通道号 0~7
uchar ADC0809(uchar IN_index)
{
```

```
uchar temp_v;
switch(IN_index)
{
    case 0:                     //通道 0
    {
        ADDA = 0;ADDB = 0;ADDC = 0;
    }break;
    case 0:                     //通道 1
    {
        ADDA = 1;ADDB = 0;ADDC = 0;
    }break;
    case 0:                     //通道 2
    {
        ADDA = 0;ADDB = 1;ADDC = 0;
    }break;
    case 0:                     //通道 3
    {
        ADDA = 1;ADDB = 1;ADDC = 0;
    }break;
    case 0:                     //通道 4
    {
        ADDA = 0;ADDB = 0;ADDC = 1;
    }break;
    case 0:                     //通道 5
    {
        ADDA = 1;ADDB = 0;ADDC = 1;
    }break;
    case 0:                     //通道 6
    {
        ADDA = 0;ADDB = 1;ADDC = 1;
    }break;
    case 0:                     //通道 7
    {
        ADDA = 1;ADDB = 1;ADDC = 1;
    }break;
    default:break;
}

START = 0;                      //启动转换
_nop_();
_nop_();
_nop_();
_nop_();
_nop_();
START = 1;
```

```
    _nop_();
    _nop_();
    _nop_();
    _nop_();
    _nop_();
    START = 0;
    _nop_();
    _nop_();
    EOC = 1;                        //读之前先写 1
    while(EOC == 0)                 //等待转换完成
    {
        EOC = 1;
    }
    OE = 1;                         //使能读
    _nop_();
    _nop_();
    _nop_();

    ADC0809_DATA = 0xff;            //读之前先写 1
    temp_v = ADC0809_DATA;
    OE = 0;

    return (temp_v);
}
```

2. 检测数据的处理

由于存在输入信号的波动、外接信号的干扰等问题，在某个时间点仅对输入信号进行单次采样，往往不能满足要求。通常情况下，需要进行多次采样，并采用一定的滤波算法进行处理，再将处理后的结果作为该时间点对应的采样值。常用的滤波算法有算术平均值法、移动平均滤波法、防脉冲干扰平均值法、数字低通滤波法等。这里采用防脉冲干扰平均值法，其基本思想是：对连续采样的 n 个数据进行排序，去掉其中最大和最小的两个数据（被认为是受干扰的数据）后，再将剩余数据求平均值。程序清单如下：

```
/*****************软件延时子程序***************/
void delay(uint n)
{
    uint i,j;
    for(i = n;i > 0;i --)
    {
        for(j = 100;j > 0;j --);
    }
}

/*****************检测滤波子程序***************/
```

```
//说明：对通道 2 输入电压进行检测，并采用防脉冲干扰平均值法
//输出：采样结果
uchar MeasureAndFilter(void)
{
    uchar MeasureBuf[10];
    uchar i,Max,Min;
    ulong temp;

    for(i=0;i<10;i++)
    {
        MeasureBuf[i] = ADC0809(2);
        delay(1);
    }

    Max = MeasureBuf[0];
    Min = MeasureBuf[0];
    temp = MeasureBuf[0];
    for(i=1;i<10;i++)                         //找出最大值和最小值
    {
        if(MeasureBuf[i] > Max)
            Max = MeasureBuf[i];
        if(MeasureBuf[i] < Min)
            Min = MeasureBuf[i];

        temp = temp + MeasureBuf[i];
    }

    temp = temp - Max - Min;
    return((uchar)temp/8);
}
```

上述测得的数据在 00H ~ FFH 范围内，是输入电压对应的数字量，而要将输入的电压值显示出来，还需要对 A/D 转换器进行标定，即将测得的数字量转换成实际输入的电压值。

如图 11-6 和图 11-7 所示，若待测模拟电压 V_{olt} 在参考电压范围之外，则应通过信号调理电路（图中没有画出）进行放大或缩小变换成信号 V_IN 进入 ADC0809 进行转换。因此，对 A/D 转换器的标定必须基于待测模拟电压 V_{olt}。一般情况下，输入模拟量和所测数字量之间呈线性关系，如图 11-8 所示。其标定方法如下：

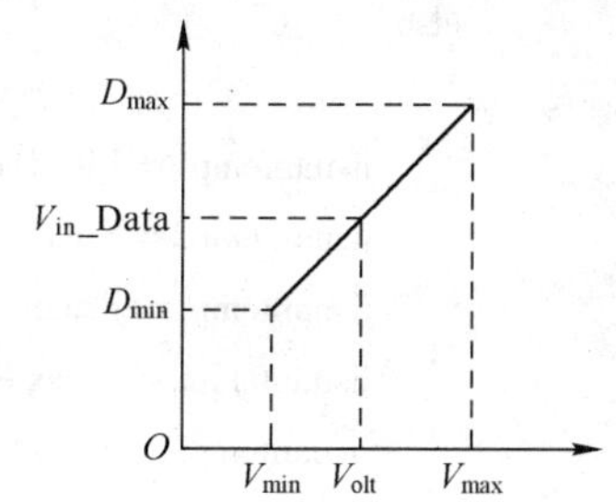

图 11-8　输入电压与数字量间的线性关系

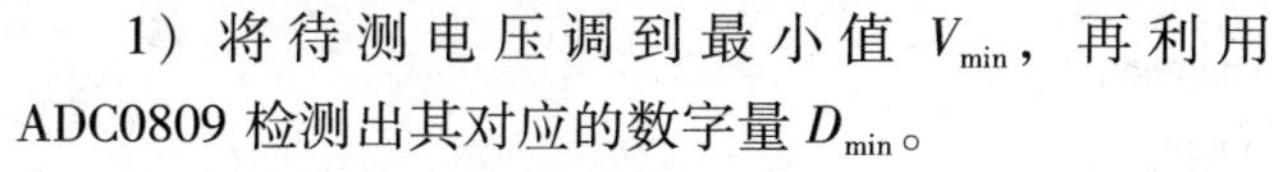

1）将待测电压调到最小值 V_{min}，再利用 ADC0809 检测出其对应的数字量 D_{min}。

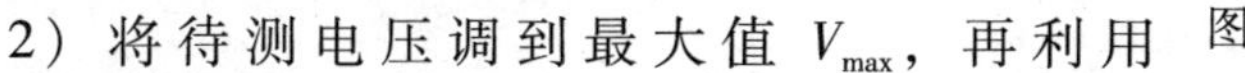

2）将待测电压调到最大值 V_{max}，再利用

ADC0809 检测出其对应的数字量 D_{max}。

3）若当前输入电压和测得的数字量分别为 V_{olt} 和 V_{in}_Data，则它们之间的线性关系为：

$$\frac{V_{olt}-V_{min}}{V_{max}-V_{min}}=\frac{V_{in}\_Data-D_{min}}{D_{max}-D_{min}} \tag{11-2}$$

根据式（11-2），即可求出当前输入的模拟电压值 V_{olt}。

从式（11-2）还可以看出，输入电压值不可能全为整数，因此，上式的计算必然会涉及到浮点数（小数）运算。而由于 8 位 8051 单片机不具有独立的浮点运算能力，如果一定要计算浮点数，将占用单片机大量的内存单元和 CPU 时间。

这里可以采用一种简单的方法：即将输入电压值扩大 100 倍，将其变为整数形式，再按式（11-2）进行运算，最后将计算出的结果取两位小数显示即可，这样做既避免了运算浮点数又保证了计算的精度。输入电压的标定程序如下：

```
/ ************************ 宏定义 *********************/
#define Vmax 2505                //最大输入电压，25.05V
#define Vmin 20                  //最小输入电压，0.20V
#define Dmax 0xF0                //最大输入电压对应的数字量
#define Dmin 0x00                //最小输入电压对应的数字量
/ ******************* 全局变量定义 ******************/
uchar Vin_Data;                  //输入电压数字量存储单元
uint Volt;                       //输入电压模拟量存储单元，扩大 100 倍
/ ***************** A/D 标定子程序 ******************/
//说明：对通道 2 输入电压进行标定.
//采样电压模拟值保存在 Volt 中，结果扩大 100 倍
void ADC_VoltCalibration(void)
{
    ulong jisuantemp1;
    ulong jisuantemp2;

    Vin_Data = MeasureAndFilter();
    if(!(Vin_Data > Dmin))
    {
        jisuantemp1 = 0;
    }
    else
    {
        jisuantemp1 = Vin_Data - Dmin;
        jisuantemp2 = Vmax - Vmin;
        jisuantemp1 = jisuantemp1 * jisuantemp2;
        jisuantemp2 = Dmax - Dmin;
        jisuantemp1 = jisuantemp1/jisuantemp2;
        jisuantemp1 = jisuantemp1 + Vmin;
    }
```

```
    Volt = (uint) jisuantemp1;
}
```

3. 电压值的显示

上面测得的电压值保存在变量 Volt 中，且扩大了 100 倍，因此，可首先将变量 Volt 转换成 4 位十进制数保存在数组 Volt_BCD[ ]中，其中，Volt_BCD[0] = Volt/1000；Volt_BCD[1] = (Volt% 1000)/100，Volt_BCD[2] = (Volt% 100)/10，Volt_BCD[3] = Volt% 10；再在显示时，将 Volt_BCD[1]和 Volt_BCD[2]两位间插入小数点“.”显示即可。具体的显示程序可参考第 9 章中有关 1602 的应用进行设计，这里不再赘述。

另外，本例对 A/D 转换结果采用的是查询方式，即通过查询信号端 EOC 的状态从而判断 A/D 转换是否完成。更高效的方法是采用外部中断方式进行判断，有关该方法的应用程序读者可自行研究和编写。

11.3 D/A 转换器概述

与 A/D 转换器不同，D/A 转换器是一种将二进制数字离散信号转换成以标准量（或参考量）为基准的模拟量的转换器（Digital to Analog Converter，DAC）。它常被用在过程控制系统中，是单片机系统的模拟输出通道，与系统中的执行器相连，实现对生产过程的自动控制。

D/A 转换器有两种输出形式：一种是直流电压，另一种是直流电流。在实际应用中，对于电流输出型 D/A 转换器，若需要得到模拟电压输出，可在其输出端加一个由运算放大器构成的 I/V 转换电路，将电流转换为电压。

11.3.1 D/A 转换器的转换原理

D/A 转换的方法很多，例如：T 形电阻网络 D/A 转换法、权电阻网络 D/A 转换法、权电流 D/A 转换法、权电容型 D/A 转换法及开关树形 D/A 转换法等。在集成电路中，通常采用电流相加型的 $R-2R$ T 形电阻解码网络，这里仅介绍它的 D/A 转换原理。

图 11-9 给出了一个采用 $R-2R$ T 形电阻网络的 4 位 D/A 转换器的转换原理图，图中虚线框内为 D/A 转换器的内部结构，它由 4 位切换开关、4 路 $R-2R$ 电阻网络和标准电源 V_{ref} 组成。由于是电流输出型，而在通常情况下需要得到电压值，所以在 D/A 转换器的输出端连接一个运算放大器（OA），将电流信号转换成电压信号。

电子开关 S_i（i=3、2、1）受 4 位 DAC 寄存器中 b_i（i=3、2、1）控制，当 $b_i=1$ 时，S_i与运放 OA 的求和点 A 相连；$b_i=0$ 时，则 S_i接地。无论 S_i投向如何，只要基准电压 V_{ref}不变，电流 I_i均不变（因为 A 点虚地），为分析方便，设 b_i均为“1”，由于 A_0、A_1、A_2、A_3 各点对地电阻始终为 R，因此，有如下关系成立：

$$I_3=\frac{V_{ref}}{2R}=2^3\ \frac{V_{ref}}{2^4R} \tag{11-3}$$

$$I_2=\frac{I_3}{2}=2^2\ \frac{V_{ref}}{2^4R} \tag{11-4}$$

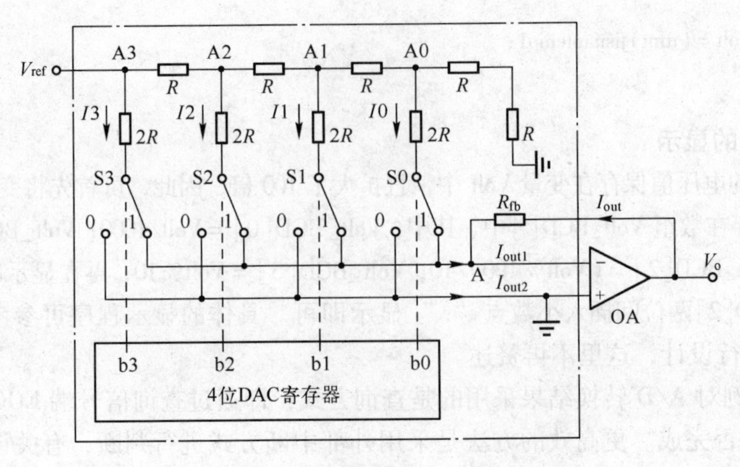

图 11-9　T 形电阻网络 D/A 转换原理图

$$I_1 = \frac{I_2}{2} = 2^1 \frac{V_{ref}}{2^4 R} \tag{11-5}$$

$$I_0 = \frac{I_1}{2} = 2^0 \frac{V_{ref}}{2^4 R} \tag{11-6}$$

事实上，$S_3 \sim S_0$的状态受 $b_3 \sim b_0$控制，并不一定是全零，若它们中有些位为“0”，则 S_i中相应开关会因接地而未流入运放 A 端，于是可得通式为：

$$\begin{aligned} I_{out1} &= b_3 I_3 + b_2 I_2 + b_1 I_1 + b_0 I_0 \\ &= (b_3 2^3 + b_2 2^2 + b_1 2^1 + b_0 2^0)\frac{V_{ref}}{2^4 R} \end{aligned} \tag{11-7}$$

$$\begin{aligned} V_o &= -(b_3 2^3 + b_2 2^2 + b_1 2^1 + b_0 2^0)\frac{V_{ref}}{2^4 R} R_f \\ &= -B\frac{V_{ref} R_f}{16R} \end{aligned} \tag{11-8}$$

对于 n 位 T 形电阻网络，上式可变为

$$V_o = -(b_{n-1} 2^{n-1} + b_{n-2} 2^{n-2} + \cdots + b_1 2^1 + b_0 2^0)\frac{V_{ref} R_f}{2^n R} = -B\frac{V_{ref} R_f}{2^n R} \tag{11-9}$$

可见，输出电压正比于输入数字量，幅度大小可通过选择基准电压 V_{ref}和电阻 R_f/R 的比值来调整。

常用的 D/A 转换芯片按照待转换的数字量位数可分为 8 位、10 位、12 位、16 位等，位数越高表明其转换精度越高，即可以得到更小的模拟量微分，转换后的模拟量具有更好的连续性。

上面介绍的 T 形电阻网络 D/A 转换器数字信号是以并行方式输入的，而在实际应用中，按照与 51 单片机的接口方式可分为并行 D/A 转换芯片和串行 D/A 转换芯片，这一点与 A/D 转换芯片相似。图 11-10 为串行 D/A 转换器的一般内部结构框图，它由移位寄存器、DAC 寄

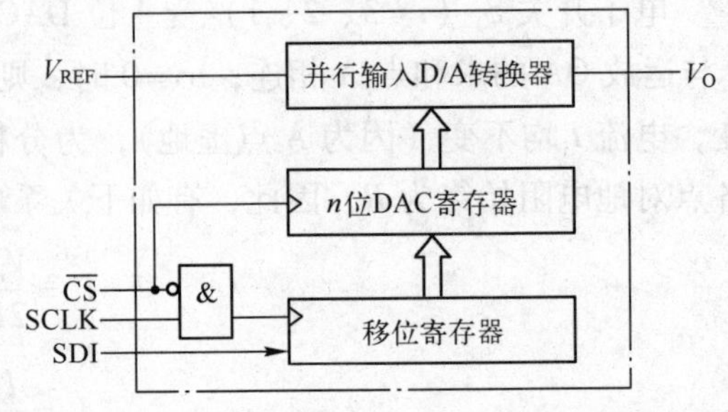

图 11-10　串行输入的 D/A 转换器内部结构框图

存器和并行输入 D/A 转换器三部分组成。

并行 D/A 转换芯片的数据并行传输，具有输出速度快的特点，但是占用的数据线较多，在转换位数不多时具有较高的性价比；串行 D/A 转换芯片具有占用数据线少，与单片机接口简单、便于信号隔离等优点，但它相对于并行 D/A 芯片来说由于待转换的数据是串行逐位输入的，所以速度相对稍慢一些。

11.3.2 D/A 转换器的主要技术指标

D/A 转换器的性能指标是选用 D/A 转换器芯片型号的依据，也是衡量芯片质量的重要参数，D/A 转换器的性能指标很多，主要有以下 5 个：

（1）分辨率

分辨率是指满量程信号能分辨的最小输出模拟增量，取决于输入数字量的二进制位数。对于 n 位的 D/A 转换器，其分辨率定义为满量程值的 $1/2^n$。

（2）转换精度

转换精度和分辨率是两个不同的概念。它是指满量程时 D/A 转换器的实际模拟输出值和理论值的接近程度。对于 T 形电阻网络的 D/A 转换器，其转换精度与参考电压 V_{REF}、电阻值和电子开关的误差有关，例如：满量程时理论输出值为 10 V，实际输出值是在 9.99 ~ 10.01 V 之间，则转换精度为 ±10 mV。

通常，D/A 转换器的转换精度为分辨率的一半，即 $\pm\frac{1}{2}$LSB，LSB 是分辨率，是指最低一位数字量变化引起幅度的变化量。

（3）偏移量误差

偏移量误差是指输入数字量为零时，输出不为零的量。通常它可通过 D/A 转换器外接 V_{ref}和电位器加以调整。

（4）线性度

线性度是指 D/A 转换器的实际转换特性曲线和理想直线之间的最大偏差。通常线性度不应超过 $\pm\frac{1}{2}$LSB。

（5）转换时间

通常采用建立时间来定量描述 D/A 转换器的转换时间（转换速度）。所谓建立时间是指：从输入数字量发生突变（从最小值突变到最大值）开始，直到输出电压达到与其稳态值之间的差值在 $\pm\frac{1}{2}$LSB 以内的时间。

目前，对于不包含运算放大器的单片集成 A/D 转换器，转换时间最短可以小于 0.1 μs；对于包含运算放大器的 D/A 转换器，转换时间也可小于 1.5 μs；而对于高速 D/A 转换器或在单片机内部集成的 D/A 转换器，转换时间可以达到 ns 级。

11.4 DAC0832 的应用——波形发生器

目前，市面上销售的集成 DAC 芯片种类繁多，数据接口有并行和串行之分，数据位数也有8位、10位和12位等之分，且正不断向高位数和高转换速度上发展。而作为DAC的低端产品，8位并行D/A转换器以其优异的性价比在实验、教学和工业控制方面还具有很大的应用前景。其中，DAC0832比较常用，下面主要针对它的实际应用进行介绍。

11.4.1 D/A转换芯片DAC0832

DAC0832是美国国家半导体公司（National Semiconductor Corporation）研制的一种具有两个输入寄存器的8位D/A转换器，它能直接与51单片机相连接。其主要特性如下：

- 分辨率为8位。
- 输出为电流信号，电流稳定时间为1 μs。
- 可双缓冲、单缓冲或直接数字输入。
- 只需在满量程下调整其线性度。
- 单一电源供电（+5～15 V）。
- 参考电压可达±10 V。
- 低功耗，20 mW左右。

1. DAC0832的内部结构和引脚功能

DAC0832主要由三部分电路组成，如图11-11所示。“8位输入寄存器”用于存放CPU送来的数字量，使数字量得到缓冲和锁存（由$\overline{LE_1}$控制）。“8位DAC寄存器”用于存放待转换的数字量（由$\overline{LE_2}$控制）。“8位D/A转换电路”由8位T形电阻网络和电子开关组成，电子开关受“8位DAC寄存器”输出控制，T形电阻网络能输出和数字量成正比的模拟电流。因此，DAC0832需外接运放才能得到模拟输出电压。

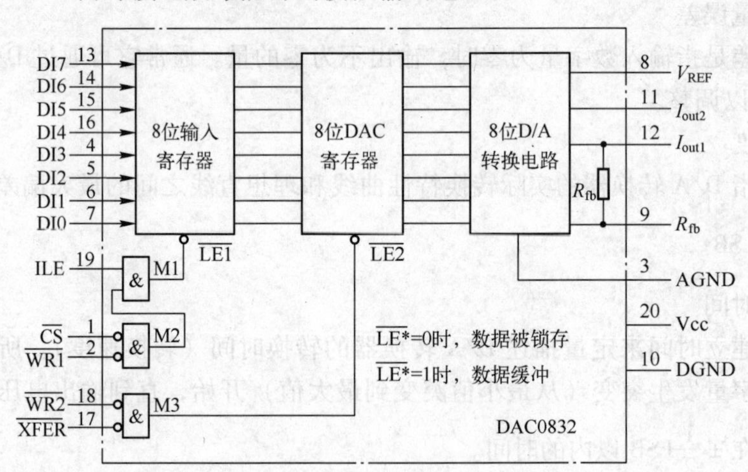

图11-11 DAC0832的内部结构框图

DAC0832为20条引脚双列直插式封装，引脚排列如图11-12所示，各引脚功能为：

- DI0～DI7：数据输入线，TTL电平，DI7为最高位。
- $\overline{CS}$：片选信号输入线，低电平有效。
- ILE：数据锁存允许输入线，高电平有效。
- $\overline{WR1}$：输入寄存器写选通输入线，负脉冲有效（脉冲宽度应大于0.5 μs）。

- $\overline{\text{XFER}}$：传送控制输入线，低电平有效。
- $\overline{\text{WR2}}$：DAC 寄存器写选通输入线，负脉冲有效（脉冲宽度应大于 0.5 μs）。
- I_{out1}：输出电流 1，当输入数据为全“1”时，I_{out1} 为最大；当输入数据为全“0”时，I_{out1} 为最小。
- I_{out2}：输出电流 2，当输入数据为全“1”时，I_{out2} 为最小；当输入数据为全“0”时，I_{out1} 为最大。I_{out1} 和 I_{out2} 两输出电流之和总为一常数。
- R_{fb}：运算放大器反馈线，常接到运放的输出端。
- V_{CC}：芯片电源电压输入线，其值为 +5 ~ +15 V。
- V_{REF}：基准电压输入线，其值为 −10 ~ +10 V。
- AGND：模拟地，为模拟信号和基准电源的参考地。
- DGND：数字地，为工作电源地和数字逻辑地。通常，两条地线接在一起。

2. DAC0832 的输出方式

DAC0832 为电流输出型，所以需要在输出端将电流信号转化成电压信号，根据不同的需要，可以使输出电压为单极性或双极性。

如果需要的输出电压为单极性，可按图 11-13 所示电路进行连接。

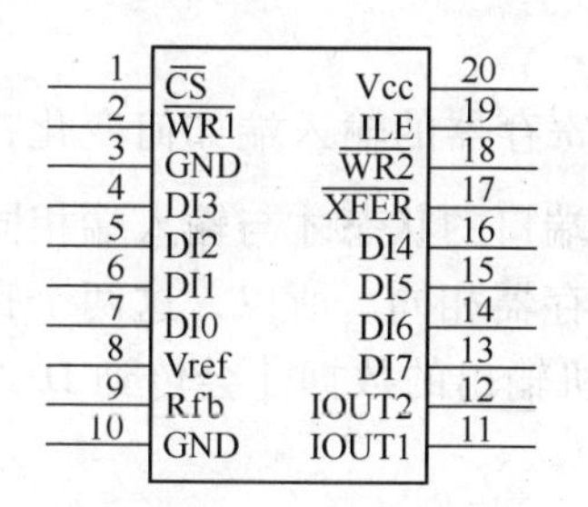

图 11-12 DAC0832 的引脚图

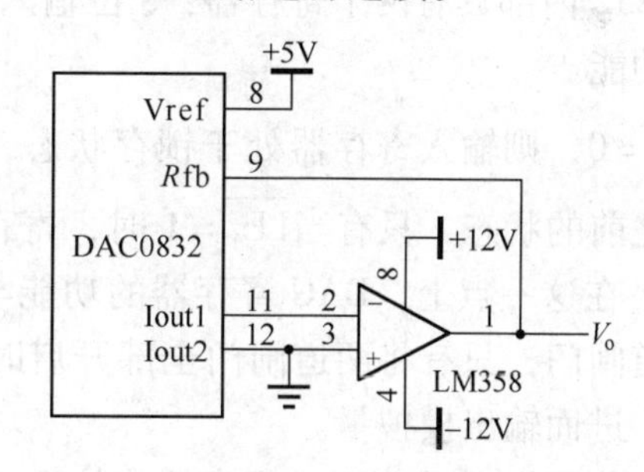

图 11-13　DAC0832 单极性输出电路图

由于 DAC0832 内部的反馈电阻 R_{fb} 与 T 形电阻网络中的电阻 R 相等，根据式（11-9）可知，输出电压满足下式：

$$V_o = -(b_{n-1}2^{n-1} + b_{n-2}2^{n-2} + \cdots + b_1 2^1 + b_0 2^0)\frac{V_{ref}R_{fb}}{2^n R} = -B\frac{V_{ref}}{2^8} \tag{11-10}$$

由此可见，DAC0832 输出电压范围为 $-V_{ref}$ ~ 0，且极性与参考电压极性相反，因此，可通过修改参考电压的极性来得到所需的电压。在图 11-13 中，要得到正极性电压，则应将图中的参考电压取为负值。另外，若想保持参考电压的极性不变，则还可在第一级运算放大器之后扩展一个反相放大器，从而实现输出电压极性的调整。

在实际应用中，有时还需要双极性输出，如要输出 −5 V ~ +5 V、−10 V ~ +10 V 等范围内的电压值时，可采用如图 11-14 所示的电路进行连接。

从图 11-14 可以看出，运算放大器 A2 与电阻 R_1、R_2、R_3 构成的是一个加法器，即把 A 点的电压与 V_{ref} 进行反向相加，由此可以写出输出电压 V_o 的计算公式为：

$$V_o = -\left(\frac{R_3}{R_1} \times V_{ref} + \frac{R_3}{R_2} \times V_A\right) \tag{11-11}$$

显然，只要设置好 R_1、R_2 和 R_3 的阻值及参考电压 V_{ref} 等参数，就可使输出的电压满足

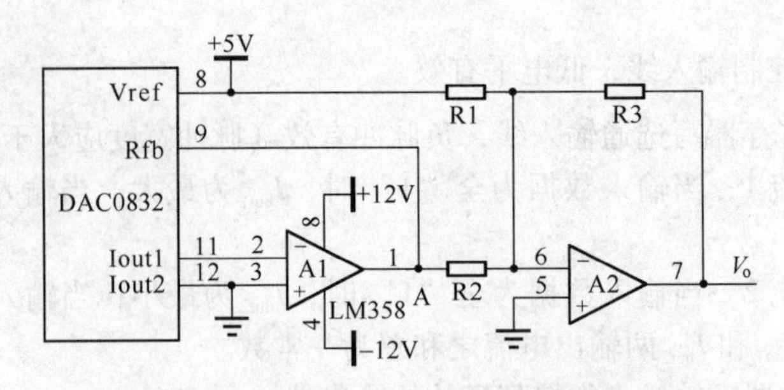

图 11-14　DAC0832 双极性输出电路图

要求。如取 $R_1 = R_3 = 2R_2$，则输出电压 $V_o = -(V_{ref} + 2V_A)$，再根据式（11-10）可知，此时，输出电压的范围为 $-V_{ref} \sim V_{ref}$。若将 V_{ref} 取为 5 V，则输出电压范围为：$-5 \sim 5$ V；若取 V_{ref} 为 10 V，则输出电压范围为：$-10 \sim +10$ V。

3. DAC0832 的工作方式

DAC0832 利用$\overline{WR_1}$、$\overline{WR_2}$、ILE、$\overline{XFER}$控制信号可以构成三种不同的工作方式。

(1)"直通" 方式

DAC0832 内部具有两个寄存器：8 位输入寄存器和 8 位 DAC 寄存器，这两个寄存器均具有锁存功能。

若$\overline{LE_1} = 0$，则输入寄存器处于锁存状态，即无论寄存器的输入端如何变化，输出端只保持锁存之前的状态，只有当$\overline{LE_1} = 1$ 时，寄存器输出端口的状态才与输入端相同，即"随动"状态。在这一点上，DAC 寄存器的功能与输入寄存器相同。所以，这两个寄存器可以看做是两道闸门，只有将两道闸门全部开启时，单片机输出的数据才会传到 D/A 转换器中进行转换，进而输出模拟量。

所谓"直通"就是指两个寄存器均处于"随动"状态，这时，只要将 DAC0832 的控制信号按照$\overline{LE_1}$和$\overline{LE_2}$的要求进行连接即可，如图 11-15 所示。若单片机通过其 P0 口输出一个字节的数据，DAC0832 的输出端就会产生一个与之对应的模拟信号，这种连接方式适合要

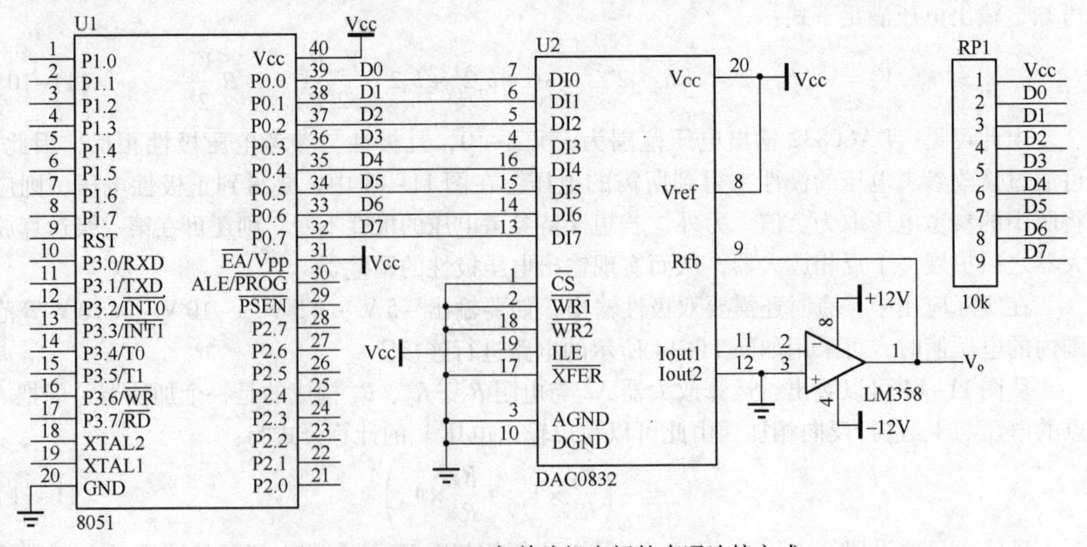

图 11-15　DAC0832 与单片机之间的直通连接方式

求模拟量变化快的场合，而此时单片机的 P0 口只能用于输出数据给 DAC0832，如果在这个电路中 P0 口连接了其他芯片，则在对其他芯片进行操作时，会造成 DAC0832 的错误输出。所以，这样的连接使单片机受到了限制，如果不是特殊的需要，一般尽量不要采用这种连接方式。

(2)“单缓冲”方式

所谓“单缓冲”，是指单片机输出的数据进入 DAC0832 后，并不直接进行 D/A 转换，而是只有当数据稳定或输入的数据确实为需要转换的数据时，才进行 D/A 转换。

由于 DAC0832 内有两个寄存器，可以通过对控制信号的不同设置实现与单片机之间的“单缓冲”连接。

第一种连接方式，是将 DAC 寄存器设置为“随动”状态，用输入寄存器进行缓冲，如图 11-16 所示（这里的电路连接均不采用“三总线”方式，而采用 I/O 口方式）。

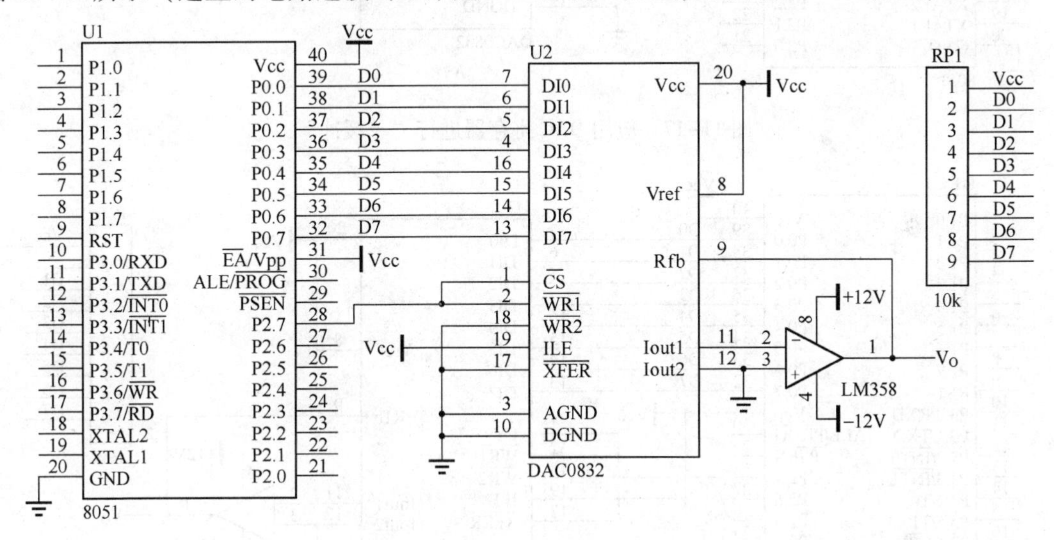

图 11-16　应用输入寄存器进行“单缓冲”

当通过 P0 口送出 D/A 转换数据后，若将 P2.7 置为高电平，则$\overline{LE_1}=0$，数据被锁存，DAC0832 的输出不会发生变化；而只有将 P2.7 置为低电平，$\overline{LE_1}$才会变高，输入寄存器变为“随动”，而由于此时 DAC 寄存器也处于“随动”状态，因此，DAC0832 就会立即输出对应的模拟信号。

第二种连接方式，是将输入寄存器设置为“随动”状态，用 DAC 寄存器进行缓存，如图 11-17 所示。

第三种连接方式，是将输入寄存器与 DAC 寄存器并联起来进行缓冲，如图 11-18 所示。

在以上三种“单缓冲”连接方式中，消除了对 P0 口的限制，P0 口可以在不进行 D/A 转换时输出其他的数据（此时必须保证 P2.7 为高电平，否则将会造成模拟量输出错误），实现资源的充分利用。另外，“单缓冲”方式主要适用于一路模拟量输出或多路模拟量非同步输出的应用场合。

(3)“双缓冲”方式

所谓“双缓冲”，是指 DAC0832 中的两个寄存器均处于受控状态。这种工作方式适合于多模拟信号同时输出的应用场合，即有多个 DAC0832 与单片机进行连接，且要求同时输出。若系统中只有一片 DAC0832 或有多片但不要求同时输出，则采用前面介绍的“直通”

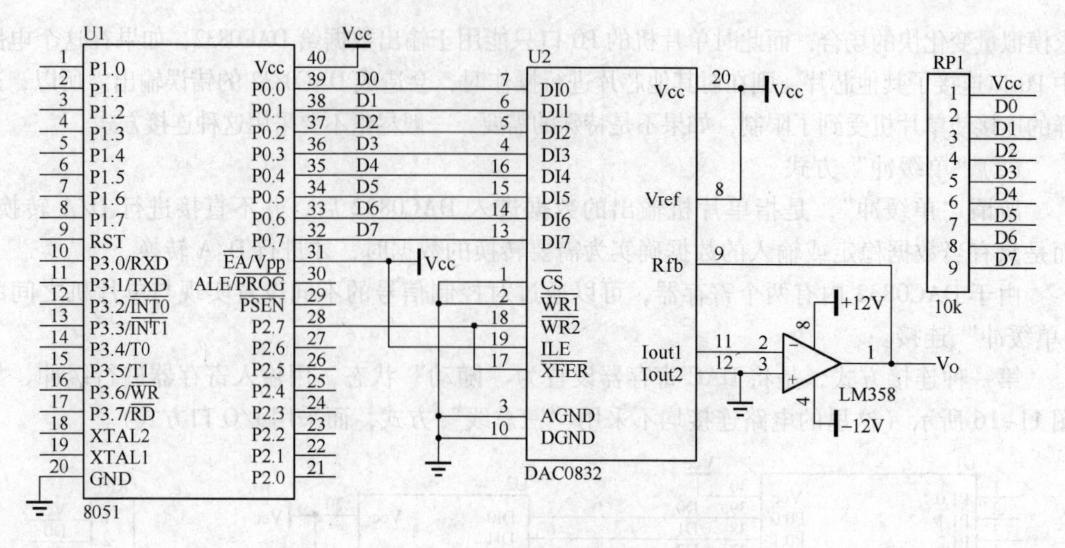

图 11-17 应用 DAC 寄存器进行“单缓冲”

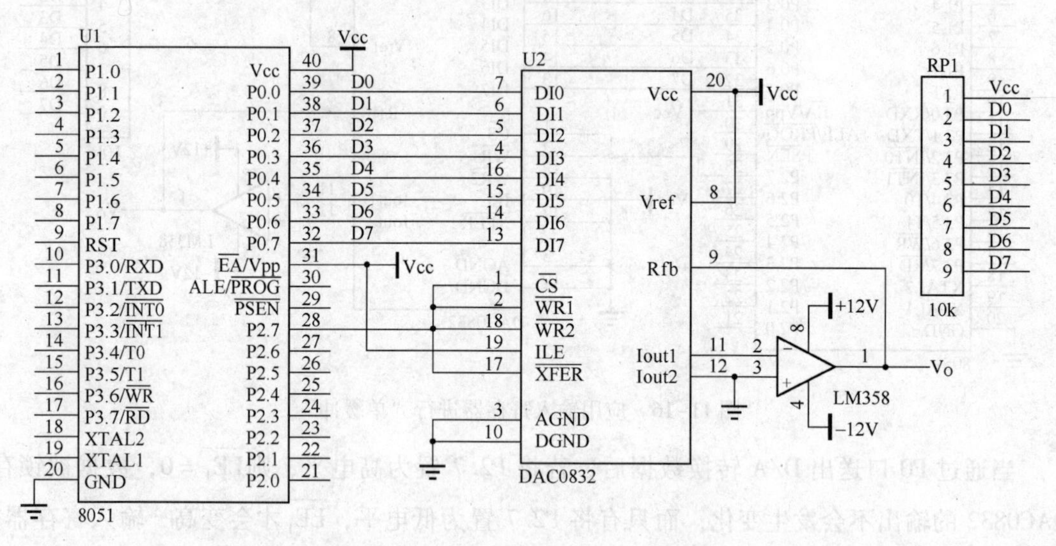

图 11-18 输入寄存器与 DAC 寄存器并联进行“单缓冲”

方式或“单缓冲”方式进行连接即可。图 11-19 所示为单片机与两片 DAC0832 采用“双缓冲”方式连接的电路图。

如图 11-19 所示，P2.7 用于控制 U2 的输入寄存器，P2.6 用于控制 U3 的输入寄存器，P2.5 用于控制 U2 和 U3 的 DAC 寄存器。当 P2.7 = 0、P2.6 = 1、P2.5 = 1 时，可以将 U2 待转换的数据从单片机的 P0 口传入 U2 的 DAC 寄存器，并被锁存；同理，当 P2.7 = 1、P2.6 = 0、P2.5 = 1 时，可以将 U3 待转换的数据从单片机的 P0 口传入 U3 的 DAC 寄存器，并被锁存；再将 P2.7 = 1、P2.6 = 1、P2.5 = 0，此时，U2 和 U3 内的 DAC 寄存器均处于“随动”状态，因此，将同时启动 D/A 转换，两个 DAC0832 同时输出对应的模拟量。

这种 D/A 转换方式最典型的应用就是 $X-Y$ 绘图仪。在 $X-Y$ 绘图仪上，绘图笔由 X 轴和 Y 轴两个方向的电动机控制其位置和移动速度，与图 11-19 对应，X 轴电动机由 U2 经运放输出的模拟电压再经过功率放大后进行控制，Y 轴电动机由 U3 经运放输出的模拟电压再

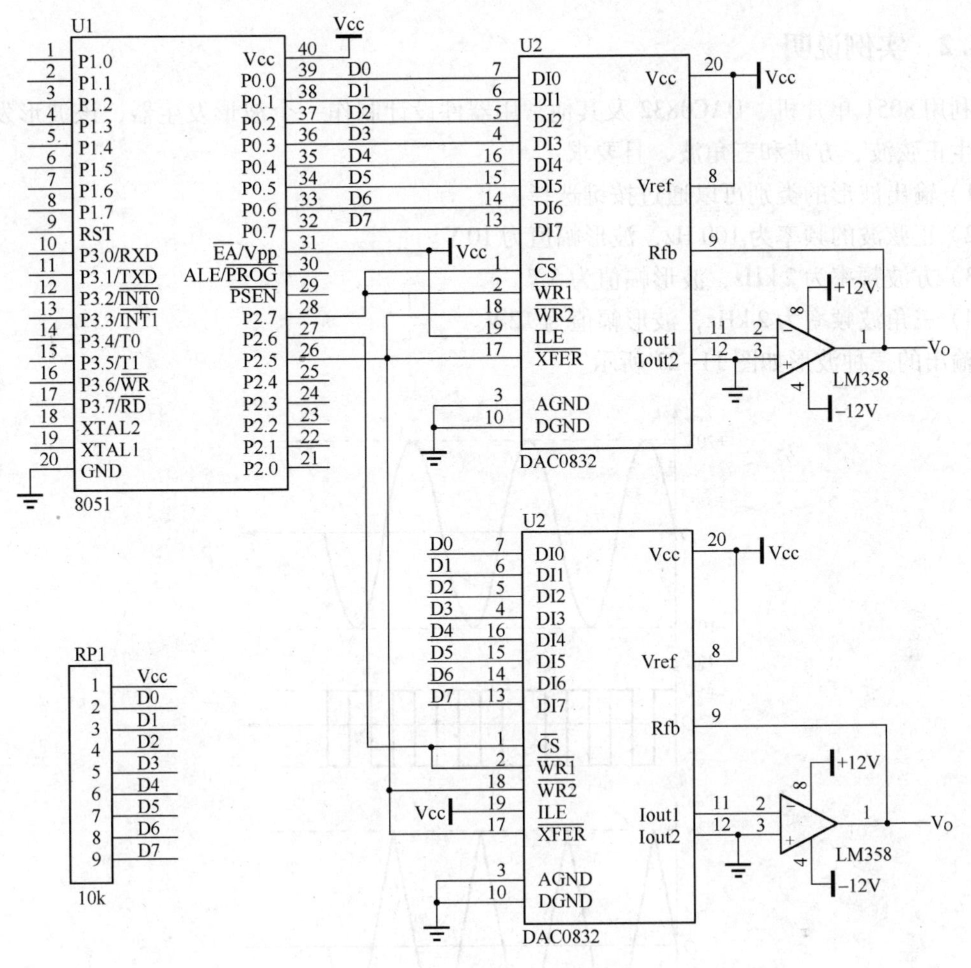

图 11-19　单片机与两片 DAC0832 连接电路（“双缓冲方式”）

经过功率放大后进行控制。如果绘制曲线时，两片 DAC0832 按照“单缓冲”方式进行控制，*X* 轴电动机和 *Y* 轴电动机不能同步转动，即在进行 D/A 转换时，有可能 U2 先转换，U3 后转换，则绘图笔将会以折线方式到达指定点，如图 11-20a 所示；而如果按照“双缓冲”进行控制，则 *X* 轴电动机和 *Y* 轴电动机可以同步转动，绘图笔的运动轨迹将是光滑的曲线，如图 11-20b 所示。

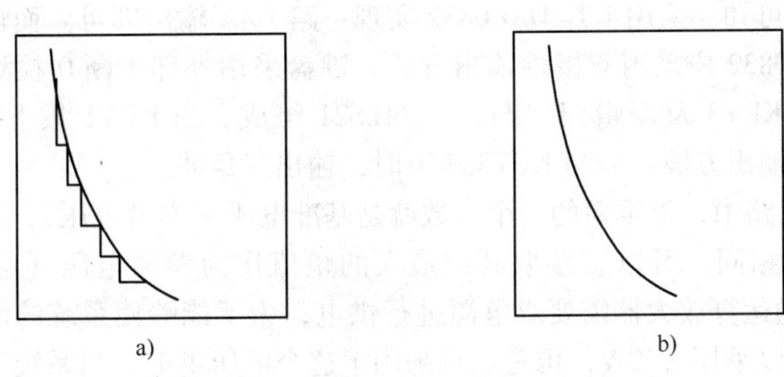

图 11-20　不同控制方式下绘制出的图形
a）“单缓冲”控制方式　b）“双缓冲”控制方式

11.4.2 实例说明

利用 8051 单片机、DAC0832 及其他常用器件设计制作一个波形发生器，该波形发生器能产生正弦波、方波和三角波，且要求：

1）输出波形的类别可以通过按键选择。

2）正弦波的频率为 100 Hz，波形幅值为 10 V。

3）方波频率为 2 kHz，波形幅值为 5 V。

4）三角波频率为 2 kHz，波形幅值为 12 V。

输出的三种波形如图 11-21 所示。

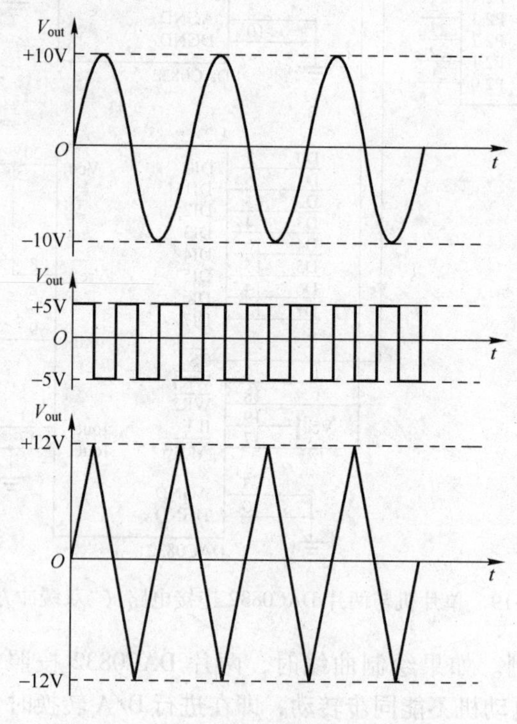

图 11-21　波形发生器输出的三种波形

11.4.3 硬件电路设计

根据设计要求可知，采用 1 片 DAC0832 实现一路 D/A 输出即可。而输出波形中有正负电压，因此，DAC0832 应采用双极性输出方式。键盘采用外部中断 0 检测，由三个独立按键 KEY1、KEY2、KEY3 及逻辑门“与门”74LS21 组成。当 KEY1 按下时，输出正弦波；当 KEY2 按下时，输出方波；而当 KEY3 按下时，输出三角波。

在 D/A 转换电路中，很重要的一个参数就是基准电压（参考电压），设计要求中三种输出波形的幅值各不相同，可以直接取其中最大的幅值作为参考电压（这里最大的幅值是 12 V）。而电路中的运算放大器需要双电源进行供电，为了能够使系统的电源简单，运算放大器的供电电源可以采用 ±12 V，可是一旦采用了这个电压供电，当系统完成后就会发现一个问题：三角波的输出电压幅值达不到 12 V。这是因为，运算放大器工作时，由于内部电路的电压降，导致输出的最大电压要小于供电电压 0.4～0.7 V，所以，采用 ±12 V 为运算放大器供电不能满足输出的要求，系统中可选用 ±15 V 作为运算放大器的供电电源，同时将 +15 V 作为 DAC0832 的基准电压。

系统硬件电路如图 11-22 所示，单片机与 DAC0832 采用“单缓冲”方式连接。

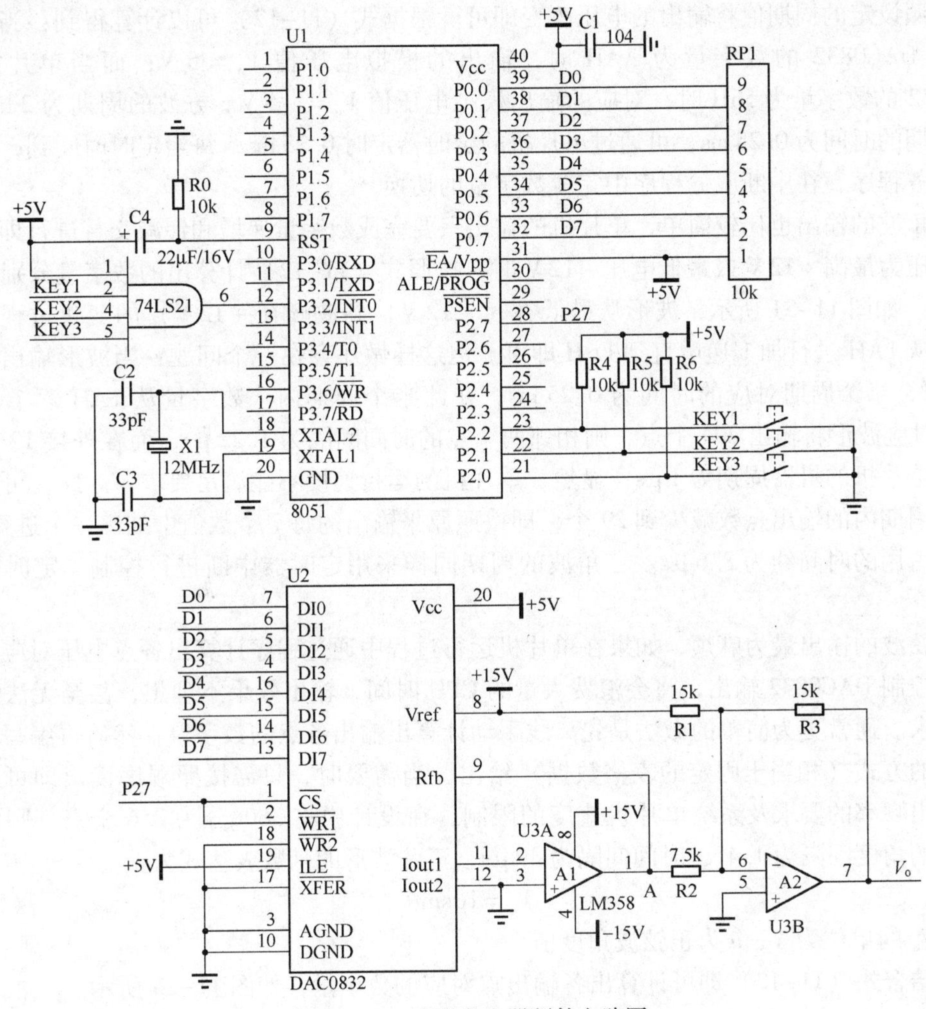

图 11-22 波形发生器硬件电路图

11.4.4 软件设计

该系统的软件设计包括键盘的检测及功能处理、D/A 转换器的应用等，对于独立键盘的应用，已在第 9 章中作了详细的介绍，这里只对 D/A 转换器的软件设计进行分析说明。

在本设计中，输出的三种波形的电压均存在正、负值，因此，DAC0832 必须采用双极性输出连接方法。再根据图 11-22 及式（11-10）、式（11-11）可得，图 11-22 中波形发生器的输出电压应满足下式：

$$
\begin{aligned}
V_o &= -\left(\frac{R_3}{R_1} \times V_{ref} + \frac{R_3}{R_2} \times \left(-B\,\frac{V_{ref}}{2^8}\right)\right) \\
&= -\left(V_{ref} - 2B\,\frac{V_{ref}}{2^8}\right) \qquad (11-12)
\end{aligned}
$$

式中，B 为单片机送入 DAC 进行转换的数字量，取值范围为：0 ~ FFH（或 $0 \sim 2^8-1$），而 $V_{REF}=15$ V。

上述三种波形中，方波的输出最为简单，其输出电压只有 +5V 和 -5V 两个值，因此，只要按照设定的周期值将输出的电压改变即可。根据式（11-12）可以计算得到：当单片机输送给 DAC0832 的数字量为 AAH 时，输出的模拟电压值 $V_o=5$ V；而当单片机送给 DAC0832 的数字量为 56H 时，对应的输出模拟电压值 $V_o=-5$ V。方波的周期为 2 kHz，则半个周期的时间为 0.25 ms，可通过单片机的定时器定时 0.25 ms，每当定时时间到，就进入中断服务程序，在中断服务程序中完成数字量的切换。

三角波的输出也比较简单，单片机的输出只要完成数字量递增和递减交替进行即可，当输出电压为最高 +12 V 或最低电压 -12 V 时，按照式（11-12）计算出的数字量分别为 E6H 和 1AH。如图 11-21 所示，波形从最低谷（-12 V）到波峰（+12 V）的变化过程，可将数字量从 1AH 进行加 1 递增直到 E6H 即可。但这样做还存在一个问题：当波形输出频率为 2 kHz 时，半个周期对应的时间为 0.25 ms，在此半个周期内，数字量从 1AH 逐 1 递增到 E6H，对应波形将输出 204 个点，则相邻两个点的时间间隔为 1.22 μs，而在外接 12 MHz 晶振时，单片机的机器周期为 1 μs，显然，单片机的运行速度不能满足要求。为此，可将三角波半个周期内的输出点数减少到 29 个，即按照原来输出的每 7 个数值中抽出一个进行输出，每个点占用的时间约为 8.6 μs。三角波的周期同样采用定时器中断进行控制，定时时间为 8.6 μs。

正弦波的输出最为麻烦，如果在单片机运行过程中通过程序计算出各点电压对应的数字量，再控制 DAC0832 输出，将会浪费大量的 CPU 时间，输出效果不理想，甚至无法满足频率的要求。通常更为简单的做法是先离线手动计算出输出各点的数字量，然后再编写程序时以数组的方式（相当于固定的表格数据）给出，当需要时，只需按照顺序读出即可。考虑波形输出频率的要求及系统单片机速度的限制，在设计中将 360°分为 256 个点，则每两个点之间的角度间隔为 1.4°，时间间隔为 39 μs，正弦波形的函数表达式为：

$$V_o = 10\sin\theta \tag{11-13}$$

式中，V_o 的单位为 V；θ 为正弦波角度值。

再结合式（11-12）即可计算出各输出点对应的数字量，如图 11-23 所示。

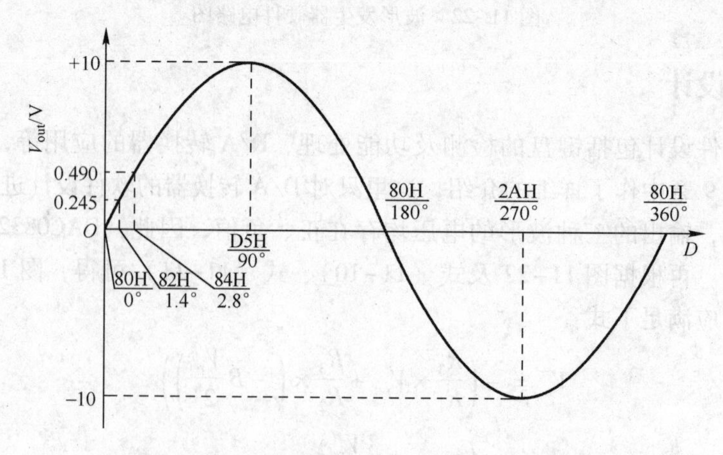

图 11-23　计算正弦波输出点数字量的示意图

正弦波的周期同样采用定时器中断进行控制，定时时间为39 μs。根据定时时间，只要反复输出计算出的这组数据到DAC0832，就可以在系统输出端得到想要的正弦波。

主要程序清单如下：

```
/ ********************* 头文件 ********************/
#include <reg51.h>
/ ********************* 宏定义 ********************/
#define uchar unsigned char
#define uint unsigned int
/ ******************** 端口定义 *******************/
sbit START_DAC = P2^7;                  //启动DAC转换，低电平有效
sbit KEY1 = P2^2;                       //ADC0809读使能信号，高有效
sbit KEY2 = P2^1;                       //ADC0809转换完成信号，1：转换完成
sbit KEY3 = P2^0;                       //ADC0809通道选择信号

#define DAC0832_DATA   P0               //DAC0832数据口
#define KEY_PIN   P2                    //按键口
/ ******************* 全局变量定义 *****************/
uchar code SineTab[256] = {             //正弦波对应数字量
0x80,0x82,0x84,0x86,0x88,0x8a,0x8c,0x8e,0x90,0x92,0x94,0x96,0x98,0x9a,0x9c,0x9e,
0xa0,0xa2,0xa4,0xa6,0xa8,0xaa,0xab,0xad,0xaf,0xb1,0xb2,0xb4,0xb6,0xb7,0xb9,0xba,
0xbc,0xbd,0xbf,0xc0,0xc1,0xc3,0xc4,0xc5,0xc6,0xc8,0xc9,0xca,0xcb,0xcc,0xcd,0xce,
0xce,0xcf,0xd0,0xd1,0xd1,0xd2,0xd2,0xd3,0xd3,0xd4,0xd4,0xd4,0xd4,0xd5,0xd5,0xd5,
0xd5,0xd5,0xd5,0xd5,0xd4,0xd4,0xd4,0xd4,0xd3,0xd3,0xd2,0xd2,0xd1,0xd1,0xd0,0xcf,
0xce,0xce,0xcd,0xcc,0xcb,0xca,0xc9,0xc8,0xc6,0xc5,0xc4,0xc3,0xc1,0xc0,0xbf,0xbd,
0xbc,0xba,0xb9,0xb7,0xb6,0xb4,0xb2,0xb1,0xaf,0xad,0xab,0xaa,0xa8,0xa6,0xa4,0xa2,
0xa0,0x9e,0x9c,0x9a,0x98,0x96,0x94,0x92,0x90,0x8e,0x8c,0x8a,0x88,0x86,0x84,0x82,
0x80,0x7d,0x7b,0x79,0x77,0x75,0x73,0x71,0x6f,0x6d,0x6b,0x69,0x67,0x65,0x63,0x61,
0x5f,0x5d,0x5b,0x59,0x57,0x55,0x54,0x52,0x50,0x4e,0x4d,0x4b,0x49,0x48,0x46,0x45,
0x43,0x42,0x40,0x3f,0x3e,0x3c,0x3b,0x3a,0x39,0x37,0x36,0x35,0x34,0x33,0x32,0x31,
0x31,0x30,0x2f,0x2e,0x2e,0x2d,0x2d,0x2c,0x2c,0x2b,0x2b,0x2b,0x2b,0x2a,0x2a,0x2a,
0x2a,0x2a,0x2a,0x2a,0x2b,0x2b,0x2b,0x2b,0x2c,0x2c,0x2d,0x2d,0x2e,0x2e,0x2f,0x30,
0x31,0x31,0x32,0x33,0x34,0x35,0x36,0x37,0x39,0x3a,0x3b,0x3c,0x3e,0x3f,0x40,0x42,
0x43,0x45,0x46,0x48,0x49,0x4b,0x4d,0x4e,0x50,0x52,0x54,0x55,0x57,0x59,0x5b,0x5d,
0x5f,0x61,0x63,0x65,0x67,0x69,0x6b,0x6d,0x6f,0x71,0x73,0x75,0x77,0x79,0x7b,0x7d
};

uchar code TriangleTab[58] = {          //三角波对应数字量
0x1a,0x21,0x28,0x2f,0x36,0x3d,0x44,0x4b,0x52,0x59,0x60,0x67,0x6e,0x75,0x7c,
0x83,0x8a,0x91,0x98,0x9f,0xa6,0xad,0xb4,0xbb,0xc2,0xc9,0xd0,0xd7,0xde,0xe5,
0xde,0xd7,0xd0,0xc9,0xc2,0xbb,0xb4,0xad,0xa6,0x9f,0x98,0x91,0x8a,0x83,0x7c,
0x75,0x6e,0x67,0x60,0x59,0x52,0x4b,0x44,0x3d,0x36,0x2f,0x28,0x21
};
```

```
uchar code SquareTab[2] = {                  //方波对应数字量
0x56,0xaa
};

uchar WaveForm;                              //0：输出正弦波；1：输出方波；2：输出三角波
uchar WaveOutCount;                          //当前输出点数

/ ******************** 软件延时子程序 ******************** /
void delay(uint n)
{
    uint i,j;
    for(i = n;i > 0;i --)
    {
        for(j = 100;j > 0;j --);
    }
}
/ **************** 定时器 T0 初始化子程序 **************** /
//说明：初始化定时器 T0，工作在模式 2
void Timer0_Init(void)
{
    TL0 = 217;                               //256 - 39  赋初值
    TH0 = 217;                               //256 - 39
    TMOD = 0x02;                             //设置为模式 2，定时方式
    TF0 = 0;                                 //清零中断标志位

    ET0 = 1;                                 //允许定时器 T0 中断
    TR0 = 0;                                 //停止定时器 T0 工作
}

/ **************** 外部中断 0 初始化子程序 **************** /
//说明：初始化外部中断 0，工作在模式 2
void INT0_Init(void)
{
    IT0 = 1;                                 //采用下降沿触发
    EX0 = 1;                                 //使能外部中断 0
    IE0 = 0;                                 //清中断请求标志位
}

/ ************************ 主程序 ************************ /
//说明：开机输出正弦波
void main(void)
{
```

```
    EA = 0;                                 //关闭中断系统
    WaveOutCount = 0;
    WaveForm = 0;
    Timer0_Init();                          //定时器初始化
    INT0_Init();                            //外部中断 0 初始化
    TR0 = 1;                                //启动定时器 T0 工作
    EA = 1;                                 //开启中断系统

    while(1);
}
/****************** 外部中断 0 服务子程序 *****************/
//说明:用于检测按键
void INT0_ISR (void) interrupt 0
{
    uchar temp;

    EA = 0;
    TR0 = 0;                                //停止定时器定时
    KEY1 = 1;
    KEY2 = 1;
    KEY3 = 1;                               //读之前写 1
    temp = (KEY_PIN&0x07);
    if(temp! = 0x07)
    delay(2);
    KEY1 = 1;
    KEY2 = 1;
    KEY3 = 1;                               //读之前写 1
    if(temp == (KEY_PIN&0x07))              //有键按下
    {
        KEY1 = 1;
        KEY2 = 1;
        KEY3 = 1;                           //读之前写 1
        while((KEY_PIN&0x07)! = 0x07)             //等待按键释放
        {
            KEY1 = 1;
            KEY2 = 1;
            KEY3 = 1;                       //读之前写 1
        }

        switch(temp)
        {
            case 0x03:                      //KEY1 按下,输出正弦波
            {
```

```
            WaveOutCount = 0;
            WaveForm = 0;
            TL0 = 217;              //256 - 39  赋初值
            TH0 = 217;              //256 - 39
        }break;
        case 0x05:                  //KEY2 按下, 输出方波
        {
            WaveOutCount = 0;
            WaveForm = 1;
            TL0 = 6;                //256 - 250  赋初值
            TH0 = 6;                //256 - 250
        }break;
        case 0x06:                  //KEY3 按下, 输出三角波
        {
            WaveOutCount = 0;
            WaveForm = 2;
            TL0 = 247;              //256 - 9  赋初值
            TH0 = 247;              //256 - 9
        }break;
        }
    }

    TR0 = 1;                        //启动定时器定时
    EA = 1;
}
/**********************定时器 T0 中断服务子程序************************/
//说明: 定时时间到, 输出一次波形数据量
void timer0_ISR (void) interrupt 1
{
    if(WaveForm == 0)               //输出正弦波
    {
        DAC0832_DATA = SineTab[WaveOutCount ++];
    }
    else if(WaveForm == 1)          //输出方波
    {
        DAC0832_DATA = SquareTab[WaveOutCount ++];
        if(WaveOutCount > 1)
            WaveOutCount = 0;
    }
    else if(WaveForm == 2)          //输出三角波
    {
        DAC0832_DATA = TriangleTab[WaveOutCount ++];
        if(WaveOutCount > 57)
```

```
            WaveOutCount = 0;
        }
        START_DAC = 0;                    //启动转换
        START_DAC = 1;                    //锁存输入寄存器
    }
```

11.5 基于 PWM 技术的 D/A 转换器设计

在电子和自动化技术的应用中，单片机和 D/A 转换器是经常需要同时使用的，在一般的应用中外接昂贵的 D/A 转换器，这样就增加了成本。但是，几乎所有的单片机都提供了定时器，甚至直接提供 PWM 输出功能。这就能够通过单片机的 PWM 输出，再加上简单的外围电路及对应的软件设计，实现对 PWM 的信号处理，得到稳定，精确的模拟量输出，以实现 D/A 转换功能，这将大大降低电子设备的成本，减小体积，并容易提高精度。

11.5.1 设计原理

PWM 是英文“Pulse Width Modulation”的缩写，即脉冲宽度调制。PWM 波即指周期不变，高、低电平宽度可以调整的波形，如图 11-24 所示。

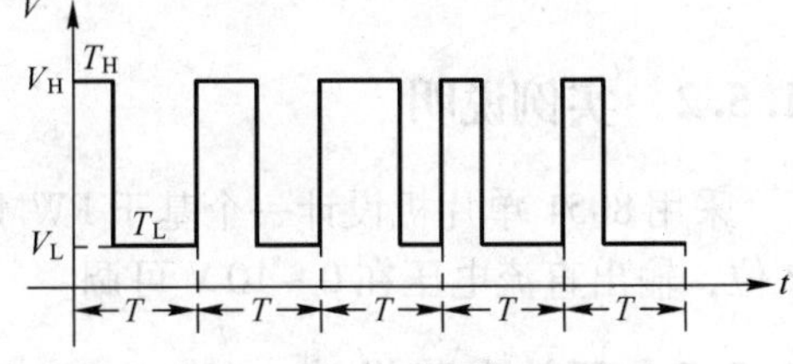

图 11-24 PWM 波形示意图

假设以时间 T_f 作为时间基准，图中，周期 $T = NT_f$，高电平时间 $T_H = nT_f$，则低电平时间为 $T_L = (N-n)T_f$。PWM 波形的占空比定义为：$D = T_H/T$。

上述 PWM 信号还可采用如下分段函数形式进行表示：

$$V(t)=\begin{cases}V_H, & kNT_f \leqslant t \leqslant nT_f + kNT_f \\ V_L, & kNT_f + nT_f \leqslant t \leqslant NT_f + kNT_f\end{cases} \tag{11-14}$$

式中，n、k 的取值为 0，1，2，…；N 为正整数。

而傅里叶变换理论指出：任何一个周期性的连续信号，都可以表达为直流分量、及频率为基频整数倍的正、余弦谐波分量之和。因此，$V(t)$ 可按照傅里叶变换理论展开，即

$$V(t)=\left[\frac{n}{N}(V_H - V_L) + V_L\right] + 2\frac{V_H - V_L}{\pi}\sin\left(\frac{n}{N}\pi\right)\cos\left(\frac{2\pi}{NT_f}t - \frac{n\pi}{N}k\right) + \sum_{k=2}^{\infty} 2\frac{V_H - V_L}{\pi}\left|\sin\left(\frac{n\pi}{N}k\right)\right|\cos\left(\frac{2\pi}{NT_f}kt - \frac{n\pi}{N}k\right) \tag{11-15}$$

从上式可以看出，第一项（方括号所含内容）为直流分量，第二、三项为余弦项，而不含正弦项（即正弦项为 0）。其中，第二项为 1 次谐波分量，又称基波分量，其对应频率即为基频，第三项为高次谐波分量。当 n 取值从 0 到 N 时，直流分量在 $V_L \sim V_L + V_H$ 内变化，这正是 D/A 转换器所需要的输出电压值。如果能把式（11-15）中除直流分量的谐波过滤掉，则可实现从 PWM 到电压输出型 D/A 转换器的转换，因此，需要设计一个低通滤波器（阻容滤波）进行滤波。

基波频率表达式如下：

$$f_0 = 1/NT_f \tag{11-16}$$

该频率也是图 11-24 中 PWM 波的频率，是设计低通滤波器的依据，低通滤波器中的电阻值 R、电容值 C 时应满足：

$$\frac{1}{2\pi RC} < f_0 \tag{11-17}$$

另外，采用这种方法设计的 D/A 转换器的分辨率显然与 N 有关，其理论值为：

$$R_{\mathrm{Bit}} = \log_2\left(\frac{N}{n_{\min}}\right) \tag{11-18}$$

式中，$n_{\min}$ 为 n 的最小值，这里应取 1。

例如，当 $N=256$ 时，分辨率理论值 R_{Bit} 就为 8 位。N 越大，D/A 转换器的分辨率就越高。但 N 越大，低通滤波器的截止频率 $1/2\pi RC$ 就越低，D/A 转换器输出的纹波就越大，其分辨率就会减小。同样，PWM 波形的参考电压的精度也是影响 D/A 转换分辨率的重要因素。

根据上述分析，可以得到如图 11-25 所示的基于 PWM 技术的 D/A 转换器设计框图。

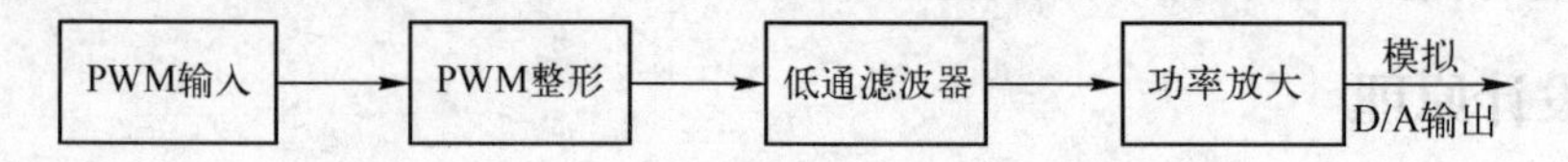

图 11-25 基于 PWM 技术的 D/A 转换器设计框图

11.5.2 实例说明

采用 8051 单片机设计一个基于 PWM 技术的 D/A 转换器，要求 D/A 转换器的分辨率为 12 位，输出直流电压在 0～10 V 可调。

11.5.3 硬件电路设计

根据第 6 章可知，利用单片机的定时器及 I/O 口，可以输出类似图 11-24 所示的 PWM 波形。但 PWM 波的高电压 V_H 与单片机的端口高电平相同，通常为 +5 V，而 PWM 波的低电压 V_L 则只能为 0 V，再根据式（11-15）可得，其直流分量变化范围为 0～5 V，若不增加除低通滤波器之外其他的处理电路，则其输出可调电压范围只能是 0～5 V。显然，这样不能满足设计要求。

另外，上述 0 V 和 5 V 也是理想值，实际值会有所偏差。所以，需给单片机的 PWM 发生电路加一个精密的基准电压，同时，还需加相应的放大电路将其输出限制在 0～10 V 内。基于这几点考虑，设计的硬件电路如图 11-26 所示。

图中，芯片 U2 CD4053 为多路模拟选择开关，内含 a、b、c 三组单刀双掷开关，这里只用到了 a 组。当其 C、B、A 端输入地址码为 000 时，引脚 14 a 与引脚 12 ax 接通；而当 C、B、A 端输入地址码为 001 时，引脚 14 a 与引脚 13 ay 接通。TL431 为三端基准电压集成电路，其调整脚（COM2.5V）输出电压固定为 2.5 V。

利用单片机的引脚 P2.7 输出 PWM 信号，当 PWM 脉冲为高电平时，TL431 的调整脚与 U2 的引脚 13 ay 接通，AY 处输出电压值 V_{AY} 为 2.5 V。当 PWM 脉冲为低电平时，TL431 的调整脚与 U2 的引脚 12 ax 接通，根据分压关系可知，此时，AY 处输出电压值 V_{AY} 满足下式：

$$\frac{V_{AX}}{V_{AY}} = \frac{R_3}{R_2 + R_3} \tag{11-19}$$

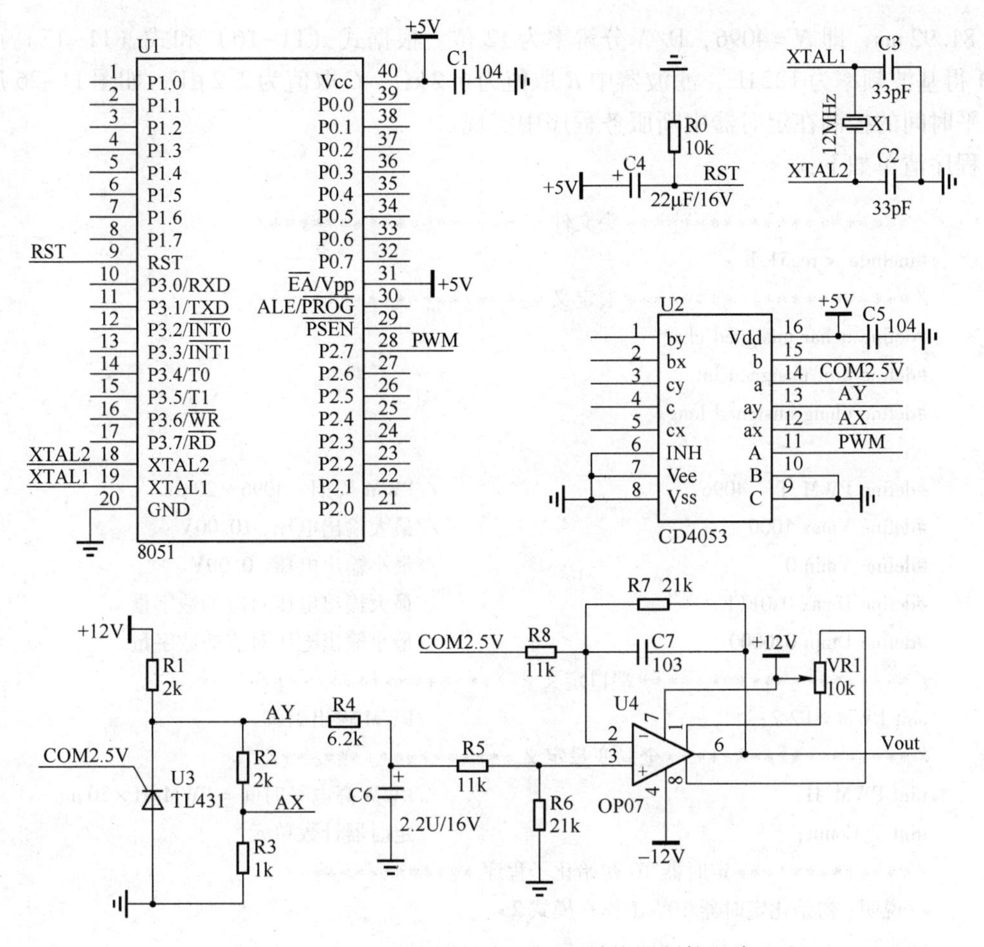

图 11-26　基于 PWM 技术的 D/A 转换器硬件电路

即

$$V_{\mathrm{AY}}=\frac{R_2+R_3}{R_3}\times 2.5 \tag{11-20}$$

由图 11-26 中电阻取值可知，此时 AY 处输出电压 $V_{\mathrm{AY}}=8\ \mathrm{V}$。这样，当单片机的引脚 P2.7 输出 PWM 信号时，V_{AY}处相应地输出高电平为 8 V，低电平为 2.5 V 的 PWM 脉冲，其振幅为 8 V − 2.5 V ＝ 5.5 V。如果要输出低电平为零的 PWM 信号，则需加上一个差分放大器，如图 11-26 所示，可得输出电压 V_{out}应满足下式：

$$V_{\mathrm{AY}}\frac{R_6}{R_5+R_6}=2.5+(V_{\mathrm{out}}-2.5)\frac{R_8}{R_7+R_8} \tag{11-21}$$

由此，不难计算出 V_{out}的取值范围为 0 ~ 10 V。

综上所述，按照图 11-26 的连接方法，利用单片机控制 n 的取值从 0 到 N 时，输出电压 V_{out}对应的取值范围为 0 ~ 10 V，实现了从数字量到模拟量的转换。其中，N 的取值决定了 D/A 转换器的分辨率；N 和 T_{f} 的取值决定了 PWM 的频率和低通滤波器的带宽。

11.5.4　软件设计

在设计低通滤波器时，取时间基准 $T_{\mathrm{f}}=20\ \mu\mathrm{s}$，采用定时器中断控制。PWM 波形的周期设为 81.92 ms，即 $N=4096$，D/A 分辨率为 12 位。根据式（11-16）和式（11-17）可得：PWM 得基波频率为 122 Hz，滤波器中 R 取值为 6.2 kΩ，C 取值为 2.2 μF，如图 11-26 所示。高电平时间的控制在定时器中断服务程序中实现。

程序清单如下：

```
/ ********************* 头文件 ********************/
#include <reg51.h>
/ ********************** 宏定义 ********************/
#define uchar unsigned char
#define uint unsigned int
#define ulong unsigned long

#define PWM_T    4096                          //PWM 周期 = 4096 × 20 μs
#define Vmax 1000                              //最大输出电压, 10.00V
#define Vmin 0                                 //最小输出电压, 0.00V
#define Dmax 0x0FFE                            //最大输出电压对应的数字量
#define Dmin 0x0000                            //最小输出电压对应的数字量
/ ******************** 端口定义 *******************/
sbit PWM = P2^7;                               //PWM 输出引脚
/ ****************** 全局变量定义 *****************/
uint PWM_H;                                    //PWM 高电平时间 = PWM_H × 20 μs
uint T_Count;                                  //定时器计数单元
/ ************* 定时器 T0 初始化子程序 *************/
//说明：初始化定时器 T0，工作在模式 2
void Timer0_Init( void)
{
    TL0 = 236;                                 //256 - 20   赋初值
    TH0 = 236;                                 //256 - 20
    TMOD = 0x02;                               //设置为模式 2，定时方式
    TF0 = 0;                                   //清零中断标志位

    ET0 = 1;                                   //允许定时器 T0 中断
    TR0 = 0;                                   //停止定时器 T0 工作

}

/ **************** 高电平时间计算程序 *************/
//说明：根据标定参数和待输出电压值，计算出高电平时间对应的数字量
//输入：Output_V——待输出电压值，输入值扩大 100 倍
void PWM_H_Jisuan( uint Output_V)
{
    ulong temp1,temp2;

    if( Output_V == Vmin)
```

```
    {
        PWM_H = Dmin;
    }
    else if(Output_V == Vmax)
    {
        PWM_H = Dmax;
    }
    else
    {
        temp1 = Output_V - Vmin;
        temp2 = Dmax - Dmin;
        temp1 = temp1 * temp2;
        temp2 = Vmax - Vmin;
        temp1 = temp1/temp2;
        temp1 = temp1 + Dmin;

        PWM_H = (uint)temp1;
    }
}
/ ********************* 主程序 *********************/
//说明：输出 5V 电压
void main(void)
{
    EA = 0;                                  //关闭中断系统
    Timer0_Init();                           //定时器初始化
    T_Count = 0;
    TR0 = 1;                                 //启动定时器 T0 工作
    EA = 1;                                  //开启中断系统

    PWM_H_Jisuan(500);                       //输出 5V 电压
    while(1);
}
/ ************ 定时器 T0 中断服务子程序 *************/
//说明：定时时间 20us 到，完成 PWM 输出
void timer0_ISR (void) interrupt 1
{
    T_Count ++;

    if(!(T_Count < PWM_T))
    {
        PWM = 1;                             //输出高电平
        T_Count = 0;
    }
```

```
        else if( !( T_Count < PWM_H) )                //高电平时间完成
        {
            PWM = 0;                                  //输出低电平
        }
    }
```

和 A/D 转换一样，上述程序中也涉及到了 D/A 转换器的标定问题，具体方法与 A/D 转换类似，这里不再讨论。

11.6 总结交流

本章在分析各种转换原理的基础上，结合 ADC0809、DAC0832 及 PWM 技术的具体应用，对单片机应用系统中模拟量到数字量、数字量到模拟量两种转换技术进行了深入细致的讨论。在实际应用场合，需要重点把握以下几点：

1）根据需求进行 A/D 和 D/A 转换器选型设计。首先要确定好其分辨率和转换速度。若要求双极性输入（或输出），则应选择具有双极性输入（或输出）特性的 A/D（或 D/A）转换芯片，或选择单极性转换芯片，但需增加相应的极性转换电路。A/D、D/A 转换器与单片机的数据接口分为并行和串行两种形式，并行传输速度快，但占用口线多，而串行传输虽然传输速度较慢但占用口线少，设计时，应根据实际情况进行选择。

2）应用时，A/D 和 D/A 的标定非常重要。一般情况下，应根据最直接的实际输入（或输出）的模拟量与单片机内数字量之间的线性关系进行标定，而与单片机和模拟量之间的硬件电路无关。

3）基于 PWM 技术的 D/A 转换器非常适用于对输出精度要求不高的场合。

精通篇

第12章　电动机的单片机控制

电动机作为执行机构的驱动部件，在运动控制等领域应用非常普遍。针对两种常用的小功率电动机——直流电动机和步进电动机，本章将介绍它们的内部结构、工作原理及特性，并重点对它们的控制方法进行论述。

12.1　直流电动机概述

小型直流电动机具有体积小、功率低、转速高等特点，十分适用于一些小功率应用领域。如在电动玩具、阀门开度控制等众多场合大部分使用的都是小型直流电动机。小型直流电动机的外观如图12-1所示，它的特性与大型直流电动机十分相近，若不作特殊说明，本章后续所述的直流电动机均指小型直流电动机。

图12-1　小型直流电动机实物图

12.1.1　直流电动机的工作原理

直流电动机由转子和定子组成。

转子由电枢和换向器组成。电枢由漆包线缠绕在特殊形状的铁氧体上构成。换向器是电枢绕组的线圈引出端，通常情况下，直流电动机有3个绕组，因此，换向器有3个，由于换向器的存在，使得电枢绕组内的电流在不同的磁极下方向不同，从而保证直流电动机的转子能够向一个方向旋转。

定子部分由励磁和电刷组成。在直流电动机中励磁部分大都是由永久磁铁构成，电刷一般由铜片构成，与换向器进行滑动接触，用于将外部加载的直流电压传送到电枢绕组中。图12-2为直流电动机转子原理图，图12-3为直流电动机转子和引线部分实物图。

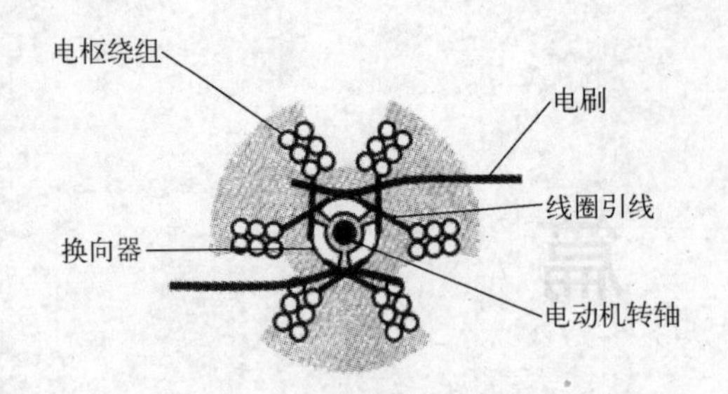

图 12–2　直流电动机转子原理图

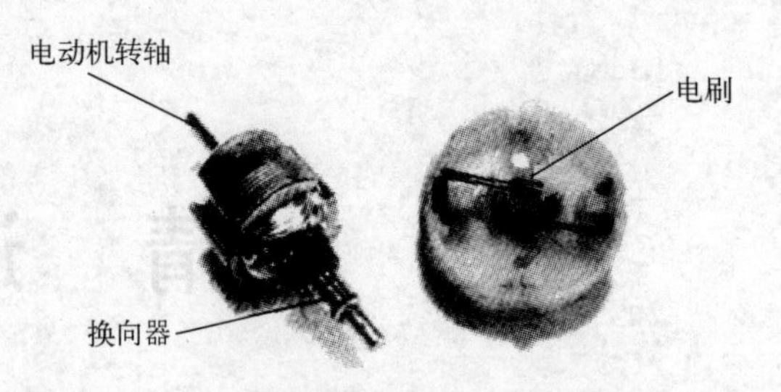

图 12–3　直流电动机转子和引线部分实物图

1. 直流电动机的电磁转矩

直流电动机的工作原理如图 12–4 所示。图中 F 为导体受到的电磁力，该值的大小为：

$$F = Bli \tag{12-1}$$

式中，B 为导体所在处的磁通密度；l 为导体在磁场中的长度；i 为导体中流过的电流。

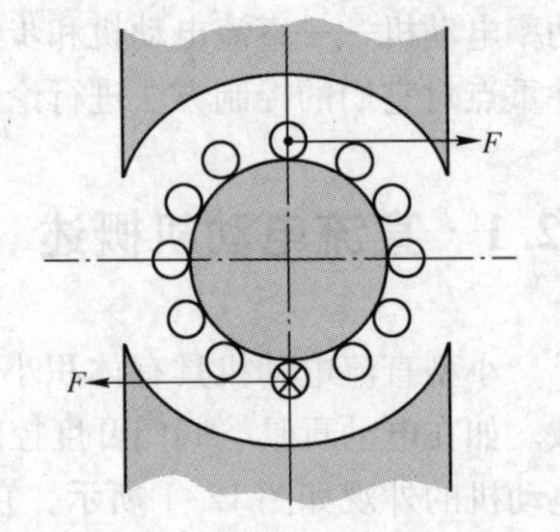

图 12–4　直流电动机的工作原理

由于电磁力的存在，使得沿着电枢的外圆切线方向产生电磁转矩。直流电动机产生的电磁转矩作为驱动转矩使直流电动机旋转。

当直流电动机带着负载匀速旋转时，其输出转矩必定与负载转矩相等，但直流电动机的输出转矩是否就是电磁转矩呢？不是的。

因为直流电动机本身的机械摩擦（例如轴承的摩擦、电刷和换向器的摩擦等），以及电枢铁心中的涡流、磁滞损耗都要引起阻转矩，此转矩用 T_0 表示。这样，直流电动机的输出转矩 T_2 便等于电磁转矩 T 减去直流电动机本身的阻转矩 T_0。所以，当直流电动机克服负载阻转矩 T_L 匀速旋转时，则有：

$$T_2 = T - T_0 = T_L \tag{12-2}$$

式（12–2）表明，当直流电动机稳态运行时，其输出转矩的大小由负载阻转矩决定。或者说，当输出转矩等于负载阻转矩时，直流电动机达到匀速旋转的稳定状态。式（12–2）称为直流电动机的稳态转矩平衡方程式。

实际上，直流电动机经常运行在转速变化的情况下，例如起动、停转或反转等，因此必须讨论转速改变时的转矩平衡关系。当直流电动机的转速改变时，由于电动机及负载具有转动惯量，将产生惯性转矩 T_j，即：

$$T_j = J\frac{d\omega}{dt} \tag{12-3}$$

式中，J 为负载和电动机转动部分的转动惯量，即折算到电动机轴上的转动惯量；ω 为电动机的角速度；$\frac{d\omega}{dt}$ 为电动机的角加速度。

这时电动机轴上的转矩平衡方程式为：

$$T_2 - T_L = T_j = J\frac{d\omega}{dt} \tag{12-4}$$

或

$$T_2 = T_L + T_j = T_L + J\frac{d\omega}{dt} \tag{12-5}$$

式（12-5）表明，当输出转矩 T_2大于负载转矩 T_L时，$\frac{d\omega}{dt}>0$，说明电动机在加速；当输出转矩 T_2小于负载转矩 T_L时，$\frac{d\omega}{dt}<0$，说明电动机在减速。可见式（12-5）表示转速变化时电动机轴上的转矩平衡关系，所以称为电动机的动态转矩平衡方程式。

2. 电压平衡方程

直流电动机的等效电路如图 12-5 所示。由图可以得到直流电动机的数学模型。

电压平衡方程为：

$$U_a = E_a + R_a I_a + L_a\frac{dI_a}{dt} \tag{12-6}$$

式中，U_a为电枢电压；I_a为电枢电流；R_a为电枢电路总电阻；E_a为感应电动势；L_a为电枢电路总电感。

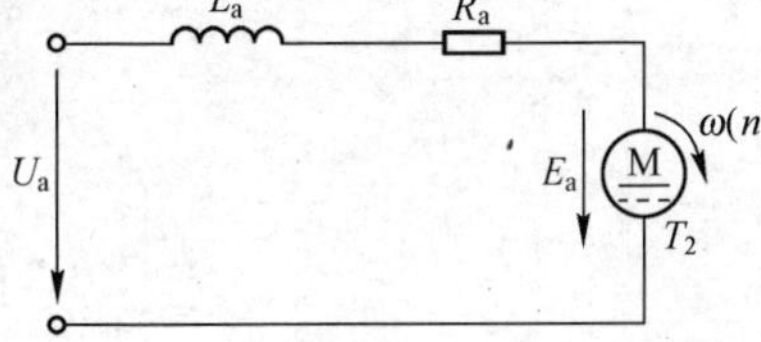

图 12-5　直流电动机的等效电路

感应电动势为：

$$E_a = C_e \Phi n \tag{12-7}$$

式中，C_e为感应电动势计算常数；Φ 为每级磁通；n 为电动机转速。

将式（12-7）代入式（12-6）可得：

$$n = \frac{U_a - \left(I_a R_a + L_a\frac{dI_a}{dt}\right)}{C_e \Phi} \tag{12-8}$$

由于直流电动机的 L_a较小，所以式（12-8）可以近似写成：

$$n = \frac{U_a - I_a R_a}{C_e \Phi} \tag{12-9}$$

当负载转矩 T_L减小时，根据稳态转矩平衡方程式（12-2），电磁转矩 T 也随之减小。因为磁通 Φ 为常数，电磁转矩 T 与电枢电流 I_a成正比，因而随着电磁转矩 T 的减小，电枢电流 I_a也相应减小。由式（12-9）可知，当 U_a、Φ 不变时，I_a减小将导致 n 增大。同理，当负载转矩 T_L增大时，电磁转矩 T 也增加，电枢电流 I_a也相应增大，这时转速 n 便下降。

直流电动机从静止状态过渡到运转的过程叫做起动过程。在直流电动机起动的最初瞬间，因为转速 $n=0$，反电势 $E_a=0$，故直流电动机的端电压 U_a全部降落在电枢电阻 R_a上，此时的电枢电流为：

$$I_{st} = \frac{U_a}{R_a} \tag{12-10}$$

I_{st}为直流电动机的最初起动电流。该值如果过大，将导致直流电动机烧毁；该值过小，即直流电动机的起动转矩过小，将导致直流电动机无法正常起动或起动时间加长。所以一般将直流电动机的起动电流限制在允许电流的 1.5 ~2 倍以内。

12.1.2 直流电动机的转速

直流电动机的额定转速是指电动机在额定电压和额定功率时每分钟的转数，其单位为转/分（r/min）。一般购买到的小型直流电动机，转速一般在 2000～20000 r/min 之间，用户可以根据自己的不同需要选择相应转速的直流电动机。

现在市面上所出售的小型直流电动机大致有两类：一类是普通的直流电动机，如图 12-1 所示；另一类是齿轮减速电动机，如图 12-6 所示。

图 12-6 齿轮减速电动机

这两类直流电动机的本体都是相同的，只是在输出轴上有所不同。前一类的输出轴就是直流电动机电枢绕组的转轴，所以这类直流电动机可以获得与转子相同的转速，但是输出的转矩并不是很大，适用于转矩需求小而转速要求高的场合。后一类是在直流电动机电枢绕组的转轴上连接上小型的齿轮减速器，这类直流电动机由于减速器的作用，在输出轴上得到的转速大概是直流电动机转子转速的 1/2～1/16，甚至有些齿轮减速电动机的减速比更大，而输出的转矩可以达到原来的几倍至十几倍，这类直流电动机适用于转速要求小而转矩要求高的场合，由于这类直流电动机电枢的转速并没有降低，降低的是通过减速器以后的输出轴转速，所以在进行控制时，输出轴的定位精度较高。

12.1.3 直流电动机的特性曲线

在选择直流电动机时，应该根据需要选择特性曲线比较符合要求的直流电动机，因此，理解和使用其特性曲线是应用直流电动机的一个十分重要的环节。一般地，在直流电动机的技术资料中都会给出电动机的特性曲线和技术参数，以一款 7.2 V 的直流电动机为例，特性曲线如图 12-7 所示。

从图 12-7 中可以看出：共有 4 条曲线，分别代表直流电动机的转速（n）、输出功率（P）、效率（η）、电流（I）。

当 $n=0$ 时，电动机电枢电流最大，电流值的大小可以按照式（12-10）进行计算。出现 $n=0$ 的情况有两种：一种是在直流电动机起动的瞬间，这种情况在前面讨论过；另一种情况是电动机堵转，即电动机运行，外加阻转矩过大，造成直流电动机停转的现象。这两种情况的出现对于直流电动机来说都是比较致命的。

所以，在保证直流电动机能够正常起动的同时最好能降低起动电流，在直流电动机运行过程中为了防止电动机出现堵转现象，如果有条件的话可以在电动机轴上加装飞轮装置，或者在选择电动机时，考虑好需要带动负载的大小，一般地，最好让直流电动机带动全部负载时的功率是额定功率的 60%～80%，这样既保护了直流电动机，同时效率也比较高。

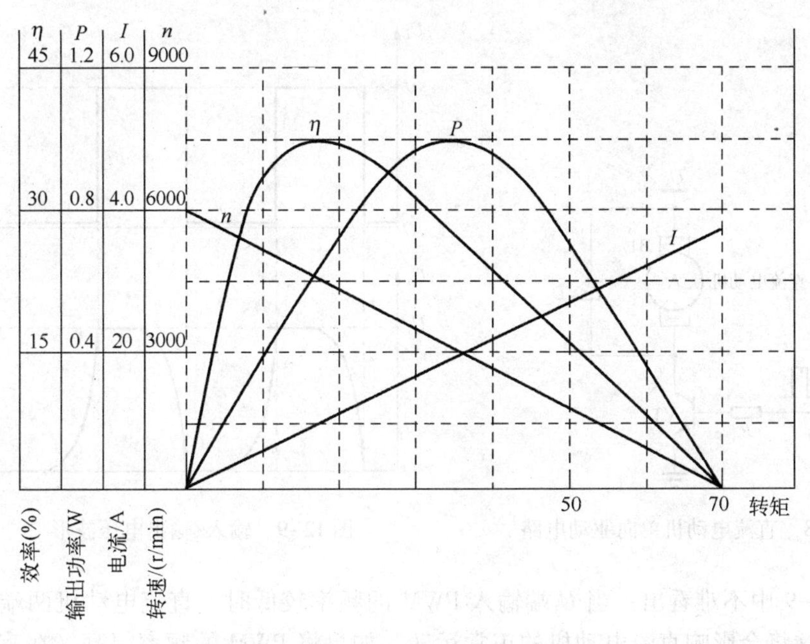

图 12-7　直流电动机的特性曲线

12.2　直流电动机的控制原理

直流电动机的单片机控制涉及驱动电路、转速检测及控制方法三部分，下面逐一进行介绍。

12.2.1　直流电动机的驱动方法

直流电动机在使用时，通常希望能够按照设计者的意愿实现正反转的切换和转速的控制，同时由于直流电动机的型号不同，其功率也各不相同，而单片机的输出电压为 +5 V，输出的电流也十分有限，所以，就需要增加一些辅助电路，完成单片机对直流电动机的控制，这些辅助电路称为驱动电路。

直流电动机的驱动方法很多，驱动电路也各不相同，这里只介绍典型的两种。

1. 直流电动机的单向驱动

在有些情况下，只需直流电动机向一个方向转动，而且只要能够完成电动机的起停和调速即可，此时，可采用如图 12-8 所示的驱动电路。

图 12-8 是利用晶体管对直流电动机进行 PWM 调速控制的原理图，图 12-9 是输入/输出电压波形。在图 12-8 中，如果直流电动机功率较小，VT 可以选用工作电流较小的晶体管，如 NPN 晶体管 8050，如果直流电动机功率较大，VT 可以选用达林顿管（如果没有达林顿管可以使用两个 8050 连接成达林顿管）或选用较大功率的 MOSFET；电阻 R 主要用于限流，只要保证晶体管工作在饱和区即可，一般选用 1 kΩ 的电阻；二极管 VD 在此电路中必不可少，由于直流电动机呈现感性，当晶体管导通时，电动机电枢绕组中流过电流，当晶体管截止时，电动机电枢绕组内的电流将通过二极管 VD 续流而释放掉，所以，VD 在电流中起到了保护晶体管的目的，又称续流二极管。

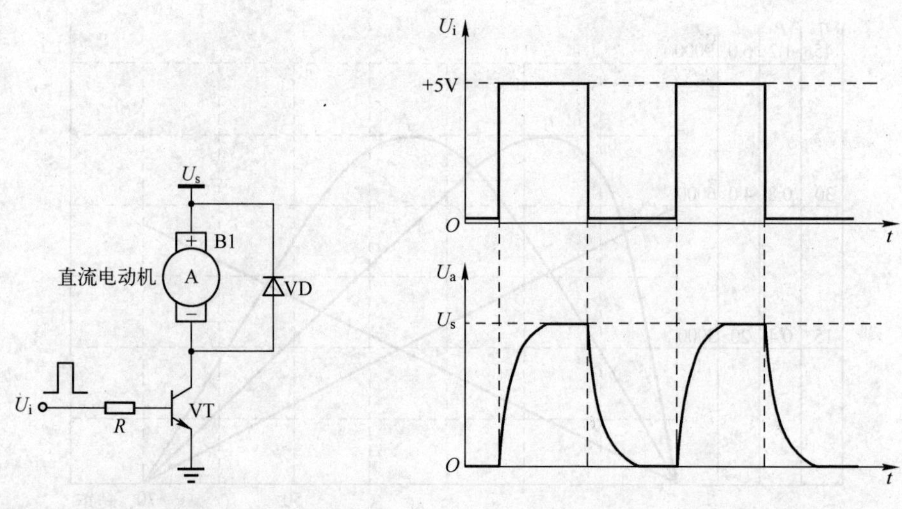

图 12-8　直流电动机单向驱动电路　　　　图 12-9　输入/输出电压波形

从图 12-9 中不难看出：当 U_i端输入 PWM 的频率较低时，直流电动机两端的电压值有很大波动，这将会影响直流电动机的正常运转，如果将 PWM 的频率提高，在直流电动机两端的电压才会越趋近于比较平滑的曲线，一般将 PWM 的频率调整在 500 Hz ~ 2 kHz，在这区间如果选用较低的频率，直流电动机在运转时会发出声音，如果选用较高的频率，还应考虑单片机的运算速度问题。

2. 直流电动机的正、反转驱动

为了能够方便地应用直流电动机，通常可以利用晶体管构成 H 形双极性驱动电路，也称为“H 桥驱动电路”，如图 12-10 所示。

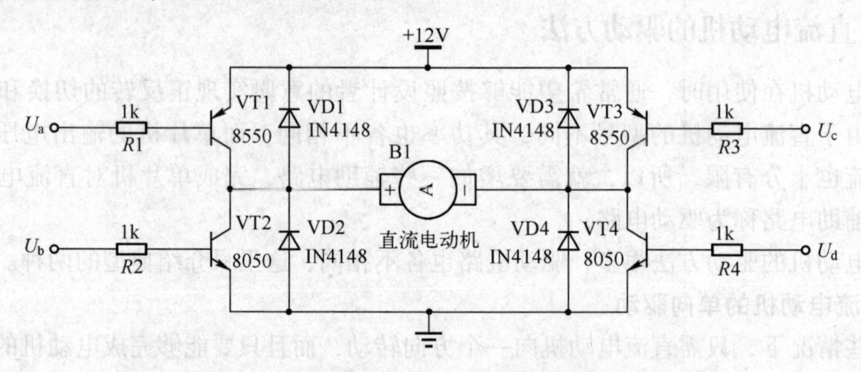

图 12-10　直流电动机的 H 形双极性驱动电路

由图 12-10 可以看出：H 桥驱动电路由 4 个晶体管和 4 个续流二极管组成，采用单一电源供电。在对晶体管进行控制时，同一桥臂的上、下半桥臂中的晶体管（如 VT1 和 VT2、或者 VT3 和 VT4）绝不能同时导通，否则，会造成电源短路而烧毁器件。当 U_a为低电平、U_d为高电平时，VT1 与 VT4 导通，直流电动机正转；当 U_b为高电平、U_c为低电平时，VT2 与 VT3 导通，直流电动机反转，这样便实现了直流电动机简单的正反转控制。而在电动机正转期间，通过对 VT1 和 VT4 进行同步开、关控制，改变开与关的频率及占空比，即可实现对直流电动机的速度控制。同理，也可实现对电动机的反转速度控制。

电动机正转期间，在 VT1 和 VT4 导通时，电流从电源正端经 VT1、直流电动机电枢绕组、VT4 流到电源负端。而在 VT1 和 VT4 关断时，由于电枢绕组呈感性，因此，电流不会突变，而是经 VD3、VD2 流动，电流方向不变并逐渐减小，此时，电枢绕组上储存的能量回馈给电网。之后，VT1 和 VT4 再导通，依次循环。

同理，电动机反转期间，在 VT2 和 VT3 导通时，电流从电源正端经 VT3、直流电动机电枢绕组、VT2 流到电源负端。而在 VT2 和 VT3 关断时，电流经 VD1、VD4 续流。

该电路中晶体管采用的是 8550 与 8050，这两种晶体管刚好极性相反，一个为 PNP 型，另一个为 NPN 型，参数基本相同，所以称为对管。8550 与 8050 最大工作电流约为 800 mA，可以用来驱动一些功率较小的直流电动机，如果想驱动功率较大些的直流电动机，应用上述电路就有一定的危险性，所以需要对上述电路改造后使用。

提高驱动电流有两种比较简便易行的方法：一种方法是将图 12-10 中的晶体管换成功率较大的 MOSFET，但由于 MOSFET 的工作电压与晶体管有较大的差异，不方便与其他电路进行连接，且要外加驱动电路，同时 MOSFET 的体积较大，占用较多的空间，所以这种方法很少使用。另一种方法是应用晶体管组成达林顿管的形式增加驱动电流，如图 12-11 所示。该电路的工作原理与图 12-10 所示的相同，这里不再赘述。

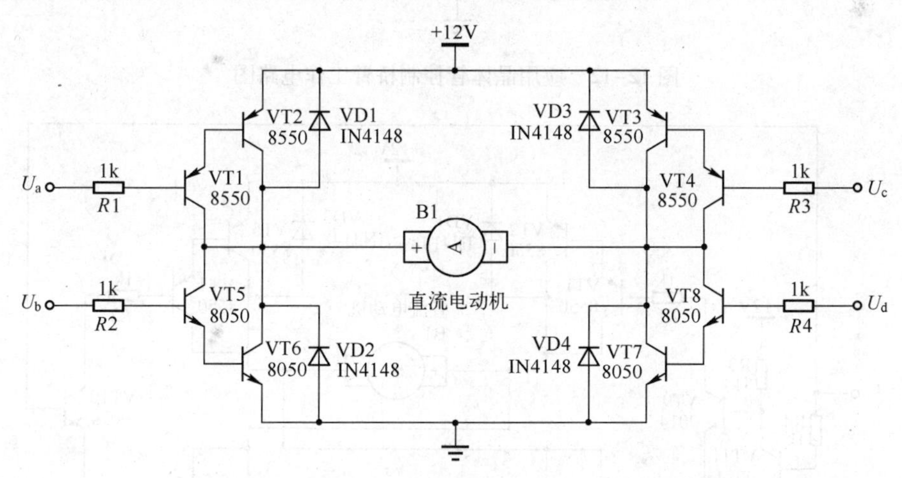

图 12-11　应用达林顿管组成的 H 形双极性驱动电路

在上述两种电路中，既然 U_a 与 U_d 来控制直流电动机的正转，U_b 与 U_c 控制直流电动机的反转，而且我们知道，要使 PNP 管 e、c 结导通，除了要在 e、c 结上施加正向偏置外，还需要在 e、b 结上施加正向偏置，当 $U_{eb}>0.7\,V$（硅管）时，PNP 管导通，同理，NPN 管在 c、e 结上施加正向偏置，同时 $U_{be}>0.7\,V$（硅管）时，NPN 管导通，这样就可以将图 12-11 进行电路上的调整，只要保证在 VT1 与 VT2 导通的同时，VT7 与 VT8 也导通，同样的，当 VT3 与 VT4 导通的同时，VT5 与 VT6 也导通即可。电路修改如图 12-12 所示。

由图 12-12 可以看出：当 U_a 为高电平，U_b 为低电平时，VT1、VT2、VT7、VT8 与 VT9 全部导通，直流电动机处于正转状态；当 U_a 为低电平，U_b 为高电平时，VT3、VT4、VT5、VT6 与 VT10 全部导通，直流电动机处于反转状态，这样对于直流电动机的正反转控制就方便了很多，只要单片机提供两路控制信号即可。

但是图 12-12 中仍然存在问题，如果在控制中 U_a 与 U_b 同时出现高电平，将使电路中所有晶体管都导通，电流将不会流过直流电动机，由于电流过大，将烧毁桥臂上的晶体管，进而带来不必要的麻烦。为了能解决这个问题，只要保证 U_a 与 U_b 始终反向即可，如图 12-13 所示。

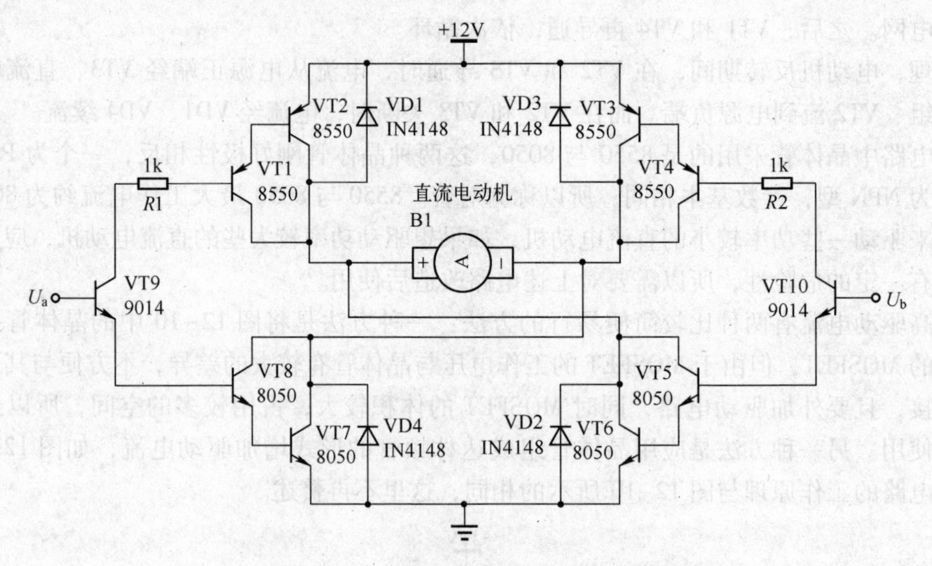

图 12-12　应用晶体管控制桥臂工作电路图

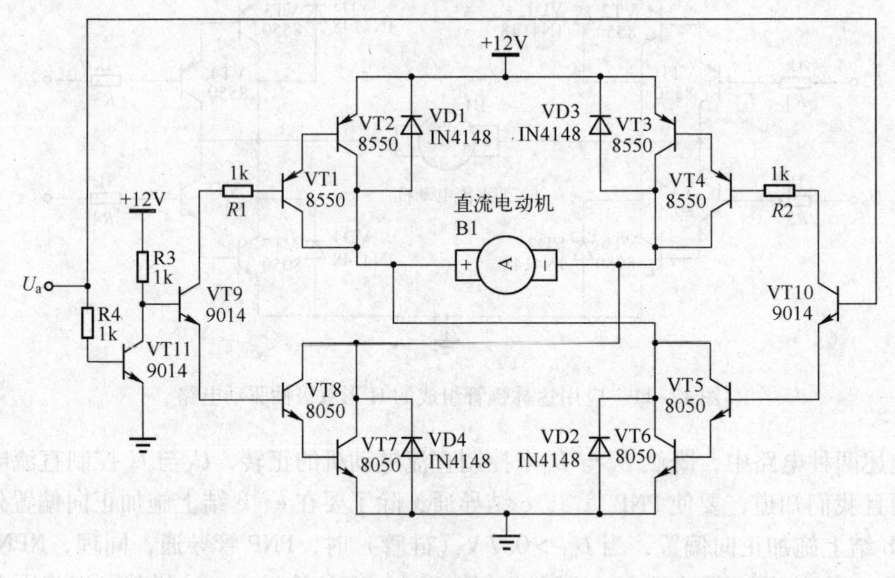

图 12-13　一路控制信号实现直流电动机正反转控制原理图

当 U_a 为高电平时，VT11 导通，VT9 的基极趋近于低电平，使得 H 桥左侧桥臂的晶体管全部截止，而 U_a 与 VT10 的基极相连，H 桥右侧桥臂的晶体管全部导通，使得直流电动机反转。同理，当 U_a 为低电平时，直流电动机正转。

图 12-13 中存在的问题主要是：无论 U_a 为高电平还是低电平，直流电动机都会转动，没有停转的状态，直流电动机的速度也就无法调节。为了能够实现直流电动机调速，将图 12-13 进行相应的改动，如图 12-14 所示。

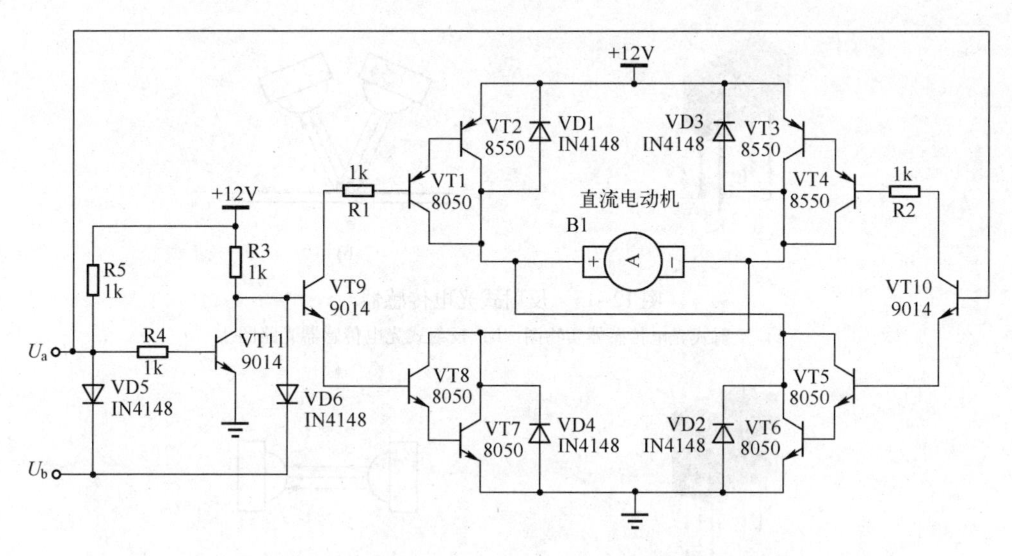

图 12-14　直流电动机正转、反转和调速控制原理图

图 12-14 中，当 U_b为高电平时，二极管 VD5、VD6 均不工作，电路中其他部分的工作过程与图 12-14 中完全相同，根据 U_a电平的高低可以实现直流电动机的正转和反转功能；当 U_b为低电平时，二极管 VD5、VD6 均能工作，此时无论 U_a的电平高低，电路中的其他部分均不工作，直流电动机停转。因此，根据输入电压 U_a和 U_b的电平情况，即可实现电动机的调速功能，例如，当 U_a输入低电平时，在 U_b端输入一定频率和占空比的 PWM 信号时，就可实现电动机的正转调速功能。反之，当 U_a输入高电平时，在 U_b端输入一定频率和占空比的 PWM 信号时，就可实现电动机的反转调速功能。

12.2.2　直流电动机的转速检测

在应用直流电动机作为执行部件时，如果要很好地控制直流电动机，首先要知道直流电动机的转速。对于转速的检测，方法有很多，常用到的传感器有：霍尔传感器、光电传感器、旋转编码器等。其中霍尔传感器是应用磁感应的方式进行检测，由于其安装结构的限制，这种传感器检测的准确度很低，所以常常用在高转速并且对准确度要求不高的场合；旋转编码器的检测准确度非常高，通常旋转一圈可输出几百至几千个脉冲，适用于转速较低的场合，但是这种传感器价格较比其他传感器高很多，一般情况下不予采用；光电传感器的检测准确度介于前两种传感器之间，具有体积小、响应速度快、检测距离远，安装简单、价格较低、以及抗电磁干扰能力强等优点，同时由于光电传感器属于非接触式检测器件，对检测对象不会造成损伤，所以被应用到很多领域中，这里主要介绍它在直流电动机转速检测中的应用。

光电传感器有时又称为光电开关，按照检测方式可分为反射式（见图 12-15）和对射式两种（见图 12-16），均由发光二极管和光敏晶体管组成。这两种传感器的发光源都以红外光为主，这主要是因为红外光具有很好的抗干扰性的缘故。

1. 应用反射式光电传感器进行转速检测

反射式光电传感器主要是利用黑色物体和白色物体对光有不同反射系数的原理进行速度检测的。反射式光电传感器检测电路如图 12-17 所示。

如果红外发光二极管发出的红外光照射到白色物体上，由于白色物体的反射系数较大，

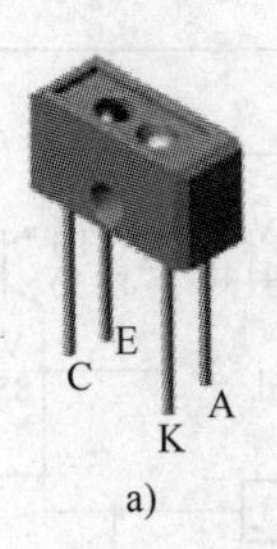

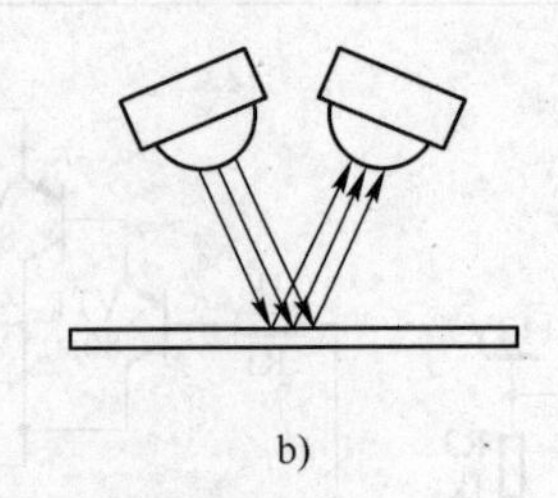

图 12-15　反射式光电传感器

a）反射式光电传感器实物图　b）反射式光电传感器光路图

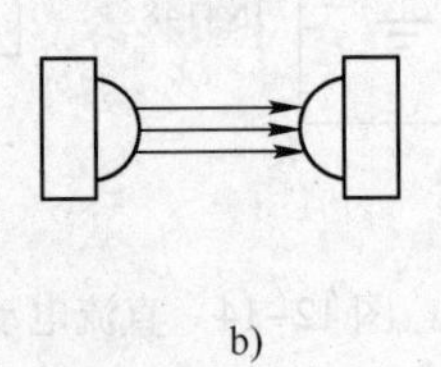

图 12-16　对射式光电传感器

a）对射式光电传感器实物图　b）对射式光电传感器光路图

大部分的红外光被反射回来，光敏晶体管接收到红外光后导通，OUT 端输出低电平；如果红外发光二极管发出的红外光照射到黑色物体上，由于黑色物体的反射系数较小（或者可以说黑色物体的吸光性强），只有很少的一部分红外光被反射回来，光敏晶体管无法接收到足够强的反射光而截止，OUT 端输出高电平。

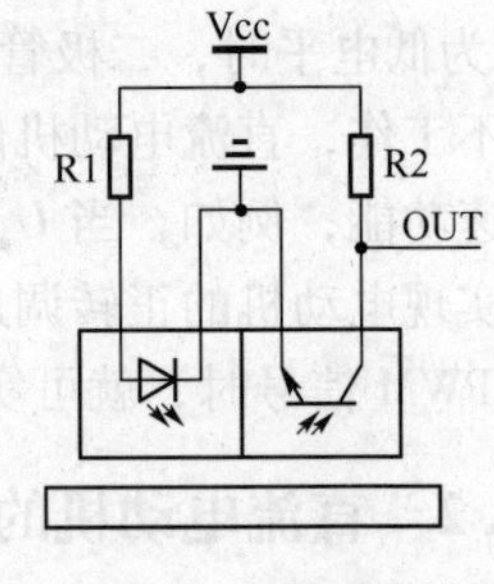

图 12-17　反射式光电传感器检测电路图

从图 12-17 可以看出，红外光电传感器的红外发光二极管和光敏晶体管与普通的发光二极管和晶体管的使用方法相同。红外发光二极管的工作电流一般在 5～30 mA，由于发光二极管内阻的存在，当 Vcc = 5 V 时，R1 适合选用 200 Ω，此时，发光二极管的工作电流约为 20 mA。光敏晶体管在此应工作在饱和区，OUT 端电压可以看成是 *R*2 与光敏晶体管 c、e 结导通电阻 Rce 的分压值，所以，*R*2 可以选用较大阻值的电阻，一般情况下 *R*2 选用 10 kΩ 电阻。

在应用反射式光电传感器进行速度检测时，可在直流电动机的输出轴上，安装如图 12-18 所示的光电码盘，同时在圆盘的一侧安装反射式光电传感器，如图 12-19 所示。当该光电

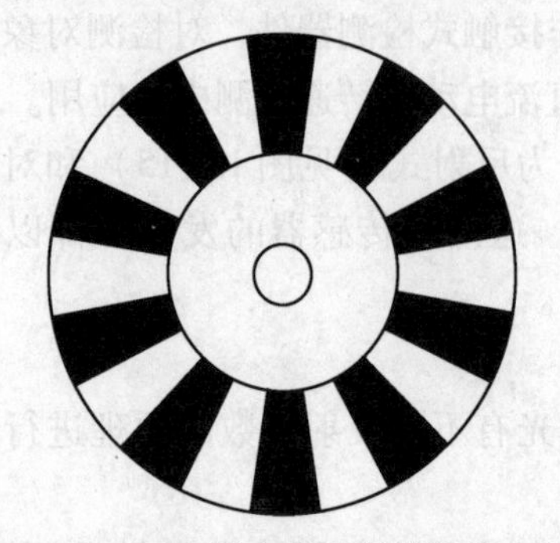

图 12-18　画有黑白相间条纹的光电码盘

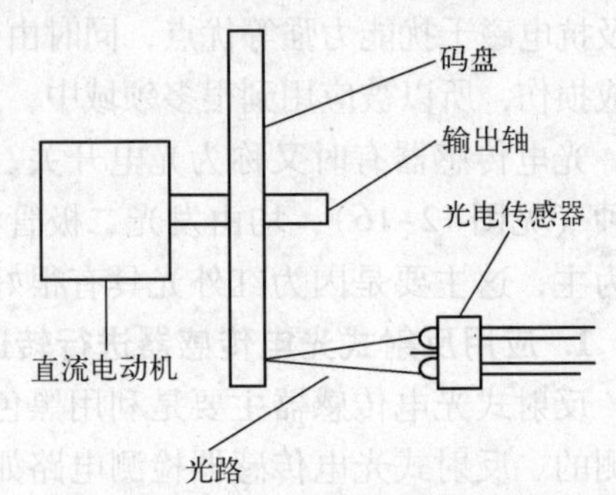

图 12-19　光电传感器的安装

码盘随着直流电动机旋转时，黑白相间的条纹就会依次通过光电传感器的照射区，使得在光电传感器输出端形成均匀的脉冲信号，通过测量脉冲的频率即可计算出直流电动机的转速（单位：r/min），计算公式为：

$$n = \frac{60f}{m} \tag{12-11}$$

式中，f 为所测脉冲的频率（Hz）；m 为光电码盘上黑白条纹对数。

如图 12-17 所示的检测电路中，如果 R1 的阻值确定，则反射式光电传感器的检测距离也基本确定。在实际的操作中，传感器与光电码盘之间的距离将会很难确定，安装十分困难。为了降低传感器的安装难度，使电路能够适应不同的检测距离，可将图 12-17 所示的电路进行简单调整，如图 12-20 所示。

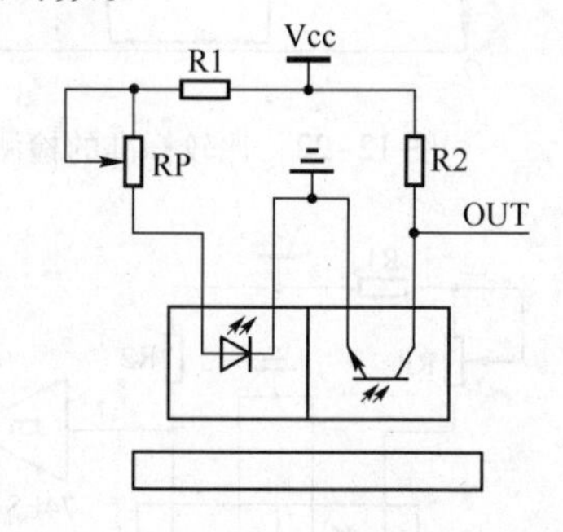

图 12-20　距离可调的检测电路图

图 12-20 中 R1 选用 50 Ω 的电阻，主要是在电位器滑动到最下端时，保护红外发光二极管。RP 选用 500 Ω 或 1 kΩ 的微调电位器，这样就可以在光电传感器安装好以后，进行小范围的调整，以提高测量准确度。

反射式光电传感器不仅可以用来检测直流电动机的转速，根据其检测原理，还可以用于黑白颜色的区分、测量光电传感器与白色物体间的固定距离等。

2. 应用对射式光电传感器进行转速检测

对射式光电传感器主要是用于检测在红外发光二极管与光敏晶体管之间有无物体存在，工作原理和检测电路与反射式光电传感器相同，在连接电路时对 R1 的阻值要求不大，只要能够满足发送和接收之间的距离要求即可。

对射式光电传感器应用在直流电动机转速的测量当中，具体的测量方法可以采用现成的或自制的光电码盘，如图 12-21 所示，与直流电动机的输出轴连接在一起，当直流电动机旋转时，带动码盘一起旋转，码盘上的圆孔将依次通过对射式光电传感器中间的狭缝，这样便在测量电路的输出端 OUT 端输出比较均匀的矩形波，直流电动机的转速越高，矩形波的频率也越高。对于光电码盘来说，码盘上的圆孔越多，测量的准确度也越高。

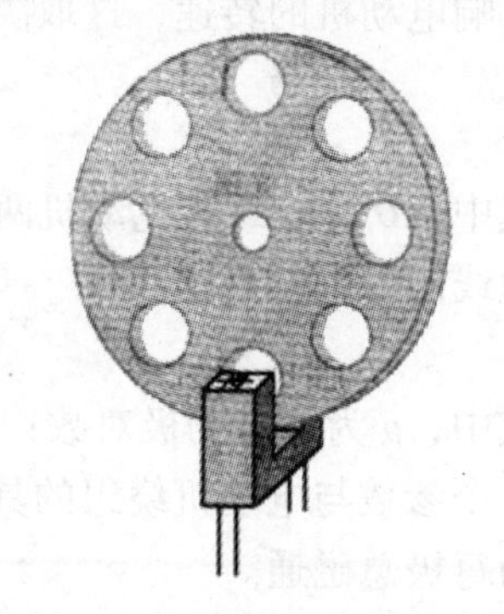
图 12-21　光电码盘及与传感器的相对位置

3. 转速检测电路的改进

无论是采用反射式光电传感器还是对射式光电传感器来检测直流电动机的转速，当光电码盘上的黑白条纹或孔很少，并且直流电动机转速不高时，在示波器上监视到光电传感器输出端的信号如图 12-22 所示，这个波形也正是设计者需要得到的波形。

可是当直流电动机高速旋转，并且光电码盘上的黑白条纹或孔较多时，在示波器上看到的波形将如图 12-23 所示。这样的电平信号对于单片机来说，识别起来十分困难。为了能够让单片机准确识别光电传感器输出的信号，需要在传感器的输出端连接一个具有施密特触发特性的器件（见图 12-24）或是连接一个比较器（见图 12-25）。

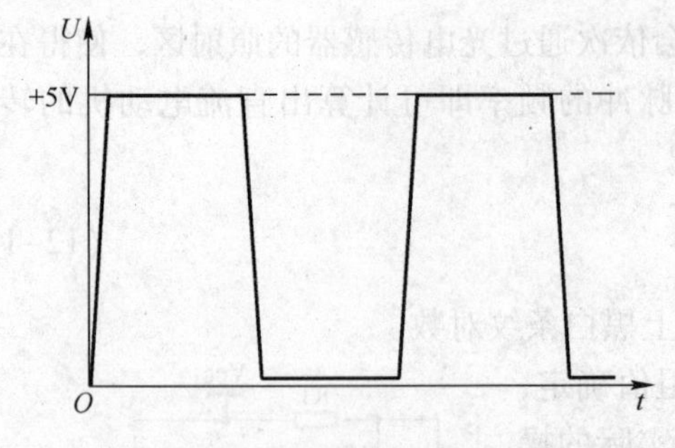

图 12-22　比较标准的检测波形

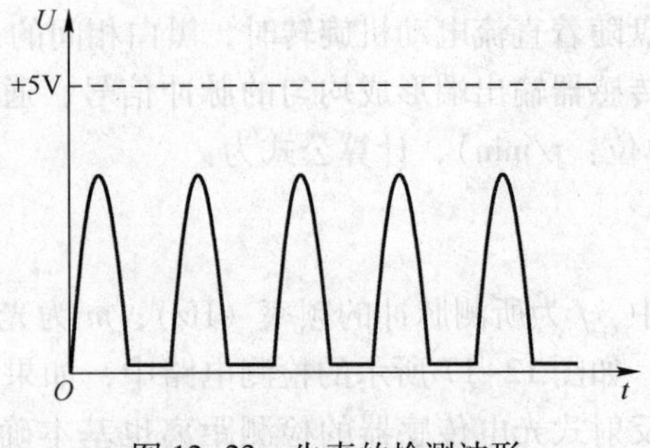

图 12-23　失真的检测波形

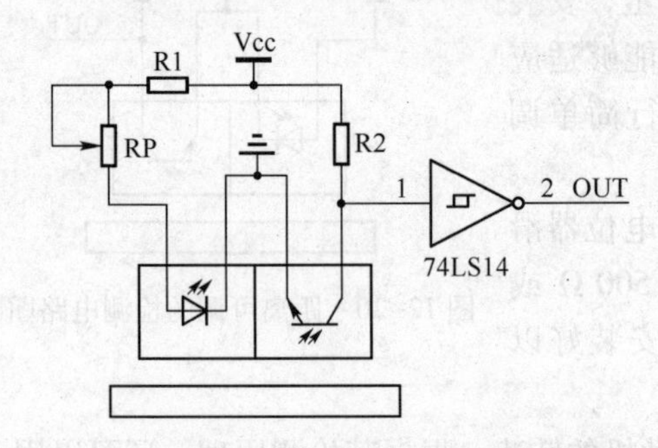

图 12-24　应用触发器的输出波形整形电路

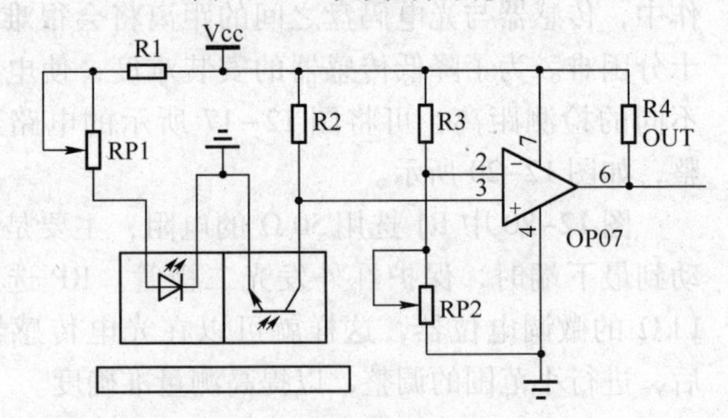

图 12-25　应用比较器的输出波形整形电路

12.2.3　直流电动机的控制方法

在使用直流电动机时，通常希望能够控制直流电动机的转速，并且按照设计者的意愿进行转速调节。直流电动机在使用时需要在电动机的两个接线端上加载电压，电压的高低直接影响电动机的转速，这取决于两者之间的关系：

$$n = \frac{U - IR}{C_e \Phi} \tag{12-12}$$

式中，U 为加载在电动机两端的直流电压；I 为直流电动机的工作电流；R 为直流电动机电枢线圈的等效内阻。

$$C_e = pN/(60a) \tag{12-13}$$

式中，p 为电极的极对数；N 为电枢绕组总导体数；a 为支路对数，即电刷间的并联支路数，这个参数与电动机绕组的具体结构有关；C_e为一个常数，与电动机本身的结构参数有关；Φ 为每极总磁通。

由于直流电动机的机械结构已经固定，励磁部分为永久磁铁，所以式（12-12）中的 R、C_e和 Φ 已经固定，能够改变的只有加载在直流电动机两端的直流电压。

所以，常见的直流电动机转速控制方法是调节直流电压。电压调节可以采用两种方法：D/A 转换器输出法和 PWM 输出法。

由于 D/A 转换器大多是电流输出型，需要外接运算放大器才能转换成电压，另外由于运算放大器输出的电流有限，如果直接连接到直流电动机将会造成直流电动机的转矩过小和运算放大器过热的现象，所以建议采用 PWM 输出方法。

该方法可以利用单片机的一个 I/O 引脚作为 PWM 的输出端，输出信号控制功率晶体管的开启和关闭，以驱动并控制电动机的运转和停止，当 PWM 的频率足够高时，由于电动机的绕组是感性负载，具有储能的作用，对 PWM 输出的高低电平起到了平波的作用，在电动机的两端可以近似得到直流电压值，PWM 的占空比越高，电动机获得的直流电压越高，反之，PWM 的占空比越低，电动机获得的直流电压越低。

既然 PWM 的占空比能够起到控制电动机两端电压的作用，那么，PWM 的周期又有什么作用呢？PWM 的周期对于控制直流电动机的转速和转动特性有十分重要的作用。当 PWM 的周期较长（如 1 s）、占空比较小（如 10%）时，在一个周期内加载在直流电动机两端电压的时间为 100 ms，而电动机失去电压的时间为 900 ms，在这段时间内，电动机绕组内的电流已经释放完毕（当电动机转速较低时，绕组的性质更接近为阻性，感性较少），电动机在内部绕组的转动惯量下将继续向前转动，如果负载的转矩较大，那么此时电动机的转速跌落很快，甚至出现停转的现象，只有下一个 PWM 周期到来时，电动机才会重新转动起来，如此循环。当 PWM 的周期较短（如 1 ms），占空比仍然为 10% 时，在一个周期内直流电动机获得电压的时间为 0.1 ms，而失去电压的时间为 0.9 ms，在这段时间内，直流电动机绕组内的电流并不会释放完毕（主要取决于绕组感性的大小），直流电动机继续转动，当下一个 PWM 周期到来时，直流电动机重新获得电压，如此循环，直流电动机不再有停转的现象。

而对于电动机转动方向的控制，当电动机的两端加上正向电压时，电动机正转，加上反向电压时，电动机反转，基于这种原理，可以通过转换加载在电动机两端的电压极性来解决电动机正反转的问题，见 12.2.1 节所述。

直流电动机的控制通常采用以下两种方式：

1）开环控制，即直接向直流电动机输出电压值。如果事先能够测量出或计算出直流电动机的转速与电压对应关系，则可将直流电动机的转速恒定到某一个值，但是如果在直流电动机轴上加载不同的负载，最终得到的转速将并不是预期的，是随着负载的增加会大大降低，或随着负载的减小而升高。

2）闭环控制，即通过传感器实时检测直流电动机的转速，并与设定的转速比较后，给出不同的控制电压，使得直流电动机的转速恒定在给定值上。由于此种方式是通过反馈后进行控制的，而在反馈控制中，扰动是不可避免的，所以直流电动机的转速并不能十分准确地恒定在某一个值上，而是在给定值的两侧进行波动。控制品质的好坏取决于控制算法的选择，常用的控制算法为 PID 控制算法，下面介绍 PID 控制算法原理。

按偏差的比例、积分、微分进行控制的控制器称为 PID 控制器，它是控制系统中应用最广泛的一种控制器。其原理框图如图 12-26 所示，其中 $r(t)$ 为系统给定值，$c(t)$ 为实际输出，$u(t)$ 为控制量。

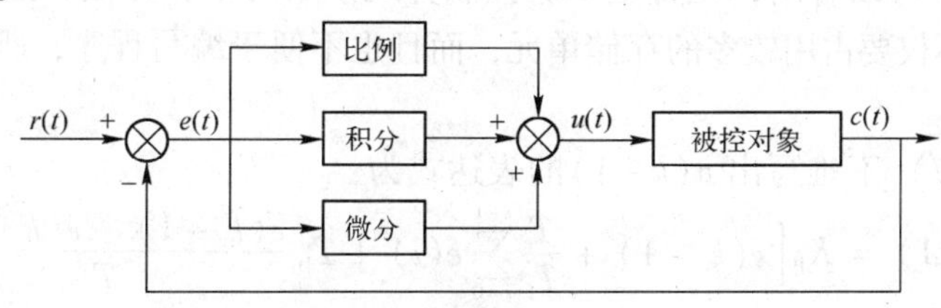

图 12-26　PID 控制器原理框图

图 12-26 所示的 PID 控制器的控制式为：

$$u(t)=K_P\left[e(t)+\frac{1}{T_I}\int_0^t e(t)\mathrm{d}t+T_D\frac{\mathrm{d}e(t)}{\mathrm{d}t}\right] \tag{12-14}$$

式中，$e(t)=r(t)-c(t)$为系统偏差；K_P 为比例系数；T_I 为积分时间常数；T_D 为微分时间常数。

比例环节（P）的作用：按比例反应系统的偏差，系统一旦出现偏差，比例环节立即产生调节作用以减少偏差。比例系数增大，可以加快系统的调节，缩短调节时间，使系统反应迅速，但比例控制不能消除稳态误差。同时，比例作用过大会造成系统的不稳定。

积分环节（I）的作用：只要系统存在误差，积分控制的作用就会不断积累，输出控制量以消除误差，因而，只要有充足的时间，积分控制将能完全消除系统的误差。积分作用的强弱取决于积分时间常数 T_I，T_I 越小，积分作用越强，反之 T_I 越大，积分作用越弱。积分作用太强会使系统超调加大，甚至使系统出现振荡，所以积分作用常与另外两种调节规律结合，组成 PI 调节或 PID 调节器。

微分环节（D）的作用：反映系统偏差的变化率，能预见偏差变化的趋势，减小系统的超调量，克服振荡，使系统的稳定性提高，同时加快系统的动态响应速度，减小调节时间，从而改善系统的动态性能。微分环节不能单独使用，需要与另外两种调节规律结合，组成 PD 调节器或 PID 调节器。

在计算机控制系统中，PID 控制规律的实现必须用数值逼近的方法。当采样周期非常小时，用求和代替积分、用差分代替微分，使 PID 离散化为差分方程。

（1）位置型 PID 控制算法

为了便于计算机或单片机实现，必须把式（12-14）转换为差分方程，可作下面的近似：

$$\int_0^t e(t)\mathrm{d}t\approx\sum_{i=0}^{k}Te(i) \tag{12-15}$$

$$\frac{\mathrm{d}e(t)}{\mathrm{d}t}\approx\frac{e(k)-e(k-1)}{T} \tag{12-16}$$

式中，T 为采样周期；k 为采样序号。

由式（12-14）、式（12-15）和式（12-16）可得位置型 PID 控制算式为：

$$u(k)=K_P\left[e(k)+\frac{T}{T_I}\sum_{i=0}^{k}e(i)+T_D\frac{e(k)-e(k-1)}{T}\right] \tag{12-17}$$

式（12-17）表示的控制算法输出为执行结构的绝对位置 $u(k)$，如阀门的开度等，所以被称为位置型 PID 控制算法。这种控制算法一般不用在对直流电动机的转速控制上。

（2）增量型 PID 控制算法

由式（12-17）可以看出，位置型 PID 控制算式使用时不够方便，这是因为需要累加偏差 $e(i)$，这个过程不仅要占用较多的存储单元，而且也不便于编写程序，所以可对式（12-17）进行改进。

根据式（12-17）不难写出 $u(k-1)$的表达式为：

$$u(k-1)=K_P\left[e(k-1)+\frac{T}{T_I}\sum_{i=0}^{k-1}e(i)+T_D\frac{e(k-1)-e(k-2)}{T}\right] \tag{12-18}$$

将式（12-17）与式（12-18）相减，即得到增量型 PID 控制算式为：

$$\begin{aligned}\Delta u(k)&=u(k)-u(k-1)\\&=K_P[e(k)-e(k-1)]+K_Ie(k)+K_D[e(k)-2e(k-1)+e(k-2)]\end{aligned} \tag{12-19}$$

式中，K_P 为比例系数；$K_I = K_P \dfrac{T}{T_I}$为积分系数；$K_I = K_P \dfrac{T_D}{T}$为微分系数。

在实际应用中，这三个参数往往是采用“经验法”与“凑试法”相结合的方法进行取值的。即：首先根据具体控制对象取经验值，再进行现场调节，不断进行修改，直到满足控制要求为止。

12.2.4 直流电动机的单片机控制实例

选用额定电压为 12 V，额定转速为 3000 r/min 的直流电动机，要求通过 8051 单片机实现对电动机的速度控制。

1. 硬件电路设计

直流电动机的单片机控制电路如图 12-27 所示。为检测直流电动机的转速，制作一个光电码盘，按照图 12-21 所示在码盘上均匀钻上 12 个孔，用对射式光电传感器检测转速。系统晶振频率为 12 MHz，用定时/计数器 T0 检测通过光电传感器的孔的数量，并采用 T1 进

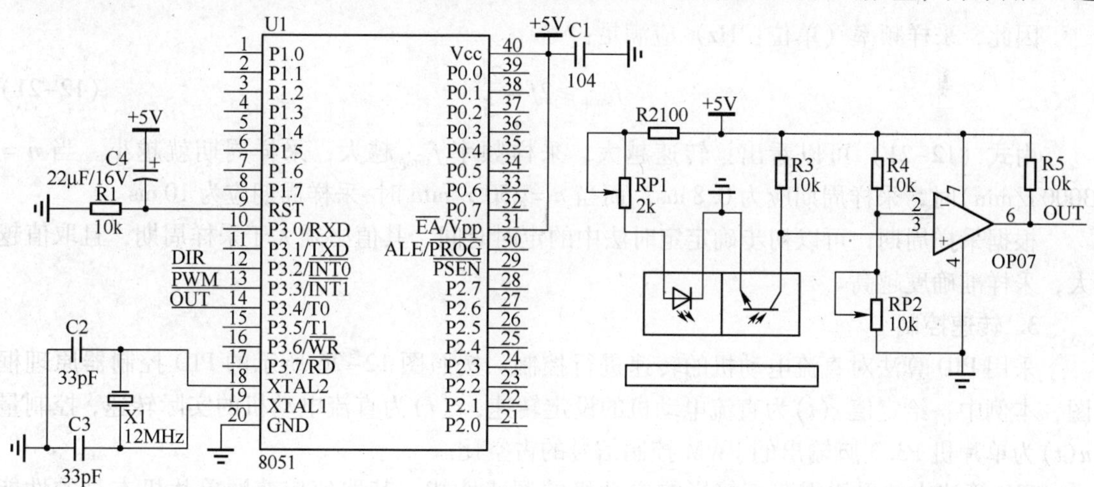

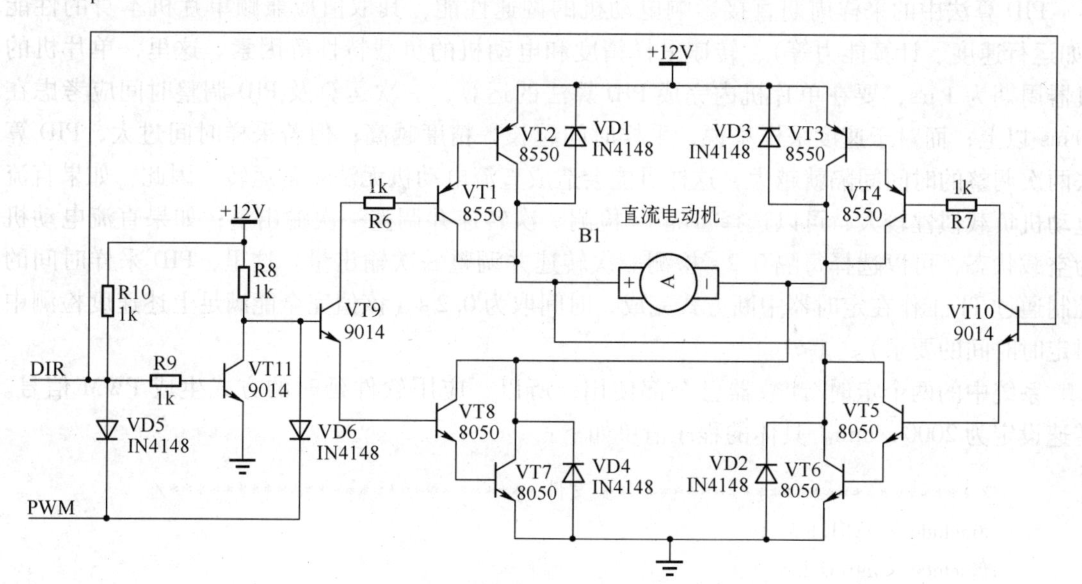

图 12-27　直流电动机转速控制电路图

行定时，用 P3. 2 输出高、低电平信号控制直流电动机的正、反转，用 P3. 3 输出 PWM 信号控制直流电动机的转速。

2. 转速检测

直流电动机转速的测量有两种方法：定时法和间隔法。

(1) 定时法：电动机每旋转一圈，则对射式光电传感器检测电路会输出 12 个下降沿。定时法就是通过单片机的计数器在一定的时间内检测下降沿脉冲的个数，从而计算出单位时间内直流电动机转过的圈数，即为直流电动机的转速。

(2) 间隔法：检测光电码盘上孔与孔之间的时间间隔，并通过这个时间计算出直流电动机旋转一周需要的时间，进而得出转速的。

这里采用定时法进行速度检测。检测时，采样时间必须满足采样定理。假设直流电动机的转速为 n（r/min），则光电传感器检测电路输出的脉冲频率（单位：Hz）为：

$$f=\frac{12n}{60}=\frac{n}{5} \tag{12-20}$$

因此，采样频率（单位：Hz）应满足：

$$f_{\text{samp}} \geqslant 2f=\frac{2n}{5} \tag{12-21}$$

由式（12-21）可以看出：转速越大，采样频率 f_{samp} 越大，采样周期就越小。当 $n=3000$ r/min）时，采样周期应为 0. 8 ms；而当 $n=250$ r/min 时，采样周期应为 10 ms。

根据采样周期，可以初步确定定时法中的定时时间，其值必须大于采样周期，且取值越大，采样准确度越高。

3. 转速控制

采用 PID 算法对直流电动机的转速进行控制。按照图 12-26 所示的 PID 控制器原理框图，本例中，给定值 $r(t)$ 为直流电动机的设定转速，$c(t)$ 为直流电动机的实际转速，控制量 $u(t)$ 为单片机 P3. 3 脚输出的 PWM 控制信号的占空比。

PID 算法中的采样周期直接影响电动机的调速性能，其取值应兼顾单片机本身的性能（如运行速度、计算能力等）、转速采样精度和电动机的负载特性等因素。这里，单片机的机器周期为 1 μs，要在单片机内完成 PID 算法的运算，一次运算及 PID 调整时间应考虑在 10 ms 以上；而对于速度采样来说，采样时间越长，精度越高；但若采样时间过大，PID 算法两次调整的时间间隔就越大，这样可能会造成直流电动机无法正常运转。因此，如果直流电动机负载惯性较大，可以选择每隔 1s 检测一次转速并调整一次输出量；如果直流电动机为空载状态，可以选择每隔 0. 2 s 检测一次转速并调整一次输出量。这里，PID 采样时间的控制通过 T1 工作在定时器中断方式完成，时间取为 0. 2 s（该值完全能满足上述速度检测中对定时时间的要求）。

系统中的两个定时/计数器已全部使用，所以，应用软件延时的方式生成 PWM 信号。转速设定为 2000 r/min。具体的程序清单如下：

```
/ ************************** 头文件 ****************************/
#include  < reg51. h >
#include  < intrins. h >
/ ************************** 宏定义 ****************************/
```

```
#define uchar unsigned char
#define uint unsigned int
/ ************************* 端口定义 *************************/
sbit DIR = P3^2;                    //转动方向控制引脚
sbit PWM = P3^3;                    //PWM 输出引脚
/ *********************** 全局变量定义 ***********************/
uint Speed;                         //设定速度值，单位 r/min
uint SpeedSet,SpeedDet;             //速度设定值与检测值对应的 T0 计数个数
uchar PWM_H;                        //PWM 高电平时间
uchar T_Count;                      //定时器计数单元
uchar KP,KI,KD;                     //比例、积分、微分系数
int e1,e2,e3;                       //对应为 PID 控制算式中的 e(k)，e(k-1)，e(k-2)
int uk,duk;                         //对应为 PID 控制算式中的 u(k)，du(k)
bit flag_pidout;                    //PID 调整时间到标志位
/ ********************** 软件延时子程序 **********************/
//说明：
void delay(uint i)
{
    uchar j;
    for( ;i >0;i -- )
    {
        for(j =29;j >0;j -- )
        _nop_();
        _nop_();
    }
}
/ **************** 定时器 T0、T1 初始化子程序 ****************/
//说明：初始化定时器 T0，T1
//(1) T0 工作在计数方式，模式 1，用于速度检测
//(2) T1 工作在定时方式，模式 1，用于 PID 采样周期定时
void Timer_Init(void)
{
    EA =0;
    TMOD =0x15;
    TL0 =0;                         //赋初值
    TH0 =0;
    IT0 =1;                         //下降沿计数
    TL1 =0xb0;                      //赋初值，定时 50ms
    TH1 =0x3c;
    T_Count =4;                     //0.2s

    TF0 =0;                         //清零中断标志位
    TF1 =0;
```

```
    ET1 = 1;                              //允许定时器 T1 中断
    EA = 1;                               //开放全局中断
    TR0 = 1;                              //定时器 T0 工作
    TR1 = 1;                              //定时器 T1 工作
}
/********************全局变量初始化子程序*******************/
//说明：初始化相关全局变量值。
void Varible_Init(void)
{
    e1 = 0;                               //PID 控制算式中的 e(k), e(k-1), e(k-2)
    e2 = 0;
    e3 = 0;
    uk = 0;                               //PID 控制算式中的 u(k), du(k)
    duk = 0;

    KP = 10;                              //比例、积分、微分系数，扩大 10 倍。
    KI = 1;
    KD = 2;
}
/**********************速度标量变换子程序*******************/
//说明：将速度转换成对应的频率，即为定时器 T0 的计数个数
//      SpeedSet = (speedtemp * 12/60) * 0.2 = speedtemp/25
//输入：为设定速度值，单位 r/min
void Speed_change(uint speedtemp)
{
    SpeedSet = speedtemp/25;
}
/***********************PWM 输出子程序**********************/
//说明：输出 PWM 波形
void PWM_OUT(uchar HL_Value)
{
    PWM = 1;
    delay(HL_Value);
    PWM = 0;
    delay(100 - HL_Value);
}
/***********************PID 控制子程序**********************/
//说明：计算本次输出增量：du(k) = KP * (e(k) - e(k-1)) + KI * e(k) + KD * (e(k) - 2e(k-1) + e(k-2))
void PID_Control(void)
{
    e1 = SpeedSet - SpeedDet;             //当前误差
    duk = (KP * (e1 - e2) + KI * e1 + KD * (e1 - 2 * e2 + e3))/10;
    uk = uk + duk;
```

```
    if(uk > 100)
    {
        uk = 100;
    }
    if(uk < 0)
    {
        PWM_H = 0;
    }
    else
    {
        PWM_H = uk;
    }
    e3 = e2;
    e2 = e1;
}
/ ****************************** 主程序 ******************************/
//说明:
void main(void)
{
    Timer_Init();                  //定时器初始化
    Varible_Init();                //全局变量初始化
    EA = 1;                        //开启中断系统

    Speed = 2000;                  //2000 r/min
    Speed_change(Speed);
    SpeedDet = 0;
    DIR = 0;                       //电动机正转
    flag_pidout = 0;
    while(1)
    {
        if(flag_pidout)            //PID 调整时间到
        {
            flag_pidout = 0;
            PID_Control();         //PID 运算
            PWM_OUT(PWM_H);        //输出调整一次
        }
    }
}
/ ****************** 定时器 T1 中断服务子程序 ******************/
//说明: 定时时间 50ms 到, 完成速度检测
void timer1_ISR (void) interrupt 3
{
    TL1 = 0xb0;                    //赋初值, 定时 50ms
```

```
        TH1 = 0x3c;
        if( --T_Count == 0)
        {
            T_Count = 4;
            TR0 = 0;
            SpeedDet = TH0;
            SpeedDet = SpeedDet << 8;
            SpeedDet = SpeedDet + TL0;
            TH0 = 0;
            TL0 = 0;
            TR0 = 1;
            flag_pidout = 1;
        }
    }
```

从上述代码可以看出：在PID控制过程中，没有直接取电动机的速度进行控制，而是将速度转换成对应的脉冲个数（由定时器T0检测），对它进行控制，这样实现起来更为方便。

12.3 步进电动机概述

步进电动机又称脉冲电动机，它是一种将电脉冲转换成相应角位移或线位移的电磁机械装置，也是一种能把输出机械位移和输入数字脉冲相对应的驱动器件，由于它可以直接接受计算机的数字信号，不需进行D/A转换，所以使用起来非常方便。其外观如图12-28所示。

图12-28 步进电动机实物图

步进电动机还具有快速起停能力和精确步进能力。只要负荷不超过电动机的最大输出转矩，就能够在“一刹那”间使步进电动机起动和停止。它的步距角和转速只与输入的脉冲频率有关，不受电压波动和负载变化的影响，它每转一周都有固定的步数，在不丢步的情况下，步距误差不会长期积累，所以，步进电动机在精确定位场合应用广泛。

按其励磁方式分类，步进电动机可分为反应式、永磁式和感应式三种。其中，反应式步进电动机应用最为普遍，结构也比较简单，下面以三相反应式步进电动机为例，对步进电动机的工作原理进行介绍。

12.3.1 步进电动机的工作机理

图12-29a是一种常见的三相反应式步进电动机的剖面示意图。由图可知，电动机定子

上均匀分布有 6 个磁极，相对磁极上绕有一相控制绕组，共有 A、B、C 三相绕组，三相绕组的等效电路如图 12-29b 所示，定子的每个极靴上有 5 个均匀分布的小齿，转子上没有绕组，而是由 40 个小齿均匀分布在圆周上，相邻两齿的夹角为 9°，称为齿距角。

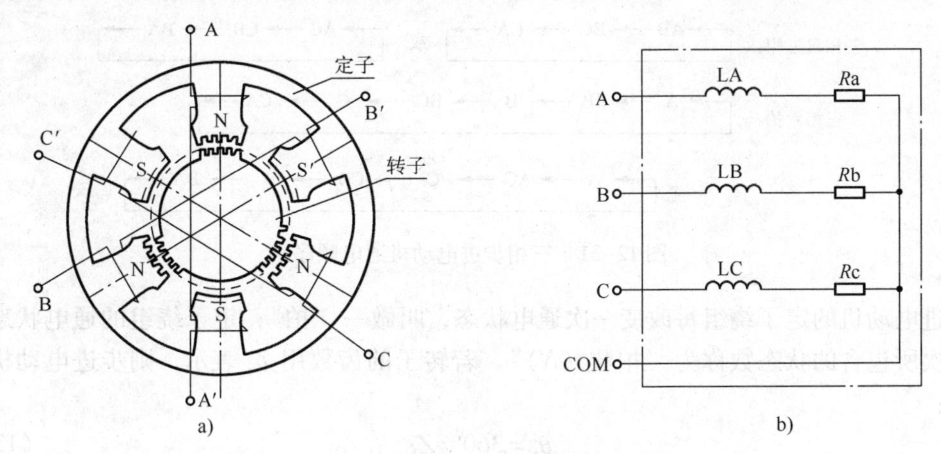

图 12-29　步进电动机剖面示意图与定子绕组等效电路图

a）剖面示意图　b）定子绕组等效电路图

为了弄清步进电动机的工作机理，将剖面图中定子和转子展开成平面图，如图 12-30 所示，显然，当 A 极下的定、转子齿对齐时，B 极和 C 极上的齿和转子齿相错 1/3 齿距角（3°），这时，若 B 相通电，电机就会产生沿 B 极轴向的磁场，因磁通要按磁阻最小的路径闭合，就使转子受反应转矩的作用而转动，直到转子齿和 B 极上的齿对齐为止。此时，A 极和 C 极上的齿又分别和转子齿相错新的 1/3 齿距角（3°）。若断开 B 相而接通 C 相控制绕组，这时电机中产生沿 C 极轴线方向的磁场。同理，在反应转矩的作用下，转子顺时针转动 3°，使 C 极下的定转子齿对齐，……。由此可见，错齿是促使步进电动机旋转的根本原因。

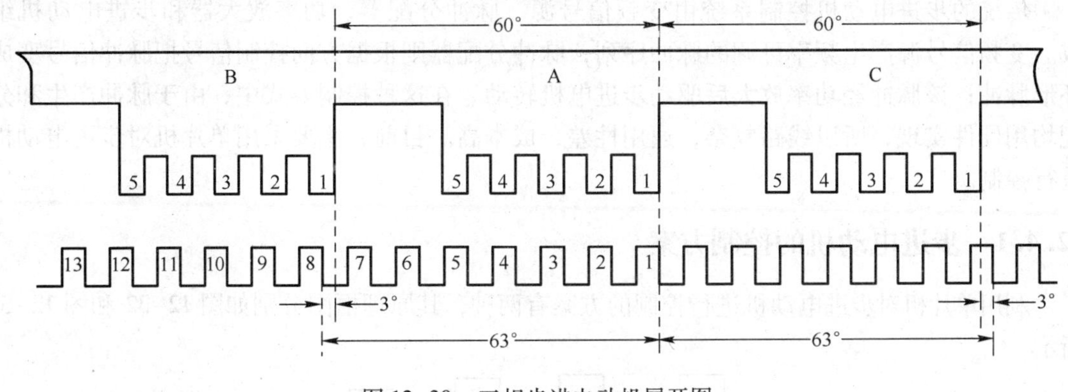

图 12-30　三相步进电动机展开图

12.3.2　步进电动机的工作方式

根据上述步进电动机的工作机理，若按 A→B→C→A 顺序轮流循环通电，则步进电动机就会沿顺时针方向以每个脉冲 3°的规律转动；若通电顺序改为 A→C→B→A，则步进电动机就会沿逆时针方向以每个脉冲 3°的规律转动，这就是三相单三拍通电方式。除此之外，步进电动机还有另外两种工作方式：三相双三拍、三相单双六拍。它们的通电顺序如图 12-31 所示。

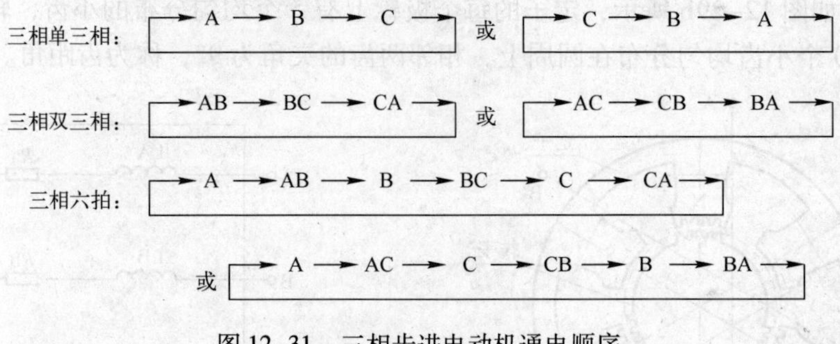

图 12-31　三相步进电动机通电顺序

步进电动机的定子绕组每改变一次通电状态，叫做一“拍”；定子绕组的通电状态循环改变一次所包含的状态数称为“拍数（N）”。若转子的齿数用 Z_r 表示，则步进电动机的齿距角为：

$$\theta_z = 360°/Z_r \tag{12-22}$$

每改变一次定子绕组的通电状态，步进电动机转子就转动一步，而每一步转过的角度称为步距角，步进角 θ_s 的计算公式如下：

$$\theta_s = 360°/(Z_r N) \tag{12-23}$$

对于图 12-29 的步进电动机而言，若工作在三相单三拍工作方式，则步距角为 3°，而若工作在三相单双六拍方式下，步距角就应为1.5°。

由此可见：步进电动机的转速取决于各相绕组的通电和断电的频率，旋转方向取决于三相绕组的通电次序，而每次转过的角度与齿距角及工作方式有关。

12.4　步进电动机的控制原理

传统的步进电动机控制系统由变频信号源、脉冲分配器、功率放大器和步进电动机组成。变频信号源产生频率可调的脉冲序列；脉冲分配器则根据方向控制信号把脉冲信号变成环形脉冲；该脉冲经功率放大后驱动步进电机转动。在这种控制方式中，由于脉冲产生和分配均用硬件实现，所以线路复杂，通用性差，成本高。目前，主要采用单片机对步进电动机进行控制。

12.4.1　步进电动机的控制方案

利用单片机对步进电动机进行控制的方案有两种，其原理框图分别如图 12-32 和图 12-33 所示。

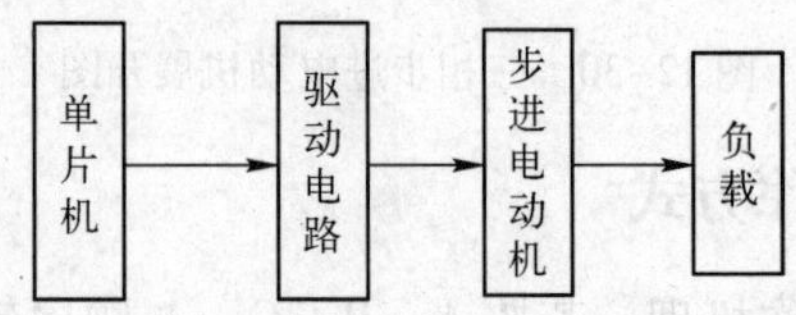

图 12-32　直接采用单片机控制的原理框图

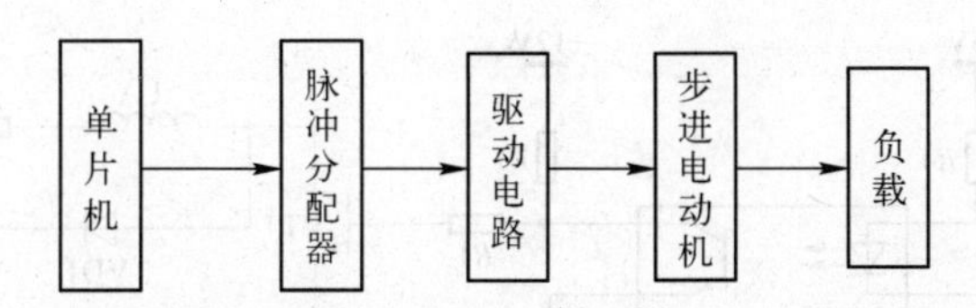

图 12-33　采用“单片机 + 脉冲分配器”控制的原理框图

第一种直接利用单片机进行控制。由单片机根据设定的电机工作方式、旋转方向及速度，自行完成脉冲的产生与分配，输出三路脉冲信号，再经驱动电路分别驱动步进电动机定子的三相绕组，从而带动负载工作。

这种控制方案电路结构简单，成本较低，但脉冲的生成与分配全都需要通过单片机内的软件编程实现，因此，程序设计较复杂。

第二种是采用“单片机 + 脉冲分配器”方式。脉冲分配器接收两路控制信号，一路是正反转控制脉冲，一路是工作方式的设置信号，它作为一种硬件资源，直接根据设置的工作方式实现脉冲序列的分配，可将其接在单片机和驱动电路之间，由它来完成脉冲序列的分配，而单片机只需输出简单的控制信号即可。常用的脉冲分配器有 PMM8713PT 等。

显然，这种方案在单片机的软件编程上比第一种方案要简单，但相应地，硬件成本会增加，电路也更加复杂。

下面仅介绍第一种控制方案的具体实现方法。

1. 步进电动机的驱动电路

步进电动机与直流电动机不同之处在于其转速与供电电压无关，只取决于通电和断电的频率，所以在驱动电路上要简单一些。一般的驱动方式为全电压驱动，即在步进电动机的定子绕组上施加其所需的额定电压即可。

设步进电动机额定电压为 +12V，电路图如图 12-34所示，U_a、U_b、U_c与单片机的 I/O 口连接进行控制，VD1、VD2、VD3 为三个续流二极管，分别接在三个绕组的两端。为防止 +12V 电压经晶体管的基极进入单片机，还需采用光耦合的方式进行隔离，如图 12-35 所示，单片机的地与 +12V 的地通过光耦 U1、U2、U3 隔离，当单片机的 P1.0、P1.1 或 P1.2 输出低电平时，晶体管 VT1、VT2、VT3 均截止，三个绕组都没有正向电流流过，反之，当三个端口输出高电平时，光耦不通，三个晶体管均导通，电流从 +12V 经绕组线圈流向 +12V 电源对应的地端，即绕组中有正向电流流过。

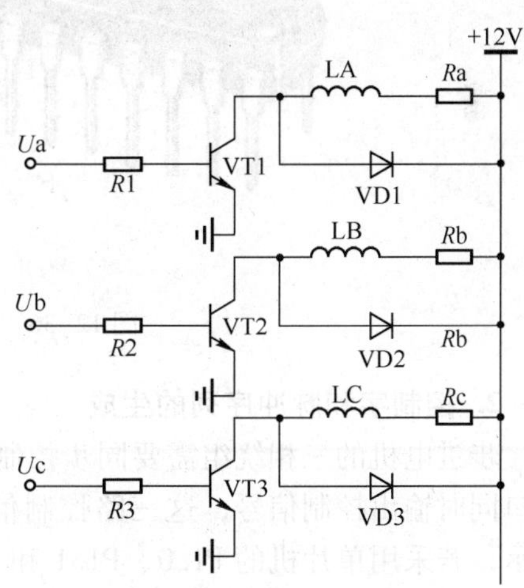

图 12-34　三相步进电机驱动电路

为提高驱动能力，简化电路连接，有时也使用一些集成驱动芯片对步进电动机进行驱动。反相驱动器 ULN2803 就是其中一种，其引脚定义如图 12-36 所示，由于在 ULN2803 中有续流二极管，所以，与步进电动机连接时，无须再外接的续流二极管，如图 12-37 所示。当单片机的控制脚 P1.0、P1.1、P1.2 输出高电平时，对应绕组通电；否则，对应绕组处于断电状态。

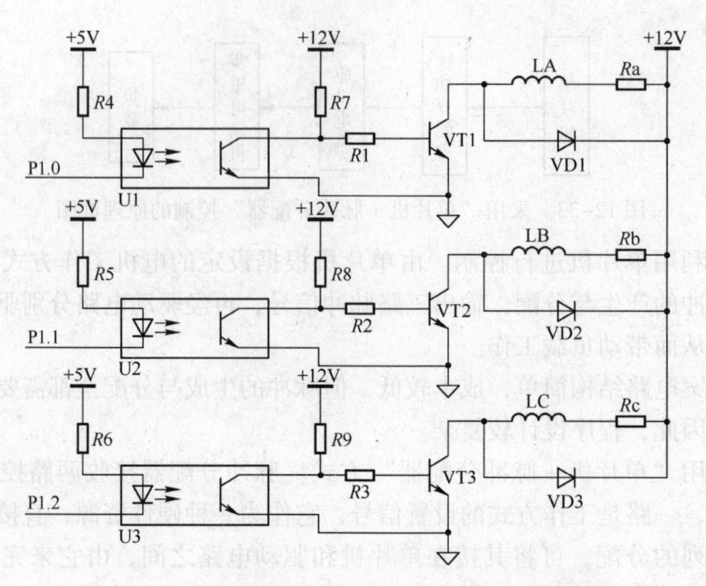

图 12-35　带光隔离的三相步进电动机驱动电路

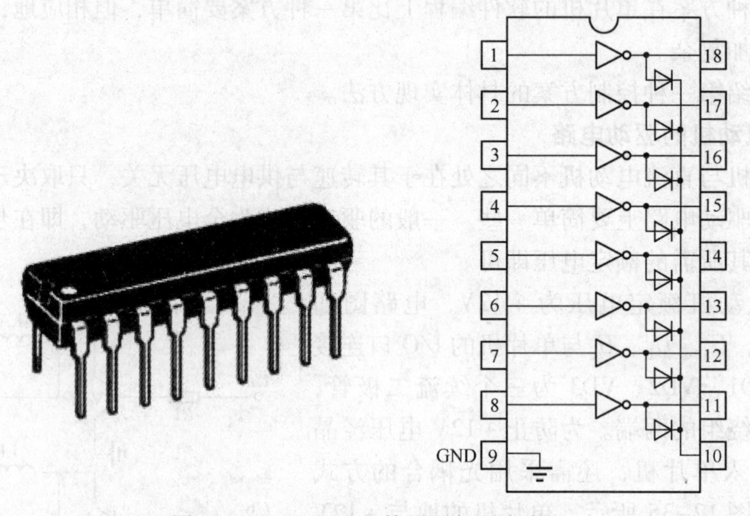

图 12-36　ULN2803 外形图与引脚定义

2. 控制字和脉冲序列的生成

步进电机的三相绕组需要同步控制，也就是说每次换相时，单片机 CPU 需向三路控制端口同时输出控制信号，这三路控制信号构成的二进制数据我们称为控制字。如图 12-37 所示，若采用单片机的 P1. 0、P1. 1 和 P1. 2 分别控制步进电动机的 A、B、C 三相绕组。在三种不同的工作方式下，步进电动机的控制字模型分别如表 12-1 、表 12-2 和表 12-3 所示。

表 12-1　三相单三拍控制字模型

步序		通电相	控制字模型	
正转	反转		二进制	十六进制
1	3	A	00000001	01H
2	2	B	00000010	02H
3	1	C	00000100	04H

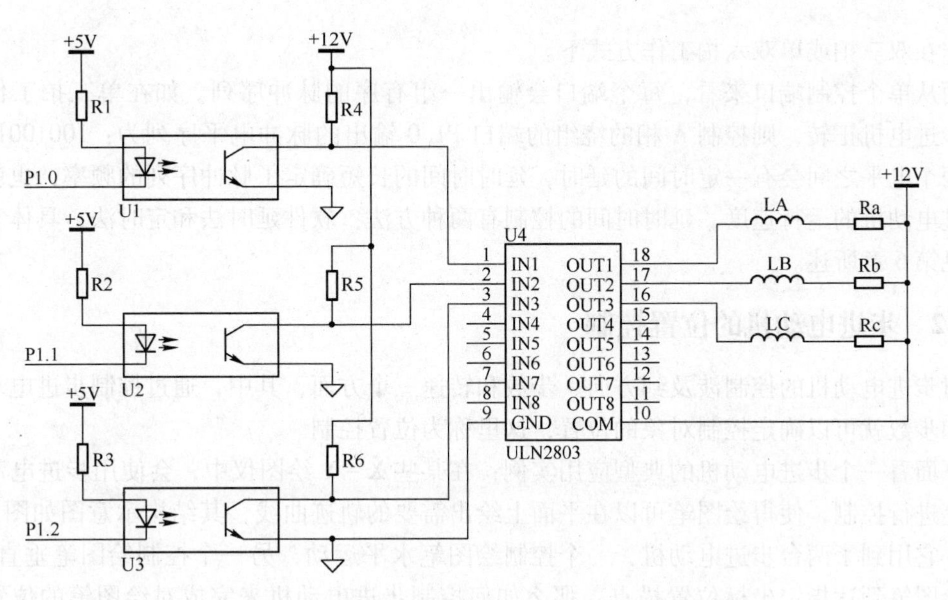

图 12-37　应用 ULN2803 的三相步进电动机驱动电路

表 12-2　三相双三拍控制字模型

步序		通电相	控制字模型	
正转	反转		二进制	十六进制
1	3	AB	00000011	03H
2	2	BC	00000110	06H
3	1	CA	00000101	05H

表 12-3　三相单双六拍控制字模型

步序		通电相	控制字模型	
正转	反转		二进制	十六进制
1	6	A	00000001	01H
2	5	AB	00000011	03H
3	4	B	00000010	02H
4	3	BC	00000110	06H
5	2	C	00000100	04H
6	1	CA	00000101	05H

例如，若要使步进电动机正转并工作在单三拍工作方式，则首先应向单片机的 P1 口输出控制字“01H”，A 相绕组通电，B、C 相绕组断电，步进电动机转过一个步距角，延时一段时间后，再向单片机的 P1 口输出控制字“02H”，B 相绕组通电，A、C 相绕组断电，步进电动机又转过一个步距角，再延时一段时间后，向单片机的 P1 口输出控制字“04H”，C 相绕组通电，A、B 相绕组断电，步进电动机又转过一个步距角，再延时后，又向单片机的 P1 口输出控制字“01H”，依次循环，步进电动机就会按照单三拍工作方式正转。若要使步进电动机在单三拍工作方式下反转，则只需逆向送入控制字即可。同理，可以控制步进电动

机工作在双三拍或单双六拍工作方式下。

而从单个控制端口来看，每个端口会输出一组有序的脉冲序列。如在单三拍工作方式下，步进电机正转，则控制 A 相的绕组的端口 P1.0 输出的脉冲电平序列为：100100100…，其中两个电平之间会有一定时间的延时，延时时间的长短确定了脉冲序列的频率，也就决定了步进电动机的运行速度。延时时间的控制有两种方法：软件延时法和定时法，具体实现方法详见第 6 章所述。

12.4.2 步进电动机的位置控制

对步进电动机的控制涉及到方向、步数和转速三个方面，其中，通过控制步进电动机的方向和步数就可以确定控制对象的位置，这里称为位置控制。

下面看一个步进电动机的典型应用实例：在某些 X－Y 绘图仪中，会使用步进电动机对绘图笔进行控制，使得绘图笔可以在平面上绘出需要的轨迹曲线，其结构示意图如图 12-38 所示，它用到了两台步进电动机，一个控制绘图笔水平运动，另一个控制绘图笔垂直运动，带动绘图笔到达指定坐标位置描点。那么如何控制步进电动机来完成对绘图笔的位置控制呢？譬如，如图 12-39 所示，要求利用绘图仪在坐标(a,b)位置描一个点，再将绘图笔从坐标(a,b)返回到原点$(0,0)$。

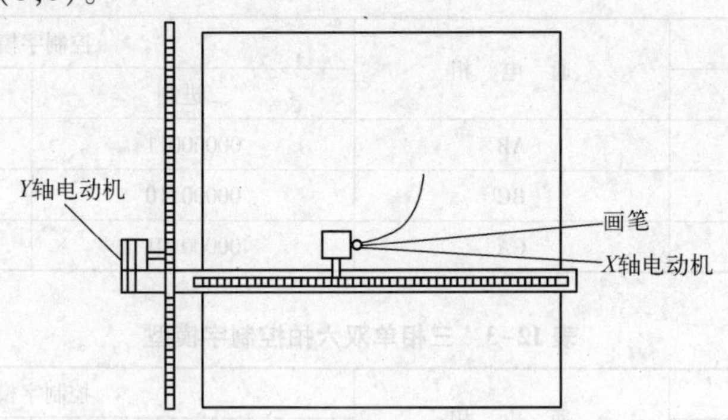

图 12-38　X－Y 绘图仪结构示意图

在将绘图笔从原点$(0,0)$移动到坐标(a,b)时，可以先控制 X 轴步进电动机正转带动绘图笔从坐标原点$(0,0)$沿 X 轴运动到坐标$(a,0)$，再控制 Y 轴步进电动机正转带动绘图笔从坐标$(a,0)$沿 Y 轴运动到坐标(a,b)。

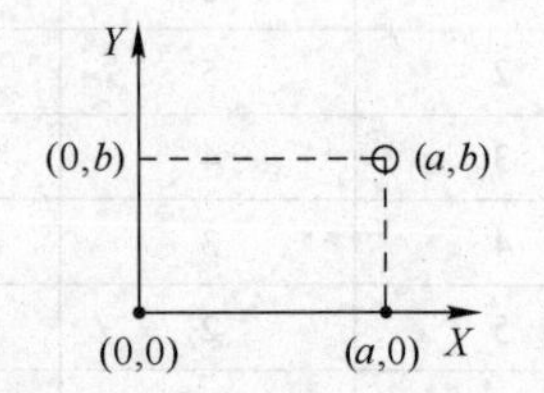

图 12-39　位置控制坐标示意图

而在绘图笔从坐标(a,b)移动到原点$(0,0)$时，可以先控制 Y 轴步进电动机反转带动绘图笔从坐标(a,b)沿 Y 轴运动到坐标$(a,0)$，再控制 X 轴步进电动机反转带动绘图笔从坐标$(a,0)$沿 X 轴运动到原点$(0,0)$。

无论是对 X 轴还是 Y 轴步进电动机的控制，均可按如下步骤进行。

(1) 计算步数

步进电动机每走一步运行的线性距离为：

$$S_0 = \theta_s * \lambda \qquad (12-24)$$

式中，λ 为步进电动机每走一步的线性位移与角度位移之比。

根据要走的线性距离就可求出步进电动机的运行步数，如，要使 X 轴步进电动机沿 X

轴从原点（0，0）沿 X 轴运动到坐标（a，0）或从坐标（a，0）沿 X 轴运动到原点（0，0）时，步进电动机的运行线性距离均为 a，则运行步数为：

$$m = a/S_0 = a/(\theta_s * \lambda) \tag{12-25}$$

（2）步数控制

根据设定的工作方式，按照表 12-1、表 12-2 或表 12-3 所示的控制字模型从单片机的控制端口依次输出控制字，每切换一次控制字就输出一组脉冲，电动机运行一步。

（3）方向控制

改变控制字（脉冲）输出顺序，即可改变电动机的转动方向。

步进电动机的位置控制流程如图 12-40 所示。

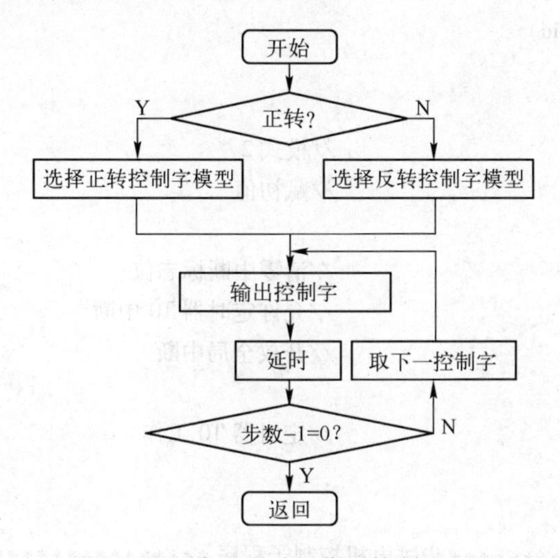

图 12-40　步进电动机位置控制流程图

步进电动机位置控制的程序清单如下：

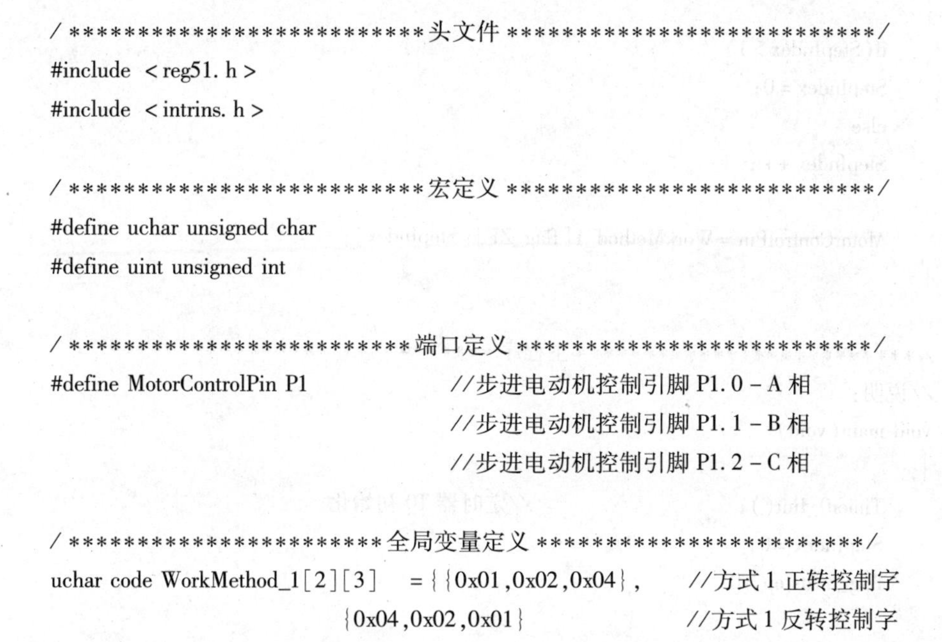

```
/ ****************************头文件 *****************************/
#include <reg51.h>
#include <intrins.h>

/ ****************************宏定义 *****************************/
#define uchar unsigned char
#define uint unsigned int

/ **************************端口定义 ****************************/
#define MotorControlPin P1              //步进电动机控制引脚 P1.0 - A 相
                                        //步进电动机控制引脚 P1.1 - B 相
                                        //步进电动机控制引脚 P1.2 - C 相

/ **********************全局变量定义 ************************/
uchar code WorkMethod_1[2][3]   ={{0x01,0x02,0x04},       //方式 1 正转控制字
                          {0x04,0x02,0x01}              //方式 1 反转控制字
```

```
};

uint StepNum;                  //运行步数
uchar StepIndex;
uchar T_Cout;                  //定时计数单元
bit flag_nextstep;             //运行下一步标志
bit flag_ZF;                   //正反转标志,0——正转;1——反转

/ ********************* 定时器 T0 初始化子程序 ******************* /
//说明:初始化定时器 T0,工作在定时方式,模式 2. 定时 50us
void Timer0_Init(void)
{
    EA = 0;
    TMOD = 0x02;               //模式 2
    TL0 = 206;                 //赋初值
    TH0 = 206;
    TF0 = 0;                   //清零中断标志位
    ET0 = 1;                   //允许定时器 T0 中断
    EA = 1;                    //开放全局中断

    TR0 = 1;                   //定时器 T0 工作
}

/ ********************* 步进电机控制子程序 ********************* /
//说明:控制电机运行一步
void Motor_StepConrol(void)
{
    if(StepIndex > 1)
    StepIndex = 0;
    else
    StepIndex ++;

    MotorControlPin = WorkMethod_1[flag_ZF][StepIndex];
}

/ ************************* 主程序 ***************************** /
//说明:
void main(void)
{
    Timer0_Init();                     //定时器 T0 初始化
    StepIndex = 0;
    flag_nextstep = 0;
```

```
    flag_ZF = 0;                          //电动机正转
    StepNum = 100;                        //初始化运行步数
    if(flag_nextstep)
    {
        flag_nextstep = 0;
        if((StepNum -- ) >0)
        {
            Motor_StepConrol();
        }
    }
}

/********************定时器T0中断服务程序*******************/
//说明：用于50us * T_Cout定时
void Timer0_ISR(void)
{
    T_Cout ++ ;
    if(T_Cout == 8)                       //400 μs定时
    {
        T_Cout = 0;
        flag_nextstep = 1;
    }
}
```

上述只给出了三相单三拍工作方式下步进电动机的位置控制程序，其中，通过标志位“flag_ ZF”可以改变电动机的旋转方向，通过变量“StepNum”可以设置电动机的运行步数。读者可以自行编写其他工作方式下的位置控制代码。

12.4.3 步进电动机的速度控制

在上例中，使步进电动机从原点（0，0）移动到坐标（a，b）或从坐标（a，b）移动原点（0，0）还可采用另一种控制方法，即同时控制 X 轴和 Y 轴步进电动机使绘图笔沿原点（0，0）和坐标（a，b）之间的直线运动，如图12-41所示。

若 X 轴和 Y 轴步进电动机型号相同，且距离 a 不等于 b，则两个步进电动机运行的步数不相等，而要使两个步进电动机同时从原点（0，0）运动，并同时到达坐标（a，b），则两个步进电动机的运行速度必定不同，这里就涉及到步进电动机的速度控制问题。

通过前面的介绍可知，改变单片机输出脉冲的频率即可改变步进电动机的运行速度。假设脉冲频率为 f，则电动机转速 n（单位：r/min）计算公式如下：

$$n = \frac{60f\theta_s}{360} \tag{12-26}$$

显然，通过控制定时器的定时时间，就可控制输出脉冲的频率，从而达到改变速度的功能。

步进电动机的速度控制包括加速、匀速和减速三种，这里以加速为例进行介绍。

加速过程实际上可以等效成多级匀速运行过程，如图 12-42 所示，从第 1 级匀速往上，每级速度都有所增加，运行总步数等于各级步数之和，各级步数至少为 1。

按照上述等效思想，步进电动机的速度可按如图 12-43 所示的流程进行控制。

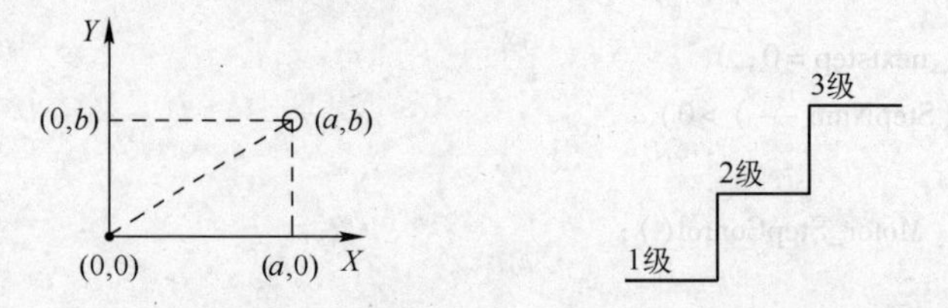

图 12-41　速度控制坐标示意图　　　　图 12-42　加速控制等效图

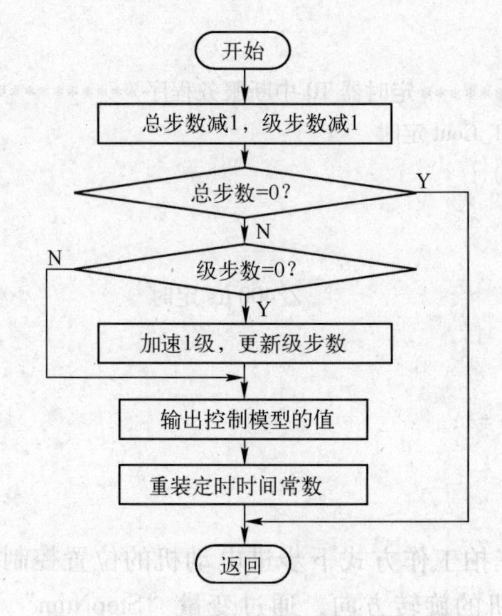

图 12-43　步进电动机加速控制流程图

步进电动机加速控制的程序清单如下：

```
/ **************************头文件 ****************************/
#include  < reg51. h >
#include  < intrins. h >

/ ************************** 宏定义 ***************************/
#define uchar unsigned char
#define uint unsigned int
/ ************************* 端口定义 **************************/
#define MotorControlPin P1                  //步进电动机控制引脚 P1. 0 – A 相
                                            //步进电动机控制引脚 P1. 1 – B 相
                                            //步进电动机控制引脚 P1. 2 – C 相

/ ********************** 全局变量定义 ************************/
uchar code WorkMethod_1[2][3]  = {{0x01,0x02,0x04},  //方式 1 正转控制字
```

```
                                  {0x04,0x02,0x01}            //方式 1 反转控制字
                                  };
uint TotalStepNum;                           //运行总步数保存单元
uchar StepNum[10];                           //各级步数保存单元
uchar DeltTime[10];                          //各级时间差，反应了速度差
uchar RunIndex;                              //当前运行级数
uchar StepIndex;
uchar T_Cout;                                //定时计数单元
bit flag_nextstep;                           //运行下一步标志
bit flag_ZF;                                 //正反转标志，0——正转；1——反转

/********************定时器 T0 初始化子程序*******************/
//说明：初始化定时器 T0，工作在定时方式，模式 2. 定时 50 μs
void Timer0_Init(void)
{
    EA = 0;
    TMOD = 0x02;                             //模式 2
    TL0 = 206;                               //赋初值
    TH0 = 206;
    TF0 = 0;                                 //清零中断标志位
    ET0 = 1;                                 //允许定时器 T0 中断
    EA = 1;                                  //开放全局中断

    TR0 = 1;                                 //定时器 T0 工作
}

/********************步进速度控制子程序********************/
//说明：
void Motor_MotorConrol(void)
{
    TotalStepNum --;                         //总步数 -1
    StepNum[RunIndex] --;                    //级步数 -1
    if(TotalStepNum)                         //总步数不等于 0
    {
        if(StepNum[RunIndex] == 0)           //级步数等于 0
        {
            RunIndex ++;                     //级数 +1
        }
        if(StepIndex > 1)
            StepIndex = 0;
        else
            StepIndex ++;
        MotorControlPin = WorkMethod_1[flag_ZF][StepIndex];        //运行一步
```

```
        TH0 = 206 + DeltTime[ RunIndex ]; //重装定时时间
    }
}

/ ************************ 主程序 *****************************/
//说明:
void main( void)
{
    Timer0_Init( ) ;                    //定时器 T0 初始化
    StepIndex = 0;
    flag_nextstep = 0;

    flag_ZF = 0;                        //电动机正转
    TotalStepNum = 170;                 //运行总步数
    StepNum[ 0 ] = 20;                  //第 1 级步数
    StepNum[ 1 ] = 50;                  //第 2 级步数
    StepNum[ 2 ] = 100;                 //第 3 级步数
    DeltTime[ 0 ] = 0;                  //第 1 级时间差
    DeltTime[ 1 ] = 2;                  //第 2 级与第 1 级时间差 16us
    DeltTime[ 2 ] = 4;                  //第 3 级与第 1 级时间差 32us
    RunIndex = 0;                       //当前运行级数
    while( 1 )
    {
        if( ( flag_nextstep) && ( TotalStepNum ) )
        {
            flag_nextstep = 0;
            Motor_MotorConrol( ) ;
        }
    }
}

/ ******************** 定时器 T0 中断服务程序 ********************/
//说明: 用于 50μs * T_Cout 定时
void Timer0_ISR( void)
{
    T_Cout ++ ;
    if( T_Cout == 8 )                   //400 μs 定时
    {
        T_Cout = 0;
        flag_nextstep = 1;
    }
}
```

本例中，电动机运行总步数为170步，分3级，各级步数分别为20、50、100，每级之间脉冲周期相差16 μs。

12.5 总结交流

本章对常用的小型直流电动机和步进电动机的内部结构、工作原理进行了详细论述，并结合实例介绍了它们的单片机控制原理和方法。

通常采用PWM控制法来调节直流电动机电枢绕组两端直流电压，从而达到调速的目的；而改变直流电压的极性即可改变直流电动机的旋转方向；直流电动机的测速有多种方法，常采用光电传感器和旋转编码器进行检测。

数字PID作为一种经典控制算法被广泛应用于多种闭环控制系统中，分为位置式和增量式两种。在对它的学习过程中，要重点理解其控制算式的来由，具体应用时，要注意PID参数的选取方法以及控制参数的标准化问题。直流电动机的调速通常需要采用PID控制算法。

步进电动机是一种将电脉冲转换成相应角位移或线位移的电磁机械装置，它可以直接接受计算机的数字信号，具有快速启停和精确步进能力，被广泛应用于多种精确定位场合。步进电机的控制包括步数、方向和速度三个方面：改变单片机输出脉冲的个数即可改变运行步数；改变脉冲的输出顺序即可改变电动机的旋转方向；改变脉冲输出的频率即可改变电动机的旋转速度。

第13章　触摸屏温度控制器设计

在众多生产领域，温度都是一个非常重要的参数，对它的测量和控制直接关系到生产安全、产品质量以及能源消耗等，因此，设计一种功能完善、准确度高、通用型强的温度控制器十分必要。

本章从总体方案、硬件电路、软件编程及系统调试四个方面详细介绍了一种基于触摸屏的温度控制器设计方法。

13.1　方案设计

触摸屏作为常用的人机交互接口，被广泛应用于各种现代化的控制设备中，这里也选用触摸屏显示器作为温度控制器的显示与操作界面，因此，本系统称为触摸屏温度控制器，具有温度检测与控制双重功能。

13.1.1　系统功能要求

该温度控制器的主要功能如下：

1）温度测量，测量范围为：-50℃～500℃，分辨率为0.1℃，测量准确度±1℃。

2）温度控制，采用先进控制算法能将温度稳定在设定值处。

3）参数显示，能显示实时温度值。

4）参数查询，能随时查询相关设定参数。

5）参数设定，采用触摸屏可设置相关参数，如温度、报警上/下限等。

6）无线通信，设有无线通信接口，远程监控系统能通过该接口对温度进行监测和控制。

7）数据保存，保存相关设定参数，掉电不丢失。

8）报警功能，当温度越限时，声光报警。

13.1.2　系统结构及工作原理

1. 系统结构

触摸屏温度控制器的结构原理框图如图13-1所示，主要由主控制器、温度测量与控制单元、人机界面、数据存储单元、无线通信接口、报警单元及辅助电源组成。系统主控制器和人机界面面板控制器均采用8051单片机。

2. 工作原理

通过温度传感器测量实时温度，将其转换成模拟电压，并经信号调理放大处理后进入A/D转换器，将温度值转换成数字量送给主控制器。主控制器根据所测温度及给定温度值，进行PID计算，最后输出占空比可变的PWM脉冲作为温度控制信号，可使被控温度稳定在给定值附近。例如，利用PWM脉冲控制双向晶闸管的导通，从而控制加热炉丝的平均加热功率，进而达到温度控制的目的。人机界面由控制器、液晶显示器及触摸屏构成，起到三个

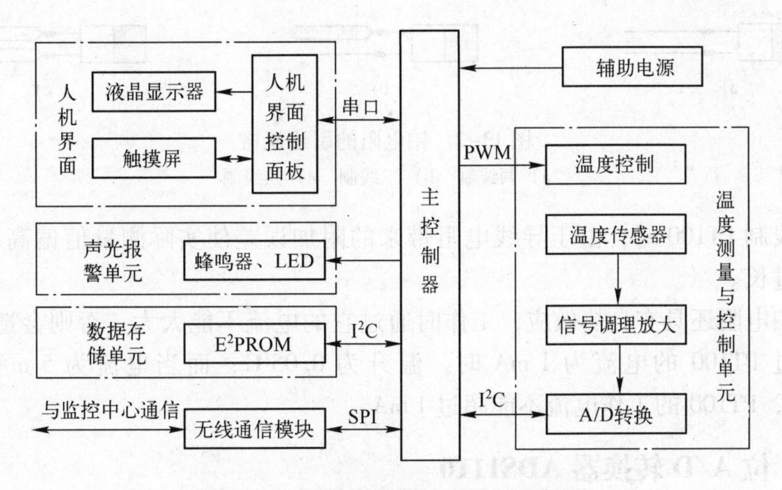

图 13-1　触摸屏温度控制器原理框图

方面的作用：一是显示实时温度值；二是通过触摸屏设定温度，报警上、下限，及 PID 算法的各个参数值等；三是可查询相关参数。系统重要参数保存在 E^2PROM 中，掉电不会丢失。若系统启动温度超限报警功能，则当温度高于报警上限或低于报警下限时，会产生声光报警。另外，本系统还可通过无线通信模块与远程监控系统相连，实现温度的远程监控功能。

13.2　主要器件介绍

除 8051 单片机外，本系统所用器件还包括铂电阻 PT100、16 位 A/D 转换器 ADS1110、智能彩色液晶显示器 YD－511A、5 in 四线制电阻型触摸屏、触摸屏控制器 ADS7846 及无线收发模块 PTR4000。下面对这些器件的特性进行一一介绍。

13.2.1　温度传感器——铂电阻 PT100

本系统中，采用铂电阻温度传感器进行测温。铂电阻温度传感器是一种正温度系数热电阻，即阻值随温度的升高而变大，它具有精度高、稳定性好、应用温度范围广等特点，是中低温区（－200～650℃）最常用的一种温度检测器，不仅广泛应用于工业测温，而且被制成各种标准温度计供计量和校准使用。

典型的铂电阻温度传感器型号有 PT100 和 PT1000，这里选用 PT100。PT100 的温度系数（电阻变化率）为 0.3851 Ω/℃，在 0℃时，阻值为 100Ω，而在 100℃时，阻值为 138.51 Ω。温度与阻值之间呈现一种非线性关系，关系使如下：

$$\begin{cases} R_t = R_0[1 + At + Bt^2 + C(t-100)t^3], & -200 < t < 0℃ \\ R_t = R_0[1 + At + Bt^2], & 0 < t < 850℃ \end{cases} \tag{13-1}$$

式中，R_t 为在 t℃时的电阻值，R_0 为在 0℃时的电阻值，A、B、C 为常数。

常用的铂电阻 PT100 分为两线制、三线制和四线制三种，其外形如图 13-2 所示。这里采用两线制 PT100，使用时，通常将其作为一个桥臂电阻接在一个电阻桥上，温度不同，PT100 的阻值就不同，从而反应出电桥的不平衡，通过测取电压的方式可推算出当前 PT100 的阻值，进而算出当前所测温度值。

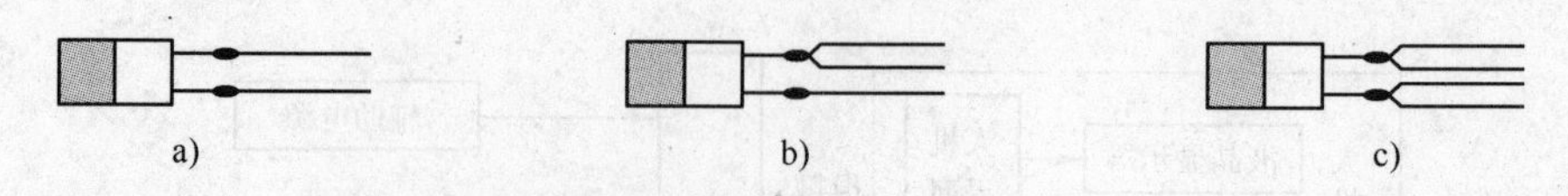

图 13-2　铂电阻的引线规格
a）两线制　b）三线制　c）四线制

采用两线制 PT100 时，由于导线电阻带来的附加误差使实际测量值偏高，因此，导线的长度不宜过长。

另外，铂电阻还具有自热效应，工作时通过它的电流不能太大，否则会造成较大误差。例如，当通过 PT100 的电流为 1 mA 时，温升为 0.05℃；而当电流为 5 mA 时，温升为 2.2℃。因此，PT100 的工作电流不能超过 1 mA。

13.2.2　16 位 A/D 转换器 ADS1110

ADS1110 是一个全差分、16 位、自校准、Δ－∑型 A/D 转换芯片，由一个增益可调的 Δ－∑型 A/D 模块、一个时钟发生器和一个 I^2C 接口模块组成，其内部结构如图 13－3 所示。

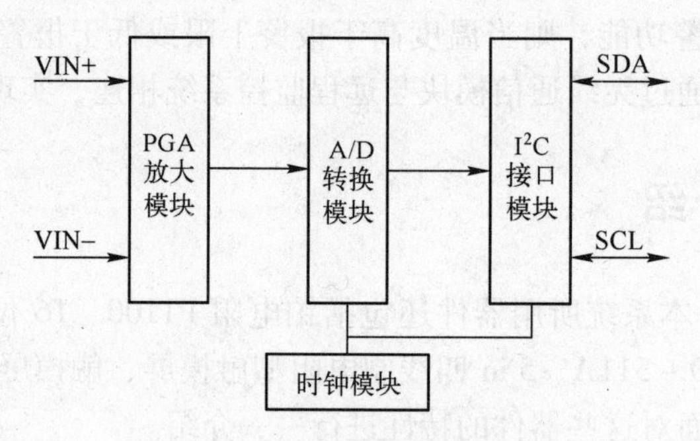

图 13-3　ADS1110 内部结构图

ADS1110 工作电压范围为 2.7 ~5.5 V，片内含 2.048 V 的基准电压，允许输入电压范围为 −2.048 ~2.048 V，片内可编程的增益放大器 PGA 提供高达 8 倍的增益，并且允许以高分辨率对较小的信号进行测量。

1. 引脚功能

如图 13-4 所示为 ADS1110 的引脚图，其引脚功能说明如下：

- VIN +：模拟信号正输入引脚。
- VIN −：模拟信号负输入引脚。
- GND：电源地引脚。
- Vcc：电源正信号引脚。
- SCL：I^2C 时钟信号引脚。
- SDA：I^2C 数据信号引脚。

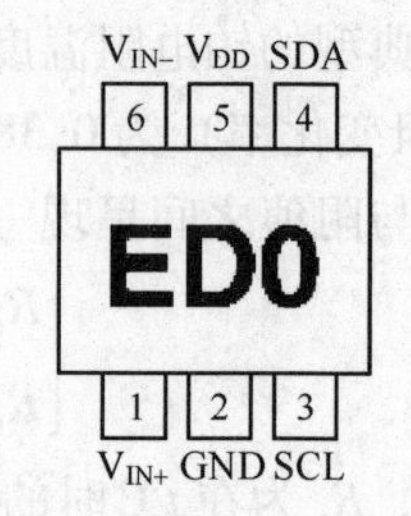

图 13-4　ADS1110 引脚图

2. 工作方式

ADS1110 有两种工作方式：连续转换方式和单周期转换方式。

（1）连续转换方式

在连续转换方式中 ADS1110 连续地进行转换，一旦转换完成，ADS1110 就将结果置入输出寄存器并立即开始新一轮转换。

（2）单周期转换方式

在单周期转换方式中，ADS1110 不断地检查配置寄存器中的 $ST/\overline{DRDY}$ 位，只有当该位置“1”时才上电，然后开始采集模拟信号并将其转化为对应的数字信号，转化结束之后 ADS1110 将结果送入输出寄存器，清除 $ST/\overline{DRDY}$ 位，并且 ADS1110 掉电。

如果要从连续转换方式切换到单周期转换方式，ADS1110 将完成当前的转换，然后掉电，从下一次开始进行单周期转换。

3. I^2C 地址

所有 I^2C 器件都有自己的器件地址，ADS1110 的器件地址为“1001aaaR/W”，其中“aaa”是出厂时的默认设置，“R/W”为读写标识。ADS1110 共有 8 种不同的类型，每种类型都有一个不同的 I^2C 地址。例如，ADS1110A0 的地址为 1001000，而 ADS1110A3 的地址则为 1001011。I^2C 地址是 ADS1110 的 8 种变形之间唯一的不同之处，它们在其他的方面都是一样的。ADS1110 的每种变形在型号上都以 EDx 为标识，其中 x 表示地址变量。例如，ADS1110A0 标识为 ED0，而 ADS1110A3 标识为 ED3，完整信息见其封装/订购信息表。

4. 配置寄存器与输出寄存器

ADS1110 内部具有配置寄存器和输出寄存器，前者用于控制 ADS1110 的状态和工作方式，后者用于存放 A/D 转换结果，这两个寄存器都通过 I^2C 接口总线访问。

（1）配置寄存器

配置寄存器如表 13-1 所示，该寄存器用于控制 ADS1110 的工作方式、数据速率和可编程增益放大器（PGA）的倍数，该寄存器的初始化值是 0x8C。

表 13-1　ADS1110 的配置寄存器

内部位	7	6	5	4	3	2	1	0
名称	$ST/\overline{DRDY}$	0	0	SC	DR1	DR0	PGA1	PGA0

$ST/\overline{DRDY}$ 位：$ST/\overline{DRDY}$ 位的含义取决于它是被写入还是被读出。

在单周期转换方式中，写“1”到 $ST/\overline{DRDY}$ 位则导致转换开始，写入“0”则无影响。在连续转换方式中，ADS1110 忽略写入 $ST/\overline{DRDY}$ 的值。

在连续转换方式中，用 $ST/\overline{DRDY}$ 位来确定新转换数据就绪的时间。如果 $ST/\overline{DRDY}$ 为“1”，则表明输出寄存器中的数据已经被读取而不是新数据；如果 $ST/\overline{DRDY}$ 为“0”，则表明输出寄存器中的数据是未被读取的新数据。

在单周期转换方式中，用读 $ST/\overline{DRDY}$ 位来确定转换是否完成。如果 $ST/\overline{DRDY}$ 为“1”，则表明输出寄存器的数据为旧数据而且转换正在进行；如果它为“0”，则表明输出寄存器的数据是新近转换的结果。

位 6－5：保留位，必须被置为“0”。

SC 位：此位用于控制 ADS1110 的工作方式，当 SC 位被置为“1”时，ADS1110 为单周期转换方式，当 SC 位被置为“0”时，ADS1110 则以连续转换方式。

DR1 和 DR0 位：此两位用于设置 ADS1110 的数据转换速率，如表 13-2 所示。

PGA1 和 PGA0 位：此两位控制 ADS1100 的增益设置，用于放大待采样的信号，如表 13-3 所示。

表 13-2　DR1 和 DR0 位设置

DR1	DR0	速率
0	0	128SPS
0	1	32SPS
1	0	16SPS
1	1	8SPS

表 13-3　PGA1 和 PGA0 位设置

PGA1	PGA0	增益
0	0	1
0	1	2
1	0	4
1	1	8

（2）输出寄存器

16 位的输出寄存器包含上一次转换的结果，该结果采取二进制的补码格式。在复位或上电之后，输出寄存器被清零，并保持为“0”直到第一次转换完成。

在对 ADS1110 操作时，可以从 ADS1110 中读出输出寄存器和配置寄存器的值。使用 ADS1110 的读地址对 ADS1110 寻址，然后读出 3 字节，其中，前两个字节为输出寄存器的值，第三个字节为配置寄存器的值。

也可以将数据写入 ADS1110，使用 ADS1110 的写地址对 ADS1110 寻址，然后写入 1 字节的内容，该字节的内容即为 ADS1110 配置寄存器的内容。

5. 输出结果

ADS1110 输出寄存器的输出码是一个标量值，它与两个模拟输入端的压差成比例。输出码限定在一定数目范围内，该范围取决于 ADS1110 的位数设置，而 ADS1110 的转换位数又取决于其数据转换速，如表 13-4 所示。

表 13-4　ADS1110 的数据转换速率与输出码的关系

数据转换速率	位　数	最小输出码	最大输出码
8SPS	16 位	-32768	32767
16SPS	15 位	-16384	16383
32SPS	14 位	-8192	8191
64SPS	12 位	-2048	2047

输出码满足如下公式：

$$输出码 = -1 \times 最小输出码 \times PGA \times \frac{(VIN+)-(VIN-)}{2.048V} \tag{13-2}$$

需要注意的是：式（13-2）中必须使用负的最小输出码，而不是最大输出码。例如，如果数据速率为16SPS且PGA为2，则输出码的表达式为：

$$输出码 = 16384 \times 2 \times \frac{(VIN+)-(VIN-)}{2.048V} \tag{13-3}$$

13.2.3 智能彩色液晶显示器 YD-511A

智能彩色液晶显示器作为当代高新技术的结晶产品，它不仅具有超薄平面、色彩逼真的特点，而且还具有体积小、耗电省、寿命长、无射线、抗震、防爆等CRT所无法比拟的优点。是工控仪表、机电设备等行业更新换代的理想显示器。

YD-511A型智能彩色液晶显示器采用集成化CPU；内置一级汉字库（二级字库可选）；采用标准指令集；通过RS232接口或打印机并行口接收控制命令和数据。可同时显示各种字体的彩色中西文、直方图、自由曲线等。

YD-511A型智能彩色液晶显示器的基本原理框图如图13-5所示，显示驱动逻辑电路则采用优化逻辑电路取代专用液晶驱动芯片，利用分时技术让显示与写入数据同时进行，实现了画面的高速更新，而且互不干扰。

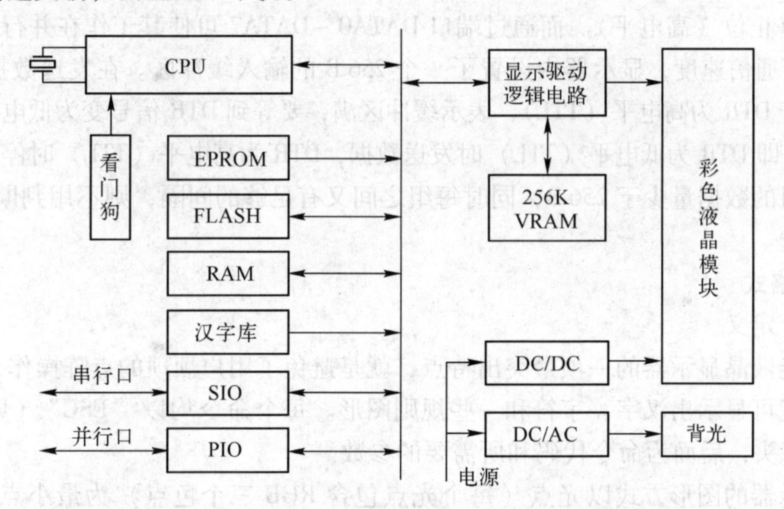

图13-5 YD-511A智能彩色液晶显示器基本原理框图

YD-511A智能彩色液晶显示器的性能指标如表13-5所示。

表13-5 YD-511A智能彩色液晶显示器的性能参数

外形尺寸/mm	128×102×45	图形点阵	320×RGB×234
中文显示	14行×20列	彩色方式	TFT
可显示字符	ASCII 二级字库	显示颜色	8色/可选16色
视域尺寸/mm	102×76	输入电压	DC 12V
预置页面	256	消耗功率	12V×800mA

1. 引脚功能

YD-511A的外部接口统一采用20脚针式插座，其引脚功能定义如表13-6所示。

表 13-6　YD－511A 智能彩色液晶的引脚功能

引脚号	信号名称	意　义	备　注	引脚号	信号名称	意　义	备　注
1	GND	地		11	DATA1	并口数据	并口
2	GND	地		12	DATA0	并口数据	并口
3	GND	地		13	STB	选通信号	下降沿有效
4	BUSY	忙信号	高电平有效	14	RXD	接收数据	串口
5	DATA7	并口数据	并口	15	DTR	缓冲区满	串口
6	DATA6	并口数据	并口	16	/BLC	关背光	
7	DATA5	并口数据	并口	17	/Reset	复位	
8	DATA4	并口数据	并口	18	电源	Power	DC12V
9	DATA3	并口数据	并口	19	电源	Power	DC12V
10	DATA2	并口数据	并口	20	电源	Power	DC12V

2. 通信接口

YD－511A 智能彩色液晶显示器具有串行和并行两种接口方式。其串行接口遵循 RS－232 通讯标准，每帧数据格式为：1 个起始位（低电平），8 个数据位（低位在前，高位在后）和 1 个停止位（高电平）。而通过端口 DATA0～DATA7 可使其工作在并行接口方式。

为了提高通信速度，显示器内设置了一个 256 B 的输入缓冲区。在发送数据前应先检查 DTR 信号，若 DTR 为高电平（TTL），表示缓冲区满，要等到 DTR 信号变为低电平（TTL）后再发送数据。即 DTR 为低电平（TTL）时发送数据，DTR 为高电平（TTL）时停止数据发送。

如果每组的数据量少于 256 B，同时每组之间又有足够的间隔，则不用判断 DTR 位信号也可连续发送。

3. 命令格式

（1）命令定义

作为智能液晶显示器的一项最突出特点，就是避免了用户烦琐的点阵操作，只需使用简单的命令，就可显示出汉字、字符和一些规则图形。每个命令均以“ESC”（即十六进制码的“1B”）打头，后面为命令代码和所需要的参数。

液晶显示器的图形方式以光点（每个光点包含 RGB 三个色点）为最小点阵显示单位。字符方式以 8×16 点阵为最小显示块单位，西文字符占一个显示块，16×16 点阵的汉字占两个显示块。

命令中所用到的颜色代码为［0，15］，对应关系如下：

0—黑；1—兰；2—绿；3—青；4—红；5—粉；6—黄；7—白；8—灰；9—亮兰；10—亮绿；11—亮青；12—亮红；13—亮粉；14—亮黄；15—亮白。

（2）功能命令

功能命令分为三种类型：A）光标控制；B）功能设置；C）图形操作。由于篇幅限制，下面仅给出几种典型的命令格式及含义，其余命令读者可以查看相关数据手册进行了解。

① 光标移动到指定位置

格式：

ASCII 码：ESC G x y

十六进制码：1B 47 x y

解释说明：光标移到（x，y）位置。其中，x、y 表示显示位置对应的行、列号。

② 显示汉字

格式：

ASCII 码：ESC #

十六进制码：1B 23

解释说明：置汉字显示方式。根据 GB2312 国标规定，一级字库包括 3755 个汉字，二级字库包括 6763 个汉字。YD 系列液晶显示器的各级汉字库内字模均按照国标码的顺序排列。汉字内码为两个字节编码，利用字节的最高位置"1"作标志，而西文的内部码为七位编码。现举例说明各种编码的换算关系。

例：汉字 区位码 国标码 汉字内码

啊　1601　3021　B0A1

如用户要显示汉字"啊"，则输入"1B 23 B0 A1"即可。置入汉字显示方式后，在未改变成西文显示方式前，所有与命令无关的字节，都将以两个字节为单元，作为汉字进行显示。

③ 画线

格式：

ASCII 码：ESC F color x1 y1 x2 y2

十六进制码：1B 46 color x1 y1 x2 y2

解释：使用指定的颜色画线。

Color：颜色代码；（x1，y1）：所画线段的起点坐标；（x2，y2）：所画线段的终点坐标。

例：在坐标为（01H，01H），（30H，30H）的两点间画一条红色的线。

此命令则表达为："1B 46 04 01 00 01 00 30 00 30 00"。

13.2.4　电阻式触摸屏

常用触摸屏分为电阻式和电容式两种，这里采用四线制电阻式触摸屏。

电阻触摸屏的最下面是由有机玻璃构成的基层，最上面是外表面光滑防刮的塑料层，中间是两层金属导电层，在两导电层之间由许多隔离点把它们隔开，当手指触摸屏幕时，两导电层在触摸点处接触。两个金属导层作为触摸屏的两个工作面各有一对电极，若在一个工作面的电极对上施加电压，则在该工作面上就会形成均匀连续的平行电压分布。如图 13-6 所示，当在 X 方向的电极对上施加一定的电压，而 Y 方向电极对上不加电压时，在 X 平行电压

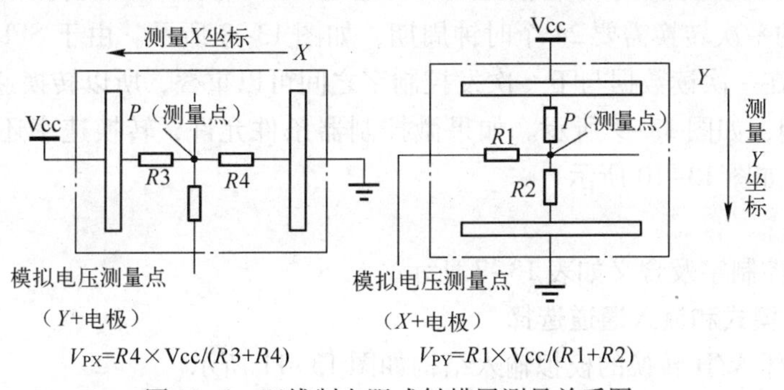

图 13-6　四线制电阻式触摸屏测量关系图

场中，通过测量 Y + 电极对地的电压大小，便可得知触点的 X 坐标值；同理，当在 Y 电极对上加电压，而 X 电极对上不加电压时，通过测量 X + 电极的电压，便可得知触点的 Y 坐标。

13.2.5 触摸屏控制器 ADS7846

ADS7846 是 BURR - BROWN 公司生产的专门用于四线制电阻触摸屏的控制芯片。内部有一个由多个模拟开关组成的供电 - 测量电路网络和 12 位的 A/D 转换器。其作用是：根据微控制器发来的不同测量命令导通不同的模拟开关，以便向电阻式触摸屏工作面的电极对提供电压，并把相应测量电极上的触点坐标位置所对应的电压模拟量引入 A/D 转换器，最后将电压对应的数字量传给微控制器。在对触摸点 P 的测量过程中，测量电压与测量点 P 的等效电路如图 13-6 所示。

1. 引脚功能

ADS7846 的引脚图如图 13-7 所示，各引脚功能说明如下：

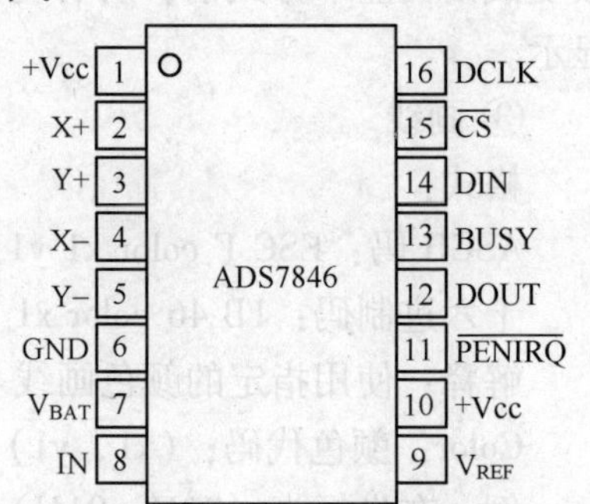

图 13-7 ADS7846 引脚图

- Vcc +：供电电源 2.7 ~5V。
- X +，Y +：触摸屏正电极，分别对应内部 A/D 转换器的通道 1 和 2。
- X -，Y -：触摸屏负电极。
- GND：电源地。
- V_{BAT}：电池监控输入端。
- IN：内部 ADC 的通道 4。
- V_{REF}：内部 ADC 参考电压输入端。
- DOUT：串行数据输出口，数据在 DCLK 下降沿移出。
- /PENIRQ：中断输出，有触点按下时，产生低电平，一般接单片机的外部中断口。
- BUSY：“忙”输出信号端。
- DIN：串行数据输入口，数据在 DCLK 上升沿移进。
- $\overline{CS}$：片选信号端。
- DCLK：串行时钟输入口。

2. 数据接口

ADS7846 与微控制器之间通过标准的 SPI 口相连。为了完成一次 A/D 转换，需要先通过串口往 ADS7846 发送控制字，转换完成后再通过 SPI 口读取 A/D 转换结果（最后四位自动补零）。标准的一次转换需要 24 个时钟周期，如图 13-8 所示。由于 SPI 口支持数据双向同时传输，并且在一次读数据与下一次发控制字之间可以重叠，所以转换速率可以提高到每次 16 个时钟周期，如图 13-9 所示。如果微控制器条件允许，转换速率还可以提高到每次 15 个时钟周期，如图 13-10 所示。

3. 控制字

ADS7846 的控制字及含义如表 13-7 所示。

4. 参考电压模式和输入通道选择

ADS7846 内部 A/D 转换的模拟输入结构如图 13-11 所示。

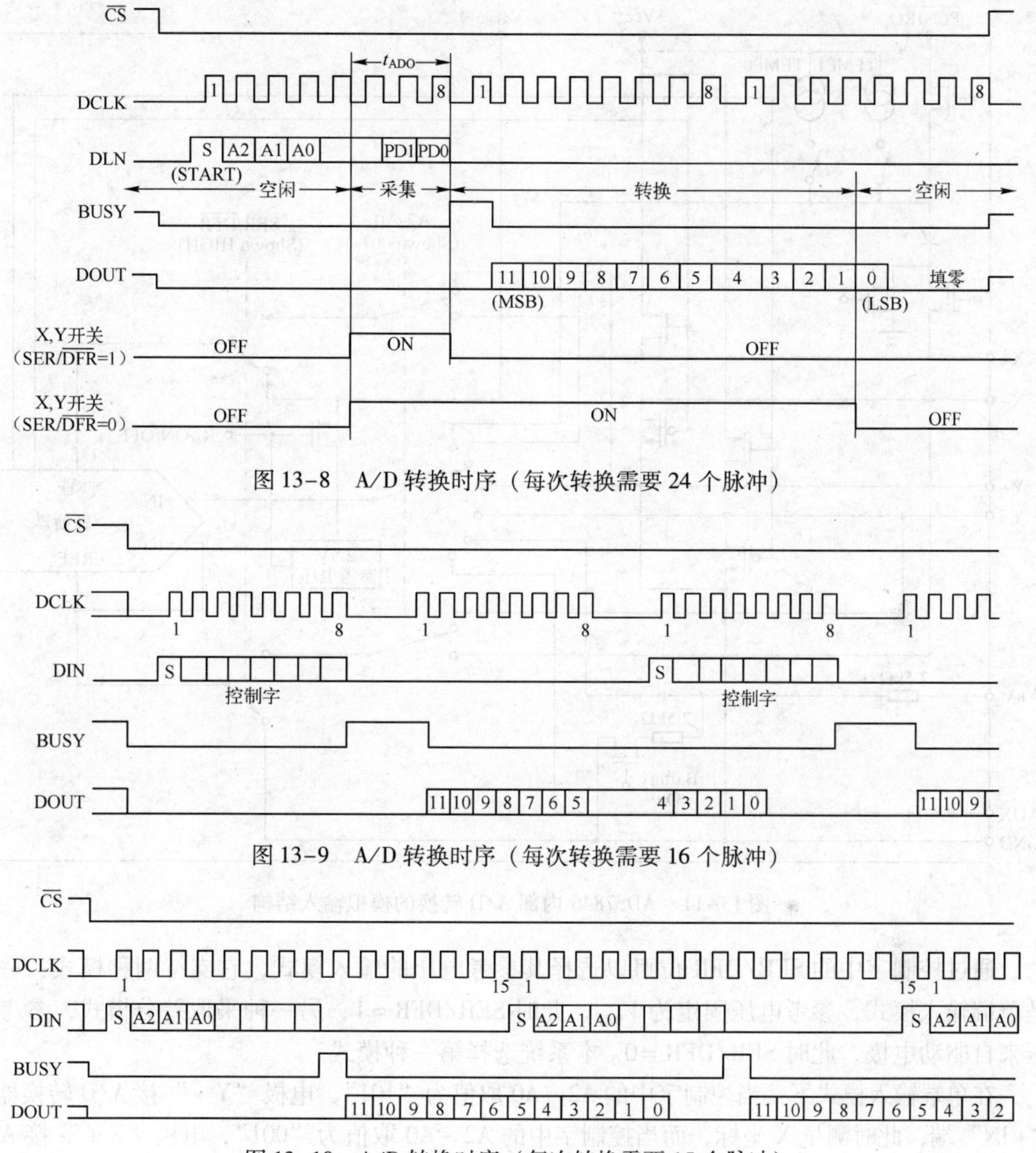

图 13-8　A/D 转换时序（每次转换需要 24 个脉冲）

图 13-9　A/D 转换时序（每次转换需要 16 个脉冲）

图 13-10　A/D 转换时序（每次转换需要 15 个脉冲）

表 13-7　ADS7846 控制字

数据位	位 名 称	含　义
Bit0	PD0	选择省电模式：“00”省电模式允许，在两次 A/D 转换之间掉电，且中断允许；“01”同“00”，只是不允许中断；“10”保留；“11”禁止省电模式
Bit1	PD1	
Bit2	SER/DFR	选择参考电压的输入模式
Bit3	MODE	选择 A/D 转换的精度，“1”选择 8 位，“0”选择 12 位
Bit4	A0	选择 A/D 通道
Bit5	A1	
Bit6	A2	
Bit7	S	数据传输起始标志位，该位必为“1”

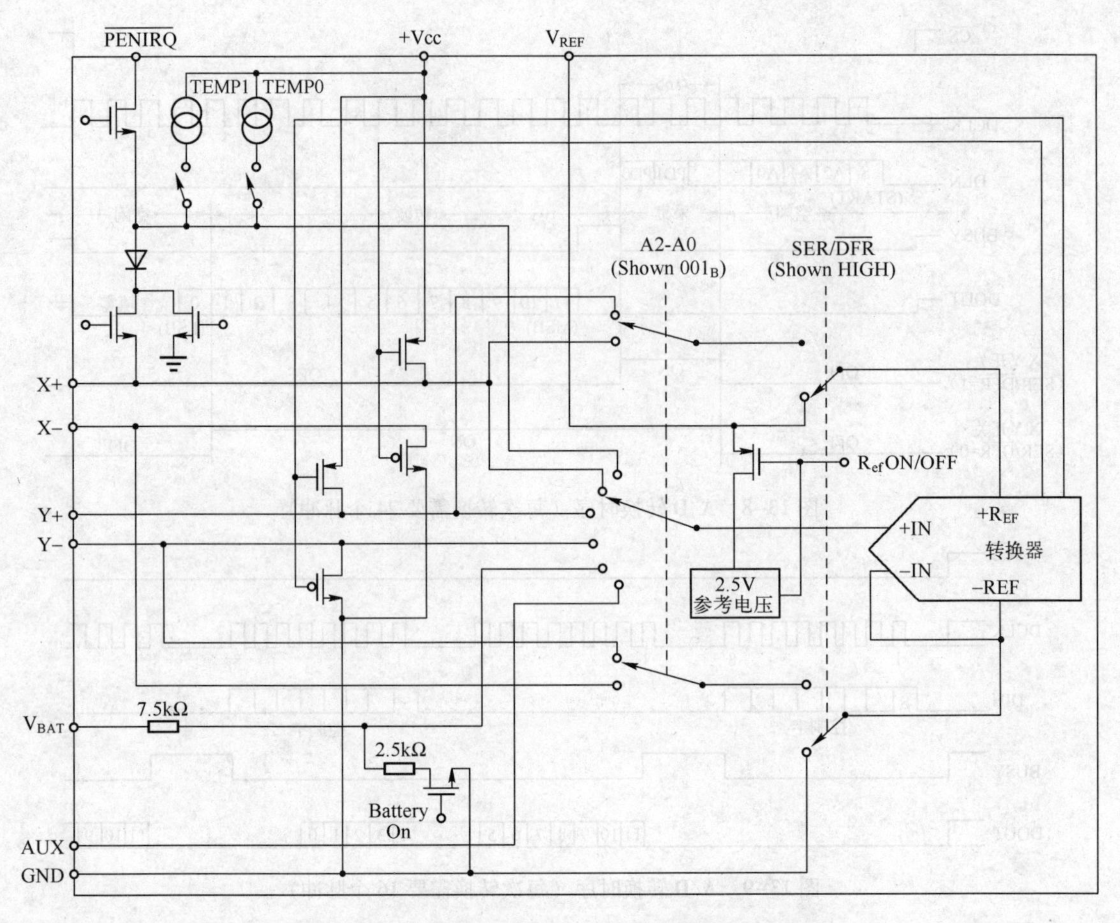

图 13-11　ADS7846 内部 A/D 转换的模拟输入结构

通过控制字中的 SER/DFR 位可以选择其参考电压的输入模式，它支持两种模式：一种是单端输入模式，参考电压固定为 V_{REF}，此时 SER/DFR =1；另一种采取差分模式，参考电压来自驱动电极，此时 SER/DFR =0。本系统选择第一种模式。

在单端输入模式下，当控制字中的 A2 ~ A0 取值为“101”，电极“Y +”接 A/D 转换器的“+IN”端，此时测量 X 坐标，而当控制字中的 A2 ~ A0 取值为“001”，电极“X +”接 A/D 转换器的“+IN”端，此时测量 Y 坐标。

13.2.6　无线通信模块 PTR4000

PTR4000 是基于 nRF2401 芯片的无线通信模块，它具有以下特点：

- 2.4 GHz 全球开放 ISM 频段，免许可证使用。
- 最高工作速率 1 Mbit/s，高效 GMSK 调制，抗干扰能力强，特别适合工业控制场合。
- 125 频道，满足多点通信和跳频通信需要。
- 内置硬件 CRC 检错和点对多点通信地址控制。
- 低功耗 1.9 ~3.6 V 工作，Power down 模式下状态仅为 1 μA。
- 内置 2.4 GHz 天线，体积小巧，约 24 ×24 mm（不包括天线）。
- 模块可软件设地址，只有收到本机地址时才会输出数据（提供中断指示），可直接接各种单片机使用，软件编程非常方便。

● 内置专门稳压电路，使用各种电源包括 DC/DC 开关电源均有很好的通信效果。

● 标准 DIP 间距接口，便于嵌入式应用。

表 13-8 给出了 PTR4000 无线通信模块的基本电气特性。

表 13-8　PTR4000 模块的基本电气特性

参　数	数　值
工作频率	2400 MHz ~ 2524 MHz
调制方式	GMSK
稳频方式	PLL
最大发射功率	0 dBm
接收灵敏度@0.1% BER 250 Kbit/s	−90 dBm
最高通信速率/kbit/s	1000
工作电压/V	1.9 ~ 3.6
发射电流（峰值）	10 mA@ −5 dBm
接收电流（峰值）/mA	18
掉电模式功耗/μA	1

1. 引脚功能

PTR4000 模块引脚的物理接口为 IDC −16 封装的双排插针，引脚功能定义如下：

表 13-9　PTR4000 模块的引脚功能定义

管脚	名称	功　能	方　向
Pin1	DATA	通道 1 数据输入/输出脚，接单片机 I/O	输入/输出
Pin2	GND	电源地	
Pin3	CLK1	通道 1 时钟	输入
Pin4	GND	电源地	
Pin5	DR1	通道 1 中断输出	输出
Pin6	CS	工作模式选择，选择芯片为配置模式还是发射/接收模式	输入
Pin7	DOUT2	通道 2 数据输入/输出脚，接单片机 I/O	输出
Pin8	GND	电源地	
Pin9	CLK2	通道 2 时钟	输入
Pin10	GND	电源地	
Pin11	DR2	通道 2 中断输出	输出
Pin12	CE	使能，使芯片进入工作模式	输入
Pin13	PWR	Power down 模式	输入
Pin14	GND	电源地	
Pin15	Vdd	Vcc，正电源 1.9 ~ 3.6 V 输入	
Pin16	Vdd	Vcc，正电源 1.9 ~ 3.6 V 输入	

2. 硬件接口

（1）编程配置接口

该接口由 CE、CS、PWR 组成，控制 PTR4000 的四种工作模式：配置模式、发射/接收模式、待机模式、Power down 掉电模式。配置数据由 DATA、CLK1 输入。如表 13-10 所示。

表 13-10　PTR4000 模块的配置接口

模　式	PWR	CE	CS
发射/接收模式	1	1	0
配置模式	1	0	1
待机模式	1	0	0
掉电模式	0	X	X

说明：待机模式下功耗约为 12 μA，此时发射/接收电路均关闭，只有时钟电路工作。掉电模式下功耗约为 1 μA，此时所有电路关闭，进入最省电状态。在待机和掉电模式下 PTR4000 均不能接收、发射数据。

（2）通道 1 接口

通道 1 接口 CLK1、DATA、DR1 为三线多功能接口：

1）在配置模式下，单片机通过通道 1 的 DATA、CLK1 线配置 PTR4000 的工作参数。

2）在发射模式下，单片机通过通道 1 的 DATA、CLK1 发送数据。

3）在接收模式下，当接收到与本机地址一致时，通过 DR1 输出中断指示（高有效），单片机通过 DATA、CLK1 接收数据。

（3）通道 2 接口

通道 2 接口 CLK2、DOUT2、DR2 在 PTR4000 模块中保留未使用。

3. PTR4000 的配置

PTR4000 上电以后，首先必须通过单片机对其进行配置：单片机需先按照表 13-10 将 PTR4000 设为配置模式，然后通过通道 1 的 DATA、CLK1 将 15B 的配置字送入 PTR4000 模块完成配置。配置字如表 13-11 所示。

表 13-11　PTR4000 模块的配置字

	配 置 位	位　数	名　称	功　能
功能配置	119:112	8	DATA2_W	通道 2 的数据包长度
	111:104	8	DATA1_W	通道 1 的数据包长度
	103:64	40	ADDR2	通道 2 的地址
	63:24	40	ADDR1	通道 1 的地址
	23:18	6	ADDR_W	地址的位数
	17	1	CRC_L	选择 8 位或 16 位 CRC
	16	1	CRC_EN	CRC 使能
基本配置	15	1	RX2_EN	允许通道 2
	14	1	CM	通信模式
	13	1	RFDR_SB	通信速率（1 Mbit/s 或 250 kbit/s）
	12:10	3	XO_F	晶振频率
	9:8	2	RF_PWR	发射功率设置
	7:1	7	RF_CH#	频点设置
	0	1	RXEN	发射/接收选择

配置字一共为 120 位（15 B），在 CLK1 的上升沿开始移入 PTR4000，先传最高位（MSB）。在 CS 下降沿后，模块内部更新所有配置，即新的配置字在 CS 的下降沿后开始生效。上电后第一次配置时必须将 120 位配置字全部移入；而后当仅做收发切换时，只需移入 1 位即可。配置字详细说明如下：

DATA2_W							
D119	D118	D117	D116	D115	D114	D113	D112
通道 2 的数据包长度							
数据包总长度不能超过 256 bit。最大的数据长度应满足下式：DATAx_W = 256 - ADDR_W - CRC。 其中：ADDR_W 为配置字中的地址长度［Bit23：Bit18］，CRC 为配置字中的 CRC 校验位长度，取值为 8 或 16，由配置字中的［Bit 17］设定。							

DATA1_W							
D111	D110	D109	D108	D107	D106	D105	D104
通道 1 的数据包长度							

ADDR2							
D103	D102	D101	…	D67	D66	D65	D64
通道 2 地址，最多 40 bit							

ADDR1							
D63	D62	D61	…	D27	D26	D25	D24
通道 1 地址，最多 40 bit							

ADDR_W					
D23	D22	D21	D20	D19	D18
地址长度（位）					

CRC	
D17	D16
CRC_L	CRC_EN
0 为 CRC - 8，1 为 CRC - 16	1 = 使能 CRC，0 = 禁止 CRC

RF 基本配置							
D15	D14	D13	D12	D11	D10	D9	D8
RX2_EN	CM	RFDR_SB	XO_F			RF_PWR	
0	1	无线速率： 0：250 kbit/s 1：1 Mbit/s	晶振频率 应设为 011			发射功率： 00：-20 dBm　01：-10 dBm 10：-5 dBm　11：0 dBm	

RF 基本配置							
D7	D6	D5	D4	D3	D2	D1	D0
RF_CH#							RXEN
工作频率 = （2400 + RF_CH#） MHz							0：发射模式；1：接收模式

13.3 硬件电路设计

系统硬件主要由主控电路、温度检测电路、人机界面接口电路及无线通信接口电路四部分组成。

13.3.1 主控电路

选择 8051 单片机作为主控器。主控电路如图 13-12 所示。

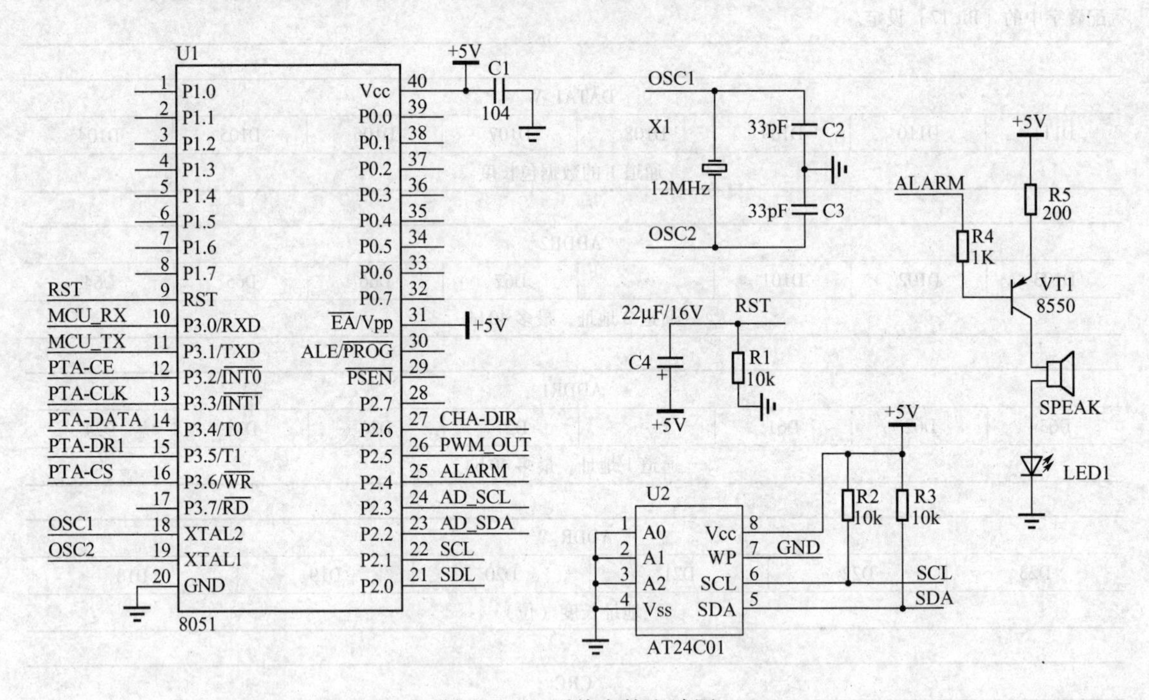

图 13-12 系统主控电路图

系统主控制器采用模拟 I^2C 总线对 EEPROM AT24C01 及 A/D 转换器 ADS1110 进行控制，通过 UART 口与人机界面 CPU 进行通信，并采用模拟 SPI 总线实现对无线模块 PTR4000 的控制。"PWM_OUT" 为系统输出的温度控制信号（PWM），可外接其他温度控制部件。

13.3.2 温度检测电路

如图 13-13 所示为系统温度检测电路。采用 R17、R18、VR1 及铂电阻 PT100 构成温度测量电桥，电桥桥臂间电压 V_{AB} 为：

$$V_{AB} = \left(\frac{VR1}{VR1 + R17} - \frac{R_{PT100}}{R_{PT100} + R18}\right) \times 10 \tag{13-4}$$

式中，$R17$、$R18$、$VR1$、R_{PT100} 分别为电阻 R17、R18、VR1 及铂电阻 PT100 的阻值，"+10 V" 电源由三端基准电压集成芯片 TL431 获得。

V_{AB} 再经过由四运算放大器 TL084 构成的差动仪表放大器放大后，送入 A/D 转换器

ADS1110，转换成数字量送入单片机。差动仪表放大器输出电压 V_O 满足下式：

$$V_O = -\frac{V_{AB}}{VR2} \times (R10 + R13 + VR2) \tag{13-5}$$

式中，$R10$、$R13$、$VR2$ 分别为电阻 R10、R1 及 VR2 的阻值。

由此可见，通过改变电位器 VR1 阻值大小可以调节信号放大的零点，而通过改变电位器 VR2 阻值大小可以调节放大器的放大倍数。温度变化时，铂电阻阻值发生变化，放大器的输出电压也就发生相应变化，根据式（13-4）及式（13-5）就可确定温度与电压的关系。图中稳压二极管 VD1 起到限压作用，使温度变化时，输入到 ADS1110 的电压最大不超过 5.1 V。

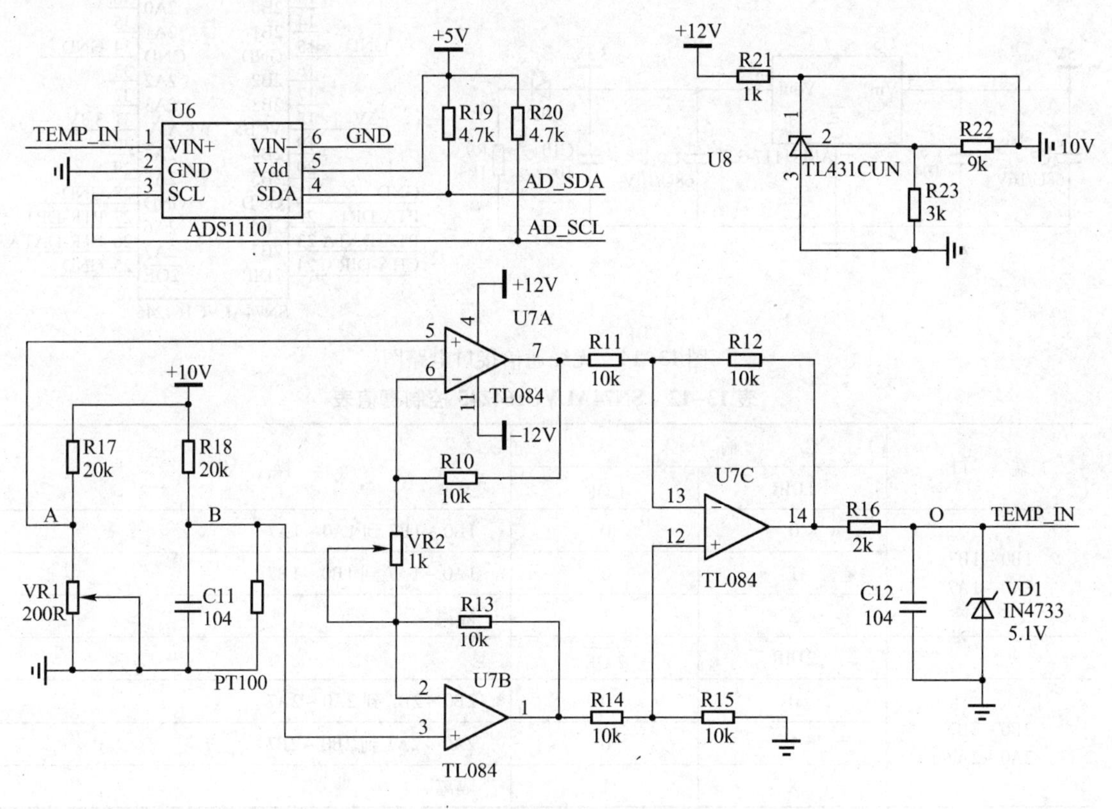

图 13-13　系统温度检测电路图

13.3.3　无线通信接口电路

无线通信接口电路如图 13-14 所示。PTR4000 的供电电压范围为 1.9～3.6 V，因此，须采用 3.3 V 供电，同时，其端口输入电平也不易超过 3.6 V。为此，首先采用三端稳压芯片 AMS1117－3.3 将输入 5 V 电压转换成 3.3 V 给 PTR4000 供电，其次，由于主控制器采用 5 V 电压供电，其端口输出的高电平为 5 V，因此，这样的控制信号不能直接接在 PTR4000 上，需将主控制器的 5 V 控制信号转换成 3.3 V 后，再提供给 PTR4000。

这里采用 16 位总线电平转换器 SN74ALVC164245 实现 5 V 电压和 3.3 V 电压的双向转换。SN74ALVC164245 的引脚如图 13-14 所示，将 16 位总线分成低 8 位和高 8 位两组，分别由“1DIR”、“1 $\overline{\text{OE}}$”和“2DIR”、“2 $\overline{\text{OE}}$”，其控制真值表如表 13-12 所示。

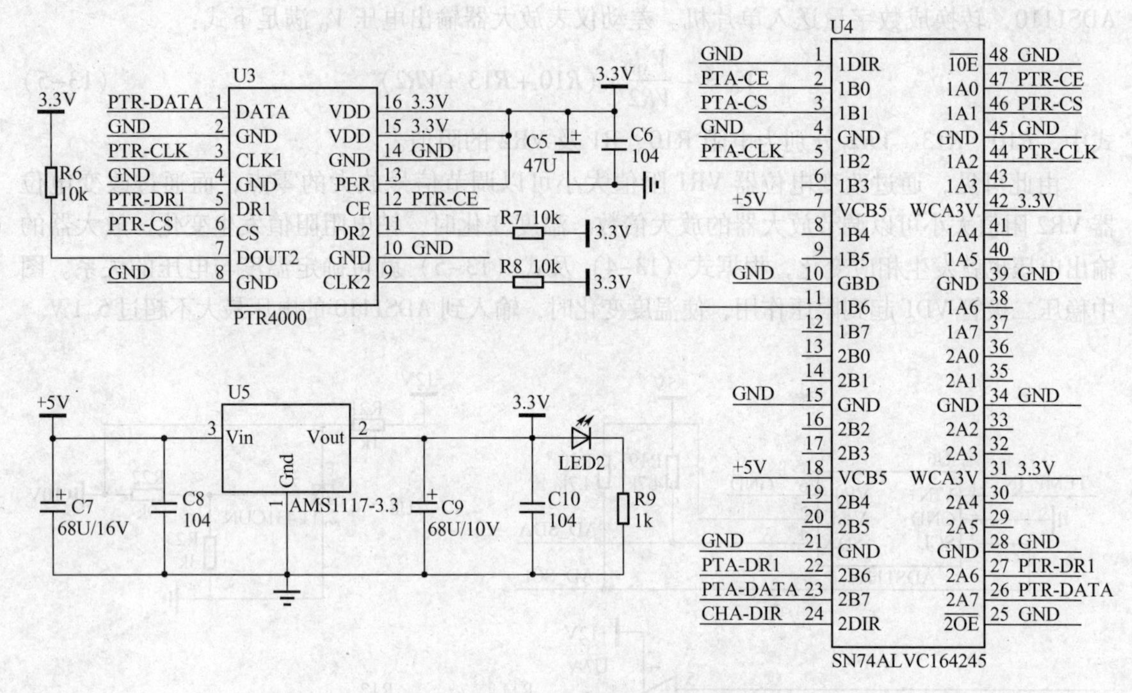

图 13-14　无线通信接口电路图

表 13-12　SN74ALVC164245 控制真值表

端　口	输　入		操　作
	1DIR	1 $\overline{OE}$	
1B0 ~ 1B7 1A0 ~ 1A7	0	0	1B0 ~ 1B7 到 1A0 ~ 1A7
	1	0	1A0 ~ 1A7 到 1B0 ~ 1B7
	X	1	隔离
	2DIR	2 $\overline{OE}$	
2B0 ~ 2B7 2A0 ~ 2A7	0	0	2B0 ~ 2B7 到 2A0 ~ 2A7
	1	0	2A0 ~ 2A7 到 2B0 ~ 2B7
	X	1	隔离

13.3.4　人机界面接口电路

系统人机界面由 8051 单片机、YD－511A 智能液晶显示器、四线制电阻触摸屏、触摸屏控制器 ADS7846 及蜂鸣器组成，其原理框图如图 13－15 所示。

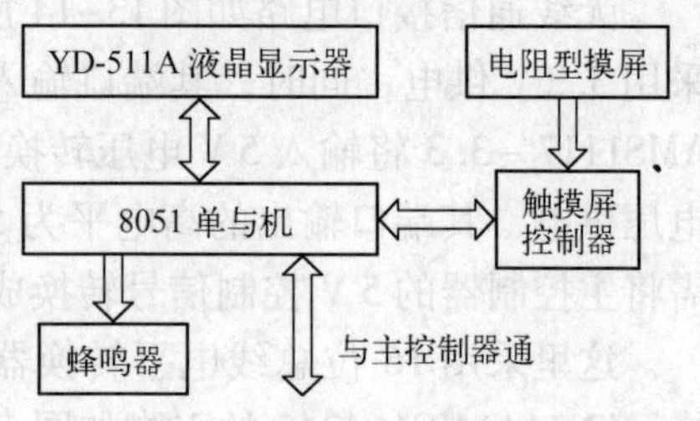

图 3-15　系统人机界面原理框图

人机界面控制器 8051 单片机作为从机 CPU，通过串口与系统主控制器（主机 CPU）相互通信。四线式电阻型触摸屏附着在液晶显示器表面，与其配合使用，通过测量触摸点在液晶屏幕上的对应坐标位置获知触摸者的意图。若触摸屏上有动作，触摸屏控制器向从机 CPU 申请中断，从机 CPU 通过触摸屏控制器读取触摸信息并判断是否有效，若有效，控制蜂鸣器发出短促响声，根据当前动作改变液晶显示画面，并将相关动作内容（如温度设定值）通过串口传给主机 CPU。

人机界面硬件电路如图 13-16 所示。

为提高液晶反应速度，单片机采用并口与液晶显示器 YD－511A 相连，图中 U3 接四线制电阻触摸屏。

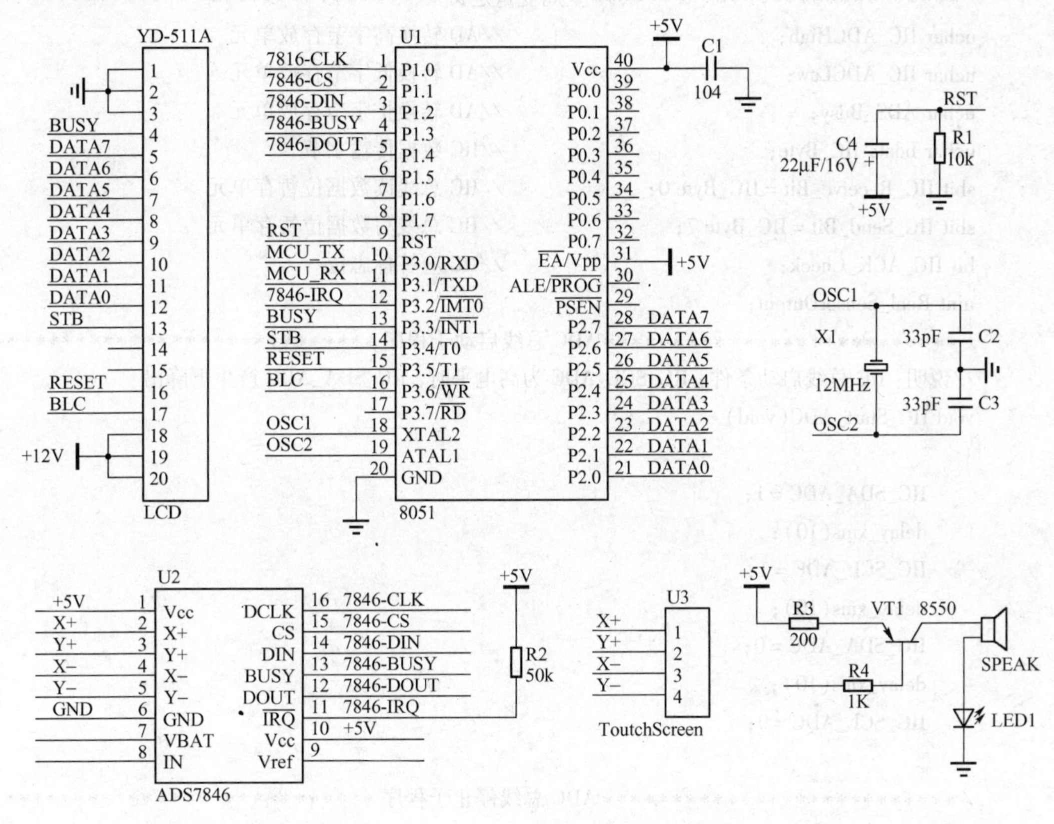

图 13-16　系统人机界面硬件电路图

13.4　软件设计

系统软件设计主要包括温度的检测与处理、人机界面设计、无线通信接口设计等。下面将对各功能块的设计原理与程序实现进行介绍。

13.4.1　温度检测与处理

温度检测通过铂电阻电桥、信号调理放大电路及 A/D 转换器 ADS1110 实现。主控制器的任务是通过控制 ADS1110 测出温度对应电压值，并通过计算将其转换成实际温度值，再采用 PID 控制算法实现对温度的控制。

1. ADS1110 驱动程序

16 位 A/D 转换器 ADS1110 采用 I^2C 总线与主控制器通信，其驱动程序如下：

```
/**********************************端口声明**********************************/
sbit IIC_SDA_ADC = P2^2;                        //ADC 数据端口
```

```
sbit IIC_SCL_ADC = P2^3;                    //ADC 时钟控制端口
//ADS1110 常用操作命令和参数定义
#define ADC_READ       0X91                 //读存储器，器件地址为：Device = 0x00
#define ADC_WRITE      0X90                 //写存储器，器件地址为：Device = 0x00
/***************************全局变量定义***********************************/
uchar IIC_ADCHigh;                          //AD 转换高字节存放单元
uchar IIC_ADCLow;                           //AD 转换低字节存放单元
uchar ADS_Busy;                             //AD 转换忙字节存放单元
uchar bdata IIC_Byte;                       //IIC 数据传输字节
sbit IIC_Receive_Bit = IIC_Byte^0;          //IIC 总线读数据位暂存单元
sbit IIC_Send_Bit = IIC_Byte^7;             //IIC 总线写数据位暂存单元
bit IIC_ACK_Check;                          //IIC 应答标志位
uint Real_SensorOutput;
/***************************ADC 总线启动子程序******************************/
//说明：IIC 总线启动条件：IIC_SCL_ADC 为高电平时，IIC_SDA_ADC 产生下降沿
void IIC_Start_ADC(void)
{
    IIC_SDA_ADC = 1;
    delay_xms(10);
    IIC_SCL_ADC = 1;
    delay_xms(10);
    IIC_SDA_ADC = 0;
    delay_xms(10);
    IIC_SCL_ADC = 0;
}
/***************************ADC 总线停止子程序******************************/
//说明：IIC 总线停止条件：IIC_SCL_ADC 为高电平时，IIC_SDA ADC 产生上升沿
void IIC_Stop_ADC(void)
{
    IIC_SDA_ADC = 0;
    delay_xms(10);
    IIC_SCL_ADC = 1;
    delay_xms(10);
    IIC_SDA_ADC = 1;
    delay_xms(10);
    IIC_SCL_ADC = 0;
    delay_xms(10);
}
/***************************ADC 主机应答子程序******************************/
//说明：将 IIC_SDA_ADC 线拉低回答 ACK
void IIC_Ack_ADC(void)
{
```

```
    IIC_SDA_ADC = 0;
    IIC_SCL_ADC = 1;
    delay_xms(2);
    IIC_SCL_ADC = 0;
    delay_xms(2);
    IIC_SDA_ADC = 1;
}
/ ************************** ADC 主机非应答子程序 ************************** /
//说明：将 IIC_SDA_ADC 线拉高回答 NACK
void IIC_NAck_ADC(void)
{
    IIC_SDA_ADC = 1;
    IIC_SCL_ADC = 1;
    delay_xms(2);
    IIC_SCL_ADC = 0;
    delay_xms(2);
}
/ ************************** ADC 从机应答检测子程序 ************************** /
//说明：检测从机应答
uchar Slave_Ack_Check_ADC(void)
{
    IIC_SCL_ADC = 1;
    IIC_SDA_ADC = 1;
    delay_xms(1);
    IIC_ACK_Check = IIC_SDA_ADC;            //读取应答信号
    delay_xms(1);
    IIC_SCL_ADC = 0;
    if(IIC_ACK_Check)
    {
        return 0;
    }
    return 1;
}
/ ************************** ADC 总线读字节子程序 ************************** /
//说明：使用 IIC 总线读取 1 B 的数据
void IIC_ReadByte_ADC(void)
{
    uchar i;
    for(i = 0;i < 8;i ++ )
    {
    IIC_SCL_ADC = 1;
    IIC_Byte = IIC_Byte << 1;               //将读取到的数据左移一位
    IIC_SDA_ADC = 1;                        //先写 1
```

```
        delay_xms(1);
        IIC_Receive_Bit = IIC_SDA_ADC;            //读取数据线上的数据
        delay_xms(1);
        IIC_SCL_ADC = 0;
    }
}
/**************************ADC 总线写字节子程序************************/
//说明: 使用 IIC 总线写 1 B 的数据
void IIC_WriteByte_ADC(uchar outdata)
{
    uchar i;
    IIC_Byte = outdata;
    for(i = 0;i < 8;i ++)
    {
        IIC_SDA_ADC = IIC_Send_Bit;            //写 1 位数据
        delay_xms(1);
        IIC_SCL_ADC = 1;
        delay_xms(1);
        IIC_SCL_ADC = 0;
        IIC_Byte = IIC_Byte << 1;              //将读取到的数据左移一位
    }
}
/*************************ADC 写控制字子程序***************************/
//说明: 先写 Slave ID, 再写 1 B 的数据
uchar Write_ADS1110(uchar wbyte)
{
    IIC_Start_ADC();                           //IIC 开始
    IIC_WriteByte_ADC(ADC_WRITE);              //写从机及器件 ID
    if(Slave_Ack_Check_ADC() == 0x00)          //检测应答信号
    {
        return 0;
    }

    IIC_WriteByte_ADC(wbyte);                  //写数据
    if(Slave_Ack_Check_ADC() == 0x00)
    {
        return 0;
    }
    IIC_Stop_ADC();                            //IIC 停止
    return 1;
}
/************************从 ADC 中读数据子程序***************************/
//说明: 先写读指令, 最后连续读取的数据
```

```
uchar Read_ADS1110(void)
{
    IIC_Start_ADC();                          //IIC 开始
    IIC_WriteByte_ADC(ADC_READ);              //写从机 ID
    if(Slave_Ack_Check_ADC() ==0x00)          //检测应答信号
    {
        return 0;
    }
    IIC_ReadByte_ADC();                       //读第 1 个字节的数据
    IIC_ADCHigh = IIC_Byte;
    IIC_Ack_ADC();
    IIC_ReadByte_ADC();                       //读第 2 个字节的数据
    IIC_ADCLow = IIC_Byte;
    IIC_Ack_ADC();
    IIC_ReadByte_ADC();                              //读转换状态字
    ADS_Busy = (IIC_Byte&0x80);                      //为 0 则当前读取值为新值，否则为前一次转换值
    IIC_NAck_ADC();
    IIC_Stop_ADC();                           //IIC 停止
    return 1;
}
/ ************************** ADS1110 初始化子程序 ***************************/
//说明：将 A/D 设置成连续工作方式、采样速率为 15、无放大
void ADS1110_Init(void)
{
    Write_ADS1110(0x0c);
}
/ **************************** 温度测量子程序 *****************************/
//说明：测量结果保存在变量 Real_SensorOutput 中
void Temperature_Sample(void)
{
    ulong temp1;
    ulong temp2;
    ulong temp3;
    uint SensorSample_Temp;
    uint MAX_TEST;
    uint MIN_TEST;
    uchar t,i;
    uint SensorSample[8];
    for(i =0;i <8;i ++)
    {
        Read_ADS1110();
        while(ADS_Busy ==0x80)                //当前所读值前面被读过
        {
```

```
            Read_ADS1110();
        }
        SensorSample_Temp = IIC_ADCHigh;
        SensorSample_Temp = (SensorSample_Temp << 8);
        SensorSample_Temp = SensorSample_Temp | IIC_ADCLow;
        t = 0;
        if((IIC_ADCHigh&0x80) == 0x80)    //当前测量值为负
        {
            SensorSample_Temp = (0xffff - SensorSample_Temp) + 1;
            t = 1;
        }
        SensorSample[i] = SensorSample_Temp;
    }
    MAX_TEST = SensorSample[0];
    MIN_TEST = SensorSample[0];
    for(i = 1;i < 8;i ++)
    {
        if(SensorSample[i] > MAX_TEST)
        {
            MAX_TEST = SensorSample[i];
        }
        if(SensorSample[i] < MIN_TEST)
        {
            MIN_TEST = SensorSample[i];
        }
    }
    temp1 = 0;
    for(i = 0;i < 8;i ++)
    {
        temp2 = SensorSample[i];
        temp1 = temp1 + temp2;
    }
    temp2 = MAX_TEST;
    temp1 = temp1 - temp2;
    temp2 = MIN_TEST;
    temp1 = temp1 - temp2;
    temp1 = temp1/6;
    temp1 = temp1 * 62500;              //(204800/32768 = 6.25), 扩大 100 倍, 精确到 0.01MV
    temp1 = temp1/20000;                //缩小 100 倍恢复正常值
    if(t)                               //当前值为负
    {
        temp1 = (0x80000000 | temp1);
    }
```

```
    Real_SensorOutput = temp1;
}
```

由上述程序可知，当前温度对应的输出电压 V_O 保存在变量“Real_SensorOutput”，再根据式（13-4）和式（13-5）即可计算出当前温度对应的铂电阻阻值。

2. 温度检测

由于铂电阻阻值与温度呈非线性关系，且关系复杂，不能采用第 11 章所述的方法进行标量转换。而一般情况下，厂商会提供给用户铂电阻 PT100 的阻值与温度对应表（如表 13-13 所示），当测量出铂电阻当前阻值后，就可直接通过软件在表中查找到对应的温度值。

表 13-13 PT100 分度表（部分）

温度℃	0	1	2	3	4	5	6	7	8	9
	电阻值/Ω									
-20	92.16	91.77	91.37	90.98	90.59	90.19	89.80	89.40	89.01	88.62
-10	96.09	95.69	95.30	94.91	94.52	94.12	93.73	93.34	92.95	92.55
0	100.00	99.61	99.22	98.83	98.44	98.04	97.65	97.26	96.87	96.48
0	100.00	100.39	100.78	101.17	101.56	101.95	102.34	102.73	103.12	103.51
10	103.90	104.29	104.68	105.07	105.46	105.85	106.24	106.63	107.02	107.40
20	107.79	108.18	108.57	108.96	109.35	109.73	110.12	110.51	110.90	111.29
30	111.67	112.06	112.45	112.83	113.22	113.61	114.00	114.38	114.77	115.15
40	115.54	115.93	116.31	116.70	117.08	117.47	117.86	118.24	118.63	119.01

例如：若测得当前铂电阻为 103.90 Ω，则当前温度值为 10℃；若测得当前铂电阻为 104.29 Ω，则当前温度值为 11℃；而若测得当前铂电阻在 103.90 ~ 104.29 Ω，则认为在此范围间，温度与阻值呈线性关系，按照第 11 章所述的方法进行计算就可得到当前温度值。

这里，采用中值查表法。若所测温度范围为 -29 ~ 49℃，根据表 13-13 所示分度表，将每个温度对应的阻值保存在数组 PT100[i]中，PT100[0] = 9216，PT100[79] = 11901，i 的取值范围为 0 ~ 79。首先将当前所测铂电阻阻值与中值 PT100[39]进行比较：若正好相等，则 PT100[79/2]对应的温度即为所测温度；若所测铂电阻阻值小于中值 PT100[79/2]，下次再与 PT100[79/4]进行比较；若所测铂电阻阻值大于中值 PT100[79/2]，下次再与 PT100[(79 - 79/2)/2]进行比较；……；以此类推，直到找到对应的温度值或温度区间。中值查表法程序清单如下：

```
/************************查表求 PT100 温度子程序************************/
//说明：根据当前铂电阻阻值找到对应温度在分度表中位置
//输入：铂电阻阻值
//输出：0 - 找到对应点；1 - 找到对应范围；0xff - 没有找到对应的点
uchar Compute_T(uint PT100_R)
{
    uint xdata i,t;
    Lower_Index_PT100 = 0;
    High_Index_PT100 = 79;
//与最小阻值比较
```

```
        if(PT100_R < PT100[0])                    //测量值比最小阻值还小
        {
            return(0xff);
        }
    //与最大阻值比较
        if(PT100_R > PT100[79])                   //测量值比最大阻值还大
        {
            return(0xff);
        }
        for(i = 0;i < 80;i ++ )
        {
            t = Lower_Index_PT100 + (High_Index_PT100 - Lower_Index_PT100)/2;
            if(PT100_R == PT100[t])               //查询到修正点
            {
                Lower_Index_PT100 = t;
                return(0);
            }
            else if(PT100_R < PT100[t])
            {
                High_Index_PT100 = t;
            }
            else
            {
                Lower_Index_PT100 = t;
            }
        }
        return(1);
    }
```

3. 温度控制

采用 PID 算法对温度进行控制，PID 控制器输出为 PWM 占空比，具体实现方法类似于第 12 章中有关“直流电动机的速度控制”所述，这里不再赘述。

13.4.2 触摸屏坐标定位算法

触摸屏要与液晶显示屏配合使用，必须将触摸屏上的触点与液晶显示屏上的像素点一一对应，这样首先要对触摸屏上点的坐标进行校准。

假设液晶显示屏上的点坐标为（x_d，y_d）（YD－511A 液晶显示器中，x_d 的取值范围为 1～320，y_d 取值范围为 1～234），其在触摸屏上对应的点坐标为（x_s，y_s），两者之间应满足下式：

$$\begin{bmatrix} x_d \\ y_d \end{bmatrix} = \begin{bmatrix} A & B & C \\ D & E & F \end{bmatrix} \times \begin{bmatrix} x_s \\ y_s \\ 1 \end{bmatrix} \tag{13-6}$$

其中，$M=\begin{bmatrix}A & B & C\\ D & E & F\end{bmatrix}$称为中间矩阵。

若在液晶显示屏上取三个点（x_{d0}，y_{d0}）、（x_{d1}，y_{d1}）、（x_{d2}，y_{d2}），在触摸屏对应位置上按下这三个点，则通过 ADS7846 就可读到对应的三个坐标（x_{s0}，y_{s0}）、（x_{s1}，y_{s1}）和（x_{s2}，y_{s2}），根据这六个坐标就可求出中间矩阵值，如下：

$$Divider=(x_{s0}-x_{s2})\times(y_{s1}-y_{s2})-(x_{s1}-x_{s2})\times(y_{s0}-y_{s2}) \tag{13-7}$$

$$A=(x_{d0}-x_{d2})\times(y_{s1}-y_{s2})-(x_{d1}-x_{d2})\times(y_{s0}-y_{s2})/Divider \tag{13-8}$$

$$B=(x_{s0}-x_{s2})\times(x_{d1}-x_{d2})-(x_{d0}-x_{d2})\times(x_{s1}-x_{s2})/Divider \tag{13-9}$$

$$C=y_{s0}\times(x_{s2}x_{d1}-x_{s1}x_{d2})+y_{s1}\times(x_{s0}x_{d2}-x_{s2}x_{d0})+y_{s2}\times(x_{s1}x_{d0}-x_{s0}x_{d1})/Divider \tag{13-10}$$

$$D=(y_{d0}-y_{d2})\times(y_{s1}-y_{s2})-(y_{d1}-y_{d2})\times(y_{s0}-y_{s2})/Divider \tag{13-11}$$

$$E=(x_{s0}-x_{s2})\times(y_{d1}-y_{d2})-(y_{d0}-y_{d2})\times(x_{s1}-x_{s2})/Divider \tag{13-12}$$

$$F=y_{s0}\times(x_{s2}y_{d1}-x_{s1}y_{d2})+y_{s1}\times(x_{s0}y_{d2}-x_{s2}y_{d0})+y_{s2}\times(x_{s1}y_{d0}-x_{s0}y_{d1})/Divider \tag{13-13}$$

在实际校准过程中，屏幕上三个点的选择不能太靠近触摸屏的边缘（此处呈现非线性），此外它们的间隔必须足够宽，以便尽可能减少放大误差。

求出中间矩阵后，每当触摸屏上有触点按下，则式（13-6）就可求出触点在液晶屏上的位置。

触摸屏校准程序如下：

```
/************************计算坐标校准中间矩阵子程序********************/
//说明:分别取三个不同的参考点,通过下式计算中间矩阵
int setCalibrationMatrix( POINT * displayPtr,POINT * screenPtr,MATRIX * matrixPtr)
{
    uint   retValue = OK;
    matrixPtr -> Divider = ((screenPtr[0].x - screenPtr[2].x) * (screenPtr[1].y - screenPtr[2].y))
                         - ((screenPtr[1].x - screenPtr[2].x) * (screenPtr[0].y - screenPtr[2].y));
    if( matrixPtr -> Divider == 0 )
    {
        retValue = NOT_OK;
    }
    else
    {
        matrixPtr -> An = ((displayPtr[0].x - displayPtr[2].x) * (screenPtr[1].y - screenPtr[2].y))
                - ((displayPtr[1].x - displayPtr[2].x) * (screenPtr[0].y - screenPtr[2].y));
        matrixPtr -> Bn  = ((screenPtr[0].x - screenPtr[2].x) * (displayPtr[1].x - displayPtr[2].x))
                       - ((displayPtr[0].x - displayPtr[2].x) * (screenPtr[1].x - screenPtr[2].x));

        matrixPtr -> Cn  = (screenPtr[2].x * displayPtr[1].x - screenPtr[1].x * displayPtr[2].x)
                       * screenPtr[0].y + (screenPtr[0].x * displayPtr[2].x - screenPtr[2].x
                       * displayPtr[0].x) * screenPtr[1].y + (screenPtr[1].x * displayPtr[0].x
                       - screenPtr[0].x * displayPtr[1].x) * screenPtr[2].y;
```

```
            matrixPtr -> Dn  = ((displayPtr[0].y - displayPtr[2].y) * (screenPtr[1].y - screenPtr[2].y))
                             - ((displayPtr[1].y - displayPtr[2].y) * (screenPtr[0].y - screenPtr[2].y));

            matrixPtr -> En  = ((screenPtr[0].x - screenPtr[2].x) * (displayPtr[1].y - displayPtr[2].y))
                             - ((displayPtr[0].y - displayPtr[2].y) * (screenPtr[1].x - screenPtr[2].x));

            matrixPtr -> Fn  = (screenPtr[2].x * displayPtr[1].y - screenPtr[1].x * displayPtr[2].y)
                             * screenPtr[0].y + (screenPtr[0].x * displayPtr[2].y - screenPtr[2].x
                             * displayPtr[0].y) * screenPtr[1].y + (screenPtr[1].x * displayPtr[0].y
                             - screenPtr[0].x * displayPtr[1].y) * screenPtr[2].y;
        }
    return( retValue );
}
```

13.4.3 人机界面设计

人机界面设计包括液晶显示画面的设计、触摸屏设计和主从机通信三个方面：

1. 液晶显示画面设计

液晶显示器主要负责显示实时温度，用于设定和查询相关参数等功能。每个显示画面下都设有6个按键，根据当前显示画面的不同，各按键的功能不一定相同，触摸屏的动作有效区域即为这6个按键的显示区域，每当检测到触摸屏上在这6个显示区域有动作，即表示相应的按键按下。系统的显示画面较多，这里只以参数设置画面为例进行说明。

系统参数设置画面如图13-17所示，显示内容包括温度设定值、温度报警上限、温度报警下限、PID比例系数 K_P、PID积分系数 K_I、PID微分系数 K_D。下设有确定、向上、向下、向左、向右及取消按键，通过向上、向下或向左、向右按键可确定画面中的三角形在设定参数间选择，再按确定键确定，则进入参数设定，按向上、向下进行加、减操作，最后按确定键确定，按取消键可以取消参数设定或返回上一层显示画面。

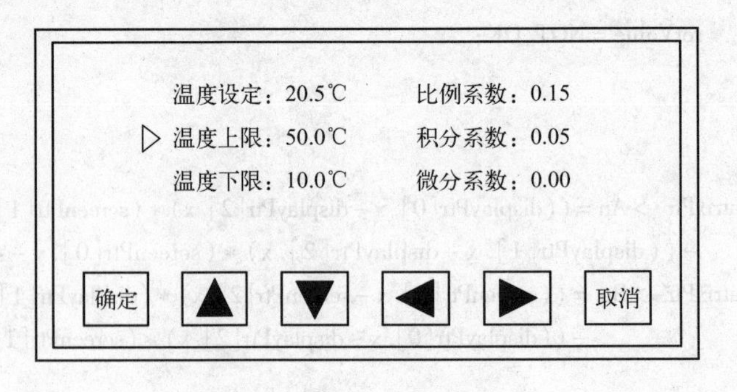

图13-17　参数设置显示画面

2. 触摸屏设计

（1）ADS7846驱动程序

触摸屏坐标采用控制芯片ADS7846获得，其驱动程序清单如下：

```
/****************************端口定义**********************************/
sbit DOUT_7846 = P1^4;                          //SPI 数据输出端
sbit BUSY_7846 = P1^3;                          //忙信号
sbit DIN_7846 = P1^2;                           //SPI 数据输入端
sbit CS_7846 = P1^1;                            //片选信号
sbit CLK_7846 = P1^0;                           //SPI 时钟信号
sbit IRQ_7846 = P3^2;                           //中断信号
/************************AD7846 及 SPI 启动子程序*************************/
//说明：选择 AD7846，启动 SPI 总线
void start_ads7846(void)
{
    CLK_7846 = 0;
    CS_7846 = 1;
    DIN_7846 = 1;
    CLK_7846 = 1;
    CS_7846 = 0;
}
/*********************向 AD7846 写数据子程序***************************/
//说明：向 AD7846 写入控制字
void write_ads7846(void)
{
    uchar count,temp;
    CLK_7846 = 0;
    _nop_();
    _nop_();
    temp = control_ads7846;
    for(count = 0;count < 8;count ++)
    {
        DIN_7846 = (temp >> (7 - count));
        CLK_7846 = 0;
        _nop_();
        _nop_();
        _nop_();
        _nop_();                                //下降沿有效
        CLK_7846 = 1;
        _nop_();
        _nop_();
        _nop_();
        _nop_();
    }
}
/**********************从 AD7846 读取数据子程序**************************/
//说明：将 AD 转换的结果读取出来
```

```
uint read_ads7846(void)
{
    uchar count;
    uint num = 0;
    for(count = 0;count < 12;count ++)
    {
        num <<= 1;
        CLK_7846 = 1;
        _nop_();
        _nop_();
        _nop_();
        _nop_();                                //下降沿有效
        CLK_7846 = 0;
        _nop_();
        _nop_();
        _nop_();
        _nop_();
        if(DOUT_7846)
            num ++;
    }
    return(num);
}
```

(2) 键值读取

当触摸屏上有触点按下时，ADS7846 会向单片机申请中断，单片机就通过 ADS7846 读取触点坐标，再按照式（13-6）计算对应的液晶显示屏上的坐标，从而计算出键值（表明哪个键被按下）并进行按键功能处理。

键值读取主要程序清单如下：

```
/****************根据触摸屏上的坐标获取对应的 LCD 坐标子程序****************/
//说明:根据获得的触摸屏上的坐标和中间矩阵计算液晶上对应的点的坐标
void GetDisplayPoint(void)
{
    DisplayPoint.x = ((A_coefficient * ScreenPoint.x) + (B_coefficient * ScreenPoint.y) +
                    C_coefficient * 10)/100000;//矩阵系数扩大 10000 倍，触摸屏坐标扩大 10 倍
    DisplayPoint.y = ((D_coefficient * ScreenPoint.x) + (E_coefficient * ScreenPoint.y) +
                    F_coefficient * 10)/100000;//矩阵系数扩大 10000 倍，触摸屏坐标扩大 10 倍
}
/********************对触摸屏坐标滤波平均处理子程序************************/
//说明：对获得的 5 组坐标数据进行滤波，求平均值
void ScreenPoint_Dispose(void)
{
    ulong t;
```

```
uchar i;
uint temp;
uchar max_index_x,min_index_x;
uchar max_index_y,min_index_y;
max_index_x = min_index_x = 0;
max_index_y = min_index_y = 0;
temp = 0;
for(i = 1;i < 5;i ++ )                        //滤波，找出最大最小值
{
    if(Display_temp_x[i] > Display_temp_x[max_index_x])
    {
        max_index_x = i;
    }
    if(Display_temp_x[i] < Display_temp_x[min_index_x])
    {
    min_index_x = i;
    }

    if(Display_temp_y[i] > Display_temp_y[max_index_y])
    {
        max_index_y = i;
    }
    if(Display_temp_y[i] < Display_temp_y[min_index_y])
    {
        min_index_y = i;
    }
}
for(i = 0;i < 5;i ++ )                        //对 x 坐标求和
{
    temp = temp + Display_temp_x[i];
}
temp = temp - Display_temp_x[max_index_x] - Display_temp_x[min_index_x];//减去最大最
                                                                        小值
ScreenPoint.x = ((ulong)temp * 10)/3;         //求平均值
temp = 0;
for(i = 0;i < 5;i ++ )                        //对 y 坐标求和
{
    temp = temp + Display_temp_y[i];
}
temp = temp - Display_temp_y[max_index_y] - Display_temp_y[min_index_y];//减去最大最
                                                                        小值
ScreenPoint.y = ((ulong)temp * 10)/3;         //求平均值
}
```

```
/ ************************ 触摸屏中断处理子程序 ****************************/
//说明: 获取触摸屏上当前触摸点的坐标后, 先进行滤波求平均处理, 再计算出液晶上对应点的坐标
//      最后求取键值并进行功能处理
void Screen_INT_Dispose( void)
{
    ScreenPoint_Dispose( ) ;
    GetDisplayPoint( ) ;
    //求取键值并进行功能处理
}
/ ************************ 触摸屏中断子程序 ****************************/
//说明: 当触摸屏上有键按下时, 产生中断, 中断程序负责通过 SPI 总线将触摸屏上的坐标值读出
void ads7846_int4( void)  interrupt 0
{
    uchar i;
    uint x_cordinate, y_cordinate;
    EX0 = 0;                                  //关中断
    delay_s(40) ;                             //延时, 去抖动
    for( i = 0; i < 5; i ++ )
    {
        start_ads7846( ) ;                    //启动 SPI
        control_ads7846 = 0x0d0;
        write_ads7846( ) ;                    //送控制字 10010000 即用差分方式读 X 坐标 12bit
        delay_s(2) ;
        _nop_( ) ;
        _nop_( ) ;
        CLK_7846 = 1;
        _nop_( ) ;
        _nop_( ) ;
        CLK_7846 = 0;
        _nop_( ) ;
        _nop_( ) ;
        x_cordinate = read_ads7846( ) ;       //读 X 轴坐标
        x_cordinate = 0x0fff&x_cordinate;
        Display_temp_x[ i] = x_cordinate;

        control_ads7846 = 0x90;
        write_ads7846( ) ;                    //送控制字 11010000 即用差分方式读 Y 坐标 12bit
        delay_s(2) ;
        _nop_( ) ;
        _nop_( ) ;
        CLK_7846 = 1;
        _nop_( ) ;
        _nop_( ) ;
```

```
            CLK_7846 = 0;
            _nop_();
            _nop_();
            y_cordinate = read_ads7846();        //读 Y 轴坐标
            y_cordinate = 0x0fff&y_cordinate;
            Display_temp_y[i] = y_cordinate;
            _nop_();
            _nop_();
            CS_7846 = 1;
        }
        flag_touch = 1;                          //触摸屏中断标志位置位
    }
```

3. 主从机通信

主机 CPU 和从机 CPU 之间采用串口进行通信，两者都具有唯一的通信地址，数据通信格式见 7.3.4 节所述，主要负责完成在进行实时参数显示、参数设定、参数查询及其他相关控制功能时的参数传递。

13.4.4 无线通信接口设计

无线通信接口设计主要包含无线通信协议、无线通信模块驱动程序设计两部分内容。

1. 无线通信协议

在利用无线通信模块与远程监控计算机进行通信时，本机作为从机，而监控计算机作为主机，两者都具有唯一的通信地址，数据通信格式见 7.3.4 节所述，这里不再赘述。

2. PTR4000 驱动程序

PTR4000 的驱动程序如下：

```
/******************************端口声明**********************************/
sbit DATA1 = P3^4;              //频道 1 的 SPI 数据端
sbit CLK1 = P3^3;               //频道 1 的 SPI 时钟端
sbit DR1 = P3^5;                //频道 1 的接收完成中断输入端
sbit CS = P3^6;                 //配置模式的片选端
sbit CE = P3^2;                 //收发模式的片选端
sbit CHA_DIR = P2^6;            //电平转换方向控制端口
/****************************全局变量定义*********************************/
uchar configureDATA[15];        //PTR4000 配置字保存单元
uchar sendDATA[14];             //发送数据缓冲区
uchar receiveDATA[10];          //接收数据保存单元

//含位变量的全局变量定义
struct bit_def1 {
        char    b0:1;
        char    b1:1;
        char    b2:1;
```

```
        char    b3:1;
        char    b4:1;
        char    b5:1;
        char    b6:1;
        char    b7:1;
};
union byte_def1{
    struct bit_def1 bit;
    char      byte;
};
union byte_def1 SendRece_union; //发送的位缓存单元
#define SendRece_Data SendRece_union. byte
#define SendRece_BIT SendRece_union. bit. b7
/**************************设定 PTR4000 发送配置字子程序********************/
//说明: 根据实际情况设定 PTR4000 的配置字, 将设定的配置字保存在配置字保存单元
//configureDATA[15]中.
void send_configureWORD(void)
{
    configureDATA[0] = 0x50;        //频道 2 的数据宽度 80 bit(10 bytes)
    configureDATA[1] = 0x50;        //频道 1 的数据宽度 80 bit(10 bytes)
    configureDATA[2] = 0x00;        //频道 2 的地址 MSB
    configureDATA[3] = 0xc0;        //频道 2 的地址 MSB1
    configureDATA[4] = 0xc0;        //频道 2 的地址 MSB2
    configureDATA[5] = 0xc0;        //频道 2 的地址 MSB3
    configureDATA[6] = 0xc0;        //频道 2 的地址 LSB
    configureDATA[7] = 0x00;        //频道 1 的地址 MSB
    configureDATA[8] = 0xcc;        //频道 1 的地址 MSB1
    configureDATA[9] = 0xcc;        //频道 1 的地址 MSB2
    configureDATA[10] = 0xcc;       //频道 1 的地址 MSB3
    configureDATA[11] = 0xcc;       //频道 1 的地址 LSB
    configureDATA[12] = 0x83;       //地址宽度 32 bits(4 bytes)(bit7 - bit2), 16 位 CRC(bit1),
                                      CRC 使能(bit0)
    configureDATA[13] = 0x4f;       //单个频道接收(bit7), shockBurstTM 模式(bit6), 16 MHz
                                      (bit5 - bit2)
    configureDATA[14] = 0x04;       //发送使能(bit0)
}
/**************************设定 PTR4000 接收配置字子程序********************/
//说明: 根据实际情况设定 PTR4000 的配置字, 将设定的配置字保存在配置字保存单元
//configureDATA[15]中.
void receive_configureWORD(void)
{
    configureDATA[0] = 0x50;        //频道 2 的数据宽度 80 bit(10 B)
    configureDATA[1] = 0x50;        //频道 1 的数据宽度 80 bit(10 B)
```

```
    configureDATA[2] = 0x00;        //频道 2 的地址 MSB
    configureDATA[3] = 0xc0;        //频道 2 的地址 MSB1
    configureDATA[4] = 0xc0;        //频道 2 的地址 MSB2
    configureDATA[5] = 0xc0;        //频道 2 的地址 MSB3
    configureDATA[6] = 0xc0;        //频道 2 的地址 LSB
    configureDATA[7] = 0x00;        //频道 1 的地址 MSB
    configureDATA[8] = 0xcc;        //频道 1 的地址 MSB1
    configureDATA[9] = 0xcc;        //频道 1 的地址 MSB2
    configureDATA[10] = 0xcc;       //频道 1 的地址 MSB3
    configureDATA[11] = 0xcc;       //频道 1 的地址 LSB
    configureDATA[12] = 0x83;       //地址宽度 32 bit(4 B)(bit7 - bit2), 16 位 CRC(bit1), CRC
                                      使能(bit0)
    configureDATA[13] = 0x4f;       //单个频道接收(bit7), shockBurstTM 模式(bit6), 16MHz
                                      (bit5 - bit2)
    configureDATA[14] = 0x05;       //接收使能(bit0)
}
/ ****************************** PTR4000 配置子程序 ************************ /
//说明:根据设定的配置字配置 PTR4000
void set_configureWORD(void)
{
    uchar i,j;
    CHA_DIR = 0;                    //电平转换 1 方向选择

    CE = 0;
    _nop_();
    _nop_();
    CS = 1;                         //选择配置模式
    delay_s(2);
    for(i = 0;i < 15;i ++ )         //设置配置字
    {
        SendRece_Data = configureDATA[i];
        for(j = 0;j < 8;j ++ )      //发送一个字节数据
        {
            DATA1 = SendRece_BIT;
            _nop_();
            _nop_();
            CLK1 = 1;
            _nop_();
            _nop_();
            CLK1 = 0;
            _nop_();
            _nop_();
            _nop_();
```

```
            SendRece_Data = SendRece_Data << 1;
        }
    }
    delay_s(2);
    CS = 0;
}
/************************* 设定发送数据子程序 *******************************/
//说明：发送的数据包括接收端的地址和要发送的数据(根据配置字知设定的发送有效的
//数据为10 B，接收端的地址共有4 B的长度)
void sendoutDATA(void)
{
    sendDATA[0] = 0xcc;             //接收端频道1地址MSB
    sendDATA[1] = 0xcc;             //接收端频道1地址MSB1
    sendDATA[2] = 0xcc;             //接收端频道1地址MSB1
    sendDATA[3] = 0xcc;             //接收端频道1地址MSB1

    sendDATA[4] = 0x00;             //发送的字节1
    sendDATA[5] = 0x01;             //发送的字节2
    sendDATA[6] = 0x02;             //发送的字节3
    sendDATA[7] = 0x03;             //发送的字节4
    sendDATA[8] = 0x04;             //发送的字节5
    sendDATA[9] = 0x05;             //发送的字节6
    sendDATA[10] = 0x06;            //发送的字节7
    sendDATA[11] = 0x07;            //发送的字节8
    sendDATA[12] = 0x08;            //发送的字节9
    sendDATA[13] = 0x09;            //发送的字节10
}
/************************* PTR4000发送数据子程序 *************************/
//说明：根据设定的配置字，发送10 B的数据，地址4字节
void Send(void)
{
    uchar i,j;
    CHA_DIR = 0;                    //电平转换方向选择
    CE = 1;
    delay_s(2);                     //选择收发模式
    for(i = 0;i < 14;i ++ )         //设置配置字
    {
        SendRece_Data = sendDATA[i];
        for(j = 0;j < 8;j ++ )      //发送1 B数据
        {
            DATA1 = SendRece_BIT;
            _nop_();
            _nop_();
```

```
                CLK1 = 1;
                _nop_();
                _nop_();
                CLK1 = 0;
                _nop_();
                SendRece_Data = SendRece_Data << 1;
            }
        }
        delay_s(2);
        CE = 0;                         //PTR4000 开始发射
    }
/ ****************************** PTR4000 接收数据子程序 ************************* /
//说明：根据设定的配置字，接收 10 B 的数据，地址为 4 B
void Receive(void)
    {
        uchar i,j;
        uchar receivedata;
        CHA_DIR = 1;                    //电平转换方向选择
        delay_s(2);
        for(i = 0;i < 10;i ++ )
        {
            for(j = 0;j < 8;j ++ )      //接收 1 B 的数据
            {
                receivedata = receivedata << 1;
                CLK1 = 1;
                _nop_();
                _nop_();
                SendRece_BIT = DATA1;
                _nop_();
                _nop_();
                _nop_();
                _nop_();
                CLK1 = 0;
                _nop_();
                _nop_();
                if(SendRece_BIT)
                {
                    receivedata = receivedata | 0x01;
                }
                else
                {
                    receivedata = receivedata&0xfe;
                }
```

```
            }
            receiveDATA[i] = receivedata;
        }
    }
```

13.5 系统调试

该系统的调试可以先将各种器件的驱动程序调试成功，再分别对每个功能块逐一进行调试，最后进行综合调试。调试完成就可进行系统测试，首先测试系统功能的完整性，再进行系统稳定性、控制精度的测试，这种测试可能要持续很长一段时间。

13.6 总结交流

本章介绍了一种触摸屏温度控制器的设计方法，系统集温度检测与控制、无线通信、触摸屏控制和液晶显示等功能于一身。从方案设计到系统软、硬件设计，以及系统的调试与测试都进行了详细说明。读者重点要掌握其设计思路和流程。

第14章　汽车防盗报警系统设计

随着数字化技术的日趋成熟，通信行业的迅速发展，利用现有的通信网络实现更多功能的扩展是满足人们生活需要的必然趋势。当前，我国家用汽车的数量突飞猛进，每年城市道路上新增汽车数量惊人，汽车防盗越来越受到人们关注。目前市场上汽车防盗系统种类繁多，但是物美价廉的防盗系统还很少见，好一点的防盗报警系统功能是很强大，但是其成本较高、同时也给使用者带来了很多不便，各个功能操作繁琐，在紧急情况下繁琐的过程往往会弄巧成拙。

本章将介绍一款成本低廉，实用性强的基于 GSM 的超声波汽车防盗报警系统的设计方法，详细介绍了系统的方案设计、软硬件设计方法、调试过程与测试结果。

14.1　方案设计

GPS 即全球定位系统（Global Positioning System），它可以保证在任意时刻，地球上任意一点（未全部遮挡）都可以同时观测到多颗卫星，保证卫星可以采集到该观测点的经纬度和高度，以便实现导航、定位等功能。目前，市面上常见的基于 GPS 的汽车防盗报警系统装置的结构框图如图 14-1 所示。

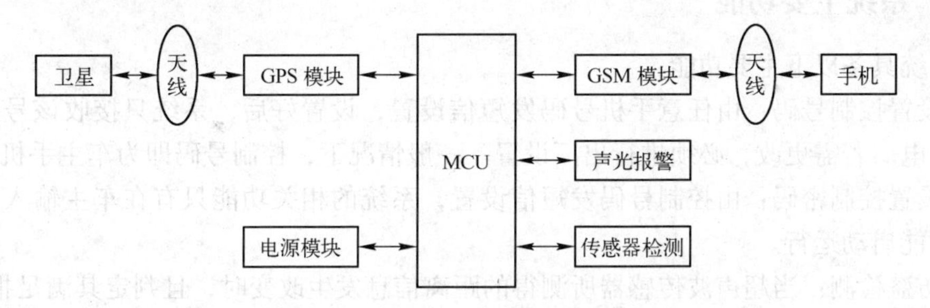

图 14-1　基于 GPS 的汽车防盗报警系统结构框图

该防盗报警系统采用 GPS 模块搜索汽车的位置、速度等状态信息，通过单片机处理这些信息和检测汽车各传感器状态，并利用 GSM 模块和车主建立通信联系。

然而由于 GPS 模块成本高，操作繁琐，功能虽多，但作为一般汽车防盗，不免浪费资源。本系统简单地以 GSM 模块对汽车实施监控，可以实现远程电话操作、远程报警、收发短信等功能，且成本低、操作简便、体积小巧，便于隐蔽，非常适合一些不需知道汽车定位信息的普通车主的需要。

目前，市面上常见的汽车防盗报警系统报警触发方式的种类有很多，比如光学测距报警、振动传感器报警、超声波测距报警等。

（1）利用光学测距报警

光学测距包括红外测距和激光测距，红外线或激光测距仪向目标发射红外信号或激光信号，碰到目标就要被反射回来，只要记录下光信号的往返时间，用光速（30 万 km/s）乘以往返时间的二分之一，就是所要测量的距离。在汽车防盗系统中，通过所测距离的改变量来提供报警信息。

但红外测距反射性过强或过弱的目标误差会增大，精度低。激光测距需要注意人体安全，且制作的难度较大，成本较高，而且光学系统需要保持干净，否则将影响测量。

（2）利用振动传感器报警

振动传感器是将振动的机械量接收下来，并转换为与之成比例的电量。在防盗系统中，我们通过振动传感器把车内和车外振动信息传入单片机，提供报警信息。

但由于它的感应过于敏锐，受外界环境干扰过大，如外界施工、误碰等，容易产生误报现象。

（3）利用超声波测距报警

超声波发射器向某一方向发射超声波，在发射的同时开始计时，超声波在空气中传播，途中碰到障碍物后就返回来，超声波接收器收到反射波立即停止计时。超声波在空气中的传播速度为340 m/s，根据计时器记录的时间 t，就可以计算出发射点距障碍物的距离（s），即：$s=340t/2$。

由于超声波指向性强，能量消耗缓慢，在介质中传播的距离较远，利用超声波检测往往比较迅速、方便、易于做到实时控制，而且超声波测距比较耐脏，即使传感器上有尘土，只要没有堵死就可以测量，可以在较差的环境中使用，而且它的测试范围可以固定在车内，不易受外界干扰。

通过以上比较，我们选择了超声波测距作为报警触发方式。

14.1.1 系统主要功能

本系统具备以下主要功能：

1）设置控制号码：由任意手机号码发短信设置，设置好后，系统只接收该号码发来的信息或来电。若需更改，必须进行出厂设置。一般情况下，控制号码即为车主手机号码。

2）设置控制密码：由控制号码发短信设置，系统的相关功能只有在车主输入正确的密码后，才能启动运行。

3）防盗检测：当超声波传感器所测得的距离信息发生改变时，且判定其满足报警条件，系统以短信或打电话的方式向车主发出报警信息。

4）设防/撤防：由控制号码拨打车载 SIM 卡号码，系统根据记录的拨打次数来判断设防或撤防（奇数次为设防，偶数次为撤防）。

5）监听车内情况：车主在接听车载 SIM 卡号的来电或向 SIM 卡号发送监听短信后，即可开始监听车内情况。

6）断油控制：车主在监听过程中若察觉有小偷进入，可根据需要通过手机发出断油指令控制汽车断油。

14.1.2 系统结构及工作原理

1. 系统结构

本系统由 8051 单片机、E^2PROM AT24C01、看门狗、TC35i 模块、超声波测距模块及电源模块等组成。其原理框图如图 14-2 所示。

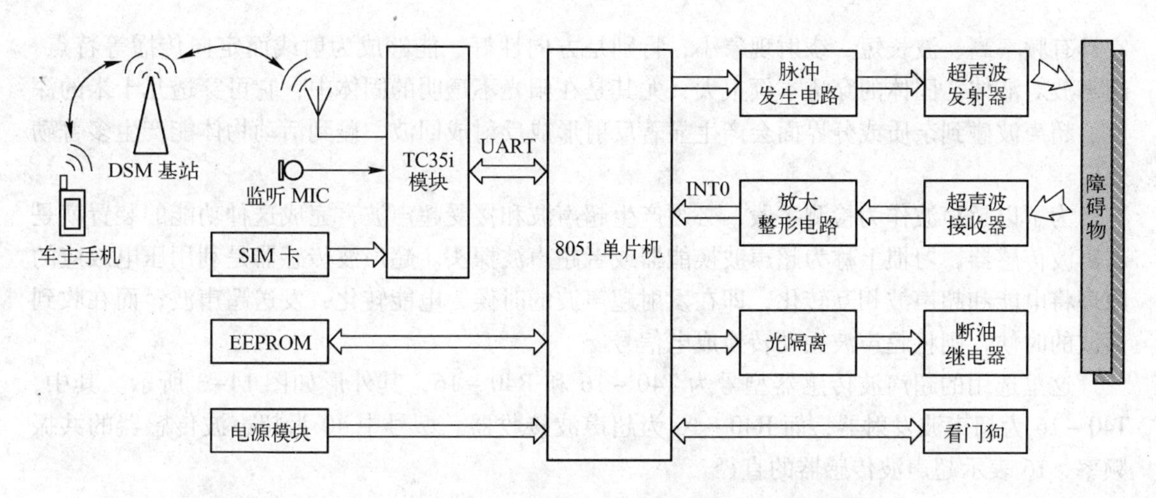

图 14-2　基于 TC35i 的超声波汽车防盗报警系统原理框图

在本系统中，主要用到了 8051 单片机的串口、外部中断 0 和两个定时器中断等功能。其中 GSM 模块 TC35i 通过串口和单片机相互通信；E^2PROM 通过 I^2C 总线与单片机相连，主要用于保存一些基本设置信息；超声波的发射采用 LM555 时钟发生芯片设计，而接收部分采用单片机的外部中断进行采集。系统采用 9 V 可充电电池供电。

2. 工作原理

当车主发来控制短信或打来电话时，TC35i 会自动将短信内容或来电信息发向单片机，单片机通过响应串口接收中断，对其进行处理；当检测到入侵信号时，单片机内按照 14.4.4 节所述格式通过串口将报警短信或电话发向 TC35i 模块，再通过 GSM 网络发送出去向车主告警。

车主设置的控制号码和密码保存在 E^2PROM 中，一旦设置成功，本系统只接受该控制号码的来电或短信息，且在控制密码正确的情况下才对其进行处理。车主还可发送短信更改控制密码。

车主可通过手机向系统 SIM 号码拨打电话进行设防或撤防。在设防状态下，主控制器每隔 65.5 ms 控制超声波发射探头发送一次超声波，同时通过外部中断来捕捉超声波的反射波，并利用定时器记录超声波的发射和反射时间，再计算出系统与障碍物的距离，若距离变化超过一定阈值，则认为检测到入侵信号，立即向车主拨打电话或发送短信告警，车主在接通电话后，立即进入监听状态，监听完毕，挂断电话为继续设防，拨打电话为撤防。若车主发现异常，可立即挂断电话，并向系统 SIM 号码发送控制密码进行断油。

14.2　主要器件介绍

本系统所用器件包括超声波传感器、GSM 模块 TC35i、看门狗芯片 MAX813L、E^2PROM AT24C16、时钟发生芯片 LM555、比较器、电源芯片、光耦及继电器等。下面对主要器件超声波传感器、GSM 模块 TC35i 及看门狗芯片 MAX813L 进行介绍。

14.2.1　超声波传感器

频率高于 20 kHz 的机械波称为超声波，它由换能晶片在电压的激励下发生振动产生的，它具有频率高、波长短、绕射现象小，特别是方向性好、能够成为射线而定向传播等特点。超声波对液体、固体的穿透本领很大，尤其是在阳光不透明的固体中，它可穿透几十米的深度。超声波碰到杂质或分界面会产生显著反射形成反射成回波，碰到活动物体能产生多普勒效应。

为了以超声波作为检测手段，必须产生超声波和接受超声波，完成这种功能的装置就是超声波传感器，习惯上称为超声波换能器或者超声波探头。超声波传感器是利用压电效应的原理将电能和超声波相互转化，即在发射超声波的时候，电能转化，发送超声波；而在收到回波的时候，则将超声波振动转换成电信号。

这里选用的超声波传感器型号为 T40－16 和 R40－16，其外形如图 14-3 所示。其中，T40－16 为超声波发射器，而 R40－16 为超声波接收器。型号中 40 为超声波传感器的共振频率，16 表示超声波传感器的直径。

图 14-3　超声波传感器实物图

超声波在空气中的传播速度为 340 m/s，测距时，首先测出超声波从发射到遇到障碍物返回所经历的时间，再乘以超声波的速度就得到 2 倍的声源与障碍物之间的距离。

14.2.2　GSM 模块 TC35i

TC35i 新版西门子工业 GSM 模块是一个支持中文短信息的工业级 GSM 模块，工作在 EGSM900 和 GSM1800 双频段，电源范围为直流 3.3～4.8 V，电流消耗－休眠状态为 3.5 mA，空闲状态为 25 mA，发射状态平均值为 300 mA、峰值电流 2.5 A。可传输语音和数据信号，功耗在 EGSM900 和 GSM1800 分别为 2 W 和 1 W，通过接口连接器和天线连接器分别连接 SIM 卡和天线。SIM 卡工作电压为 1.8 V～3 V，TC35i 的数据接口（CMOS 电平）通过 AT 命令可双向传输指令和数据，可选波特率为 300 bit/s～115 kbit/s，自动波特率为 1.2～115 kbit/s。它支持 Text 和 PDU 格式的 SMS（Short Message Service，短消息），可通过 AT 命令或关断信号实现重启和故障恢复。TC35i 由 GSM 基带处理器、GSM 射频模块、供电模块（ASIC）、闪存、ZIF 连接器、天线接口等 6 部分组成。作为 TC35i 的核心，基带处理器主要处理 GSM 终端内的语音、数据信号，并涵盖了蜂窝射频设备中的所有的模拟和数字功能。在不需要额外硬件电路的前提下，可支持 FR、HR 和 EFR 语音信道编码。

图 14-4　TC35i 模块实物图

TC35i 模块如图 14-4 所示。共有 40 个引脚，通过一个 ZIF（Zero Insertion Force，零阻力插座）连接器引出。这 40 个引脚可以划分为 5 类，即电源、数据输入/输出、SIM 卡、音频接口和控制，如表 14-1 所示。

表 14-1　TC35i 引脚号及名称

引脚号	引脚名称	引脚号	引脚名称	引脚号	引脚名称	引脚号	引脚名称
1	BATT +	11	POWER	21	RTS0	31	EMERGOFF
2	BATT +	12	POWER	22	DTR0	32	SYNC
3	BATT +	13	VDD	23	DCD0	33	EPP2
4	BATT +	14	BATT_TEMP	24	CCIN	34	EPN2
5	BATT +	15	IGT	25	CCRST	35	EPP1
6	GND	16	DSR0	26	CCIO	36	EPN1
7	GND	17	RING0	27	CCCLK	37	MICP1
8	GND	18	RxD0	28	CCVCC	38	MICN1
9	GND	19	TxD0	29	CCGND	39	MICP2
10	GND	20	CTS0	30	VDDLP	40	MICN2

各引脚功能说明如下：

1）TC35i 的第 1 ~ 5 引脚是正电源输入脚，推荐值为 4.2 V。

2）第 6 ~ 10 引脚是电源地。

3）引脚 11、12 为充电引脚，可以外接锂电池。

4）引脚 13 为对外输出电压（供外电路使用）。

5）引脚 14 为 BATT - TEMP，接负温度系数的热敏电阻，用于锂电池充电保护控制。

6）引脚 15 是启动脚 IGT，系统加电后为使 TC35i 进入工作状态，必须给 IGT 加一个大于 100 ms 的低脉冲，电平下降持续时间不可超过 1 ms。

7）引脚 16 ~ 23 为数据输入/输出口，分别为 DSR0、RING0、RxD0、TxD0、CTS0、RTS0、DTR0 和 DCD0。

8）TC35i 模块的数据输入/输出接口实际上是一个串行异步收发器，符合 ITU - TRS232 接口标准。它有固定的参数：8 位数据位和 1 位停止位，无校验位，波特率在300 bit/s ~ 115 kbit/s 之间可选，默认 9600 bit/s。硬件握手信号用 RTS0/CTS0，软件流量控制用 XON/XOFF，CMOS 电平，支持标准的 AT 命令集。

9）其中引脚 18 RxD0、引脚 19 TxD0 为 TTL 的串口通信引脚，需要接单片机或者 PC 进行通信。

10）TC35i 使用外接式 SIM 卡，24 ~ 29 为 SIM 卡引脚，SIM 卡同 TC35i 是这样连接的：SIM 上的 CCRST、CCIO、CCCLK、CCVCC 和 CCGND 通过 SIM 卡阅读器与 TC35i 的同名端直接相连，ZIF 连接座的 CCIN 引脚用来检测 SIM 卡是否插好，如果连接正确，则 CCIN 引脚输出高电平，否则为低电平。

11）引脚 30、31、32 为控制脚，其中，引脚 30 为 VDDLP，引脚 31 为 EMERGOFF，引

脚 32 为 SYNC。

12）TC35i 的第 32 引脚 SYNC 引脚有两种工作模式，一种是指示发射状态时的功率增长情况，另一种是指示 TC35i 的工作状态，可用 AT 命令 AT + SYNC 进行切换，本系统使用的是后一种。将 SYNC 接发光二极管（LED），当 LED 熄灭时，表明 TC35i 处于关闭或睡眠状态；当 LED 为 600 ms 亮/600 ms 熄时，表明 SIM 卡没有插入或 TC35i 正在进行网络登录；当 LED 为 75 ms 亮/3 s 熄时，表明 TC35i 已登录进网络，处于待机状态。

13）35 ~ 38 为语音接口。其中 35、36 接扬声器放音，37、38 可以直接接驻极体话筒来采集声音（37 是话筒正端，38 是话筒负端）。

14）TC35i 模块的供电电压如果低于 3.3 V 会自动关机。模块在发射时，电流峰值可高达 2.5 A，在此电流峰值时，电源电压（送入模块的电压）下降值不能超过 0.4 V。所以，该模块对电源的要求较高，电源的内阻加连接线的电阻必需小于 200 mΩ。

14.2.3 看门狗芯片 MAX813L

在由单片机构成的系统中，由于单片机的工作常常会受到来自外界电磁场的干扰，造成程序的跑飞而陷入死循环，程序的正常运行被打断，会造成整个系统的陷入停滞状态，发生不可预料的后果。所以出于对单片机运行状态实时监测的考虑，便产生了一种专门用于监测单片机程序运行状态的芯片，俗称“看门狗”。常用的看门狗芯片有 MAX705、MAX813L 等。

芯片 MAX813L 的引脚图如图 14-5 所示。其内部有一个 1.6 秒的定时器，当“喂狗端”WDI 保持高电平或低电平时间超过 1.6 s 时，将输出复位信号。若将其引脚 8 与引脚 1 相连，则复位时，引脚 7 RESET 将输出高电平信号，将引脚 7 与 8051 单片机的复位端相连，则会使 8051 单片机复位。若在 1.6 秒内改变 WDI 电平（俗称“喂狗”），则 MAX813L 不会输出复位信号。每当芯片复位或“喂狗”时，片内定时器计数单元清零并重新开始计时。

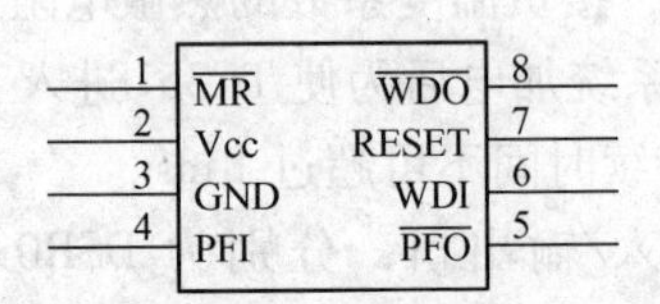

图 14-5　MAX813L 引脚图

14.3 硬件电路设计

系统硬件由主控电路、超声波测距电路、TC35i 外围电路、断油控制电路及电源电路组成。

14.3.1 主控电路

选择 8051 单片机作为主控器，主控电路如图 14-6 所示。单片机通过串口与 TC35i 相连，采用“AT 命令集”控制 TC35i 模块，实现接收、发送短信和拨打、接听电话功能；E^2PROM AT24C01 与单片机采用 I^2C 接口连接，用于保存一些重要参数。

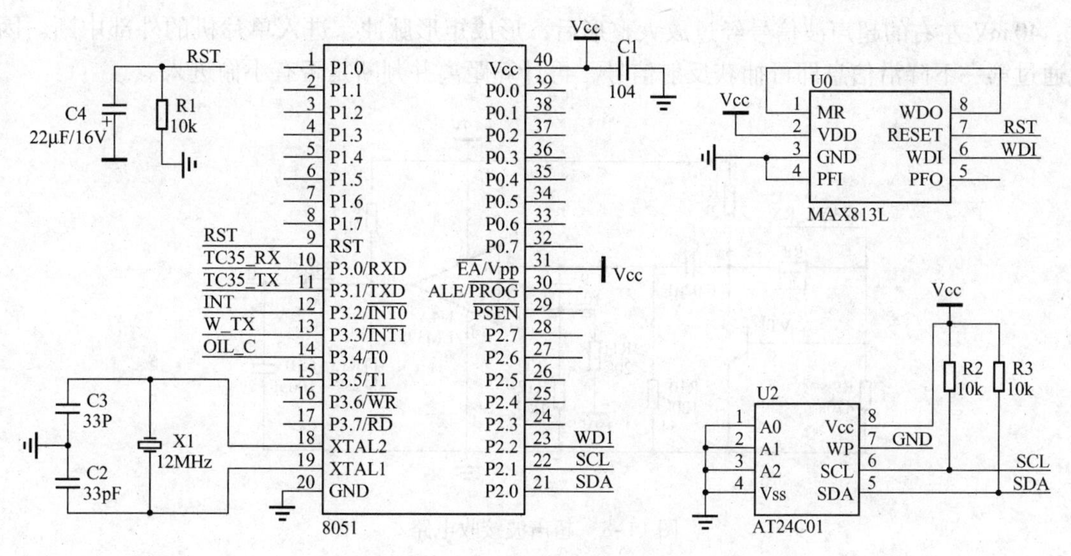

图 14-6　系统主控电路图

14.3.2　超声波测距电路

超声波测距电路包括超声波发射电路和接收电路两部分，用于入侵信号的检测。

1. 超声波发射电路

如图 14-7 所示为超声波发射电路。时钟芯片 LM555 的第 4 引脚（复位端）连接到单片机的控制口 P3.3，通过给 P3.3 高电平驱动 LM555 工作，产生固定频率的脉冲。通过调整 VR1 的大小，WAVE_TX + 端可以得到 40 kHz 的方波信号，直接驱动超声波发射探头工作。超声波发射探头接在 WAVE_TX + 端和系统地（GND）之间。电路工作电压 9 V，工作电流 40 ~ 50 mA，发射超声波信号大于 8 m。

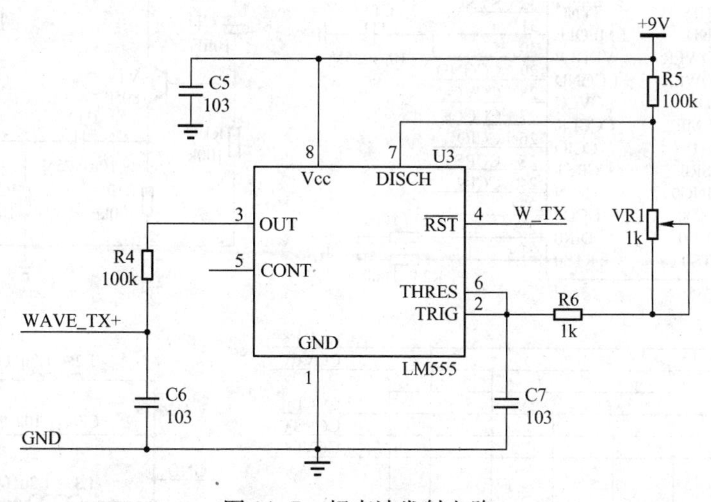

图 14-7　超声波发射电路

2. 超声波接收电路

如图 14-8 所示为超声波接收电路。WAVE_RX 为超声波接收探头的输入端，INT 接单片机的外部中断 0 口。在没有超声波返回前，P3.2 口输入保持高电平，而当接收到反射波时，40 mV 左右的超声波信号经过放大整形后，形成矩形脉冲，进入单片机的外部中断。因此通过第一下降沿信息即可捕获反射信号，再计算距离并判断是否有小偷进入。

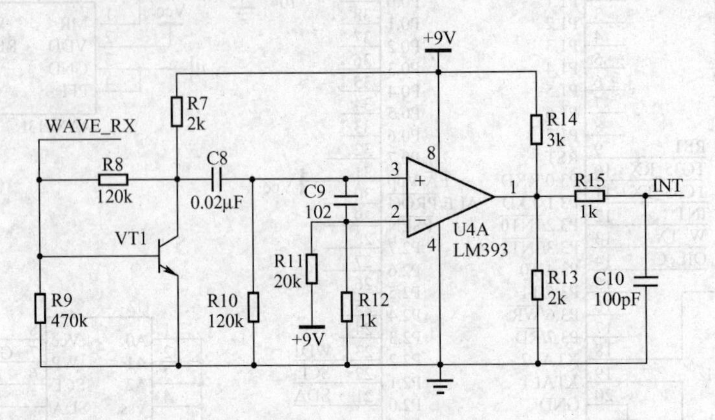

图 14-8　超声波接收电路

14.3.3　GSM 模块 TC35i 外围电路

单片机通过串口与 TC35i 通信，TC35i 模块上装有 SIM 卡（车载号码），同时扩有麦克风和喇叭，用于监听和告警。其外围电路如图 14-9 所示。

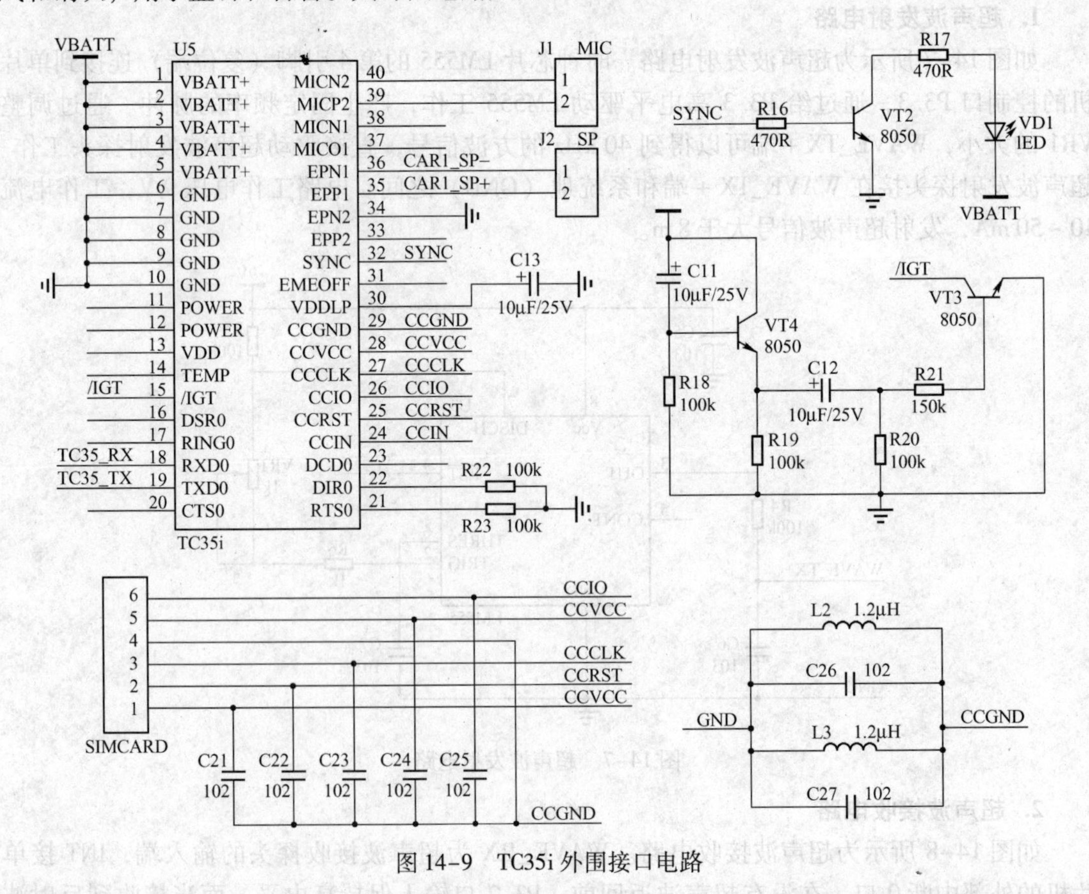

图 14-9　TC35i 外围接口电路

14.3.4　断油控制电路

断油控制电路如图 14-10 所示。

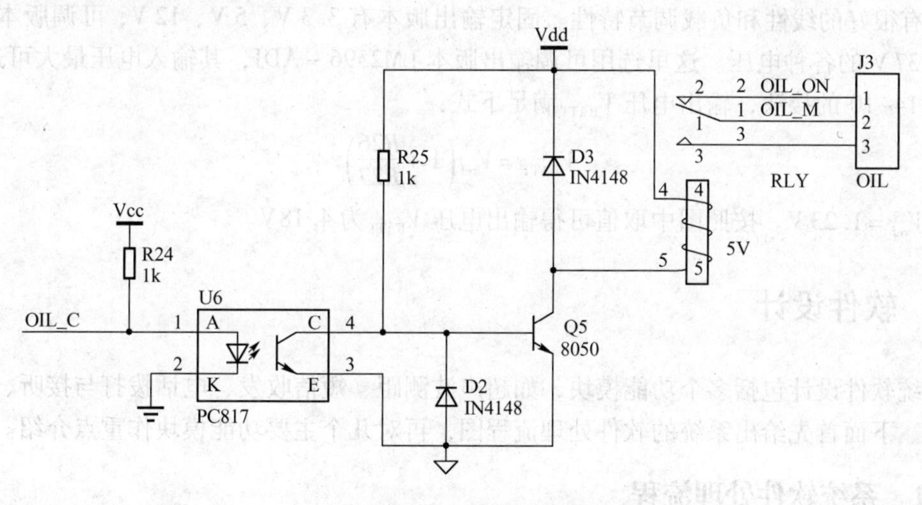

图 14-10　断油控制电路

当检测到入侵信号时，单片机可通过 P3.4 脚控制 5 V 继电器断开汽车油路，使汽车停止运行。本电路采用光耦 PC817 进行隔离，当 P3.4 输出低电平时，光耦关断，继电器常闭节点断开（即 OIL_ON 与 OIL_M 断开），相反，若 P3.4 输出高电平，则光耦动作，汽车油路正常。

14.3.5　电源电路

系统采用 9 V 可充电电池供电，其中，主控电路采用 5 V 供电，而 TC35i 要采用 4.2 V 电压供电，且最大电流接近 3 A。因此，设计的电源电路如图 14-11 所示。

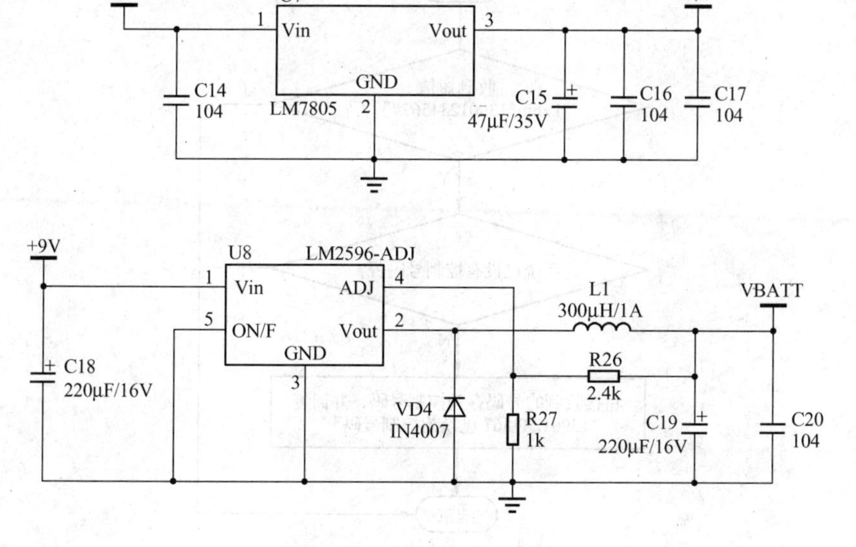

图 14-11　系统电源电路

输入9 V电压经过三端稳压器LM7805后得到+5 V电压Vcc，而4.2 V电压采用LM2596开关电压调节器获得。

LM2596开关电压调节器是降压型电源管理单片集成电路，能够输出3 A的驱动电流，同时具有很好的线性和负载调节特性。固定输出版本有3.3 V、5 V、12 V，可调版本可以输出小于37 V的各种电压。这里选用可调输出版本LM2596－ADJ，其输入电压最大可达40 V。按照图14-10的接法，输出电压V_{BATT}满足下式：

$$V_{BATT}=V_{ref}\left(1+\frac{R26}{R27}\right) \tag{14-1}$$

其中，$V_{ref}=1.23$ V。按照图中取值可得输出电压V_{BATT}为4.18V。

14.4 软件设计

系统软件设计包括多个功能模块，如超声波测距、短信收发、电话拨打与接听、看门狗控制等。下面首先给出系统的软件处理流程图，再对几个主要功能模块作重点介绍。

14.4.1 系统软件处理流程

根据系统功能要求，其软件处理流程主要包括："控制号码"设置、"控制密码"修改、"设防或撤防"设置、"防盗检测及报警"及"监听与断油控制"。

1."控制号码"的设置

"控制号码"通常为车主的手机号码，只有通过它才能与车载防盗报警系统（即本系统）进行联系。其他手机号码打来的电话或发来的短信，本系统不予处理，当系统检测到有入侵信号时，也只会向"控制号码"发送短信或拨打电话进行报警。"控制号码"的设置流程如图14-12所示。

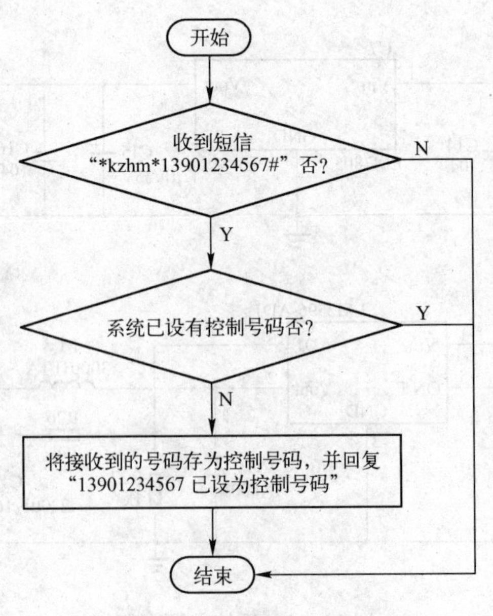

图14-12 "控制号码"设置流程图

当单片机通过 TC35i 接收到“kzhm”关键词时，会判断为当前操作为设置控制号码，一旦系统设有控制号码，则控制号码不可直接更改。

“控制号码”保存在系统 E^2PROM 中。

2. “控制密码”的修改

“控制号码”与本系统进行信息交互时，必须要先输入正确的密码，否则，系统不予处理。“控制密码”也保存在系统 E^2PROM 中。通过“控制号码”和“原控制密码”可以修改“控制密码”，其短信关键词为“ggmm”。密码修改流程如图 14-13 所示。

3. “设防或撤防”的设置

“设防”即启动本系统的防盗报警功能，一般在车主下车锁好车门而准备离开时，进行此操作。而当车主回来准备开车时，需要进行“撤防”操作，让本系统的防盗报警功能失效。“设防”与“撤防”的设置采用拨打电话的方式实现，当车主拨打奇数次电话时，表示“设防”，而当车主拨打偶数次电话时，表示“撤防”。系统检测到来电并不接听，而是直接挂断，这样避免浪费 SIM 卡通信费用。

“设防或撤防”的设置流程如图 14-14 所示。

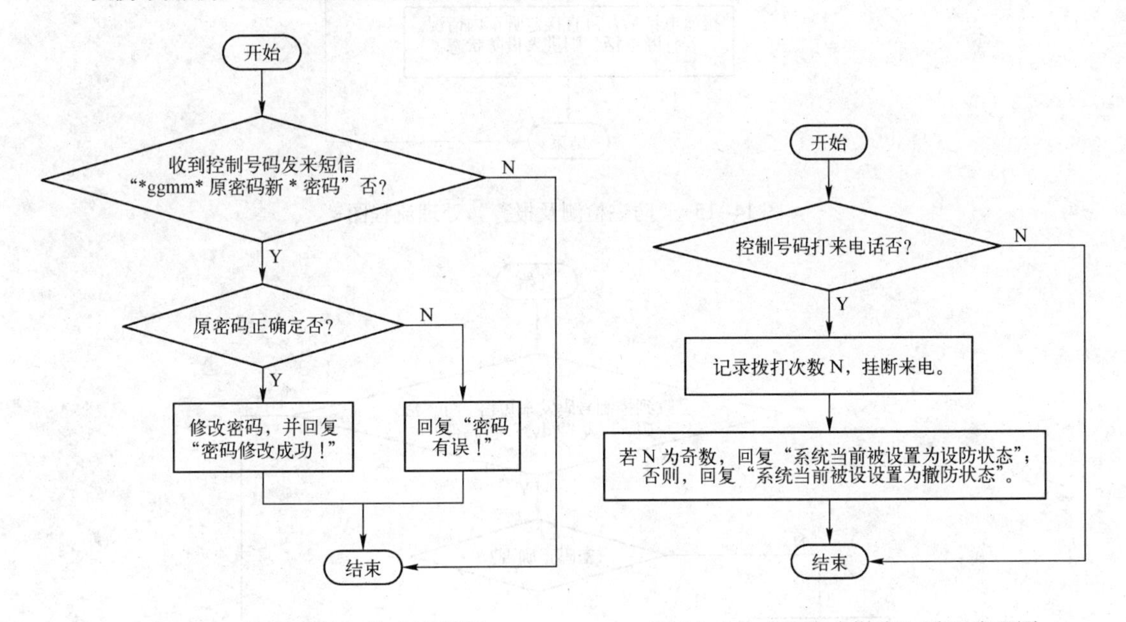

图 14-13 “控制密码”修改流程图

图 14-14 “设防或撤防”设置流程图

4. “防盗检测及报警”

当系统检测到有人入侵车内时，会采用“短信 + 电话”的方式向车主报警。首先发送短信“车有异常!”，再拨打“主控号码”，若遇到车主电话忙或无法接听时，系统一直重复拨打车主电话。当车主接到来电时，可接听电话，监听车内动静。车主挂断电话后，系统继续处于“设防”状态。

“防盗检测及报警”处理流程如图 14-15 所示。

5. “监听与断油控制”

车主还可主动发送短信监听车内情况，同时，若发现车内异常，在确保安全的情况下，可发送“断油”命令。“监听与断油”控制流程如图 14-16 所示。

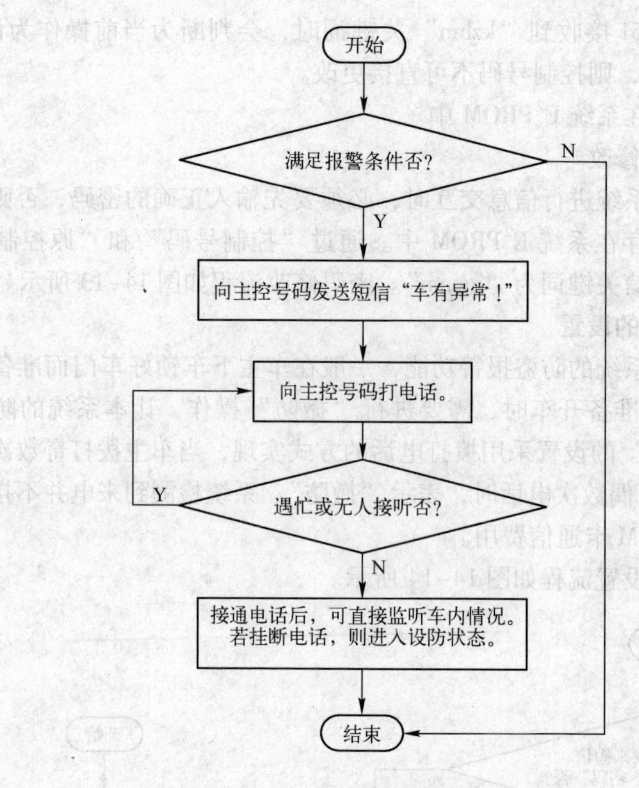

图 14-15 “防盗检测及报警”处理流程图

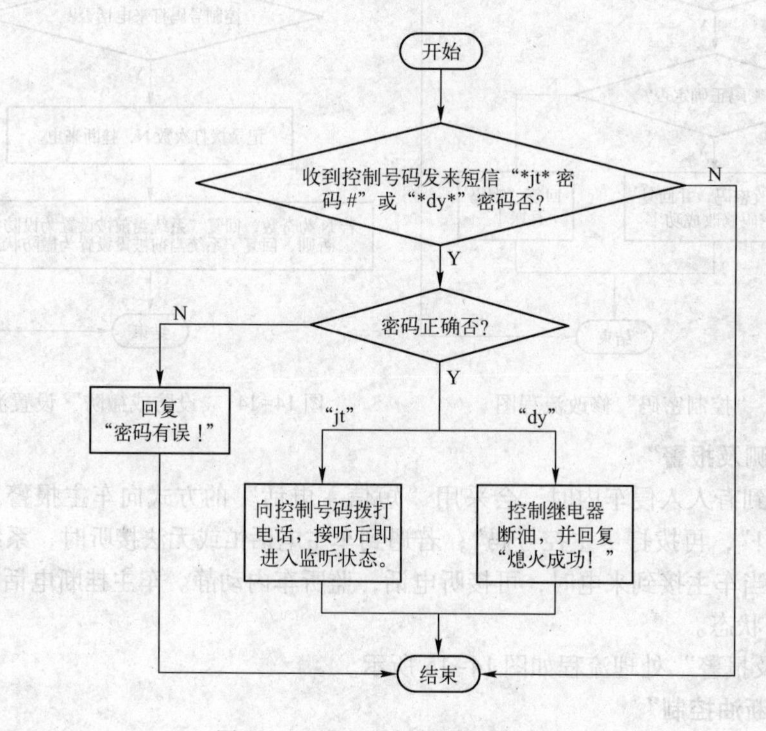

图 14-16 “监听与断油控制”流程图

14.4.2　超声波测距原理

超声波测距原理如图 14-17 所示，测距步骤如下：

1）每隔时间 T_{SEND} 发送一次 40 kHz 超声波。

2）每次发送超声波的时间长度为 T_{WAVE}。在开始准备发送超声波时，先要关闭接收通道，避免发射波直接串入接头探头。

3）发送超声波前，打开定时器 T1 开始计时。

4）超声波发送完毕，延时 ΔT 后，使能外部中断，开始接收有效反射波，即 ΔT 后打开接收通道。

5）当接收到有效反射波时，停止 T1 计时，并根据定时器 T1 的计时时间和超声波速度（340 m/s）计算距离。距离计算公式为：

$$D=\frac{S}{2}=\frac{(C\times t)}{2} \tag{14-2}$$

其中，D 为被测物与超声波波源之间的距离；S 为声波的来回路程；C 为声速；t 为声波来回所用的时间。

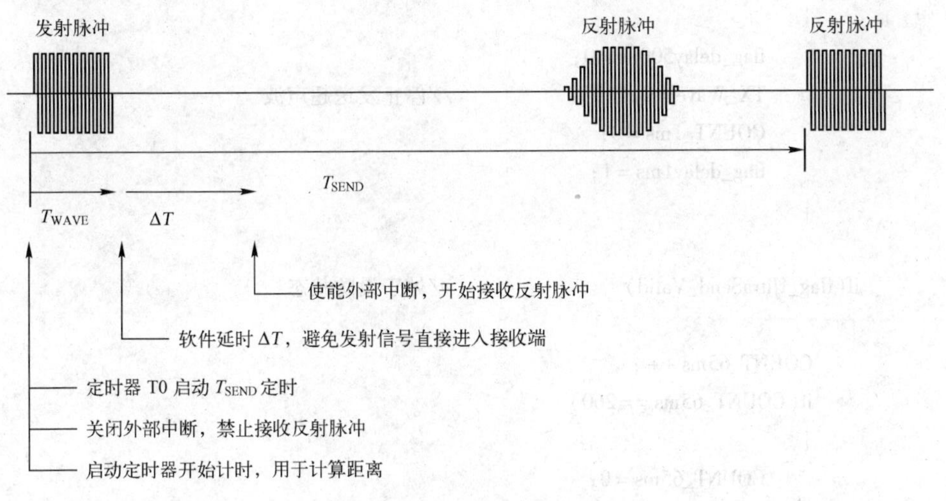

图 14-17　超声波测距原理图

14.4.3　入侵检测程序

根据所测距离进行入侵信号的检测，两次测量距离相差若超过设定阈值，则认为有人入侵。因此，检测功能分为超声波的发送与检测、报警条件的判断与处理两部分。

1. 超声波的发送与检测

根据图 14-17 所示的测距原理：T0 工作在模式 2 定时时间为 250 μs，用于 T_{SEND}、T_{WAVE} 和 ΔT 的定时，T1 工作在方式 1，用于记录超声波来回所用时间。这里，由于单片机晶振为 12 MHz，T1 记录的最大时间为 65.535 ms，因此取 $T_{SEND}=65$ ms，$T_{WAVE}=0.5$ ms，$\Delta T=1$ ms。定时器 T0 开启中断，其中断服务程序如下，程序中“TX_Wave”对应为单片机的 P3.3 脚，当标志位“flag_UltraReceive”置“1”时，表示开始接收反射波。

```
//*****************************定时器 T0 中断服务子程序*******************/
//说明：定时器 T0 中断定时 0.25 ms
```

```
void T0_ISR(void) interrupt 1
{
    if(flag_delay1ms)                    //延时 1 ms 时间到，准备接受反射信号
    {
        COUNT_1ms ++;
        if(COUNT_1ms ==4)
        {
            flag_delay1ms =0;
            flag_UltraReceive =1;        //准备接受反射信号
            EX0 =1;                      //使能外部中断 0
        }
    }
    if(flag_delay500us)                  //超声波发送完毕
    {
        COUNT_500us ++;
        if(COUNT_500us ==2)
        {
            flag_delay500us =0;
            TX_Wave =0;                  //停止发送超声波
            COUNT_1ms =0;
            flag_delay1ms =1;
        }
    }
    if(flag_UltraSend_Valid)             //处于设防状态
    {
        COUNT_65ms ++;
        if(COUNT_65ms ==260)
        {
            COUNT_65ms =0;
            //发送下一个周期的超声波脉冲时间到
            TX_Wave =1;
            flag_delay500us =1;
            COUNT_500us =0;
            TH1 =0x00;                   //赋初值
            TL1 =0x00;
            TR1 =1;                      //启动定时器 T1
        }
    }
}
```

超声波的检测采用外部中断 0 完成，当检测到有效反射波时，即进入该中断服务程序中，程序立即读取定时器 T1 的计数值，并将标志位“flag_WaveReceived”置“1”表示接收完成，准备报警判断及处理。而若是设防后第一次收到发射波，则不会把“flag_WaveReceived”置“1”，此时只是保存定时器 T1 的计数值，作为后面距离比较的基准。外部中断 0 的服务程序如下：

```
//*****************************外部中断服务子程序***********************/
//说明：外部中断服务子程序
void INT0_ISR(void) interrupt 0
{
    EX0 = 0;                              //关闭外部中断
    if(flag_UltraReceive)
    {
        TR0 = 0;                          //关闭定时器 T0
        TR1 = 0;                          //关闭定时器 T1
        flag_UltraReceive = 0;
        Wave_TimeHigh = TH1;
        Wave_TimeLow = TL1;
        if(flag_FirstMeasure)
        {
            REC_HighTimer_Store = Wave_TimeHigh;
            flag_FirstMeasure = 0;
        }
        else
        {
            flag_WaveReceived = 1;
        }
    }
    TR0 = 1;                              //启动定时器 T0
}
```

根据式（14-2），由于声速 *C* 不变，因此，不用计算出具体的距离值，可以直接通过声波来回时间（即 T1 的计数值）进行比较。这里，只比较定时器 T1 的高字节，若当前测量时间与第一次测量时间相差大于 1，则认为有入侵信号，立即通过“短信 + 电话”的方式报警。防盗报警判断及处理程序如下：

```
/****************************防盗报警判断及处理子程序*********************/
//说明：将所测的实时时间值与存储单元的标准时间值进行比较，若差值大于设定的报警线，则
  报警。
void Alarm_JudgeDispose(void)
{
    uchar Alarm_temp;
    uchar i;
    if(REC_HighTimer_Store > Wave_TimeHigh)
    {
        Alarm_temp = REC_HighTimer_Store - Wave_TimeHigh;
    }
```

```
        else
        {
            Alarm_temp = Wave_TimeHigh - REC_HighTimer_Store;
        }
        if(Alarm_temp < 1)                                   //未达到报警要求
        {
            return;
        }
        else                                                 //达到报警要求
        {
            //向用户报警
            if((ZK_FLAG == 0xeb)&&(Alarm_Status == 0x10)) //设置了主控号码，且处于设防状态
            {
                SendMessage(ZK_Phonenumber,SMS_alarm);   //向主控号码发短信报警
                Delay_ms(20000);
                init_TC35i();
                flag_ReceiveAlarm = 1;
                while(flag_ReceiveAlarm)                     //一直打电话，直到有人接听为止
                {
                    if(call(ZK_Phonenumber) == 1)
                    {
                        flag_ReceiveAlarm = 0;
                        break;
                    }
                }
                Call_ATH();                                  //挂断电话
                return;
            }
        }
    }
```

14.4.4 GSM 短信规约

1. 短信格式

GSM 短信具有 TEXT 和 PDU 两种工作模式，本系统采用 PDU 模式，其格式如下：

(1) 接收到的短信息格式

如表 14-2 所示为接收到的短信息的格式。

表 14-2 接收到的短消息格式

消息内容	SCA	PDU TYPE	OA	PID	DCS	SCTS	UDL	UD
消息名称	服务中心号码	PDU 类型	源地址	协议标识	编码标准	服务中心时间戳	用户数据长度	用户数据

① SCA 服务中心号。例如 08 91 683110300605F0

08	91	683110300605F0
Length（长度）	Tosca（服务中心类型）	Address（地址）

长度：08 即 SCA 区去除 08 外后面的字节数，单位是字节。如上 91683110300605F0，共 8 字节。但是，当长度值为 00 时，SCA 区将只有 00，后面的服务中心号码类型和地址都不存在。

Tosca：服务中心号码类型。91 为国际型号码，80 为国内型号码。

Address：地址中每个字节先用低 4 位，后用高 4 位。如果地址号码个数为奇数个，最后一个字节的低 4 位全部设置为“1”，即 FxH。如本例中，地址对应的实际号码应为：8613010360500。

② PDU type：PDU 协议类型。

③ OA：短消息发送方手机号码。例如 0D 91 683110325476F8。

0D	91	683110325476F8
Length（长度）	Tosca（地址类型）	Address（地址）
2——12 字节		

其中，长度是指地址中的字符个数，例如上例中 683110325476F8，字符个数为 13（额外增加的“F”除外）。其他定义与 SCA 服务中心号类似。

④ PID：协议标志。是短消息传输层作为高层协议参考，或者是远程设备协同工作的标志。需要服务商支持。但是 00 是所有服务商都支持的。一般采用 00H 即可。

⑤ DCS：数据编码方法。表示数据编码方法和消息类别。

7	6	5	4	3	2	1	0
编码组				X	X	X	X

各位具体含义如下：

编码组（Bit7～4）	Bit3～0
00xx	Bit1 Bit0 消息类别 0 0 Class0：短消息直接显示到用户终端。 0 1 Class1：短消息存储在 SIM 卡上。 1 0 Class2：短消息必须存储在 SIM 卡上，禁止直接传输到终端。 1 1 Class3：短消息存储在用户终端上。 Bit3 Bit2 字母表 0 0 默认字母表 0 1 8 bit 数据 1 0 UCS2 编码 1 1 保留

一般情况下选择两种编码方式：一种是取值 00H，为 7 位 ASCII 编码，此时只能发送和接收英文短信；另一种是取值为 08H，采用 UCS2 编码，可以传输中文或英文短信。

⑥ SCTS：服务中心时间戳。用于告诉目标用户短消息到达时间。用 7 字节表示，例如：10805031648523。

Year	Month	Day	Hour	Minute	Second	Time Zone
10	40	32	21	94	83	23

表示01年4月23号12点49分38秒。其中，时区（Time Zone）表示本地时间和格林尼治标准时间差。

⑦ UDL：表示用户数据长度。

⑧ UD：表示用户数据。

举例，下面为收到的一条中文短信的全部编码：

30 38 39 31 36 38 33 31 30 38 32 30 30 33 30 35 46 30

0891683108200305F0(8613800230500) ---------------SCA区

30 34

04 -----------PDU TYPE

30 44 39 31 36 38 33 31 38 39 38 33 36 30 31 34 46 35

0D91683189836014F5(8613983806415) ----------源发手机地址(OA)

30 30

00 -----------------------------------PID协议标志

30 38

08 -----------------------------------DCS数据编码方法(UCS2)

38 30 31 30 34 31 30 32 38 30 38 35 32 33

80104102808523(08年01月14日20时08分58秒) --------SCTS服务中心时间

30 36

06 -----------------------------------UDL数据长度

35 43 30 46 39 45 32 31 39 45 32 31 0D 0A

5C 0F 9E 21 9E 21 ---------------------UD数据内容

（2）发送的短信息格式

如表14-3所示为接收到的短信息的格式。

表14-3 发送的短消息格式

消息内容	SCA	PDU TYPE	MR	DA	PID	DCS	VP	UDL	UD
消息名称	服务中心号码	PDU类型	短消息参考	目标地址	协议标识	编码标准	服务中心时间戳	用户数据长度	用户数据

① SCA服务中心号：与接收短信息中SCA的格式相同。

② PDU type：PDU协议类型。

③ MR：短消息参考。表示移动台向短消息服务中心提交的短消息序号，从0到255。一般移动台会自动改动，所以默认为00。

④ DA：接收方手机号码。与接收短信息中OA的格式相同。

⑤ PID：协议标志。与接收短信息中PID的定义相同。

⑥ DCS：数据编码方法。与接收短信息中DCS的定义相同。

⑦ VP：合法时间。表示短消息服务中心在接到短消息后，在没有发到目标机前可以保

证短消息存在的时间。其定义如下：

VP 值	相对合法时间
00 ~ 8F	（VP+1） *5 分
90 ~ A7	12 小时 + （VP - 143） *30 分
A8 ~ C4	（VP - 166） *1 天
C5 ~ FF	（VP - 192） *1 周

⑧ UDL：表示用户数据长度。

⑨ UD：表示用户数据。

举例，下面为发送的一条中文短信的全部编码：

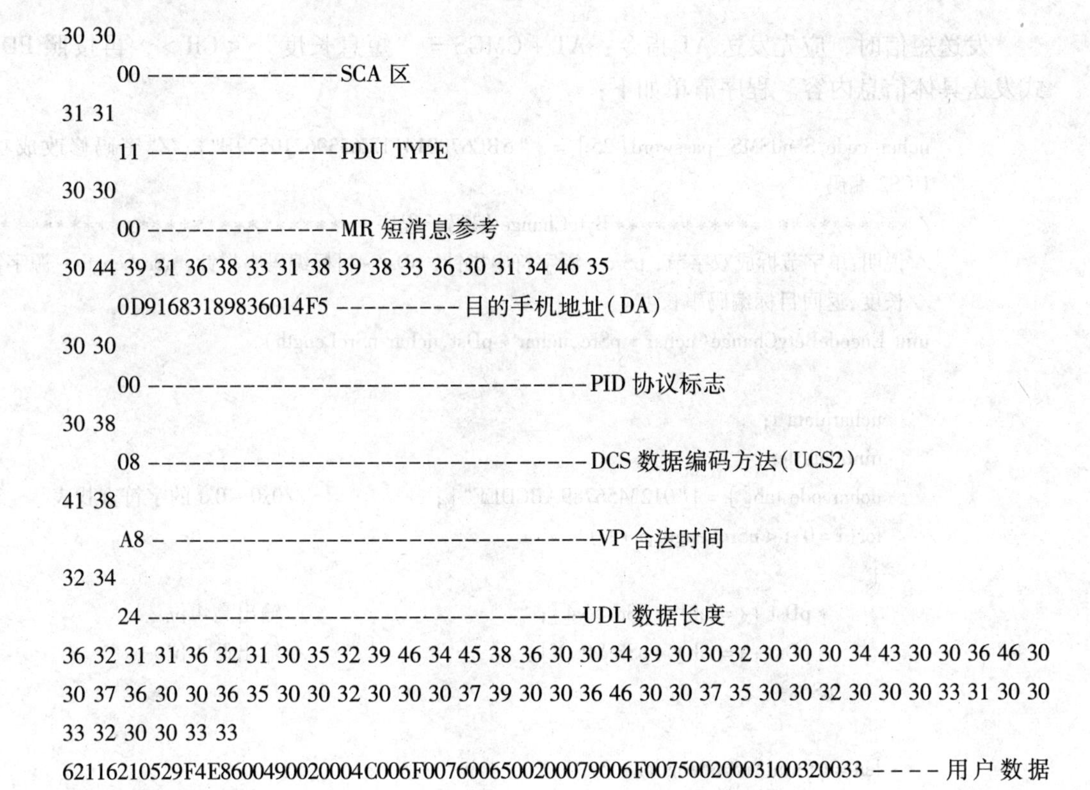

30 30

00 ---------------SCA 区

31 31

11 ---------------PDU TYPE

30 30

00 ---------------MR 短消息参考

30 44 39 31 36 38 33 31 38 39 38 33 36 30 31 34 46 35

0D91683189836014F5 ----------目的手机地址(DA)

30 30

00 ----------------------------------PID 协议标志

30 38

08 ----------------------------------DCS 数据编码方法(UCS2)

41 38

A8 - ---------------------------------VP 合法时间

32 34

24 ----------------------------------UDL 数据长度

36 32 31 31 36 32 31 30 35 32 39 46 34 45 38 36 30 30 34 39 30 30 32 30 30 30 34 43 30 30 36 46 30 30 37 36 30 30 36 35 30 30 32 30 30 30 37 39 30 30 36 46 30 30 37 35 30 30 32 30 30 30 33 31 30 30 33 32 30 30 33 33

62116210529F4E8600490020004C006F0076006500200079006F0075002000310032 0033 ----用户数据(我成功了 I Love you 123)

2. AT 指令集

单片机通过串口向 TC35i 发送 AT 指令集实现短信的发送和接收，及拨打和接听电话。本系统中用到的 AT 指令如表 14-4 所示。

表 14-4　常用 AT 指令集

指 令 集	意 义
AT + IPR = 19200 <CR>	串口波特率设为 19200 bit/s
AT + CMGF = 0 <CR>	选择 PDU 工作模式
AT + CPMS = \"ME\",\"ME\"" <CR>	短消息存放在手机内

（续）

指　令　集	意　义
AT + CMGS = “短息长度” < CR >	发送短信息
AT + CMGD = “短信序号” < CR >	删除指定短信息
AT + CMGL = 0 < CR >	列出所有未读短消息
ATA < CR >	接听电话
ATH < CR >	挂断电话
ATD “电话号码”; < CR >	拨打电话

14.4.5 短信收发处理程序

发送短信时，应先发送 AT 指令：AT + CMGS = “短息长度” < CR >，再按照 PDU 格式发送具体信息内容。程序清单如下：

```
uchar code SendSMS_password[25] = {"5BC678014FEE65396210529F"};//"密码修改成功"的
UCS2 编码
/*********************** ByteChange 编码子程序 *****************************/
//说明:单字节拆成双字节, pSrc - 源字符串指针, pDst - 目标编码串指针, nSrcLength - 源字符串
//长度,返回目标编码串长度。
uint EncodeBetyChange(uchar * pSrc,uchar * pDst,uchar nSrcLength)
{
    ucharidata i;
    uintidata len;
    ucharcode tab[] = {"0123456789ABCDEF"};                 //0x0 - 0xf 的字符查找表
    for(i = 0;i < nSrcLength;i ++)
    {
        * pDst ++= tab[ * pSrc >> 4];                        //输出高 4 位
        * pDst ++= tab[ * pSrc&0x0f];                        //输出低 4 位
        pSrc ++;
    }
    len = ((uint)nSrcLength) * 2;
    return (len);                                            //返回目标编码串长度
}
/*********************** 字符串顺序颠倒子程序 ***************************/
//说明: 正常顺序的字符串转换为两两颠倒的字符串, 若长度为奇数, 补'F'凑成偶数, 如:
  "8613851872468" -->
//"683158812764F8", pSrc - 源字符串指针, pDst - 目标字符串指针, nSrcLength - 源字符串长
  度。返回目标字符串长度(以字节为单位)
uchar InvertNumbers(uchar * pSrc,uchar * pDst,uchar nSrcLength)
{
    uchar idata nDstLength;                                  //目标字符串长度
    uchar idata ch,i;
```

```
    nDstLength = nSrcLength;
    for(i = 0;i < nSrcLength;i += 2)                           //两两颠倒
    {
        ch = * pSrc ++ ;                                       //保存先出现的字符
        * pDst ++= * pSrc ++ ;                                 //复制后出现的字符
        * pDst ++= ch;                                         //复制先出现的字符
    }
    if(nSrcLength&1)                                           //源串长度是奇数吗?
    {
        * (pDst - 2) ='F';                                     //补'F'
        nDstLength ++ ;                                        //目标串长度加 1
    }
    return(nDstLength);                                        //返回目标字符串长度
}
/ *********************** 字符串顺序转正子程序 *********************** /
//说明:两两颠倒的字符串转换为正常顺序的字符串,如:" 683158812764F8 " - - >
  "8613851872468" ,pSrc - 源字符串
//指针, pDst - 目标字符串指针, nSrcLength - 源字符串长度以字节为单位, 包含'F'), 返回目
  标字符串长度。
uchar Invert_Return(uchar * pSrc,uchar * pDst,uchar nSrcLength)
{
    uchar idata nDstLength;                                    //目标字符串长度
    uchar idata ch,i;
    nDstLength = nSrcLength;
    for(i = 0;i < nSrcLength;i += 2)                           //两两颠倒
    {
        ch = * pSrc ++ ;                                       // 保存先出现的字符
        * pDst ++= * pSrc ++ ;                                 // 复制后出现的字符
        * pDst ++= ch;                                         // 复制先出现的字符
    }
    if( * (pDst - 1) =='F')
    {
        pDst -- ;
        nDstLength -- ;                                        // 目标字符串长度减 1
    }
    return(nDstLength);                                        // 返回目标字符串长度
}
/ *********************** 发送命令字符串子程序 *********************** /
//说明:发送命令字符串 cmd[ ]并接收响应,相应存在 res[ ]中
void send_GSMcmd(uchar cmda[ ],uint len)                       //发送命令字符串
{
    uchar * p;
    uint idata l,i;
```

```
    p = &cmda[0];                                        //命令字符串缓冲区
    if(len ==0)                                          //发送字符串
    {
        l = strlen(cmda);
    }
    else                                                 //发送数组字节
    {
        l = len;
    }
    for(i = 0;i < l;i ++ )
    {
        SBUF = * p;
        p ++ ;
        while(TI ==0);                                   //等待一个字节发送完毕
        TI =0;                                           //准备发送下一个字节
        while(RI ==0);                                   //等待接收到数据
        RI =0;
        delay_s(3);
    }
}

/ ***************************** 发送短信子程序 ****************************** /
//说明:PhoneNum_Send ----目的手机号码,为 ASCII 码。index - ---发送短信的编号
uchar SendMessage(uchar * PhoneNum_Send,uchar index)
{
    ucharidata m;
    uint idata i;
    uint idata j;
    uint idata nDstLength;                               //目标 PDU 串长度
    uchar idata temp;
    uchar idata SMS_length;
    uchar code cmd1[9] = {" AT + CMGS = " };             //命令串
    ES =0;
    RI =0;
    TI =0;
    BUFF_1[0] =0x00;                                     //默认中心号码
    nDstLength = EncodeBetyChange(BUFF_1,BUFF,1);        //转换 1 个字节到目标 PDU 串
    BUFF_1[0] =0x11;                                     //PDU_TYPE
    BUFF_1[1] =0x00;                                     //MR =0
    BUFF_1[2] =0x0d;                     //目标地址数字个数(DA 地址字符串真实长度)
    BUFF_1[3] =0x91;                                     //用国际格式号码
    BUFF_1[4] =0x68;
    nDstLength += EncodeBetyChange(BUFF_1,BUFF + nDstLength,5);  //转换 4 个字节到目标
```

```
                                                                              PDU 串
nDstLength += InvertNumbers(PhoneNum_Send,BUFF + nDstLength,11);//转换 DA 到目标
                                                                              PDU 串
BUFF_1[0] =0;                                          //协议标识(PID)
BUFF_1[1] = GSM_UCS2;                                  //用户信息编码方式(DCS)
BUFF_1[2] =255;                    //有效期(TP - VP) =0 为5 分钟; =255 为最长
switch(index)                                          //计算用户数据区长度
{
    case SMS_zkhm:
    {
    }break;                                            //设置主控号码
    case SMS_password:
    {
    }break;                                            //更改密码
    case SMS_alarm:
    {
        SMS_length =24;
    }break;                                            //报警
    case SMS_jtdy:
    {
    }break;                                            //监听断油
}
BUFF_1[3] = SMS_length;
nDstLength += EncodeBetyChange(BUFF_1,BUFF + nDstLength,4);   //转换4 个字节到目标
                                                                              PDU 串

for(i =0;i <9;i ++)
{
    cmd[i] = cmd1[i];
}
send_GSMcmd(cmd,0);                                    //发送指令"AT + CMGS ="

SMS_length = SMS_length + 15;
i = SMS_length/100;
if(i!=0)
{
    UART_send(i +0x30);                                //发送指令
    while(RI ==0);
    RI =0;
}
SMS_length = SMS_length% 100;
m = SMS_length/10;
if((m!=0) || (i!=0))
```

```
    {
        UART_send(m+0x30);                                  //发送 PDU 长度
        while(RI==0);
        RI=0;
    }
    UART_send((SMS_length%10)+0x30);
    while(RI==0);
    RI=0;
    UART_send(0x0d);                                        //回车
    while(RI==0);
    RI=0;

    for(i=0;i<2;i++)
    {
        while(RI==0);                                       //等待接收到数据
        RI=0;
    }
    while(RI==0);                                           //等待接收到数据
    temp=SBUF;
    if(temp!=0x3e)
    {
        RI=0;
        return 0;
    }
    RI=0;
    while(RI==0);                                           //等待接收到数据
    temp=SBUF;
    if(temp!=0x20)
    {
        RI=0;
        return 0;
    }
    RI=0;
    for(j=0;j<nDstLength;j++)
    {
        UART_send(BUFF[j]);
        while(RI==0);
        RI=0;
    }
    switch(index)
    {
        case SMS_zkhm:
        {
```

```
        } break;                                                    //设置主控号码回复
        case SMS_password:
        {
            for(j = 0;j < 24;j ++ )
            {
                cmd[j] = SendSMS_password[j];
                UART_send(cmd[j]);
                while(RI == 0);
                RI = 0;
            }
        } break;                                                    //更改密码回复
        case SMS_alarm:
        {
        } break;                                                    //短信报警
        case SMS_jtdy:
        {
        } break;                                                    //监听断油回复
    }
    UART_send(0x1a);
    while(RI == 0);
    RI = 0;
    while(RI == 0);
    RI = 0;
    return 1;
}
```

由于篇幅限制，这里仅列出了“控制密码”修改的短信回复情况，其他功能的短信回复可按类似方法自行编写。

同样的道理，在接收短信时，应先发送 AT 指令：AT + CMGL = 0 < CR >，再按照 PDU 格式接收具体信息内容。程序清单如下：

```
/ ******************************** 读取短消息子程序 ********************** /
//说明：读取短消息，用 CMGL 一次读出一条短消息。
uchar ReadMessage(void)
{
    uchar idata i;
    uchar idata buff_temp1;
    uchar idata buff_temp2;
    uchar idata length;
    uchar code cmd1[10] = {"AT + CMGL = 0"};                //命令串
    ES = 0;
    RI = 0;
    TI = 0;
    for(i = 0;i < 10;i ++ )
```

```
        cmd[i] = cmd1[i];
    send_GSMcmd(cmd,0);                              //发送指令"AT + CMGL = 0"
    UART_send(0x0d);
    while(RI ==0);
    RI =0;

    for(i =0;i <5;i ++)                              //在5个数据之内接收到字符'+'
    {
        while(RI ==0);
        buff_temp1 = SBUF;
        if(buff_temp1 ==0x2b)
        {
            RI =0;
            break;
        }
        RI =0;
        if(i ==4)
            return 0;
    }
    for(i =0;i <6;i ++)                              //接收6个数据
    {
        while(RI ==0);
        buff_temp1 = SBUF;
        RI =0;
    }
    while(RI ==0);
    Receive_SMS_index = SBUF;                        //保存短信记录号
    Receive_SMS_index = Receive_SMS_index - 0x30;
    RI =0;
    for(i =0;i <4;i ++)                              //接收4个数据
    {
        while(RI ==0);
        buff_temp1 = SBUF;
        RI =0;
    }
    while(RI ==0);
    buff_temp1 = SBUF;
    buff_temp1 = (buff_temp1 -'0');
    buff_temp1 = buff_temp1 << 4;
    RI =0;
    while(RI ==0);
    buff_temp2 = SBUF;
    buff_temp1 |= buff_temp2 -'0';
```

```
RI = 0;
length = (buff_temp1 >> 4) * 10;                    //保存 PDU 数据区长度
length = ((buff_temp1&0x0f) + length) * 2;
while(RI == 0);                                      //接收 2 个数据
buff_temp1 = SBUF;
RI = 0;
while(RI == 0);
buff_temp1 = SBUF;
RI = 0;
while(RI == 0);                      //接收 SCA 区数据长度,保存在 buff_temp1 中
buff_temp1 = SBUF;
buff_temp1 = (buff_temp1 - '0');
buff_temp1 = buff_temp1 << 4;
RI = 0;
while(RI == 0);
buff_temp2 = SBUF;
buff_temp1 |= (buff_temp2 - '0');
RI = 0;
for(i = 0;i < buff_temp1;i ++)                       //接收 SCA 区数据
{
    while(RI == 0);
    buff_temp2 = SBUF;
    RI = 0;
}
for(i = 0;i < buff_temp1;i ++)
{
    while(RI == 0);
    buff_temp2 = SBUF;
    RI = 0;
}

//下面接收的是 PDU 数据
while(RI == 0);                                      //接收 PDU 类型
buff_temp1 = SBUF;
RI = 0;
length --;
while(RI == 0);
buff_temp1 = SBUF;
RI = 0;
length --;
while(RI == 0);
buff_temp1 = SBUF;
RI = 0;
```

```
length -- ;
while( RI ==0) ;
buff_temp1 = SBUF;
buff_temp1 = buff_temp1 -'A' + 10;
RI =0;
length -- ;
if( buff_temp1 ==0x0d)
{
    for( i =0;i <4;i ++ )
    {
        while( RI ==0) ;
        buff_temp2 = SBUF;
        RI =0;
        length -- ;
    }
}
else if( buff_temp1 ==0x0b)
{
    while( RI ==0) ;
    buff_temp2 = SBUF;
    RI =0;
    length -- ;
    while( RI ==0) ;
    buff_temp2 = SBUF;
    RI =0;
    length -- ;
}
else
    return 0;
for( i =0;i <12;i ++ )                                   //保存源手机号码
{
    while( RI ==0) ;
    Receive_Phonenumber[ i] = SBUF;
    RI =0;
    length -- ;
}
Receive_Phonenumber[ 12] ='\0';
while( RI ==0) ;                                         //接收 2 个数据(PID 协议标志)
buff_temp1 = SBUF;
RI =0;
length -- ;
while( RI ==0) ;
buff_temp1 = SBUF;
```

```
RI = 0;
length --;
while( RI == 0);
buff_temp1 = SBUF;
buff_temp1 = ( buff_temp1 -'0');
buff_temp1 = buff_temp1 << 4;
RI = 0;
length --;
while( RI == 0);
buff_temp2 = SBUF;
buff_temp1 | = ( buff_temp2 -'0');
RI = 0;
length --;
TP_DCS = buff_temp1;                                  //保存编码方式
if( TP_DCS == GSM_UCS2)
    return 0;
for( i = 0;i < 14;i ++ )                              //接收 14 个数据(时间)
{
    while( RI == 0);
    buff_temp1 = SBUF;
    RI = 0;
    length --;
}
while( RI == 0);
buff_temp1 = SBUF;
buff_temp1 = ( buff_temp1 -'0');
buff_temp1 = buff_temp1 << 4;
RI = 0;
length --;
while( RI == 0);
buff_temp2 = SBUF;
buff_temp1 |= ( buff_temp2 -'0');
RI = 0;
length --;
Receive_SMSlength = buff_temp1;                       //保存用户数据长度

if( Receive_SMSlength > 25)
    return 0;
for( i = 0;i < length/2;i ++ )                        //接收用户数据
{
    while( RI == 0);
    buff_temp1 = SBUF;
    if( buff_temp1 >='0'&& buff_temp1 < ='9')         //输出高 4 位
```

```
        {
            buff_temp1 = (buff_temp1 -'0');
            buff_temp1 = buff_temp1 << 4;
        }
        else
        {
            buff_temp1 = (buff_temp1 -'A' + 10);
            buff_temp1 = buff_temp1 << 4;
        }
        RI = 0;
        while(RI == 0);
        buff_temp2 = SBUF;
        if(buff_temp2 >='0'&& buff_temp2 < ='9')          //输出低 4 位
            buff_temp1 |= (buff_temp2 -'0');
        else
            buff_temp1 |= (buff_temp2 -'A' + 10);
        RI = 0;
        BUFF[i] = buff_temp1;
    }
    return 1;
}
/ *************************** 短信解码子程序 ******************************/
//说明:
void SMS_Decode(void)
{
    uchar idata i;
    Invert_Return(Receive_Phonenumber,BUFF_1,11);          //取 RA 号码
    for(i = 0;i < 11;i ++ )
    {
        Receive_Phonenumber[i] = BUFF_1[i];
    }
    Receive_Phonenumber[11] ='\0';
    memcpy(BUFF_1,BUFF, Receive_SMSlength);              //8 bit 解码
    BUFF_1[Receive_SMSlength] ='\0';
}
```

14.4.6 电话处理程序

电话处理包括以下几个方面：

1. 接收到来电信息

当有来电时，系统串口中断会接收到如下数据：

“0D 0A 52 49 4E 47 0D 0A”

其中，“0D 0A” 为 “ <CR> ” 符的编码，“52 49 4E 47” 为 “RING” 的 ASCII 码。在串口

中断服务程序中可以根据这些信息判断是否有来电。

2. 接听电话

通过 AT 命令接听：ATA <CR>

返回：41 54 41 0D

0D 0A 4F 4B 0D 0A

3. 挂断电话

通过 AT 命令挂断：ATH <CR>

返回：41 54 48 0D

0D 0A 4F 4B 0D 0A

4. 拨打电话

AT 命令：ATD13983806415； <CR>

若呼叫成功，则返回：41 54 44 31 33 39 38 33 38 30 36 34 31 35 3B 0D

0D 0A 4F 4B 0D 0A

若呼叫失败，则返回：41 54 44 31 33 39 38 33 38 30 36 34 31 35 3B 0D

0D 0A 4E 4F 20 43 41 52 52 49 45 52 0D 0A

拨打电话的程序清单如下：

```
/ *************************** 接收串口传回的字符 **************************** /
//说明：采用查询方式接收串口传回的字符，返回接收到的数据长度
uchar getr(void)
{
    uchar * pr;
    uchar idata flag;
    uchar idata counter;
    uint idata i;
    memset(BUFF,0x00,34);                    //把 res 所指内存区域的前 30 个字节设置成字符 0
    pr = &BUFF[0];
    flag = 0;
    counter = 0;
    while(RI == 0);
    while(flag == 0)
    {
        for(i = 0;i < 2000;i ++ )
        {
            if(RI == 1)
                break;
        }
        if(i >= 2000)
        {
            flag = 1;
            RI = 0;
            return counter;
```

```
        }
        if(counter<34)
        {
            *pr=SBUF;
            pr++;
            counter++;
            RI=0;
        }
        else
        {
            flag=1;
            RI=0;
            return counter;
        }
    }
}
/***************************拨打电话子程序*******************************/
//说明：拨打指定的手机
uchar call(uchar s_num[])//拨出电话
{
    uchar idata i,j;
    uchar idata r_len;
    uchar code cmd1[4]={"ATD"};
    uchar code cmd_ATH[4]={"ATH"};
    ES=0;RI=0;TI=0;
    for(i=0;i<4;i++)
    {
        cmd[i]=cmd1[i];
    }
    send_GSMcmd(cmd,0);                    //发送指令"ATD"
    send_GSMcmd(s_num,0);                  //发送指定电话号码
    UART_send(0x3B);
    while(RI==0);
    RI=0;
    UART_send(0x0d);
    while(RI==0);
    RI=0;
    flag_call=1;
    while(flag_call)
    {
        r_len=getr();                      //接收串口响应到res[]中
        BUFF[r_len]='\0';
        if(r_len>2)
```

```
            break;
        }
    flag_call = 0;
    if(BUFF[2]!=0x4f)
    {
        for(j=0;j<4;j++)
            cmd[j] = cmd_ATH[j];
        send_GSMcmd(cmd,0);                //发送指令"ATH"
        UART_send(0x0d);
        while(RI==0);
        RI=0;
        while(RI==0);
        RI=0;
        return 0;
    }
    if(BUFF[3]!=0x4b)
    {
        for(j=0;j<4;j++)
            cmd[j] = cmd_ATH[j];
        send_GSMcmd(cmd,0);//发送指令"ATH"
        UART_send(0x0d);
        while(RI==0);
        RI=0;
        while(RI==0);
        RI=0;
        return 0;
    }
    return 1;
}
```

14.4.7 看门狗控制

看门狗芯片 MAX813L 的“喂狗端” WDI 和单片机的 P2.2 口相连。在重要程序位置，控制 P2.2 往看门狗的 WDI 引脚上送入高电平（或低电平），这一程序语句被分散地放在整个单片机程序中，要注意的是相邻两次之间指令执行时间长度不能超过 1.6 秒。一旦单片机由于干扰造成程序跑飞后而进入死循环状态时，“喂狗”程序便不能被执行，这时，看门狗电路就会由于得不到单片机送来的“喂狗”信号，便在单片机复位引脚上送出一个复位信号，使单片机发生复位。

14.5 系统调试

该系统的调试可以先按照超声波测距、TC35i 短信发送与接收、TC35i 拨打和接听电话三大功能块分步调试，确定没有问题后，再进行系统联调，结合系统的主要功能完善其控制逻辑。

接着，应对系统功能进行测试，测试步骤如下：

（1）系统初始化

首先将本系统上电，此时系统默认为撤防状态，初始密码为888888，然后编辑短信进行以下设置：

1）设置控制号码：＊zkhm＊15909355090#

2）设置控制密码：＊ggmm＊888888＊123456#

当设置成功时，系统会回复相应的短信。

（2）测试环境

将本系统放在汽车内便于设防的地方（如驾驶员的坐垫上、方向盘的下部、驾驶员旁的车门旁等）。

（3）“设防”与“撤防”测试

通过向系统拨打电话来进行“设防”与“撤防”。系统会自动判断当前接受到用户拨打来的电话的奇偶次数，完成设防与撤防操作，并同时回复短信告知用户当前系统被设置成的状态。

（4）报警测试

人为的靠近超声波探头，使超声波所测距离改变，从而触发报警，此时用户会先接到系统发来的报警短信，然后是打来的报警电话，接听后立即进入监听状态，挂机为继续设防。

（5）监听测试

向系统发送监听短信：＊jtdy＊123456#

如果系统正常，则系统会立即拨打用户电话，用户接听即进入监听模式，挂断电话为继续设防。

（6）断油测试

向系统发送断油短信：＊dy＊123456#

如果系统正常并成功断油，会回复：“断油成功!”

最后，可对系统的性能进行测试。

1. 设防距离

根据14.4.2所述的超声波测距原理，本系统的最大设防距离与超声波的发送时间间隔T_{SEND}和每次发送的超声波时间长度T_{WAVE}有关。T_{WAVE}越大，发射的超声波能量越大，传送的距离越远，但传送的时间不能超过T_{SEND}。因此，在T_{WAVE}足够大的情况下，最大设防距离的理论值为：

$$S_{\mathrm{MAX}} = V \times T_{\mathrm{SEND}}/2 \quad (14-3)$$

其中，V为光速，取值为340 m/s。

系统实物图如图14-18所示。由于超声波发射和接收探头相距较近，若发射的超声波能量较大，则有可能在发射时就直接被接收探头接收而不是经障碍物反射后被接收。所以发射时不能立即开通接收通道，而是延时一段时间后再开通。由此可见，系统的最小设防距离与每次发送的超声波时间长度T_{WAVE}及接收通道开通延时时间ΔT有

图14-18　系统实物图

关，其理论值为：

$$S_{\mathrm{MIN}} = V \times (T_{\mathrm{WAVE}} + \Delta T)/2 \tag{14-4}$$

T_{SEND}取值为65 ms，T_{WAVE}取值为0.5 ms，ΔT取值为1 ms，根据式（14-3）和式（14-4）式可知：系统最大设防距离的理论值为11 m，最小设防距离的理论值为25.5 厘米。再采用模拟障碍物对其设防距离进行连续20 次测试，测试结果如表14-5 所示。

表14-5　设防距离测试结果表

测试次数	S_{MAX}/m	S_{MIN}/cm	测试次数	S_{MAX}/m	S_{MIN}/cm
1	3.65	28.5	11	3.71	28.4
2	3.72	28.8	12	3.68	28.7
3	3.62	28.4	13	3.64	28.5
4	3.68	28.2	14	3.68	28.2
5	3.65	28.6	15	3.66	28.8
6	3.67	28.8	16	3.70	28.7
7	3.62	28.8	17	3.65	28.8
8	3.68	28.5	18	3.67	28.6
9	3.70	28.3	19	3.65	28.4
10	3.66	28.6	20	3.64	28.7

由表14-5 的测试数据可知：系统最大和最小设防距离的实际值分别为3.6 m 和29 cm。

2. 报警准确率

将本系统放置于汽车驾驶座下方，使超声波探头正对驾驶座旁边车门且距离车门60 cm 左右，关上车门，对其设防，再开门时，系统判断到距离变化便会发出报警信息。

通过连续100 次设防及开/关门操作，即可对其报警准确率进行测试。100 次测试结果如表14-6 所示。

表14-6　报警准确率测试结果表

报警正确次数	报警错误次数	
	无响应次数	错误响应次数
100	0	0

由此可见，本系统的报警准确率为100%。

14.6　总结交流

本章介绍了基于GSM 模块TC35i 和超声波传感器的汽车防盗报警系统的设计方法，从方案设计到系统软、硬件设计，及系统的调试与测试都进行了详细说明。读者重点要掌握其设计思路及GSM 模块TC35i 和超声波传感器的应用方法。

附　录

附录 A　MCS－51 系统单片机的指令表

表 A-1　按字母顺序排列的指令表

助记符		机器码
ACALL	addr11	＊1 addr7～0
ADD	A，Rn	28～2F
ADD	A，direct	25 direct
ADD	A，@Ri	26～27
ADD	A，#dada	24 data
ADDC	A，Rn	38～37
ADDC	A，direct	35 direct
ADDC	A，@Ri	36～37
AJMP	addr11	Δ1 addr 7～0
ANL	A，Rn	58～5F
ANL	A，direct	55 direct
ANL	A，@Ri	56～57
ANL	A，#data	54 data
ANL	direct，A	52 direct
ANL	direct，#data	53 direct data
ANL	C，bit	82 bit
ANL	C，/bit	B0 bit
CJNE	a，direct，rel	B5 direct，rel
CJNE	A，#data，rel	B4 data，rell
CJNE	Rn，#data，rel	B8～BF data，rel
CJNE	@Ri，# data，rel	B6～B7 data，reel
CLR	A	E4
CLR	C	C3
CLR	bit	C2 bit
CPL	A	F4
CPL	C	B3
CPL	bit	B2 bit
DA	A	D4

（续）

助记符		机器码
DEC	A	14
DEC	Rn	18 ~ 1F
DEC	direct	15 direct
DEC	@ Ri	16 ~ 17
DIV	AB	84
DJNZ	Rn，rel	D8 ~ DF rel
DJNZ	direct，rel	D5 direct rel
INC	A	04
INC	Rn	08 ~ 0F
INC	direct	05 direct
INC	@ Ri	06 ~ 07
INC	DPTR	A3
JB	bit，rel	20 bit rel
JBC	bit，tel	10 bit rel
JC	rel	40rel
JMP	@ A + DPTR	73
JNB	bit，rel	30 bit rel
JNC	rel	50 rel
JNZ	rel	70 rel
JZ	rel	60 rel
LCALL	addr 16	12 addr15 ~ 8 addr7 ~ 0
LJMP	addr 16	02 addr15 ~ 8 addr7 ~ 0
MOV	A，Rn	E8 ~ EF
MOV	A，direct	E5 direct
MOV	A，@ Ri	E6 ~ E7
MOV	A，#data	74 data
MOV	Rn，A	F8 ~ FF
MOV	Rn，direct	A8 ~ AF direct
MOV	Rn，#data	78 ~ 7F data
MOV	direct，A	F5 direct
MOV	direct0，Rn	88 ~ 8F direct
MOV	direct1，direct2	85 direct2 direct1
MOV	direct，@ Ri	86 ~ 87 direct
MOV	direct，#data	75 direct data
MOV	@ Ri，A	F6 ~ F7
MOV	@ Ri，direct	A6 ~ A7 direct
MOV	@ Ri，#data	76 ~ 77 data
MOV	C，bit	A2 bit
MOV	bit，C	92 bit
MOV	DPTR，#data16	90 data15 ~ 8 data7 ~ 0

（续）

助记符		机器码
MOVC	A，@A+DPTR	93
MOVC	A，@A+PC	83
MOVX	A，@Ri	E2~E3
MOVX	A，@DPTR	E0
MOVX	@Ri，A	F2~F3
MOVX	@DPTR，A	F0
MUL	AB	A4
NOP		00
ORL	A，Rn	48~4F
ORL	A，direct	45 direct
ORL	A，@Ri	46~47
ORL	A，#data	44 data
ORL	direct，A	42 direct
ORL	direct，#data	43 direct data
ORL	C，bit	72 bit
ORL	C，/bit	A0 bit
POP	direct	D0 direct
PUSH	direct	C0 direct
RET		22
RETI		32
RL	A	23
RLC	A	33
RR	A	03
RRC	A	13
SETB	C	D3
SETB	bit	D2 bit
SJMP	rel	80 rel
SUBB	A，Rn	98~9F
SUBB	A，direct	95 direct
SUBB	A，@Ri	96~97
SUBB	A，#data	94 data
SWAP	A	C4
XCH	A，Rn	C8~CF
XCH	A，direct	C5 direct
XCH	A，@Ri	C6~C7
XCHD	A，@Ri	D6~D7

（续）

助　记　符		机　器　码
XRL	A，Rn	68～6F
XRL	A，direct	65 direct
XRL	A，@Ri	66～67
XRL	A，#data	64 data
XRL	direct，A	62 direct
XRL	direct，#data	63 direct data

注：$* = a_{10}a_9a_81$，$\Delta = a_{10}a_9a_80$。

表 A-2　按功能排列的指令表

十六进制代码	助　记　符		功　　能	对标志影响				字节数	周期数
				P	OV	AC	CY		
			算术运算指令						
28～2F	ADD	A，Rn	A+Rn→A	√	√	√	√	1	1
25	ADD	A，direct	A+（direct）→A	√	√	√	√	2	1
26，27	ADD	A，@Ri	A+（Ri）→A	√	√	√	√	1	1
24	ADD	A. #data	A+data→A	√	√	√	√	2	1
38～3F	ADDC	A，Rn	A+Rn+CY→A	√	√	√	√	1	1
35	ADD	A，direct	A+（direct）+CY→A	√	√	√	√	2	1
36，37	ADDC	A，@Ri	A+（Ri）+CY→A	√	√	√	√	1	1
34	ADDC	A，#data	A+data+CY→A	√	√	√	√	2	1
98～9F	SUBB	A，Rn	A－Rn－CY→A	√	√	√	√	1	1
95	SUBB	A，direct	A－（direct）－CY→A	√	√	√	√	2	1
96，97	SUBB	A，@Ri	A－（Ri）－CY→A	√	√	√	√	1	1
94	SUBB	A，#data	A－data－CY→A	√	√	√	√	2	1
04	INC	A	A+1→A	√	X	X	X	1	1
08～0F	INC	Rn	Rn+1→Rn	X	X	X	X	1	1
05	INC	direct	（direct）+1→（direct）	X	X	X	X	2	1
06，07	INC	@Ri	（Ri）+1→（Ri）	X	X	X	X	1	1
A3	INC	DPTR	DPTR+1→DPTR	X	X	X	X	1	2
14	DEC	A	A－1→A	√	X	X	X	1	1
18～1F	DEC	Rn	Rn－1→Rn	X	X	X	X	1	1
15	DEC	direct	（direct）－1→（direct）	X	X	X	X	2	1
16，17	DEC	@，Ri	（Ri）－1→（Ri）	X	X	X	X	1	1
A4	MUL	AB	A·B→AB	√	√	X	0	1	1
84	DIV	AB	A/B→AB	√	√	X	0	1	1
D4	DA	A	对A进行十进制调整	√	X	√	√	1	1

（续）

十六进制代码	助 记 符	功 能	对标志影响				字节数	周期数
			P	OV	AC	CY		
		逻辑运算指令						
58～5F	ANL A，Rn	A∧Rn→A	√	X	X	X	1	1
55	ANL A，direct	A∧Rn→A	√	X	X	X	2	1
56，57	ANL A，@Ri	A∧（Ri）→A	√	X	X	X	1	1
54	ANL A，#data	A∧（data）→A	√	X	X	X	2	1
52	ANL direct，A	（direct）∧A→（direct）	X	X	X	X	2	1
53	ANL direct，#data	（direct）∧data→（direct）	√	X	X	X	3	2
48～4F	ORL A，Rn	A∨Rn→A	√	X	X	X	1	1
45	ORL A，direct	A∨（direct）→A	√	X	X	X	2	1
46，47	ORL A，@Ri	A∨（Ri）→A	√	X	X	X	1	1
44	ORL A，#data	A∨data→A		X	X	X	2	1
42	ORL direct，A	（direct）∨A→（direct）		X	X	X	2	1
43	ORL direct，#data	（direct）∨data→（direct）		X	X	X	3	2
68～6F	XRL A，Rn	A⊕Rn→A	√	X	X	X	1	1
65	XRL A，direct	A⊕（direct）→A	√	X	X	X	2	1
66，67	XRL A，@Ri	A⊕（Ri）→A	√	X	X	X	1	1
64	XRL A，#data	A⊕data→A	√	X	X	X	2	1
62	XRL direct，A	（direct）⊕A→（direct）		X	X	X	2	1
63	XRL direcr，#data	（direct）⊕data→（direct）		X	X	X	3	2
E4	CLR A	0→A	√	X	X	X	1	1
F4	CPL A	$\overline{A}$→A		X	X	X	1	1
23	RL A	A 循环左移一位		X	X	X	1	1
33	RLC A	A 带进位循环左移一位	√	X	X	√	1	1
03	RR A	A 循环右移一位		X	X	X	1	1
13	RRC A	A 带进位循环右移一位	√	X	X	√	1	1
C4	SWAP A	A 半字节交换		X	X		1	1
		数据传送指令						
E8～EF	MOV A，Rn	Rn→A	√	X	X	X	1	1
E5	MOV A，direct	（direct）→A	√	X	X	X	2	1
E6，E7	MOV A	（Ri）→A	√	X	X	X	1	1
74	MOV A	data→A	√	X	X	X	2	1
F8～FF	MOV Rn，A	A→Rn	X	X	X	X	1	1

（续）

十六进制代码	助记符		功能	对标志影响				字节数	周期数
				P	OV	AC	CY		
A8 ~ AF	MOV	Rn，direct	（direct）→Rn	X	X	X	X	2'	2
78 ~ 7F	MOV	Rn，#data	data→Rn	X	X	X	X	2	1
F5	MOV	direct，A	A→（direct）	X	X	X	X	2	1
88 ~ 8F	MOV	direct，Rn	Rn→（direct）	X	X	X	X	2	2
85	MOV	direct1，direct2	（direct1）→（direct2）	X	X	X	X	3	2
86，87	MOV	direct，@ Ri	（Ri）→（direct）	X	X	X	X	3	2
75	MOV	direct，#data	data→（direct）	X	X	X	X	3	2
F6，F7	MOV	@ Ri，A	A→Ri	X	X	X	X	1	1
A6，A7	MOV	@ Ri，direcr	（direct）→（Ri）	X	X	X	X	2	2
76，77	MOV	@ Ri，#data	data→（Ri）	X	X	X	X	2	1
90	MOV	DPTR，#data16	Data16→DPTR	X	X	X	X	3	2
93	MOVC	A，@ A + DPTR	（A + DPTR）→A	√	X	X	X	1	2
83	MOVC	A，@ A + PC	PC + 1→PC，（A + PC）→A	√	X	X	X	1	2
E2，E3	MOVX	A，@ Ri	（Ri）→A	√	X	X	X	1	2
E0	MOVX	A，@ DPTR	（DPTR）→A	√	X	X	X	1	2
F2，F3	MOVX	@ Ri，A	A→（Ri）	X	X	X	X	1	2
F0	MOVX	@ DPTR，A	A→（DPTR）	X	X	X	X	1	2
C0	PUSH	direct	SP + 1→SP，（direcr）→（SP）	X	X	X	X	2	2
D0	POP	direct	（SP）-1→（direcrt），SP + 1→SP	X	X	X	X	2	2
C8 ~ C5	XCH	A，Rn	A←→Rn	√	X	X	X	1	1
C5	XCH	A，direct	A←→（direct）	√	X	X	X	2	1
C6，C7	XCH	A，@ Ri	A←→（Ri）	√	X	X	X	1	1
D6，D7	XCHD	A，Ri	A0 ~ 3←→（Ri）0 ~ 3	√	X	X	X	1	1
			位操作指令						
C3	CLR	C	0→CY	X	X	X	√	1	1
C2	CLR	bit	0→bit	X	X	X		2	1
D3	SETB	C	1→CY	X	X	X	√	1	1
D2	SETB	bit	1→bit	X	X	X		2	1
B3	CPL	C	$\overline{CY}$→CY	X	X	X	√	1	1
B2	CPL	bit	$\overline{bit}$→bit	X	X	X		2	1
82	ANL	C，bit	CY∧bit→CY	X	X	X	√	2	1
B0	ANL	C，/ bit	CY∧$\overline{bit}$→CY	X	X	X	√	2	1

（续）

十六进制代码	助记符		功能	对标志影响				字节数	周期数
				P	OV	AC	CY		
72	ORL	C，bit	CY∧bit→CY	X	X	X	√	2	1
A0	ORL	C，/bit	CY∧$\overline{\text{bit}}$→CY	X	X	X	√	2	1
A2	MOV	C，bit	bit→CY	X	X	X	√	2	1
92	MOV	bit，c	CY→bit	X	X	X	√	2	1
			控制转移指令						
*1	ACALL	addr11	PC+2→PC，SP+1→SP，PCL→（SP），SP+1→SP，PCH→（SP），addr11→PC10～0	X	X	X	X	3	2
12	LCALL	addr16	PC+3→PC，SP+1→SP，PCL→（SP），SP+1→SP，PCH→（SP），addr16→PC	X	X	X	X	2	2
22	RET		（SP）→PCH，SP−1→SP，（SP）→PCL，SP−1→SP	X	X	X	X	1	2
32	RET1		（SP）→PCH，SP−1→SP，（SP）→PCL，SP−1→SP，从中断返回	X	X	X	X	1	2
*1	AJMP	addr11	PC+2→PC，addr11→PC10～0	X	X	X	X	2	2
02	LJMP	addr16	addr16→PC	X	X	X	X	3	2
80	SJMP	rel	PC+2→PC，PC+rel→PC	X	X	X	X	2	2
73	JMP	@A+DPTR	（A+DPTR）→PC	X	X	X	X	1	2
60	JZ	rel	PC+2→PC，若A=0，PC+rel→PC	X	X	X	X	2	2
70	JNZ	rel	PC+2→PC，若A≠0，则PC+rel→PC	X	X	X	X	2	2
40	JC	rel	PC+2→PC，若CY=1，则PC+rel→PC	X	X	X	X	2	2
50	JNC	rel	PC+2→PC，若CY=0，则PC+rel→PC	X	X	X	X	2	2
20	JB	bit，rel	PC+3→PC，若bit=1，则PC+rel→PC	X	X	X	X	3	2

（续）

十六进制代码	助记符		功能	对标志影响				字节数	周期数
				P	OV	AC	CY		
30	JNB	bit，rel	PC＋3→PC，若 bit＝1，则 PC＋rel→PC	X	X	X	X	3	2
10	JBC	bit，rel	PC＋3→PC，若 bit＝1，则 0→bit，PC＋rel→PC					3	2
B5	CJNE	A，direct，rel	PC＋3→PC，若 A≠（direct），则 PC＋rel→PC。若 A＜（direct），则 1→CY	X	X	X	X	3	2
B4	CJNE	A，#data，rel	PC＋3→PC，若 A≠data，则 PC＋rel→PC。若 A＜data，则 1→CY	X	X	X	X	3	2
B8～BF	CJNE	Rn，#data，rel	PC＋3→PC，若 Rn≠data，则 PC＋rel→PC。若 Rn＜data，则 1→CY	X	X	X	X	3	2
B6～B7	CJNE	Ri，#data，rel	PC＋3→PC，若 Ri≠data，则 PC＋rel→PC。若 Ri＜data，则 1→CY	X	X	X	X	3	2
D8～DF	DJNZ	Rn，rel	Rn－1→Rn，PC＋2→PC，若 Rn≠0，则 PC＋rel→PC	X	X	X	X		2
D5	DJNZ	direct，rel	PC＋2→PC，（direct）－1→（direct），若（direct）≠0，则 PC＋rel→PC	X	X	X	X		2
00	NOP		空操作	X	X	X	X		1

附录 B　C 语言和汇编语言的混合编程

目前，C 语言已是单片机应用系统的主流编程工具，它具有代码可靠性高，可移植性好，易于维护的特点。特别是德国 Keil 公司推出功能强大的基于 Windows 平台的 51 系列单片机集成开发工具 μVision 之后，这一趋势越发明显。采用 C 语言几乎可以完成汇编语言的所有工作，可以大大提高程序的开发效率。但在一些特殊应用的场合仍然需要通过汇编语言编写程序，比如对时序要求非常严格的接口协议和中断向量的地址处理等等。另外还存在一种情况，即程序员原先已用汇编语言编写了大量的子程序，现在虽然改用 C 语言开发设计，但又不想重写代码；或者想充分发挥 C 语言在数值计算的优势，通过汇编语言调用 C 来实现复杂的数学计算。这必然要涉及到 C 与汇编的相互调用，即混合编程的问题。C 与汇编的混合编程，重点是参数的传递和函数值的返回以及 C51 对目标代码的段管理，这是嵌入式系统混合编程过程中实现开发和运行效率统一的关键环节。

B.1 C51 编译器对程序和数据代码段的管理

C51 能否成功调用汇编语言的前提条件之一是汇编程序的编写应符合 C51 编译器的编译规则。事实上，C51 对汇编程序的调用就是对函数的调用。因此，要实现 C 和汇编的相互调用，首先要清楚的是一个被 C51 编译后的函数，其程序代码段和数据段的转换规则。C51 对所属模块的各个函数进行编译时，每个函数都生成一个以“？PR？函数名？模块名”为段名的程序代码段，如果该函数包括无明确存储器类型声明的局部变量，将生成一个字节类型的局部数据段；当参数中有位变量时，还将生成一个位类型的局部位段，用来存放在函数内部已定义的位变量和位变量参数。在 SMALL 编译模式下，局部段的命名原则如表 B-1 所示。

表 B-1 局部段的命名原则

代码与数据类型	说　明	局部段的命名
CODE	程序代码段	？PR？函数名？模块名
DATA	局部数据段	？DT？函数名？模块名
BIT	局部位段	？BI？函数名？模块名

每个局部段的段名表示该段的起始地址。假如，模块“example”包含一个名为“func”的函数，其程序代码段的命名为“？PR？func？example”，其中“func”（函数名）即为该段的起始地址。如果“func”函数包含有 DATA 和 BIT 对象的局部变量，局部数据段和局部位段的起始地址则定义为“？func？BYTE”和“？func？BIT”，它们代表所传递的参数的初始位置。C51 编译器将源程序的函数名转换为汇编格式的目标文件时，转换后的函数名要根据参数传递的性质不同而改变，当 C 和汇编程序互相调用时，汇编程序的编写必须符合这种转换规则，否则编译器将会出现错误提示。表 B-2 为函数名的转换规则。

表 B-2 函数名的转换规则

C 语言函数名	转换后的函数名	说　明
void func（void）	func	函数内部无参数在寄存器内部传递，函数名不做改变。
函数类型 func（形参）	_func	函数内部有参数在寄存器内部传递，函数名前加下划线“ ”。
func_（void）reentrant	_？func	原函数为再入函数时，函数名前加“ ？”，表明有参数在数据存储器内部传递。

假设函数 func 的 C 源程序如下所示，现分析经汇编后产生的代码。

```
//c 源程序：
void func( unsigned char a)
{
```

```
bit c;
c =0;
}
```

汇编后的代码（文件 EXAMPLE. SRC）：

```
NAME EXAMPLE                                  ; 模块名
? PR? _func? EXAMPLE SEGMENT CODE             ; 定义程序代码段
? DT? _func? EXAMPLE SEGMENT DATA             ; 定义局部数据段
? BI? _func? EXAMPLE SEGMENT BIT              ; 定义局部位段
PUBLIC _func                                  ; PUBLIC 声明,表明该函数可被其他模块调用

RSEG? DT? _func? EXAMPLE                      ; 局部数据段
? _func? BYTE:                                ; 局部数据段起始地址
a? 040:DS 1                                   ; a? 040 标号为该字节的地址

RSEG? BI? _func? EXAMPLE                      ; 局部位段
? _func? BIT:                                 ; 局部位段起始地址
c? 041:DBIT 1                                 ; a? 041 标号为该 BIT 位地址


;void func( unsigned char a)
RSEG? PR? func? EXAMPLE                       ; 程序代码段
_func:                                        ; 程序代码段起始地址
MOV a? 040, R7                                ; R7 参数传递到地址 a? 040
;{
;bit c;
CLR c? 041
;c =0;
;}

RET
END
```

B. 2 参数的传递和返回

C 和汇编的另一个关键问题是参数的传递和返回。函数调用时，默认为通过寄存器进行参数传递。当采用预处理编译控制指令“#pragma NOREGPARMS”时，参数将通过固定的存储区域传递。表 B-3 为参数在寄存器内部传递时的传递规则。

表 B-3　寄存器参数传递规则

	Char 或单字节指针	Int 类型	Long，flaot 类型	一般指针
第 1 个参数	R7	R7，R6	R4 ~ R7	R1，R2，R3
第 2 个参数	R5	R5，R4	R4 ~ R7	R1，R2，R3
第 3 个参数	R3	R3，R2	无	R1，R2，R3

例如：在函数“func（＊P，unsigned char a，unsigned char b）”中，指针“P”通过R1，R2，R3寄存器进行参数传递，其中，R1传递低字节。“a”通过R7传递，“b”则通过R5传递。也可从前面介绍的“EXAMPLE. SRC”例子中清楚的看到，通过R7寄存器将形参“a”的内容传递到了地址“a? 040”。当C程序调用的汇编函数有参数返回时，其返回值的参数传递见表B-4。

表B-4　函数返回值的参数传递

返回类型	使用寄存器	说　明
Bit	Cy	通过位累加器Cy返回
unsigned char或单字节指针	R7	单字节类型由R7返回
unsigned int或双字节指针	R7～R6	双字节类型由R6，R7（低位）返回
long	R4～R7	四字节类型由R4，R5，R6，R7（低位）返回
float	R4～R7	单精度浮点数IEEE格式
一般指针	R1～R3	R3表示存储类型，R2高位，R1低位

B.3　C51和汇编语言相互调用的方法

B.3.1　C51调用汇编

下面以C51调用一个ADC0809模数转换子程序为例来具体说明C51调用汇编的方法。在C主程序调用汇编子程序之前，应先用“extern”来声明被调用的汇编程序是一个外部函数；同时在汇编子程序中则要用“PUBLIC”声明该子程序可以被其他模块调用。

1. C51程序

```
#include <reg51. h>
#include <stdio. h>
#define uchar unsigned char
extern uchar ad0809(uchar * p);      //被调用的ad0809汇编子程序是一个外部函数,采用一般指
                                       针传递参数
extern delasm(uchar time);           //被调用delasm延时子程序是一个外部函数

void main(void)
{
    uchar data adc_data[8];          //ADCo809转换后的8通道采样值放入adc_data数组
    while(1)
    ad0809(adc_data);                //调用的ad0809汇编子程序,通过数组名进行参数传递
    delasm(2);                       //调用的delasm延时子程序
}
```

2. ADC0809 模数转换子程序（汇编程序）

```
    EOC EQU P1.4
    NAME ADC0809                                ;模块名为 ADC0809
    ? PR? _AD0809? ADC0809 SEGMENT CODE         ; 子程序代码段声明,_AD0809 为函数名,"_"
                                                  表明有参数在寄存器内部传递
    PUBLIC_AD0809                               ; 用"PUBLIC"声明该函数可以被其他模块调用

    RSEG? PR? _AD0809? ADC0809                  ; AD0809 子程序代码段起始位置
    _AD0809:
    MOV A,R1                                    ; R1 传递数组 adc_data[8]首址
    MOV R0,A
    MOV R4,#00H
    MOV R7,#8
    MOV DPTR,#0FDF8H
SAM:MOV A,R4
    MOVX @ DPTR,A
    JB EOC, $
    MOVX A,@ DPTR
    MOV @ R0,A
    INC DPTR
    INC R0
    INC R4
    DJNZ R7,SAM

    RET
    END
```

上面的例程中，在 C 程序里，首先对汇编子程序 AD0809 进行外部函数声明，“extern uchar ad0809（uchar * p）”表明传递的是一个一般指针变量。主函数用“ad0809（adc_data）”调用汇编子程序，在调用 ad0809 子程序的过程中，将数组名“adc_data”（即该数组的首地址）以指针的方式进行参数传递，R1 存放该数组的首地址。在 AD0809 汇编子程序中，将 R1 的地址内容赋给 R0，而以 R0 寻址的连续 8 个地址空间存放的就是 ADC0809 共 8 个通道的采样值，经过参数传递后，数组 ade_data[8]各元素的内容就是 A/D 转换后的结果。函数“ad0809（uchar * p）”中的形参“P”被定义为一个一般指针。参数传递通过 R1、R2、R3 寄存器进行；如果写为 uchar data * p，形参“P”则被定义为一个基于 data 区的指针，按表 3 可知，参数传递通过 R7 进行，读者可自行改动测试。

B.3.2 汇编调用 C

下面的例子是一个汇编调用 C 程序的过程，汇编程序“A_FUNC. ASM”的 60H 至 63H 分别存放两个 int 类型的整型数值“count. c”实际上是一个 2 字节乘法运算函数，同时将一个 4 字节长整类型的结果返回给汇编程序，代码如下：

1. C51 主程序

```
#include < stdio. h >
extem void a_func( void) ;          //说明被调用的 a_func 子程序是一个外部函数
void main( void)
{
    a_func( ) ;
}
```

2. C51 子程序

```
//运算子程序 count. c
#include < reg51. h >
#define uint unsigned int
#define ulong unsigned long

uint data value[2]_at_0x60                    //定义数组 value[2]的绝对地址为 60H
ulong count( uint al,uint a2)
{
    uint bl,b2;
    ulong result,result1;

    bl = result[0];
    b2 = result[1];
    result = (ulong)al * (ulong)a2;           //乘法运算
    result = (ulong)bl * (ulong)b2;
    return( result);                          //结果返回
}
```

3. 汇编子程序

```
;汇编子程序 A_FUNC. ASM
        NAME A_FUNC                                  ;模块名
        ? PR? a_func? A_FUNC SEGMENT CODE            ; 程序代码段声明
        extern CODE (_count)                         ; 声明被调用的 count. c 是外部函数
        PUBLICa_func
        RSEG? PR? a_func? A_FUNC                     ; 程序代码段起始
    a_func:
        USING0
        MOV 60h,#23h                                 ; 60H 至 63H 存放两个整型数值, 60H 存放乘数高字节
        MOV 61h,#34h
        MOV 62h,#34h                                 ; 62H 存放被乘数高字节
        MOV 63h,#62h
        LCALL_count                                  ; 调用 count. C 函数

        MOV 60h,R7                                   ; 运算结果通过 R4 — R7 返回, R7 存放低字节
```

```
MOV 61h,R6
MOV 62h,R5
MOV 63h,R4
AJMP $
END
```

B.3.3 C语言直接嵌入汇编的方法

C语言和汇编语言的混合编程中，还有一种简单的方法，可以在C语言中直接嵌入汇编指令。即采用预处理命令“#pragma asm”和“#pragma endasm”，采用这种方法的前提条件是：在“project \ options for group source group”窗口一栏选中“generate assembler SRC file”和“Assemble SRC file”两项内容。同时，还需要将库文件填加到目标文件的项目组里，如在“SMALL”编译模式下，需将“KEIL \ C51 \ LIB”路径下的“C51S. LIB”文件填加到目标文件的项目组里，这样才不会导致编译出错。例程如下：

```
#include < reg51. h >
void main( void)
{
    unsigned char i;

    for( i = 8 ; i > 0 ; i -- )
    {
        #pragma asm
        MOV A, #01h
        MOV P1, A
        RL A
        MOV P1, A
        #pragma endasm
    }
}
```

上面的例程，“#pragma asm”可以出现在C程序的任意一行中，为C程序嵌入汇编提供了一种简易可行的方法。

附录C 8051单片机的头文件

在不同型号的单片机中，其寄存器的数量与类型是不相同的。为了编程方便，有必要将所有关于寄存器的定义放入一个头文件中，这样，当用户选择不同单片机时，只需调用不同的头文件即可，而对于主要程序，则无需太多修改。

8051单片机常用的头文件为“REG51. H”，当安装完编译软件“Keil uVision3”后，在默认的安装路径“C:\Keil\C51\INC\Atmel\REG51. H”下就可找到该文件，文件内容如下：

```
/* --------------------------------------------------------------------------
REG51. H


Header file for generic 80C51 and 80C31 microcontroller.
```

```
Copyright (c) 1988 - 2002Keil Elektronik GmbH and Keil Software, Inc.
All rights reserved.
------------------------------------------------------------------------------------------ */

#ifndef __REG51_H__
#define __REG51_H__
/* BYTE Register */
sfr P0 = 0x80;
sfr P1 = 0x90;
sfr P2 = 0xA0;
sfr P3 = 0xB0;
sfr PSW = 0xD0;
sfr ACC = 0xE0;
sfr B = 0xF0;
sfr SP = 0x81;
sfr DPL = 0x82;
sfr DPH = 0x83;
sfr PCON = 0x87;
sfr TCON = 0x88;
sfr TMOD = 0x89;
sfr TL0 = 0x8A;
sfr TL1 = 0x8B;
sfr TH0 = 0x8C;
sfr TH1 = 0x8D;
sfr IE = 0xA8;
sfr IP = 0xB8;
sfr SCON = 0x98;
sfr SBUF = 0x99;

/* BIT Register */
/* PSW */
sbit CY = 0xD7;
sbit AC = 0xD6;
sbit F0 = 0xD5;
sbit RS1 = 0xD4;
sbit RS0 = 0xD3;
sbit OV = 0xD2;
sbit P = 0xD0;

/* TCON */
sbit TF1 = 0x8F;
sbit TR1 = 0x8E;
```

```
sbit TF0 = 0x8D;
sbit TR0 = 0x8C;
sbit IE1 = 0x8B;
sbit IT1 = 0x8A;
sbit IE0 = 0x89;
sbit IT0 = 0x88;

/*  IE  */
sbit EA = 0xAF;
sbit ES = 0xAC;
sbit ET1 = 0xAB;
sbit EX1 = 0xAA;
sbit ET0 = 0xA9;
sbit EX0 = 0xA8;

/*  IP  */
sbit PS = 0xBC;
sbit PT1 = 0xBB;
sbit PX1 = 0xBA;
sbit PT0 = 0xB9;
sbit PX0 = 0xB8;

/*  P3  */
sbit RD = 0xB7;
sbit WR = 0xB6;
sbit T1 = 0xB5;
sbit T0 = 0xB4;
sbit INT1 = 0xB3;
sbit INT0 = 0xB2;
sbit TXD = 0xB1;
sbit RXD = 0xB0;

/*  SCON  */
sbit SM0 = 0x9F;
sbit SM1 = 0x9E;
sbit SM2 = 0x9D;
sbit REN = 0x9C;
sbit TB8 = 0x9B;
sbit RB8 = 0x9A;
sbit TI = 0x99;
sbit RI = 0x98;

#endif
```

附录 D　常用 ASCII 码表

常用 ASCII 码表如表 D-1 所示。

表 D-1　常用 ASCII 码表

ASCII 值	控制字符	ASCII 值	控制字符	ASCII 值	控制字符	ASCII 值	控制字符
0	NUL	32	(space)	64	@	96	、
1	SOH	33	!	65	A	97	a
2	STX	34	”	66	B	98	b
3	ETX	35	#	67	C	99	c
4	EOY	36	$	68	D	100	d
5	ENQ	37	%	69	E	101	e
6	ACK	38	&	70	F	102	f
7	BEL	39	,	71	G	103	g
8	BS	40	(	72	H	104	h
9	HT	41	)	73	I	105	i
10	LF	42	*	74	J	106	j
11	VT	43	+	75	K	107	k
12	FF	44	,	76	L	108	l
13	CR	45	–	77	M	109	m
14	SO	46	.	78	N	110	n
15	SI	47	/	79	O	111	o
16	DLE	48	0	80	P	112	p
17	DC1	49	1	81	Q	113	q
18	DC2	50	2	82	R	114	r
19	DC3	51	3	83	X	115	s
20	DC4	52	4	84	T	116	t
21	NAK	53	5	85	U	117	u
22	SYN	54	6	86	V	118	v
23	ETB	55	7	87	W	119	w
24	CAN	56	8	88	X	120	x
25	EM	57	9	89	Y	121	y
26	SUB	58	:	90	Z	122	z
27	ESC	59	;	91	[	123	{
28	FS	60	<	92	/	124	|
29	GS	61	=	93	]	125	}
30	RS	62	>	94	ˆ	126	~
31	US	63	?	95	—	127	DEL

其中，相关特殊控制字符的含义说明如表 D-2 所示。

表 D-2　特殊控制字字符含义说明

控制字符	含　义	控制字符	含　义	控制字符	含　义
NUL	空	VT	垂直制表	SYN	空转同步
SOH	标题开始	FF	走纸控制	ETB	信息组传送结束
STX	正文开始	CR	回车	CAN	作废
ETX	正文结束	SO	移位输出	EM	纸尽
EOY	传输结束	SI	移位输入	SUB	换置
ENQ	询问字符	DLE	空格	ESC	换码
ACK	承认	DC1	设备控制 1	FS	文字分隔符
BEL	报警	DC2	设备控制 2	GS	组分隔符
BS	退一格	DC3	设备控制 3	RS	记录分隔符
HT	横向列表	DC4	设备控制 4	US	单元分隔符
LF	换行	NAK	否定	DEL	DEL　删除

参考文献

[1] 曹龙汉，刘安才，高占国．MCS－51 单片机原理及应用［M］．重庆：重庆出版社，2004.

[2] 蓝和慧，宁武，闫晓金．全国大学生电子设计竞赛单片机应用技能精解［M］．北京：电子工业出版社，2009.

[3] 文武松，王璐，曹龙汉，等．基于 TC35i 的超声波汽车防盗报警装置设计［J］．汽车工程学报，2011.1(5)：485－492.

[4] 文武松，曹龙汉，王璐．基于模糊控制的发动机动力性能分布式测控系统［J］．计算机工程与应用，2007，43(1)：217－221.

[5] 张毅刚．新编 MCS－51 单片机应用设计［M］.3 版．哈尔滨：哈尔滨工业大学出版社，2008.

[6] 马忠梅，等．单片机的 C 语言应用程序设计［M］.4 版．北京：北京航空航天大学出版社，2008.

[7] TC35i AT Command Set V03.01. http://www.siemens.com.

[8] 薛楠．Protel DXP 2004 原理图与 PCB 设计实例教程［M］．北京：机械工业出版社，2012.

[9] 李小坚．Protel DXP 电路设计与制版实用教程［M］.3 版．北京：人民邮电出版社，2009.

[10] 杨欣，王玉凤，刘湘黔．51 单片机应用从零开始［M］．北京：清华大学出版社，2008.

[11] 江志红．51 单片机技术与应用系统开发案例精选［M］．北京：清华大学出版社，2008.

[12] 陈海宴．51 单片机原理及应用——基于 Keil C 与 Proteus［M］.2 版．北京：北京航空航天大学出版社，2013.

[13] 徐惠民，安德宁．单片微型计算机原理、接口及应用［M］．北京：北京邮电大学出版社，2002.

[14] 肖硕．单片数据通信典型应用大全［M］．北京：中国铁道出版社，2011.

[15] 王晓明．电动机的单片机控制［M］.3 版．北京：北京航空航天大学出版社，2011.

[16] 谢自美．电子线路设计·实验·测试［M］.3 版．武汉：华中科技大学出版社，2006.

[17] 全国大学生电子设计竞赛组委会．全国大学生电子设计获奖作品汇编（第 1 届－第 5 届）［M］．北京：北京理工大学出版社，2007.

[18] 何立民．单片机应用系统设计［M］．北京：北京航空航天大学出版社，2007.

[19] 李东生，等．Protel 99SE 电路设计教程［M］．北京：电子工业出版社，2007.

[20] 阮毅，陈伯时．电力拖动自动控制系统——运动控制系统［M］.4 版．北京：机械工业出版社，2010.

[21] 于永，戴佳，常江．51 单片机实例精讲［M］．北京：电子工业出版社，2007.

[22] 童诗白，华成英．模拟电子技术基础［M］．北京：高等教育出版社，2006.

[23] 李群芳，张士军，黄建．单片微型计算机与接口技术［M］.2 版．北京：电子工业出版社，2007.

[24] 邹红．数字电路与逻辑设计［M］．北京：人民邮电出版社，2008.

[25] 刘文涛．单片机语言 C51 典型应用设计［M］．北京：人民邮电出版社，2006.

[26] 潘永雄，沙河，刘向阳．电子线路 CAD 实用教程［M］.2 版．西安：西安电子科技大学出版社，2006.

[27] 余小平，等．电子系统设计［M］．北京：北京航空航天大学出版社，2007.

[28] 赵建领．51 系列单片机开发宝典［M］．北京：电子工业出版社，2007.

[29] 郭天祥．新概念 51 单片机 C 语言教程［M］．北京：电子工业出版社，2008.

[30] 胡汉才．单片机原理及其接口技术［M］.3 版．北京：清华大学出版社，2010.

[31] 刘豹，唐万生．现代控制理论［M］.3 版．北京：机械工业出版社，2011.

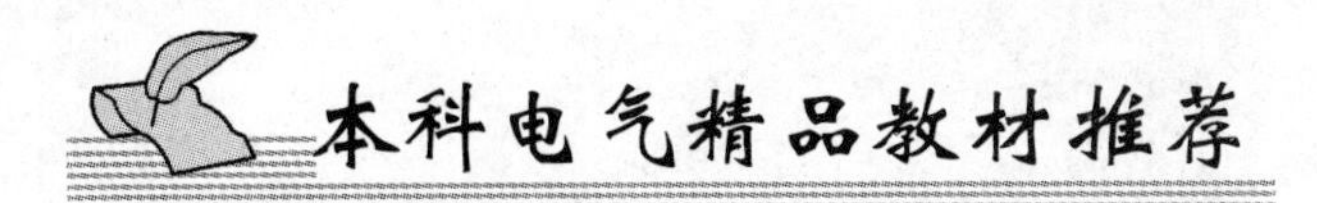

普通高等教育电子信息类规划教材

现代通信技术概论

书号：27091　　定价：25.00 元

作者：崔健双　　配套资源：电子教案

推荐简言：全书按照当代通信领域现实业务应用状况展开，主要内容包括了经典通信基础知识、数字通信、程控交换、光纤通信、微波通信、移动通信、卫星通信、图像通信和多媒体通信。全书在编写上力求简明扼要、深入浅出，不拘泥于琐碎的技术细节，强调对基本概念和基本原理的理解，避免抽象的理论表述和复杂公式的推导。每章均配有摘要、练习题和电子教案，便于读者深入理解和重点掌握。

数字信号处理及 Matlab 实现

书号：33077　　定价：29.00 元

作者：李辉　　配套资源：电子教案

推荐简言：本书介绍了数字信号处理的基本理论和算法、分析方法和设计方法，结合 MATLAB 软件给出了全书重点内容的仿真例子，最后以 TI 公司的 TMS320C54x 定点 DSP 为例，讨论了数字信号处理系统的设计，并且给出了可用于实际教学的实验内容。全书共 8 章，前 4 章讨论离散时间信号和系统的基本理论和算法；第 5、6 章讨论数字滤波器的设计方法；第 7 章讲述有限字长效应；第 8 章讨论 TMS320C54x 系列数字信号处理器与实验。

现代交换技术

书号：34135　　定价：32.00 元

作者：刘丽　　配套资源：电子教案

推荐简言：

本书系统地介绍了现代通信中的各种交换技术，主要包括信令系统、电路交换、分组交换、ATM 交换、IP 交换、MPLS 交换、光交换和软交换技术，并重点介绍了各类交换技术的原理、特点及分类，同时还对相关技术做了比较，对未来交换技术的发展进行了展望。

电路分析基础

书号：34281　　定价：29.00 元

作者：王丽娟　　配套资源：电子教案

推荐简言：本书阐述了电路的基本概念、基本定理和线性电路的基本分析方法。分析对象包括直流电阻电路、一阶直流动态电路和正弦稳态电路。主要分析方法有：等效电路分析法、线性网络的一般分析法、运用电路定理分析法、三要素法和相量分析法。书中例题和应用实例丰富，难易程度适中。还介绍了 Multisim 软件在电路分析中的使用。

通信原理基础教程

书号：24005　　定价：39.00 元

作者：黄葆华　　配套资源：电子教案

推荐简言：

本书以各种现代通信系统模型为主线，以数字通信原理与技术为重点，系统地阐述了通信系统的基本组成、基本原理和基本的实现方法。全书共 9 章，内容包括基础知识（确知信号和随机信号的分析）、信道、模拟调制解调技术、数字基带传输系统、数字调制解调技术、模拟信号的数字传输系统、同步系统和信道编译码技术等。

微型计算机系统原理及应用

书号：35187　　定价：34.00 元

作者：贺建民　　配套资源：电子教案

推荐简言：

本书以应用十分广泛的 Intel 80x86 微处理器为核心，介绍了微型计算机系统的硬件工作原理、接口技术和典型应用。本书注重理论联系实际，从应用的角度出发，强调对分析问题、解决问题能力的训练与培养。读者从中可以学习如何掌握微型机硬件的有关基础知识，以及汇编语言程序设计、微机接口电路的开发与应用等重要内容。

机工出版社·计算机分社读者反馈卡

尊敬的读者：

感谢您选择我们出版的图书！我们愿以书为媒，与您交朋友，做朋友！

参与在线问卷调查，获得赠阅精品图书

凡是参加在线问卷调查或提交读者信息反馈表的读者，将成为我社书友会成员，将有机会参与每月举行的“书友试读赠阅”活动，获得赠阅精品图书！

读者在线调查：http://www.sojump.com/jq/1275943.aspx

读者信息反馈表（加黑为必填内容）

<table>
<tr><td>姓名：</td><td>性别：□男 □女</td><td colspan="2">年龄：</td><td>学历：</td></tr>
<tr><td colspan="4">工作单位：</td><td>职务：</td></tr>
<tr><td colspan="4">通信地址：</td><td>邮政编码：</td></tr>
<tr><td>电话：</td><td colspan="2">E-mail：</td><td colspan="2">QQ/MSN：</td></tr>
<tr><td>职业（可多选）：</td><td colspan="4">□管理岗位 □政府官员 □学校教师 □学者 □在读学生 □开发人员 □自由职业</td></tr>
<tr><td>所购书籍书名</td><td colspan="2"></td><td>所购书籍作者名</td><td></td></tr>
<tr><td>您感兴趣的图书类别（如：图形图像类，软件开发类，办公应用类）</td><td colspan="4"></td></tr>
</table>

（此反馈表可以邮寄、传真方式，或将该表拍照以电子邮件方式反馈我们）。

联系方式

通信地址：北京市西城区百万庄大街22号
计算机分社

邮政编码：100037

联系电话：010-88379750

传　　真：010-88379736

电子邮件：cmp_itbook@163.com

请关注我社官方微博：http://weibo.com/cmpjsj

第一时间了解新书动态，获知书友会活动信息，与读者、作者、编辑们互动交流！